"十二五"普通高等教育本科国家级规划教材

冷冲压模具设计与制造

(第5版)

王秀凤　李卫东　张永春　编著

北京航空航天大学出版社

内容简介

本书在编者多年教学和生产实践经验积累的基础上，系统、全面地介绍了冷冲压模具设计与制造的基础知识。本书内容大致分为模具设计和模具制造两部分。模具设计部分的内容占70%，以最具代表性的冲裁模为主线，详细讲述了模具设计过程、结构类型选择、设计步骤和主要工艺计算；还针对弯曲模、拉深模、翻边模等其他类型模具的特点，作了补充讲解。模具制造部分，系统介绍了模具制造的基本要求、工艺特点、试压、验收等全部过程；并着重介绍了工作零件(凸、凹模)特种加工工艺以及典型的装配技术。为了提高学生们对将来工作的适应性，本书给出了典型的冷冲压模具CAD/CAE/CAM的设计过程。此外，为了方便学生课程设计以及工程人员参考实用，本书还收录了冷冲压模具设计中常用的数据和标准件，以便查阅。

本书是为模具专业已经学过"板料冷压原理"的本科学生编写的教材，参考学时为30学时；也可供从事冷冲压模具设计与制造的相关教学、科研单位的技术人员参考。

本书提供精心制作的多媒体CAI教学课件，可以起到很好的辅助教学作用。还配有课程设计专用教学软件，供在冷冲压模具课程设计中的师生参考使用。

图书在版编目(CIP)数据

冷冲压模具设计与制造 / 王秀凤，李卫东，张永春编著. -- 5版. -- 北京 ：北京航空航天大学出版社，2022.1

ISBN 978-7-5124-3222-2

Ⅰ. ①冷… Ⅱ. ①王… ②李… ③张… Ⅲ. ①冲模—设计—高等学校—教材②冲模—制模工艺—高等学校—教材 Ⅳ. ①TG385.2

中国版本图书馆CIP数据核字(2020)第004187号

冷冲压模具设计与制造(第5版)

王秀凤　李卫东　张永春　编著

策划编辑　蔡　喆　　责任编辑　蔡　喆

*

北京航空航天大学出版社出版发行

北京市海淀区学院路37号(邮编100191)　http://www.buaapress.com.cn

发行部电话：(010)82317024　传真：(010)82328026

读者信箱：goodtextbook@126.com　邮购电话：(010)82316936

涿州市新华印刷有限公司印装　各地书店经销

*

开本：787×1 092　1/16　印张：21　字数：538千字

2022年1月第5版　2022年1月第1次印刷　印数：3 000册

ISBN 978-7-5124-3222-2　定价：65.00元

第5版前言

《冷冲压模具设计与制造》一书自2005年4月出版以来，受到了许多专家、教师和学生的关注。本书列入教育部“普通高等教育‘十一五’国家级规划教材”，于2008年7月推出了第2版，于2012年3月推出第3版，2013年7月第2次印刷，被国内多所院校相关专业授课教师选为指定教材。荣获2013年北京市精品教材。于2014年被列入教育部“普通高等教育‘十二五’国家级规划教材”，于2016年10月推出第4版。

根据市场的需求，认证听取并吸收了读者提出的宝贵建议，编著者对本书结构和内容进行了梳理和归整，对本书再次进行全面修订：对当时编写及出版中的疏漏之处进行了仔细核实和修正；更新配套教学资源，包括“多媒体CAI课件”和“课程设计教学软件”，以方便读者学习。

全书由王秀凤统稿，李卫东，张永春参与修订，参与该书工作的还有高鸿棣、万良辉、王冰冰、苗延哲、王东昭、安冬洋、刘家雨；全书的插图由王增强、王鹏、刘娟、赵艳丽、王强、石鑫、佟振宇完成；多媒体课件制作：蔡喆、郭黎勇、程伟、李卫东、王鹏、王东昭、苗延哲、刘源、郭敏、雷强、王秀凤、关世伟。本书在修订的过程中参考了国、内外最新教材及资料，对本书的编写起了重要的参考作用，在此谨对其编著者表示衷心感谢。对于书中疏漏或不当之处，望读者批评指正。

编　者

2021年2月于北京

配套教学软件

增值服务说明

本书为读者免费提供配套资料，以二维码的形式印在前言后，请扫描二维码下载。读者也可以通过以下网址下载全部资料：http://www.buaapress.com.cn/waiyump3/9787512420540/20540Mdam04.rar 。

配套资料下载或与本书相关的其他问题，请咨询理工图书分社，电话：(010)82317036，(010)82317037。

前　言

随着模具工业的迅猛发展，模具设计与制造已成为一个行业，越来越引起人们的重视。为了使学生在有限的学时内，了解并掌握模具设计的基本知识，具备冷冲压模具设计的基本能力，编者在生产实践和多年教学的基础上，编写了这本《冷冲压模具设计与制造》教材。

本书是为学过“板料冷压原理”的冷冲压模具专业或相关机械类专业学生精心策划、编写的实用教材。参考学时为30学时，后续课程应配合安排冷冲压模具课程设计。本教材可配套使用根据本书制作的多媒体CAI课件辅助教学。

本书共9章，主要分为冷冲压模具设计和冷冲压模具制造两大部分。其中以冷冲压模具设计为重点，约占全书篇幅70%。以最具代表性的冲裁模为切入点，对模具设计过程、结构类型选择、设计步骤和主要工艺计算等内容进行了详细的讲解。之后，还针对弯曲模、拉深模、翻边模等其他类型模具的特点，进行了补充讲解。此外，为了方便学生课程设计以及工程人员参考使用，本书还收录了冷冲压模具设计中常用的数据和标准件，以便查阅。在模具制造部分，编者系统介绍了模具制造的基本要求、工艺特点、试压、验收等全部过程，着重介绍了工作零件(凸凹模)特种加工工艺以及典型的装配技术。为了反映模具目前生产发展的现状，本书最后还侧重介绍了冷冲压模具的CAD/CAM系统，以拓宽学生的知识面，提高学生对将来工作的适应性。

本书可作为高等学校冷冲压模具专业及相关机械类专业学生教材，也可供从事相关专业工作的技术人员以及有关教学、科研单位的专业人员参考使用。

第1～8章由王秀凤编写，第9章由万良辉编写；全书的插图由王增强、王鹏、刘娟、赵艳丽、王强、石鑫、佟振宇完成；课件制作：蔡喆、郭黎勇、李卫东、王鹏、王东昭。本书在编写过程中参考了相关教材及资料，对本书的编写起了重要的参考作用，在此谨对编著者表示衷心感谢。对于书中疏漏或不当之处，望读者批评指正。

本书在第2次印刷前，订正了首次印刷中的个别错误，同时更新了配套多媒体CAI课件。

编　者

2005年12月于北京

(第1版第2次印刷)

目　录

第1章　绪　论

冲压是使板料经分离或成形而得到制件的加工方法。冲压利用冲压模具对板料进行加工。常温下进行的板料冲压加工称为冷冲压。

1.1　冷冲压模具在工业生产中的地位

模具是大批生产同形产品的工具,是工业生产的主要工艺装备。模具工业是国民经济的基础工业。

模具可保证冲压产品的尺寸精度,使产品质量稳定,而且在加工中不破坏产品表面。用模具生产零部件可以采用冶金厂大量生产的廉价的轧制钢板或钢带为坯料,且在生产中无须加热,具有生产效率高、质量好、重量*轻、成本低且节约能源和原材料等一系列优点,优于其他加工方法。使用模具已成为当代工业生产的重要手段和工艺发展方向。模具工业已成为现代制造工业技术水平提高的标志。

目前,工业生产中普遍采用模具成形工艺方法,以提高产品的生产率和质量。通常压力机加工,一台普通压力机设备每分钟可生产零件几件到几十件,高速压力机的生产率已达到每分钟数百件甚至上千件。据不完全统计,飞机、汽车、拖拉机、电机、电器、仪器、仪表等产品,有60%左右的零件是用模具加工出来的;而自行车、手表、洗衣机、电冰箱及电风扇等轻工产品,有90%左右的零件是用模具加工出来的;至于日用五金、餐具等物品的大批量生产基本上完全靠模具来进行。显而易见,模具作为一种专用的工艺制造装备,在生产中的决定性作用和重要地位逐渐为人们所共识。模具的精度,将直接影响零件的质量、数量和成本。

1.2　冷冲压模具的历史发展与现状

模具的出现可以追溯到几千年前,那时主要是陶器烧制和青铜器铸造,后随着现代工业的崛起大规模应用发展起来。19世纪,随着军火工业、钟表工业、无线电工业的崛起,模具开始得以广泛使用。第二次世界大战后,随着世界经济的飞速发展,模具成为大量生产家用电器、汽车、电子仪器、照相机、钟表等零件的最佳方式。当时,美国的冲压技术走在世界最前列,瑞士的精冲、德国的冷挤压技术,苏联对塑性加工的研究也处于世界先进行列。20世纪50年代中期以前,模具设计多凭经验,参考已有图纸及感性认识,根据用户的要求,制作能满足产品要求的模具,但对所设计模具零件的机械性能缺乏了解。从1955—1965年,人们开始通过对模具主要零件的机械性能和受力状况进行数学分析,对金属塑性加工工艺及原理进行深入探讨,使得冲压技术得到迅猛发展。在此期间归纳出的模具设计原则,使得压力机械、冲压材料、加工方法、模具结构、模具材料、模具制造方法、自动化装置等领域面貌一新,并向实用化的方向

---

* 本书中"重量"指质量。

推进。进入20世纪70年代,不断涌现出各种高效率、高精度、高寿命的多功能自动模具。如五十多个工位的级进模和十几个工位的多工位传递模。在此期间,日本以"模具加工精度进入微米级"而站到了世界工业的最先列。从20世纪70年代中期至今,计算机逐渐进入模具生产的设计、制造、管理等各个领域;辅助进行零件图形输入、毛坯展开、条料排样、确定模座尺寸和标准、绘制装配图和零件图、输出NC程序(用于数控加工中心和线切割编程)等工作,使得模具设计、加工精度与复杂性不断提高,模具制造周期不断缩短。当前国际上计算机辅助设计(CAD),计算机辅助工艺(CAE)和计算机辅助制造(CAM)的发展趋势是:①继续发展几何图形系统,以满足复杂零件和模具的要求;在CAD和CAM的基础上建立生产集成系统(CIMS);②开展塑性成形模拟技术CAE(包括物理模拟和数学模拟)的研究,以提高工艺分析和模具CAD的理论水平和实用性;③开发智能数据库和分布式数据库,发展专家系统和智能CAD等。这样将模具CAD、CAE和CAM有机结合在一起,实现集成化、三维化、智能化和网络化,使用户在统一的环境中实现协同作业,以便充分发挥各自的优势和功效,实现信息的综合管理与共享,从而支持模具设计、制造、装配、检验、测试及生产管理的全过程,达到实现优质、高效、低成本的产品生产为目标以适应用户对产品个性化的追求。

中国模具工业是19世纪末20世纪初随着军火和钟表业引进的压力机发展起来的。从那时到20世纪50年代初,模具多采用作坊式生产,凭工人经验,用简单的加工手段进行制造。在以后的几十年中,随着国民经济的大规模发展,模具业发展很快。当时中国大量引进苏联的图纸、设备和先进经验,其水平相当于当时工业发达的国家。此后直到20世纪70年代末,由于错过了世界经济发展的大浪潮,中国的模具业没有跟上世界发展的步伐。20世纪80年代末,伴随家电、轻工、汽车生产线模具的大量进口和模具国产化的呼声日益高涨,中国先后引进了一批现代化的模具加工机床。在此基础上,参照已有的进口模具,中国成功地复制了一批替代品,如汽车覆盖件模具等。模具的国产化虽然使中国模具制造水平逐渐赶上了国际先进水平,然而在计算机应用方面仍然存在着差距。

中国模具CAD/CAM技术从20世纪80年代起步,长期处于低水平重复开发阶段,所用软件多为进口的图形软件、数据库软件、NC软件等,自主开发的软件缺乏通用性,商品化价值不高,对许多引进的CAD/CAM系统缺乏二次开发,经济效益不显著。针对上述情况,国家有关部门在"九五"期间制定了相关政策和措施。到90年代后期,中国CAD软件产业从无到有,发展出一批具有自主知识产权的三维CAD软件,如清华英泰、北航CAXA、武汉开目等打破了国外产品一统天下的局面。目前,随着中国模具工业高速发展,模具行业产业结构有了很大改善,模具商业化水平不断大幅度提高,中高档模具占模具总量的比例明显提高,模具进出口比例逐步趋向合理。

三维CAD技术的出现,极大地推动了模具工业的发展,使零件设计及模具结构设计在非常直观的三维环境下进行,模具设计完成后,根据投影关系自动生成工程图。模具属于标准化程度较高的工艺装备,模具设计中使用的模架及各种标准件可以直接从CAD系统中建立的标准库中直接调用,大大提高了模具设计的质量和效率。同时,三维CAD系统中设计生成的三维模型可直接用于有限元模拟零件的成形过程及数控加工编程等的后续应用,适应现代化生产,满足了CAD/CAE/CAM集成技术的要求。目前,三维CAD技术已广泛地应用于模具设计,缩短了新产品的开发周期和产品的更新期;一些大型模具制造公司,如一汽模具制造有限公司,天津汽车模具股份有限公司,北京比亚迪模具有限公司等,分别引入了Dynaform和Autoform CAE分析软件,并成功应用于模具的设计中,使得开发的新产品达到"高质量、低成本、上市快”的目标得以实现。到了 21 世纪，随着计算机软件的发展和进步，CAD/CAE/CAM 技术日臻成熟，它们在现代模具中的应用越来越广泛。

1.3　冷冲压模具的分类

冷冲压模具主要用于金属及非金属板料的压力加工，其加工方式可分为分离和成形两大类。

- 分离：按一定轮廓线将工件与板料分开。
- 成形：在不破坏板料的条件下，通过塑性变形获得所要求的形状和尺寸精度。

典型的模具见表 1.1。

表 1.1　典型的模具

<table>
<tr><th>类　型</th><th colspan="2">模具名称</th><th>模具简图</th><th>模具工作特征</th></tr>
<tr><td rowspan="4">分离</td><td colspan="2">切断模</td><td></td><td>切断板料，切断线不封闭</td></tr>
<tr><td rowspan="2">冲裁模</td><td>落料模</td><td> 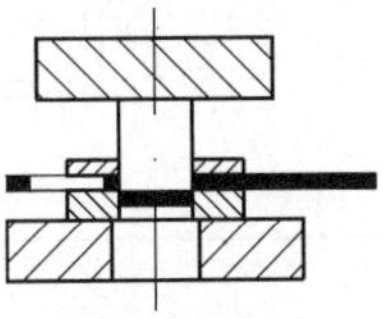</td><td>沿封闭线冲切板料，冲下部分为工件 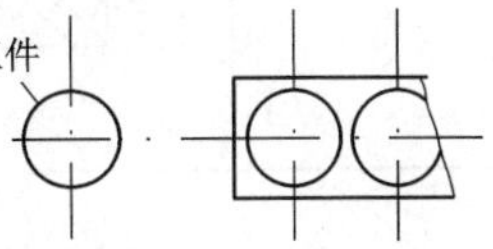
工件</td></tr>
<tr><td>冲孔模</td><td> 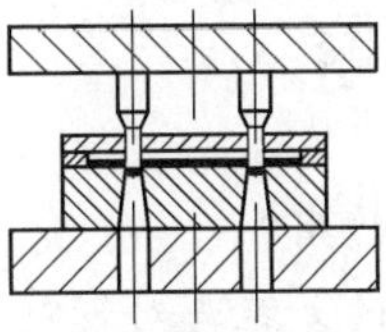</td><td>沿封闭线冲切板料，冲下部分为废料 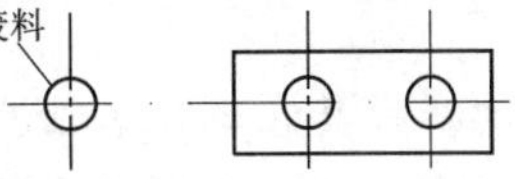
废料</td></tr>
<tr><td colspan="2">切边模</td><td></td><td>将工件边缘多余的材料冲切下来 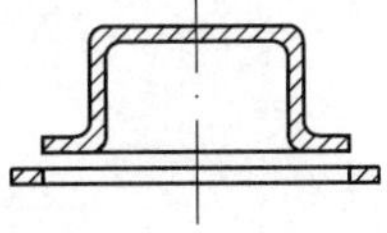</td></tr>
<tr><td>成形</td><td colspan="2">弯曲模</td><td></td><td>使板料弯成一定角度或一定形状 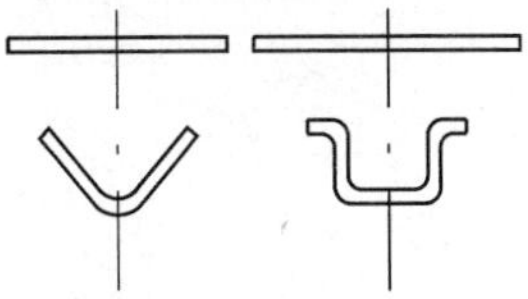</td></tr>
</table>

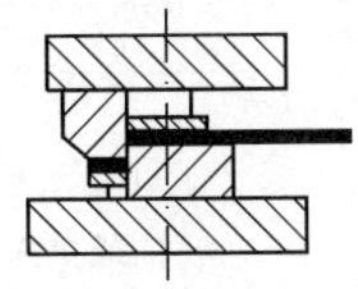

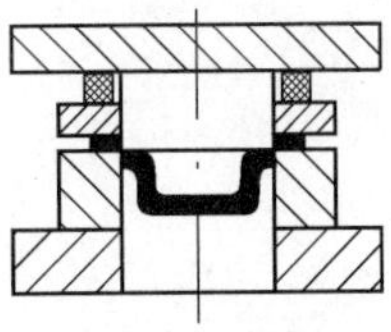

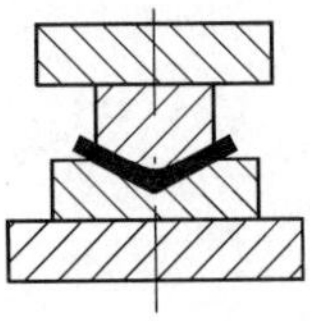

续表 1.1

类　型	模具名称	模具简图	模具工作特征
成形	拉深模	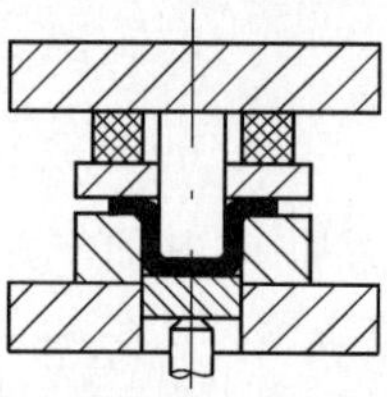	将板料拉深成任意形状的空心件 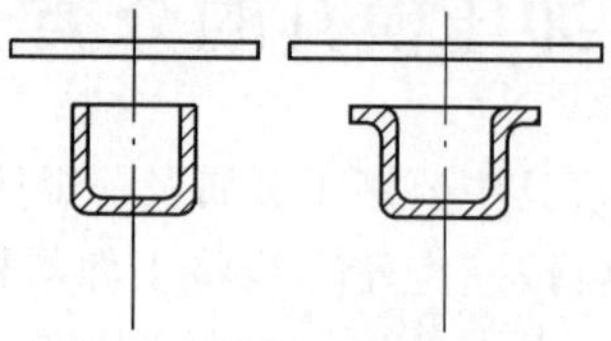
	翻边模	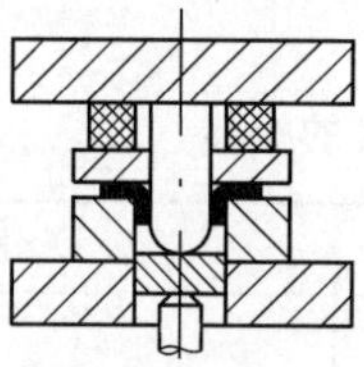	将板料上的孔或外缘翻成直壁 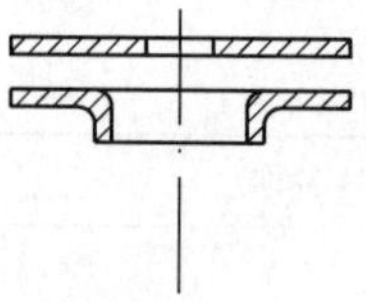
	整形模	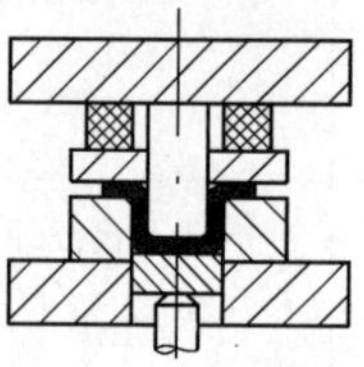	将工件不平的表面压平,将原先弯曲或拉深件压成最终正确形状 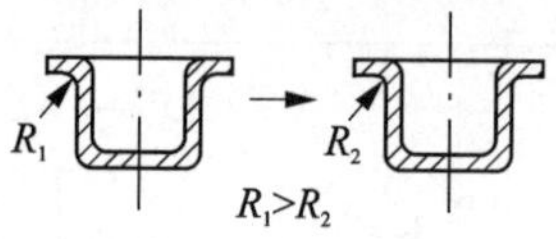

习　题

1.1　冷冲压模具在现代工业生产中起什么作用?

1.2　当代冷冲压模具技术发展现状及中国的差距与对策?

1.3　冷冲压模具都包括哪些类型?

第2章　冲裁模设计

冲裁模是从条料、带料或半成品上沿规定轮廓分离板料所使用的模具，通常指落料模和冲孔模。简单冲裁模，如图2.1所示。

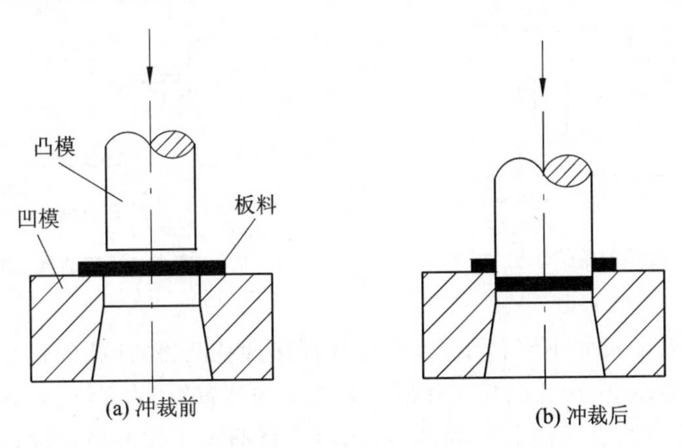

图2.1　简单冲裁模

根据冲裁零件尺寸、精度要求的不同，冲裁模分为普通冲裁模和精密冲裁模。

2.1　冲裁模的设计基础

2.1.1　冲裁件的工艺性

冲裁件的工艺性是指工件对冲压加工工艺的适合性，它是从冲压加工角度对产品设计提出的工艺要求。良好的工艺性体现在材料消耗少，工序数目少，模具结构简单且寿命长，产品质量稳定，操作简单等方面。

一、冲裁件的结构工艺性

用普通冲裁模冲裁的零件，其断面与零件表面并不垂直，并有明显区域性特征。采用合理使用间隙冲裁模冲裁的零件，光亮区域约占断面厚度的30%；凹模侧有明显的塌角，凸模侧有高度不小于0.05 mm的毛刺；外形有一定程度的拱曲。普通冲裁加工条件决定了冲裁件的这种特点，选用冲裁工艺时必须考虑零件的这些特征，注意以下问题。

(1) 冲裁件的形状应该尽量简单、规则，使排样时废料最少。

(2) 零件内、外形转角处避免尖角，如无特殊要求，应用 $R > 0.25t$ 的圆角过渡。

(3) 零件外形需避免有过长或过窄的悬臂和凹槽。软钢、黄铜等材料，应使其宽度 $b \geqslant 1.5t$，高碳钢或合金钢等硬质材料应取 $b \geqslant 2t$，如图2.2所示。

(4) 冲裁件上孔与孔之间，孔与零件边缘之间的距离不能过小，以免影响凹模强度和冲裁质量，其距离主要与孔的形状和料厚有关，通常取 $c \geqslant 1.5t$，$c' \geqslant t$，如图 2.2 所示；弯曲件或拉深件上确定孔的位置时，应使孔壁位于两交接面圆角区之外的部位，以防冲孔时凸模因受不对称的侧压力作用而啃伤刃口或使小凸模折断；通常取孔壁至零件直壁间的距离 $l \geqslant R + 0.5t$，如图 2.3 所示。

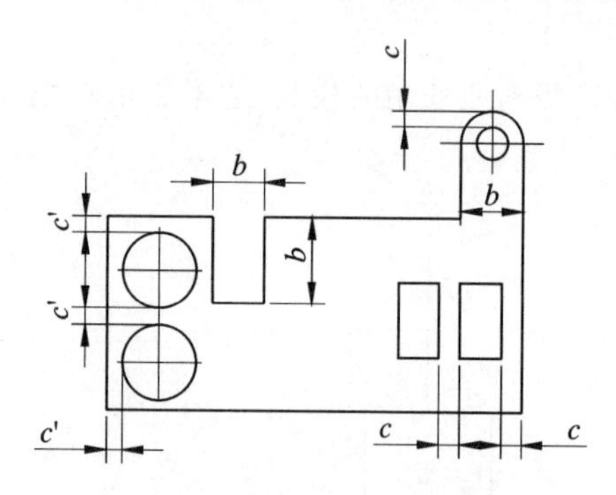

图 2.2　冲裁件的结构工艺性

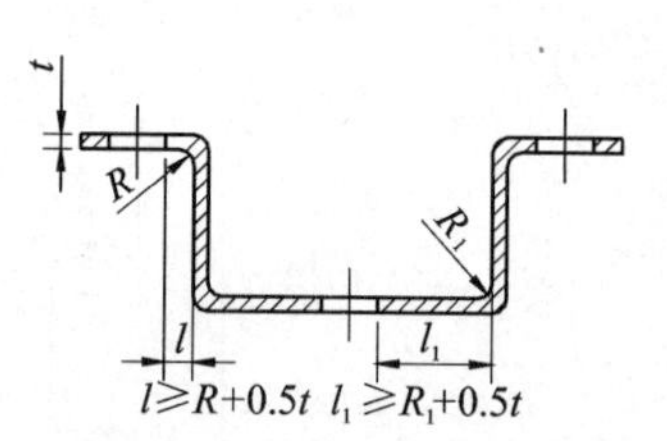

图 2.3　弯曲件的冲孔位置

(5) 零件上冲孔的尺寸不宜过小，否则极易损坏冲孔凸模，冲孔的最小尺寸与孔的形状、材料种类和厚度、冲孔凸模工作时是否有导向装置有关，无导向凸模的最小冲孔尺寸如表 2.1 所列；有导向装置的凸模，因可提高凸模工作的稳定性，最小冲孔尺寸较前者小，如表 2.2 所列。

二、冲裁件的尺寸精度与断面粗糙度

凡产品图纸上未注公差的尺寸，均属于未注公差尺寸。在计算凸模与凹模尺寸时，冲压件未注公差尺寸的极限偏差数值通常按 GB1800－79 IT14 级，如表 7.14 所列。一般冲裁件内、外形所能达到的经济精度、两孔中心距离公差、孔中心与边缘距离尺寸公差、冲裁件的角度偏差值以及剪切断面的近似表面粗糙度值，分别如表 2.3～2.7 所列。

三、冲裁件的尺寸标注

冲裁件的尺寸标注应符合冲压工艺要求。

表 2.1　无导向凸模冲孔的最小尺寸

材　料	(圆孔 d, t)	(方孔 a, t)	(长圆孔 a, t)	(矩形孔 a, t)
钢 $\sigma_b > 700$ MPa	$d \geqslant 1.5t$	$a \geqslant 1.35t$	$a \geqslant 1.1t$	$a \geqslant 1.2t$
钢 $\sigma_b = 400 \sim 700$ MPa	$d \geqslant 1.3t$	$a \geqslant 1.2t$	$a \geqslant 0.9t$	$a \geqslant 1.0t$
钢 $\sigma_b < 400$ MPa	$d \geqslant 1.0t$	$a \geqslant 0.9t$	$a \geqslant 0.7t$	$a \geqslant 0.8t$
黄铜、铜	$d \geqslant 0.9t$	$a \geqslant 0.8t$	$a \geqslant 0.6t$	$a \geqslant 0.7t$

续表 2.1

材　料	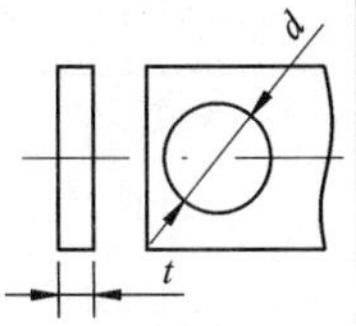	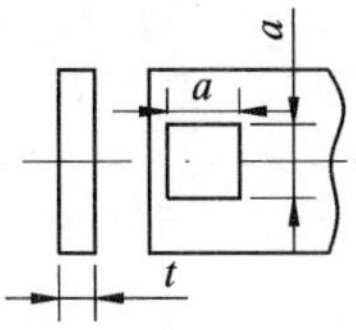	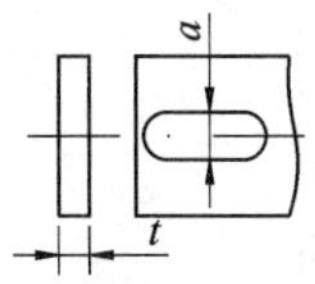	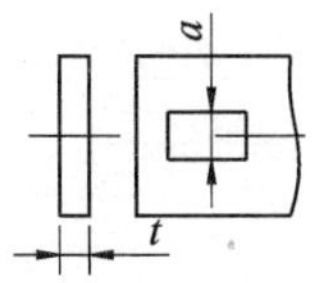
铝、锌	$d \geqslant 0.8t$	$a \geqslant 0.7t$	$a \geqslant 0.5t$	$a \geqslant 0.6t$
纸胶板、布胶板	$d \geqslant 0.7t$	$a \geqslant 0.6t$	$a \geqslant 0.4t$	$a \geqslant 0.5t$
硬纸、纸	$d \geqslant 0.6t$	$a \geqslant 0.5t$	$a \geqslant 0.3t$	$a \geqslant 0.4t$

注：一般要求 $d \geqslant 0.3$ mm。

表 2.2　带导向凸模冲孔的最小尺寸

材　料	硬　钢	软钢及黄铜	铝及锌	纸胶板、布胶板
圆形孔 d	$\geqslant 0.5t$	$\geqslant 0.35t$	$\geqslant 0.3t$	$\geqslant 0.3t$
矩形孔短边 a	$\geqslant 0.4t$	$\geqslant 0.3t$	$\geqslant 0.28t$	$\geqslant 0.25t$

注：一般要求 $d \geqslant 0.3$ mm。

表 2.3　冲裁件内、外形所能达到的经济精度

<table>
<tr><th rowspan="2">材料厚度 t/mm</th><th colspan="5">基本尺寸/mm</th></tr>
<tr><th>≤3</th><th>3～6</th><th>6～10</th><th>10～18</th><th>18～500</th></tr>
<tr><td>≤1</td><td colspan="3">IT12～IT13</td><td colspan="2">IT11</td></tr>
<tr><td>1～2</td><td>IT14</td><td colspan="3">IT12～IT13</td><td>IT11</td></tr>
<tr><td>2～3</td><td colspan="3">IT14</td><td colspan="2">IT12～IT13</td></tr>
<tr><td>3～5</td><td>—</td><td colspan="3">IT14</td><td>IT12～IT13</td></tr>
</table>

表 2.4　两孔中心距离公差

mm

材料厚度 t	孔距基本尺寸					
	一般精度(模具)			较高精度(模具)		
	≤50	50～150	150～300	≤50	50～150	150～300
≤1	±0.1	±0.15	±0.2	±0.03	±0.05	±0.08
1～2	±0.12	±0.2	±0.3	±0.04	±0.06	±0.1
2～4	±0.15	±0.25	±0.35	±0.06	±0.08	±0.12
4～5	±0.2	±0.3	±0.40	±0.08	±0.10	±0.15

注：1. 表中所列孔距公差，适用于两孔同时冲出的情况；

2. 一般精度指模具工作部分达 IT8，凹模后角为 15′～30′的情况；较高精度指模具工作部分达 IT7 以上，凹模后角不超过 15′。

表 2.5　孔中心与边缘距离尺寸公差

mm

材料厚度 t	孔中心与边缘距离尺寸			
	≤50	50～120	120～220	220～360
≤2	±0.5	±0.6	±0.7	±0.8
2～4	±0.6	±0.7	±0.8	±1.0
>4	±0.7	±0.8	±1.0	±1.2

注：本表适用于先落料再进行冲孔的情况。

表 2.6　冲裁件的角度偏差值

精度等级	短边长度/mm												
	1～3	3～6	6～10	10～18	18～30	30～50	50～80	80～120	120～180	180～260	260～360	360～500	>500
较高精度	±2°30′	±2°	±1°30′	±1°15′	±1°	±50′	±40′	±30′	±25′	±20′	±15′	±12′	±10′
一般精度	±4°	±3°	±2°30′	±2°	±1°30′	±1°15′	±1°	±50′	±40′	±30′	±25′	±20′	±15′

表 2.7　一般剪切断面表面粗糙度

材料厚度 t/mm	≤1	1～2	2～3	3～4	4～5
剪切断面表面粗糙度 Ra/μm	3.2	6.3	12.5	25	50

注：如果冲压件剪切断面表面粗糙度要求高于本表所列，则需要另加整修工序。各种材料通过整修后的表面粗糙度 Ra：黄铜 0.4 μm，软钢 0.4～0.8 μm，硬钢 0.8～1.6 μm。

例如图 2.4 所示的冲裁件，其中图 2.4(a)的尺寸标注方法就不合理，这样标注，两孔的中心距会随着模具的磨损而增大，若改为图 2.4(b)的标注方法，则两孔的中心距与模具的磨损无关，其公差值也可减少。

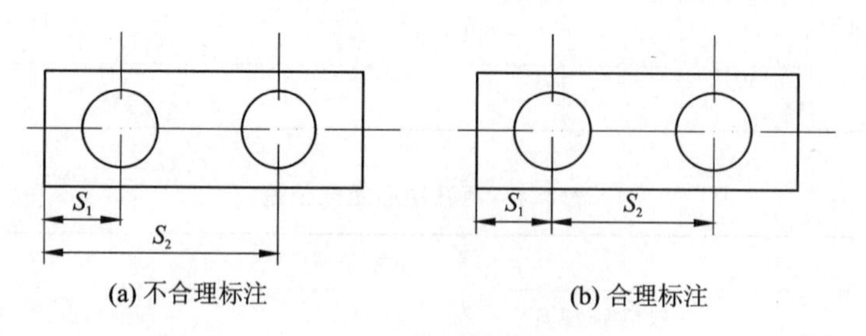

(a) 不合理标注　　(b) 合理标注

图 2.4　冲裁件的尺寸标注

2.1.2　冲裁过程的分析

一、冲裁时板料的受力分析

在无压边装置的冲裁过程中，板料所受外力如图 2.5 所示。

其中：F_p，F_d——凸、凹模对板料的垂直作用力；

F_1，F_2——凸、凹模对板料的侧压力；

μF_p，μF_d——凸、凹模端面与板料间的摩擦力，其方向分别与 F_p，F_d 垂直，但一般指向模具刃口（μ 是摩擦系数，下同）；

μF_1，μF_2——凸、凹模侧面与板料间的摩擦力，其方向分别与 F_1，F_2 垂直，但一般指向模具刃口。

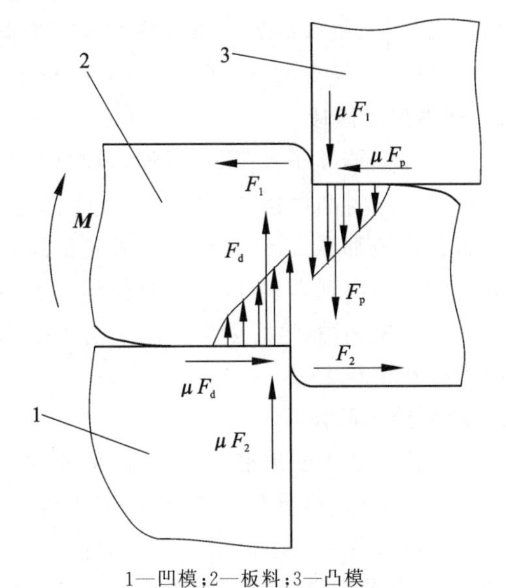

1—凹模；2—板料；3—凸模

图 2.5　冲裁时作用于板料上的力

从此图中可看到，板料由于受到模具表面的力偶作用而弯曲，并从模具表面上翘起，使模具表面和板料的接触面仅局限在刃口附近的狭小区域，宽度为板厚的 0.2～0.4。接触面间相互作用的垂直压力分布并不均匀，而是随着模具刃口的逼近而急剧增大。

二、冲裁过程

图 2.6 是常用金属板料的冲裁过程。当冲裁间隙正常时，这个过程大致可以分成三个阶段。

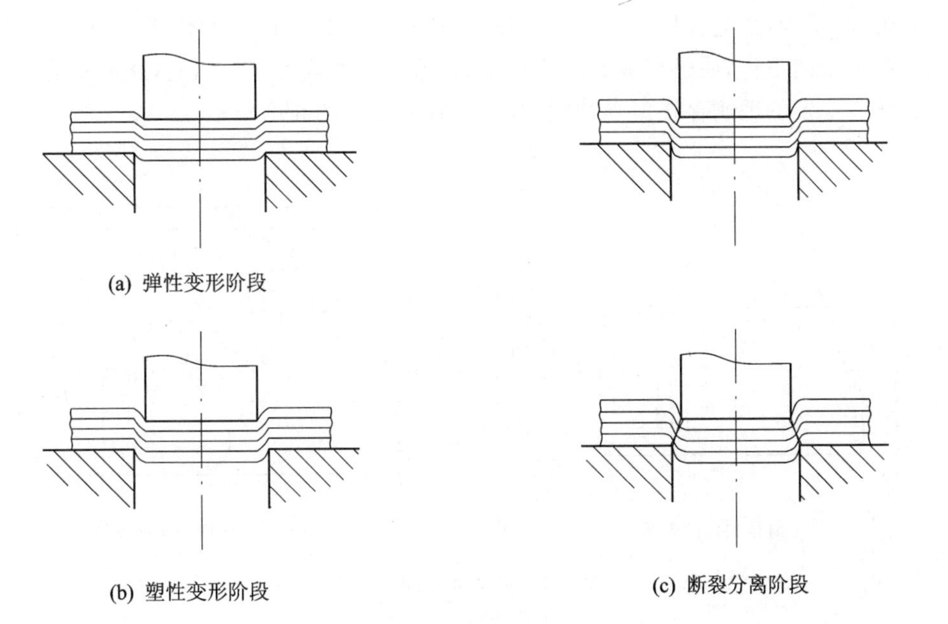

图 2.6　冲裁过程

1. 弹性变形阶段

凸模接触板料后，开始压缩材料，并使材料产生弹性压缩、拉伸与弯曲等变形。这时凸模略挤入材料,材料的另一侧也略挤入凹模洞口。随着凸模继续压入,材料内的应力达到弹性极限。此时,凸模下的材料略有弯曲,凹模上的材料则向上翘。间隙越大,弯曲和上翘越严重。

2. 塑性变形阶段

当凸模继续压入,压力增加,材料内的应力达屈服极限时便开始进入第二阶段,即塑性变形阶段。这时凸模挤入材料的深度逐渐增大,即塑性变形程度逐渐增大。此时材料内部的拉应力和弯矩都增大,变形区材料硬化加剧,冲裁变形力不断增大,直到刃口附近的材料由于拉应力的作用出现微裂纹时说明材料开始破坏,冲裁变形力达到最大值,塑性变形阶段告终。由于存在冲模间隙,这个阶段中除了剪切变形外,冲裁区还产生弯曲和拉伸,显然,间隙越大,弯曲和拉伸也越大。

3. 断裂分离阶段

凸模仍然不断地继续压入,已形成的上、下微裂纹逐渐扩大并向材料内延伸,楔形发展,当上、下两裂纹相遇重合时,材料便被剪断分离。

冲裁过程的变形是很复杂的,除了剪切变形外,还存在拉伸、弯曲、横向挤压等变形。所以,冲裁件及废料的表面不平整,常有翘曲现象。

三、冲裁件的断面

冲裁件的断面可明显地分为圆角带 a、光亮带 b、剪裂带 c 和毛刺带 d,如图 2.7(a)所示落料件断面。板料在冲裁时的应力、应变情况如图 2.7(b)所示。

圆角带 a——当凸模压入板料时,刃口附近的板料被牵连拉入变形。

光亮带 b——凸模挤压切入所形成的表面,表面光滑,断面质量最佳。

剪裂带 c——板料在剪断分离时所形成的断裂带,表面粗糙并略带斜度。

毛刺带 d——冲裁毛刺是在出现微裂纹时形成的,微裂纹产生的位置在离刃口不远的侧面上。当凸模继续下行,使已形成的毛刺拉长,并残留在冲裁件上。因此,从冲裁的原理上说,冲裁件必然有一定的毛刺存在。当冲裁间隙合适时,毛刺的高度较小。

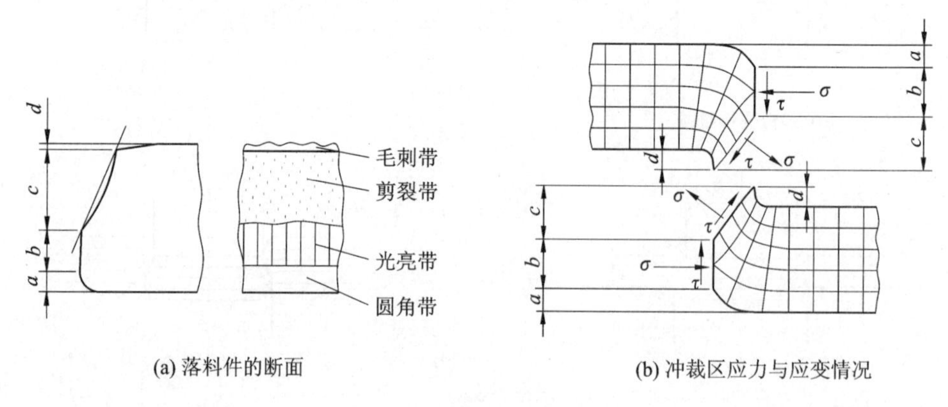

(a) 落料件的断面　　(b) 冲裁区应力与应变情况

图 2.7　冲裁件的断面情况

2.1.3　冲裁件的工艺计算

一、排样、搭边、条料宽度

1. 排　样

排样是指冲裁件在条料、带料或板料上的布置方法。合理的排样和选择适当的搭边值，是降低成本、保证工件质量及延长模具寿命的有效措施。

(1) 排样的方式

排样的方式有多种多样，图 2.8 给出了几种常见的排样方式。其中图 2.8(a)、(b)、(c)、(d)为有废料排样，模具沿工件全部外形进行冲裁，工件周边都留有搭边。这种排样能保证冲裁件的质量，冲模寿命较长，但材料利用率低。图 2.8(e)、(f)分别为少废料和无废料排样。这两种排样方式对节省材料具有重要意义，并适用于一次冲裁多个工件，可以提高生产率。同时因冲裁周边减少，可简化冲模结构、降低冲裁力。采用少废料和无废料排样时，由于条料宽度的公差以及条料导向与定位所产生的误差，使工件的质量和精度较低。另外，由于采用单边冲裁，会影响断面质量，缩短模具寿命。

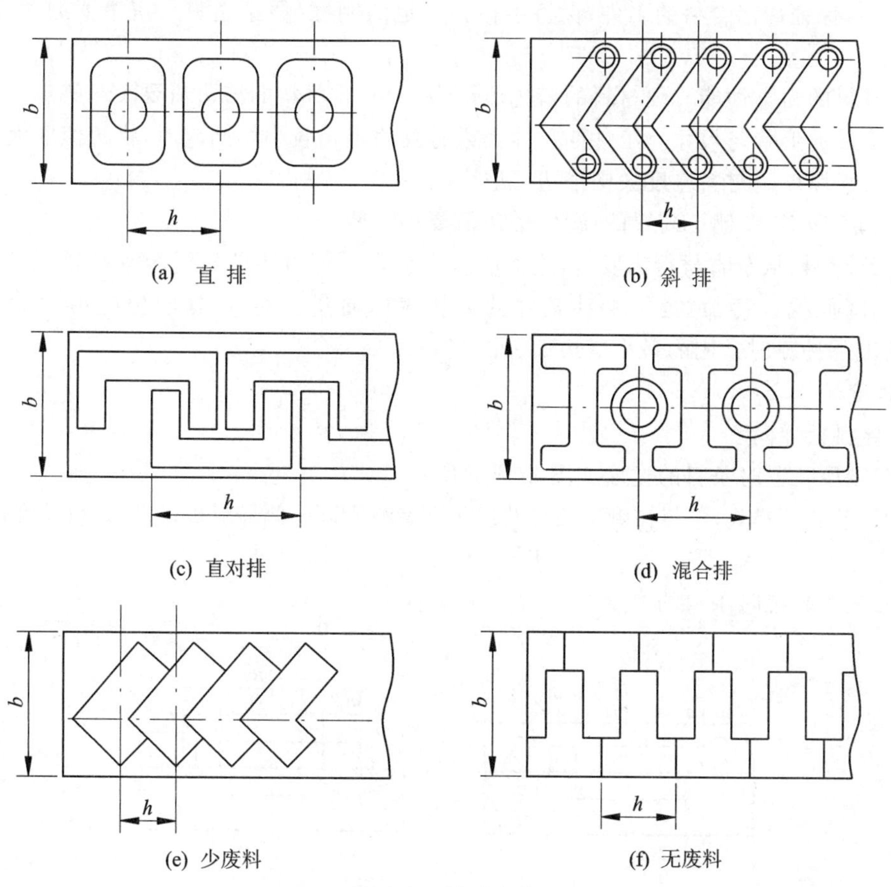

图 2.8　排样方式

(2) 材料的利用率

排样时，在保证工件质量的前提下，要尽量提高材料的利用率。

一个进距的材料利用率 η 的计算式为

$$\eta = \frac{nA}{bh} \times 100\% \tag{2.1}$$

式中：A——冲裁件面积(包括内形结构废料)，mm^2；

n——一个进距内冲裁件数目；

b——条料宽度，mm；

h——进距，mm。

一张板料上总的材料利用率 $\eta_{总}$ 的计算式为

$$\eta_{总} = \frac{n_{总} A}{LB} \times 100\% \tag{2.2}$$

式中：$n_{总}$——一张板料上冲裁件总数目；

L——板料长度，mm；

B——板料宽度，mm。

2. 搭 边

排样时工件之间以及工件与条料侧边之间留下的余料叫做搭边。搭边的作用是补偿条料的定位误差，保证冲出合格的工件；保持条料有一定的刚度，便于送料。搭边值的大小与下列因素有关。

(1) 材料的力学性能。硬材料的搭边值可小一些，软材料的搭边值要大一些。

(2) 工件的形状与尺寸。工件的尺寸大或有圆角半径较小的凸起时，搭边值取大一些。

(3) 材料厚度。材料厚度大则搭边值取大一些。

(4) 手工送料、有侧压装置的模具，搭边值要小一些。

搭边是废料，从节省材料出发，搭边值应愈小愈好。但过小的搭边容易被挤进凹模，增加刃口磨损，降低模具寿命，也影响冲裁件的剪切表面质量。通常，搭边值是由经验确定的，表2.8列出了冲裁时常用的最小搭边值。

3. 条料宽度

(1) 导料板导向

① 有侧压装置时条料的宽度如图2.9(a)所示。

有侧压装置的模具，条料在侧压装置的顶压下始终沿同一侧导料板送进，条料宽度计算式为

$$B = (D + 2a)_{-\Delta}^{0} \tag{2.3}$$

② 无侧压装置时条料的宽度如图2.9(b)所示。

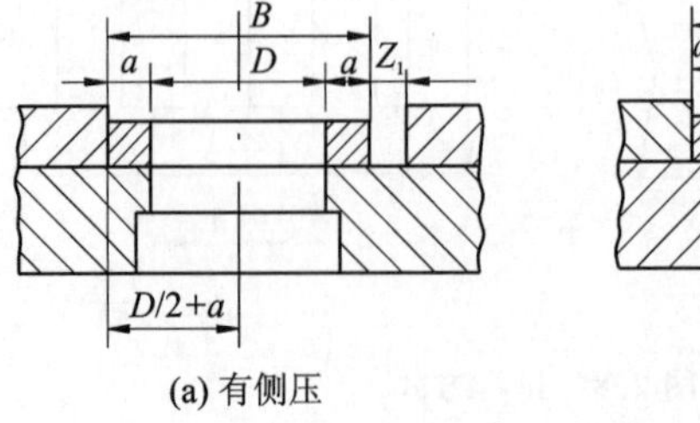

(a) 有侧压

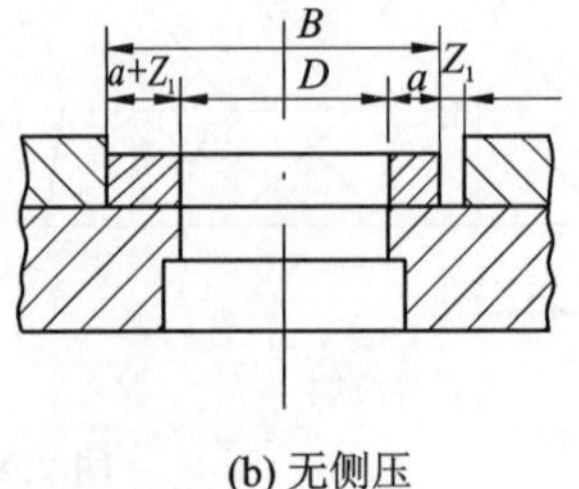

(b) 无侧压

图2.9 条料宽度的确定

表 2.8　冲裁金属材料的搭边值

mm

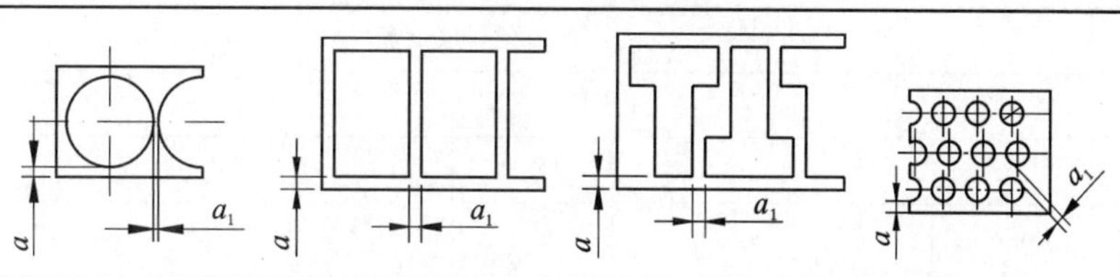

<table>
<tr><th rowspan="3">料　厚</th><th colspan="6">手　送　料</th><th colspan="2" rowspan="2">自动送料</th></tr>
<tr><th colspan="2">圆　形</th><th colspan="2">非圆形</th><th colspan="2">往复送料</th></tr>
<tr><th>a</th><th>a_1</th><th>a</th><th>a_1</th><th>a</th><th>a_1</th><th>a</th><th>a_1</th></tr>
<tr><td>～1</td><td>1.5</td><td>1.5</td><td>2</td><td>1.5</td><td>3</td><td>2</td><td rowspan="3">3</td><td rowspan="3">2</td></tr>
<tr><td>1～2</td><td>2</td><td>1.5</td><td>2.5</td><td>2</td><td>3.5</td><td>2.5</td></tr>
<tr><td>2～3</td><td>2.5</td><td>2</td><td>3</td><td>2.5</td><td>4</td><td>3.5</td></tr>
<tr><td>3～4</td><td>3</td><td>2.5</td><td>3.5</td><td>3</td><td>5</td><td>4</td><td>4</td><td>3</td></tr>
<tr><td>4～5</td><td>4</td><td>3</td><td>5</td><td>4</td><td>6</td><td>5</td><td>5</td><td>4</td></tr>
<tr><td>5～6</td><td>5</td><td>4</td><td>6</td><td>5</td><td>7</td><td>6</td><td>6</td><td>5</td></tr>
<tr><td>6～8</td><td>6</td><td>5</td><td>7</td><td>6</td><td>8</td><td>7</td><td>7</td><td>6</td></tr>
<tr><td>>8</td><td>7</td><td>6</td><td>8</td><td>7</td><td>9</td><td>8</td><td>8</td><td>7</td></tr>
</table>

注：冲非金属材料(皮革、纸板、石棉等)，搭边值应乘 1.5～2。

无侧压装置的模具，条料在送进过程中可能沿导料板的一侧，也可能沿另一侧。由于导向面的变化，条料的摆动将使侧搭边值减少。为补偿侧搭边值的减少，计算条料宽度时，需增加一个导向间隙 Z_1，条料宽度的计算式为

$$B = [\,D + 2a + Z_1\,]^{0}_{-\Delta} \tag{2.4}$$

式中：B——条料宽度的基本尺寸，mm；

D——垂直送料方向的工件尺寸，mm；

a——侧搭边值，mm，参见表 2.8；

Δ——条料宽度公差，mm，参见表 2.9；

Z_1——条料与导料板间的间隙，mm，参见表 2.9。

(2) 侧刃定距

用侧刃定距或作粗定位时必须加宽排样图确定的条料宽度 B，如图 2.10 所示。条料的剪切宽度 B 的计算式为

$$B = (B_1 + nb)^{0}_{-\Delta} = (D + 2a + nb)^{0}_{-\Delta} \tag{2.5}$$

式中：b——侧刃冲切的料边宽度，通常取 1.5～2.5 mm(薄料取小值，厚料取大值)；

n——侧刃数量；

表 2.9　条料宽度公差及条料与导料板之间的间隙

mm

条料宽度 B	条料厚度 t							
	≤1		1～2		2～3		3～5	
	Δ	Z_1	Δ	Z_1	Δ	Z_1	Δ	Z_1
≤50	0.4	0.1	0.5	0.2	0.7	0.4	0.9	0.6
50～100	0.5	0.1	0.6	0.2	0.8	0.4	1.0	0.6
100～150	0.6	0.2	0.7	0.3	0.9	0.5	1.1	0.7
150～200	0.7	0.2	0.8	0.3	1.0	0.5	1.2	0.7
200～300	0.8	0.3	0.9	0.4	1.1	0.6	1.3	0.8

注：1. 条料公差的标注为 $B^{0}_{-\Delta}$；

2. 表中公差 Δ 采用卧式剪床下料获得。

(3) 同侧导料销

同侧导料销定位的条料宽度 B 如图 2.11 所示，其计算式为

$$B = D + 2a \tag{2.6}$$

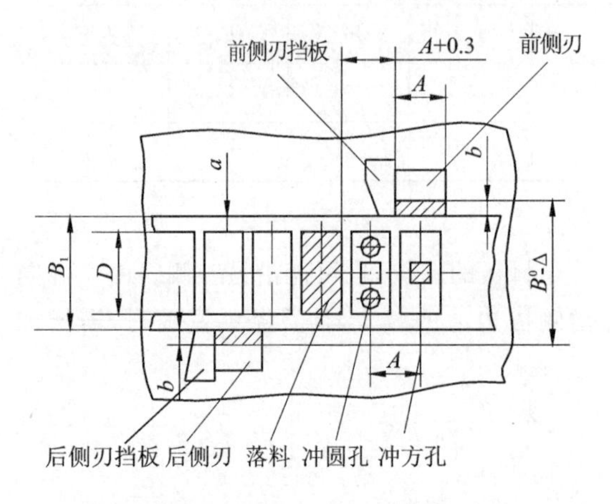

图 2.10　侧刃定位的条料宽度

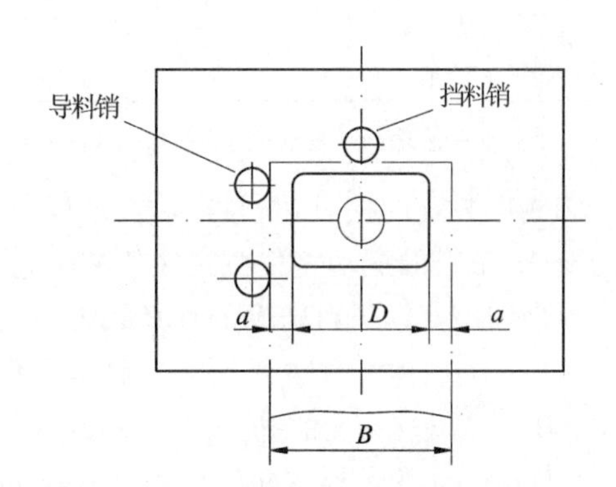

图 2.11　同侧导料销定位的条料宽度

二、模具的压力中心

冲裁模的压力中心就是冲裁力合力的作用点。冲压时，模具的压力中心一定要与压力机滑块的中心线重合；否则滑块就会承受偏心载荷，使模具歪斜，间隙不均，导致压力机滑块与导轨和模具的不正常磨损，降低压力机和模具的寿命。所以在设计模具时，必须要确定模具的压力中心，使其通过模柄的轴线，从而保证模具压力中心与压力机滑块中心重合。通常利用求平行力系合力作用点的方法(合力对某轴之力矩等于各分力对同轴力矩之和)，常用解析法确定模具的压力中心。

1. 对称形状的冲裁件，其压力中心位于轮廓图形的几何中心 O 点，如图 2.12(a)、(b)所示。等半径圆弧段的压力中心，位于任意角 2α 的角平分线上，且距离圆心为 x_0 的点上，如图 2.12(c)所示。$x_0 = r\sin\alpha/\alpha$，角 α 以弧度计。

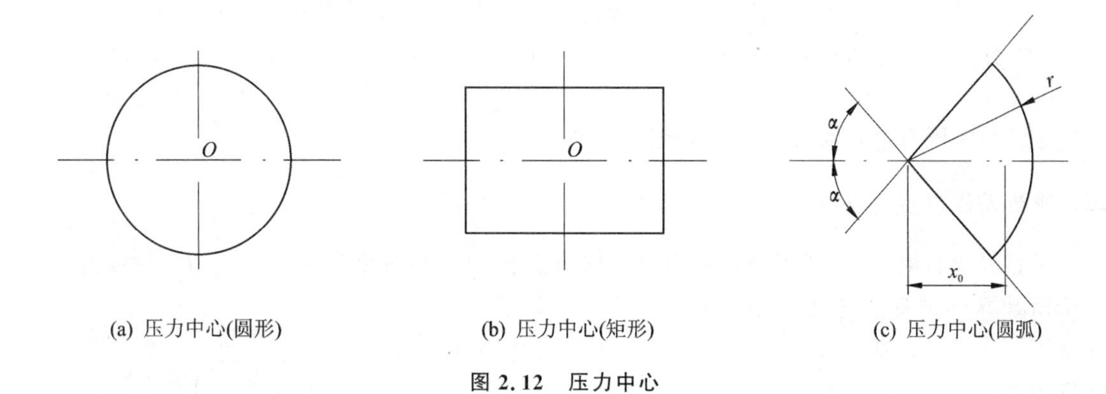

(a) 压力中心(圆形)　(b) 压力中心(矩形)　(c) 压力中心(圆弧)

图 2.12　压力中心

2. 复杂形状冲裁件如图 2.13 所示，其压力中心的确定过程如下。

(1) 画出冲裁件图，即凸模工作刃口轮廓图。

(2) 任选一坐标系 xOy（坐标系的选择应尽量使计算方便）。

(3) 将冲裁件轮廓分成若干基本线段（直线或圆弧），计算各基本线段的长度 L_1、L_2、…L_n。

(4) 计算各基本线段的重心 C 到 y 轴的距离 x_1、x_2…x_n 以及到 x 轴的距离 y_1、y_2…y_n。直线段的重心在线段的中点；圆弧的重心位置计算，如图 2.12(c)所示。

(5) 根据"合力对某轴之力矩等于各分力对同轴力矩之和"的力学原理可分别按下列公式求冲模压力中心到 x 轴和 y 轴的距离：

压力中心到 y 轴的距离为

$$X=\frac{L_1x_1+L_2x_2+\cdots+L_nx_n}{L_1+L_2+\cdots+L_n} \tag{2.7}$$

压力中心到 x 轴的距离为

$$Y=\frac{L_1y_1+L_2y_2+\cdots+L_ny_n}{L_1+L_2+\cdots+L_n} \tag{2.8}$$

3. 多凸模冲裁的冲裁件如图 2.14 所示，采用复合模将外部轮廓和 4 个不同形状的孔同时冲出，其冲模压力中心按以下过程进行计算：

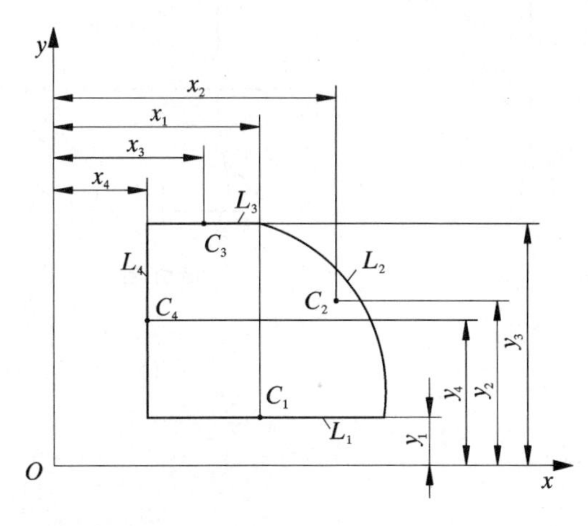

图 2.13　复杂形状冲裁件冲裁模具的压力中心

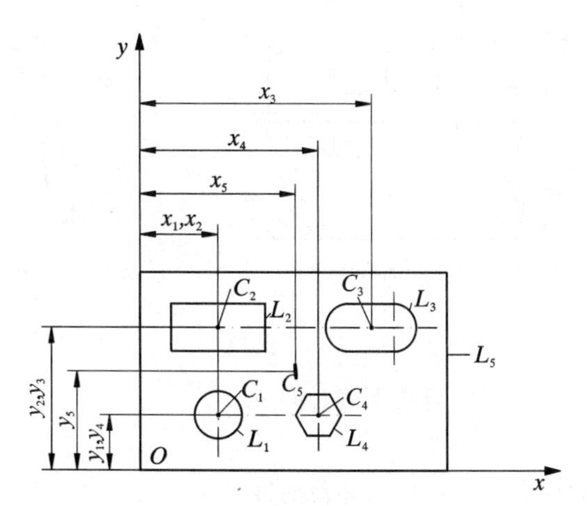

图 2.14　多凸模冲裁模具的压力中心

(1) 选定坐标系 xOy(为计算方便,x 轴、y 轴分别与外轮廓两条边重合);

(2) 分别求出各凸模刃口的周长 L_1,L_2,L_3,L_4,L_5 及重心坐标 x_1,x_2,x_3,x_4,x_5 和 y_1,y_2,y_3,y_4,y_5;

(3) 冲模压力中心到坐标轴的距离可按式(2.7)、(2.8)求得。

三、冲裁工艺力

冲裁模设计时,为了合理地设计模具及选用设备,要计算冲裁工艺力。压力机的吨位应该大于所计算的冲裁工艺力,以适应冲裁间隙的要求。冲裁工艺力包括冲裁力 F、卸料力 $F_{卸}$、推件力 $F_{推}$ 和顶件力 $F_{顶}$,如图 2.15 所示。

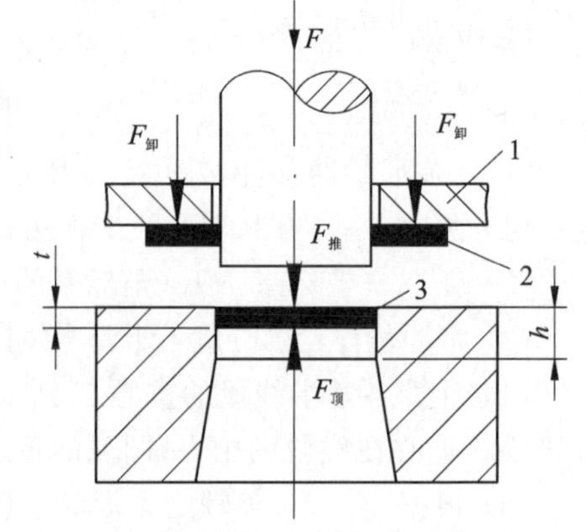

1—卸料板;2—废料;3—工件

图 2.15　冲裁力、卸料力、推件力和顶件力

1. 冲裁力

(1) 平刃口模具冲裁时,理论冲裁力可按下式计算

$$F = Lt\tau \tag{2.9}$$

式中:L——冲裁件周长,mm;

t——材料厚度,mm;

τ——材料抗剪强度,MPa。

选择设备吨位时,考虑刃口磨损和材料厚度及力学性能波动等因素,实际冲裁力可能增大,所以应取

$$F = 1.3Lt\tau \approx Lt\sigma_b \tag{2.10}$$

式中:σ_b——材料抗拉强度,MPa。

(2) 斜刃口模具冲裁时,由于冲裁时刃口逐步切入材料,从而使冲裁力减小。斜刃冲裁如图 2.16 所示,刃口做成一定斜度。

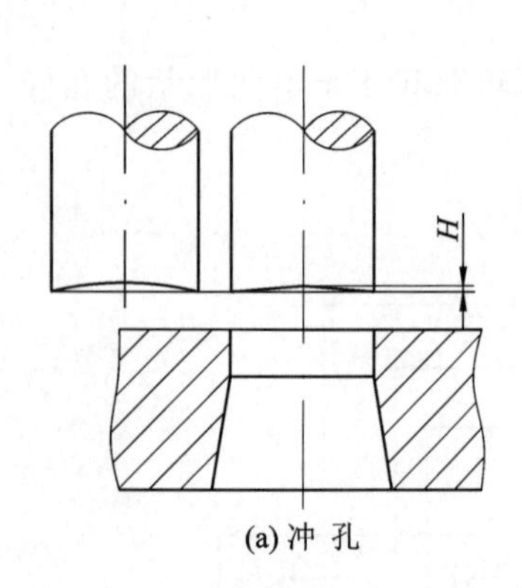

(a) 冲 孔

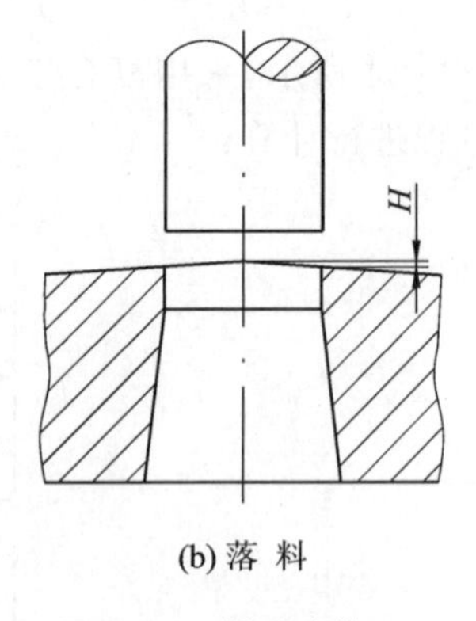

(b) 落 料

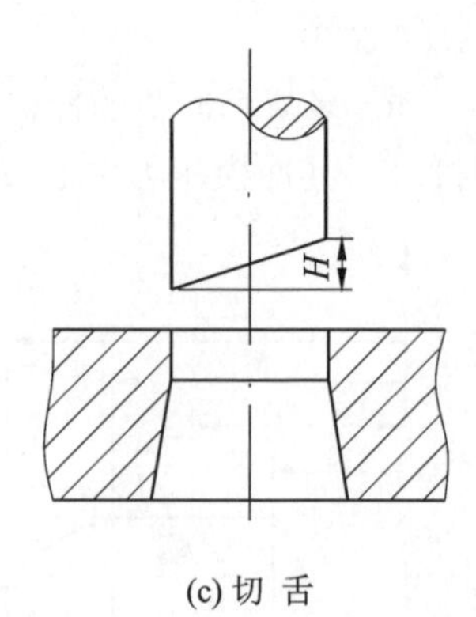

(c) 切 舌

图 2.16　斜刃冲裁

冲裁力可按下式计算

$$F' = K\tau Lt \tag{2.11}$$

式中:F'——斜刃冲裁的冲裁力,N;

K——与斜刃高度差 H 有关的系数,当 $H=t$ 时,$K=0.4\sim0.6$;当 $H=2t$ 时,$K=0.2\sim0.4$。

斜刃冲裁降低了冲裁力,但增加了模具制造及修磨的困难,刃口也易磨损,故一般情况尽量不用，只在大型工件冲裁和厚板冲裁中采用。

2. 卸料力 $F_{卸}$、推件力 $F_{推}$、和顶件力 $F_{顶}$ 计算式为

$$F_{卸}=K_{卸}F \tag{2.12}$$

$$F_{推}=nK_{推}F \tag{2.13}$$

$$F_{顶}=K_{顶}F \tag{2.14}$$

式中：F——平刃冲裁的冲裁力，N；

n——卡在凹模洞口里的工件(或废料)数目，$n=h/t$，参见图 2.15；

$K_{卸}$、$K_{推}$、$K_{顶}$——分别为卸料力系数、推件力系数、顶件力系数，其值见表 2.10。

表 2.10　$K_{卸}$、$K_{推}$、$K_{顶}$ 的值

N

<table>
<tr><th colspan="2">材料及厚度/mm</th><th>$K_{卸}$</th><th>$K_{推}$</th><th>$K_{顶}$</th></tr>
<tr><td rowspan="5">钢</td><td>≤0.1</td><td>0.065～0.07</td><td>0.1</td><td>0.14</td></tr>
<tr><td>0.1～0.5</td><td>0.045～0.055</td><td>0.063</td><td>0.08</td></tr>
<tr><td>0.5～2.5</td><td>0.02～0.06</td><td>0.055</td><td>0.06</td></tr>
<tr><td>2.5～6.5</td><td>0.03～0.04</td><td>0.045</td><td>0.05</td></tr>
<tr><td>>6.5</td><td>0.02～0.03</td><td>0.025</td><td>0.03</td></tr>
<tr><td colspan="2">铝、铝合金</td><td>0.025～0.08</td><td colspan="2">0.03～0.07</td></tr>
<tr><td colspan="2">紫铜、黄铜</td><td>0.02～0.06</td><td colspan="2">0.03～0.09</td></tr>
</table>

注：$K_{卸}$ 在冲多孔、大搭边和工件轮廓复杂时取上限值。

3. 压力机公称压力的选择

冲裁时，压力机的公称压力必须大于或等于各工艺力的总和 F_{Σ}，即

$$F_{压}\geqslant F_{\Sigma}$$

式中：$F_{压}$——所选压力机的吨位；

F_{Σ}——冲裁时的总工艺力。

$$F_{\Sigma}=F+F_{卸}+F_{推}+F_{顶}$$

$F_{卸}$、$F_{推}$、$F_{顶}$ 并不是与 F 同时出现，计算总工艺力时只需要考虑与 F 同时出现的力即可。

例如：当采用弹压卸料装置和下出件的模具时：

$$F_{\Sigma}=F+F_{卸}+F_{推} \tag{2.15}$$

当采用弹压卸料装置和上出件的模具时：

$$F_{\Sigma}=F+F_{卸}+F_{顶} \tag{2.16}$$

当采用刚性卸料装置和下出件的模具时：

$$F_{\Sigma}=F+F_{推} \tag{2.17}$$

当采用弹压顶件装置的倒装式复合模时：

$$F_{\Sigma}=F+F_{卸}+F_{推}+F_{顶} \tag{2.18}$$

考虑到压力机的使用安全，选择压力机的吨位时，总工艺力 F_{Σ} 一般不应超过压力机额定吨位的 80%。

2.1.4 冲裁模设计中的有关计算

一、冲裁间隙

1. 冲裁间隙值的确定

冲裁模的凸、凹模刃口部分尺寸之差称为冲裁间隙,其双面间隙用 Z 表示,单面间隙为 $Z/2$,如图 2.17 所示。从冲裁过程分析中可知,冲裁间隙对冲裁件断面的质量有极大的影响,它会影响模具寿命、冲裁力、卸料力、推件力、顶件力和冲裁件的尺寸精度。

设计模具时一定要选择合理的间隙,才能使冲裁件断面质量较好,所需冲裁力较小,模具寿命较长。

冲裁件合理间隙数值应使冲裁时板料中的上、下两剪裂纹重合,正好相交于一条连线上,如图 2.18 所示。根据图上的几何关系可得

$$Z/2=(t-b)\tan\beta=t\,(1-b/t)\tan\beta \tag{2.19}$$

式中:$Z/2$——单边间隙;

t——材料厚度;

b——光亮带宽度,即产生裂纹时凸模挤入的深度;

b/t——产生裂纹时凸模挤入材料的相对深度;

β——剪裂纹与垂线间的夹角。

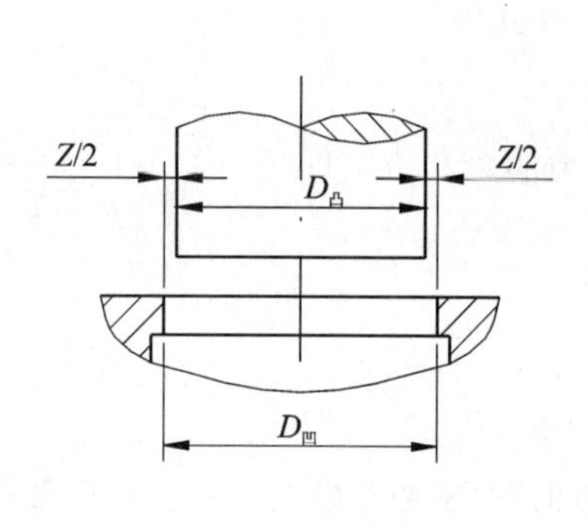

图 2.17　冲裁间隙

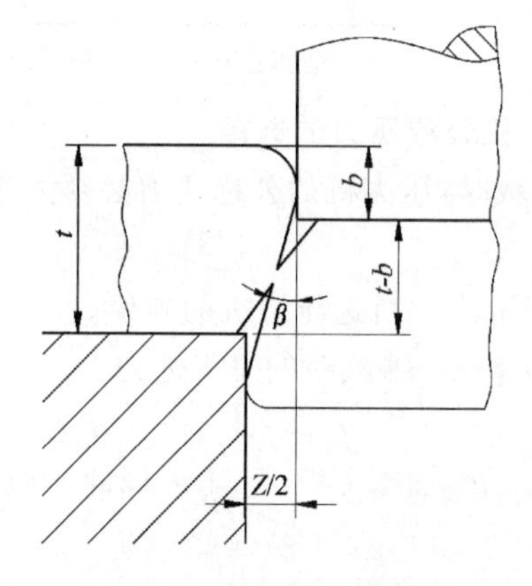

图 2.18　冲裁件合理间隙

由上式可以看出,合理间隙值取决于 t、$1-b/t$ 、$\tan\beta$ 等三个因素。由于角度 β 值的变化不大(见表 2.11),所以间隙数值主要决定于前两个因素的影响。材料厚度增大,间隙数值应正比地增大,反之亦然。

比值 b/t 是产生剪裂纹时的相对挤入深度,它与材料有关。材料塑性好,光亮带 b 大,间隙数值就小。塑性低的硬脆材料,间隙数值就大一些。另外,b/t 还与材料的厚度有关,对同一种材料来说,b/t 不是一个常数。b/t 的数值见表 2.11。例如,薄料冲裁时,光亮带 b 的宽度增大,b/t 的比值也大。因此,薄料冲裁的合理间隙要小一些;而厚料的 b/t 数值小,合理间隙则应取得大一些。

表 2.11　b/t 与 β 值

材　料	$(b/t)/\%$				$\beta/°$
	$t<1$ mm	$t=1\sim2$ mm	$t=2\sim4$ mm	$t>4$ mm	
软　钢	75～70	70～65	65～55	50～40	5～6
中硬钢	65～60	60～55	55～48	45～35	4～5
硬　钢	50～47	47～45	44～38	35～25	4

综合上述两个因素的影响，可以看出，材料厚度对间隙的综合影响并不是简单的正比关系。所以，按材料厚度的百分比来确定合理间隙时，这个百分比应根据材料厚度本身来选取。

上述确定间隙的方法可以用来说明材料性能、厚度等几个因素对间隙数值的一些影响，但在实际工作中都采用比较简便的由实验方法制定的表格来确定合理间隙的数值。

考虑到模具制造中的偏差及使用中的磨损，生产中通常是选择一个适当的范围作为合理间隙，只要间隙在这个范围内，就可以冲出合格的零件。这个范围的最小值成为最小合理间隙，最大值成为最大合理间隙。鉴于模具在使用过程中的磨损使间隙增大，故设计与制造新模具时，建议采用较小的合理间隙值。

表 2.12 所提供的经验数据为落料、冲孔模的初始间隙，可用于一般条件下的冲裁。

表 2.12　落料、冲孔模刃口始用间隙

mm

材料名称	45、T7、T8(退火)、65Mn(退火)、磷青铜(硬)、铍青铜(硬)		10、15、20、冷轧钢带、30 钢板、H62、H68(硬)、LY12(硬铝)、硅钢片		Q215、Q235 钢板、08、10、15 钢板、H62、H68(半硬)、纯铜(硬)、磷青铜(软)、铍青铜(软)		H62、H68(软)、纯铜(软)、防锈铝、LF21、LF2 软铝、L2～L6、LY12(退火)、铜母线、铝母线	
力学性能 σ_b	≥600 MPa		400～600 MPa		300～400 MPa		<300 MPa	
厚度 t	初始间隙 Z							
	Z_{min}	Z_{max}	Z_{min}	Z_{max}	Z_{min}	Z_{max}	Z_{min}	Z_{max}
0.1	0.015	0.035	0.01	0.03	*	—	*	—
0.2	0.025	0.045	0.015	0.035	0.01	0.03	*	—
0.3	0.04	0.06	0.03	0.05	0.02	0.04	0.01	0.03
0.5	0.08	0.10	0.06	0.08	0.04	0.06	0.025	0.045
0.8	0.13	0.16	0.10	0.13	0.07	0.10	0.045	0.075
1.0	0.17	0.20	0.13	0.16	0.10	0.13	0.065	0.095
1.2	0.21	0.24	0.16	0.19	0.13	0.16	0.075	0.105
1.5	0.27	0.31	0.21	0.25	0.15	0.19	0.10	0.14
1.8	0.34	0.38	0.27	0.31	0.20	0.24	0.13	0.17
2.0	0.38	0.42	0.30	0.34	0.22	0.26	0.14	0.18
2.5	0.49	0.55	0.39	0.45	0.29	0.35	0.18	0.24

续表 2.12

厚度 t	初始间隙 Z							
	Z_{min}	Z_{max}	Z_{min}	Z_{max}	Z_{min}	Z_{max}	Z_{min}	Z_{max}
3.0	0.62	0.68	0.49	0.55	0.36	0.42	0.23	0.29
3.5	0.73	0.81	0.58	0.66	0.43	0.51	0.27	0.35
4.0	0.86	0.94	0.68	0.76	0.50	0.58	0.32	0.40
4.5	1.00	1.08	0.78	0.86	0.58	0.66	0.37	0.45
5.0	1.13	1.23	0.90	1.00	0.65	0.75	0.42	0.52
6.0	1.40	1.50	1.10	1.20	0.82	0.92	0.53	0.63
8.0	2.00	2.12	1.60	1.72	1.17	1.29	0.76	0.88
10	2.60	2.72	2.10	2.22	1.56	1.68	1.02	1.14
12	3.30	3.42	2.60	2.72	1.97	2.09	1.30	1.42

注：有 * 号处均系无间隙。

冲裁间隙值的选用，还可根据不同情况灵活掌握。例如，冲孔直径较小而导板导向又较差时，为防止凸模受力大而折断，间隙可取大一些。这时废料易带出凹模表面，凸模上应装弹性推杆或采取以压缩空气从凸模端部小孔吹出冲下的废料等措施。凹模孔形式为锥形时，其间隙应比圆柱形小。采用弹顶装置向上出件时，其间隙值可比下出件时大 50%左右。高速冲压时，模具温度升高，间隙应适当增大，如每分钟行程超过 200 次，间隙值约可增大 10%。硬质合金冲模由于热膨胀系数小，其间隙值可比钢模大 30%。在同样条件下，非圆形应比圆形的间隙大，冲孔所取间隙可比落料略大。

对于冲裁件精度低于 IT14 级，断面无特殊要求的冲裁件，还可采用大的间隙（见表 2.13），以利于提高冲模寿命。

表 2.13　冲裁件精度低于 IT14 级时推荐使用的冲裁大间隙(双面)

料厚 t /mm	间隙 Z		
	材　料		
	软钢 08、10、20、Q235	中硬钢 45、LY12 1Cr18Ni9Ti、4Cr13	硬钢 T8A、T10A、65Mn
0.2～1	$(0.12\sim0.18)t$	$(0.15\sim0.20)t$	$(0.18\sim0.24)t$
1～3	$(0.15\sim0.20)t$	$(0.18\sim0.24)t$	$(0.22\sim0.28)t$
3～6	$(0.18\sim0.24)t$	$(0.20\sim0.26)t$	$(0.24\sim0.30)t$
6～10	$(0.20\sim0.26)t$	$(0.24\sim0.30)t$	$(0.26\sim0.32)t$

2. 冲裁间隙的影响

(1) 冲裁间隙对冲裁件断面的影响

冲裁件断面上的四个带在整个断面上所占的比例随着板料的性能、厚度、冲裁间隙、模具结构等不同而变化。其中冲裁间隙即凸、凹模之间的间隙对其影响最大。

冲裁间隙对剪裂纹重合的影响如图 2.19 所示。

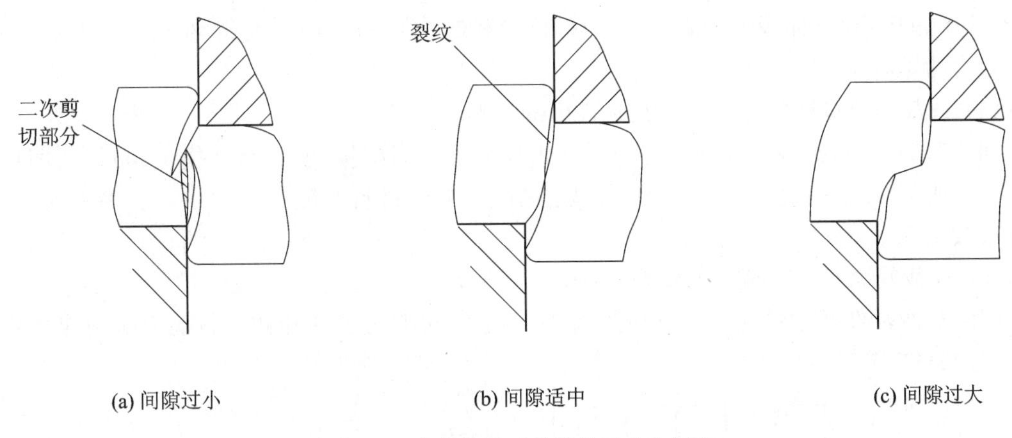

(a) 间隙过小　(b) 间隙适中　(c) 间隙过大

图 2.19　冲裁间隙对剪裂纹重合的影响

间隙对冲裁断面的影响如图 2.20 所示。

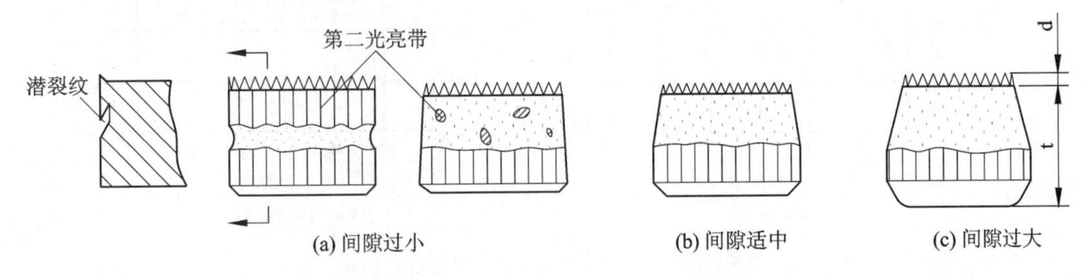

(a) 间隙过小　(b) 间隙适中　(c) 间隙过大

图 2.20　冲裁间隙对冲裁断面的影响

间隙过大或过小均将导致上、下剪裂纹不能相交重合于一线，参见图 2.19(a)、(c)。间隙太小时，凸模刃口附近的裂纹比正常间隙时向外错开一些，上、下两裂纹中间的材料随着冲裁的进行将被第二次剪切，并在断面上形成第二光亮带，如图 2.20(a)所示，毛刺也增大。由于材料中拉应力成分减少，静水压效果增强，裂纹的产生受到抑制，所以光亮带变大，而塌角、斜度、翘曲等现象均减小。间隙过大时，凸模刃口附近的剪裂纹比正常间隙时向里错开一些，材料受到很大的拉伸，光亮带小，毛刺、圆角、斜度都增大，如图 2.20(c)所示。由于材料中的拉应力将增大，容易产生剪裂纹，塑性变形阶段较早结束，因此光亮带要小一些，而剪裂带、塌角和毛刺都比较大，冲裁件的翘曲现象也较显著。间隙过大或过小时均使冲裁件尺寸与冲模刃口尺寸的偏差增大。

间隙合适，如图 2.19(b)，图 2.20(b)所示，即在合理间隙范围内时，上、下剪裂纹基本重合于一线，这时光亮带约占板厚的 1/3 左右，圆角、毛刺和斜度均不大，满足冲裁件质量的要求。

(2) 冲裁间隙对模具寿命的影响

间隙是影响模具寿命的各种因素中最主要的一个。冲裁过程中，凸模与被冲的孔之间，凹模与落料件之间均有摩擦，而且间隙越小，摩擦越严重。在实际生产中模具受到制造误差和装配精度的限制，凸模不可能绝对垂直于凹模表面，而且间隙也不会绝对均匀分布，合理的间隙均可使凸模、凹模侧面与材料间的摩擦减小，并减缓间隙不均匀的不利影响，从而提高模具的使用寿命。

(3) 冲裁间隙对冲裁力的影响

虽然冲裁力随冲裁间隙的增大有一定程度的降低，但是当单边间隙介于材料厚度的

5%～20%范围内时,冲裁力的降低并不显著(仅降低5%～10%)。因此,在正常情况下,间隙对冲裁力的影响不大。

(4) 冲裁间隙对卸料力、推件力、顶件力的影响

间隙对卸料力、推件力和顶件力的影响比较显著。间隙增大后,从凸模上卸料、从凹模孔口中推出或顶出工件都将省力。一般当单边间隙增大到材料厚度的15%～25%左右时,卸料力几乎减到零。

(5) 冲裁间隙对尺寸精度的影响

间隙对冲裁件尺寸精度的影响如图2.21所示。间隙对于冲孔和落料的影响规律是不同的,并且与材料轧制的纤维方向有关。

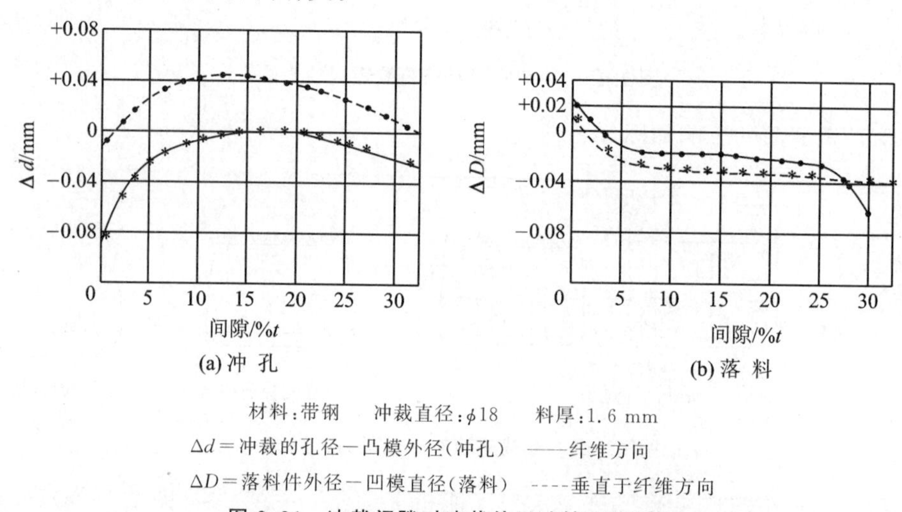

材料:带钢　冲裁直径:$\phi18$　料厚:1.6 mm

Δd＝冲裁的孔径－凸模外径(冲孔)　——纤维方向

ΔD＝落料件外径－凹模直径(落料)　----垂直于纤维方向

图2.21　冲裁间隙对冲裁件尺寸精度的影响

通过以上分析可以看出,冲裁间隙对断面质量、模具寿命、冲裁力、卸料力、推件力、顶件力及冲裁件尺寸精度的影响规律均不相同。因此,并不存在一个绝对的合理间隙数值,能同时满足断面质量最佳,尺寸精度最高,冲模寿命最长,冲裁力、卸料力、推件力、顶件力最小等各个方面的要求。在冲压的实际生产中,间隙的选用应主要考虑冲裁件断面质量和模具寿命这两个主要的因素。但许多研究结果和实际生产经验证明,能够保证良好冲裁断面质量的间隙数值和可以获得较高冲模寿命的间隙数值也是不一致的。一般来说,当对冲裁件断面质量要求较高时,应选取较小的间隙值,而当冲裁件的质量要求不高时,则应适当地加大间隙值以利于提高冲模的使用寿命。

二、冲裁模刃口尺寸

冲裁件的尺寸精度取决于凸、凹模刃口部分的尺寸。冲裁的合理间隙也要靠凸、凹模刃口部分的尺寸来实现和保证。正确地确定凸、凹模刃口部分尺寸是相当重要的。

1. 尺寸计算原则

确定凸、凹模刃口尺寸及制造公差时,需考虑下述原则:

(1) 落料件尺寸取决于凹模尺寸如图2.22(a)所示,冲孔件的尺寸取决于凸模尺寸如图2.22(b)所示。

因此,设计落料模时,应先决定凹模尺寸,用减小凸模尺寸来保证合理间隙;设计冲孔模

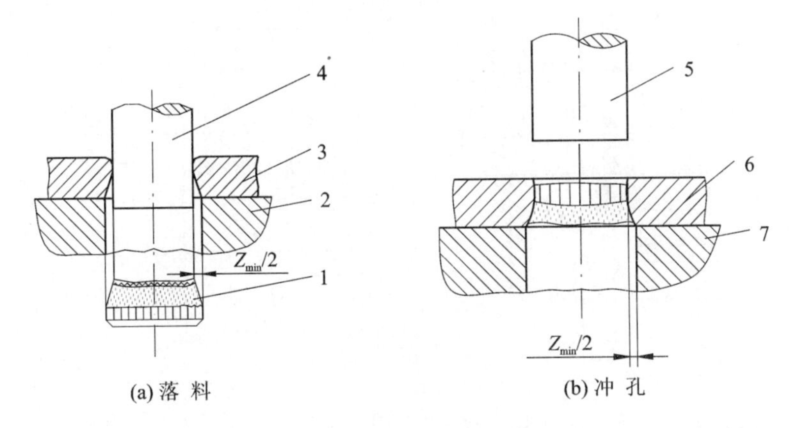

1—落料件；2—落料凹模；3—板料；4—落料凸模；5—冲孔凸模；6—板料；7—冲孔凹模

图 2.22　冲裁件与凸、凹模尺寸的关系

时，应先决定凸模尺寸，用增大凹模尺寸来保证合理间隙。

(2) 考虑刃口的磨损对冲裁件尺寸的影响。凹模刃口磨损后尺寸变大，其刃口的基本尺寸应接近或等于冲裁件的最小极限尺寸；凸模刃口磨损后尺寸减小，应取接近或等于冲裁件的最大极限尺寸。这样，在凸、凹模磨损到一定程度的情况下，仍能冲出合格的零件。

(3) 考虑冲裁件精度与模具精度间的关系。在选择模具制造公差时，既要保证冲裁件的精度要求，又要保证有合理的间隙值。一般冲裁模精度较冲裁件精度高 2～3 级，如表 2.14、表 2.15 所列。

表 2.14　规则形状(圆形、方形)冲裁时，凸、凹模的制造公差

mm

公称尺寸	凸模 δ_p	凹模 δ_d	公称尺寸	凸模 δ_p	凹模 δ_d
≤18	0.020	0.020	180～260	0.030	0.045
18～30	0.020	0.025	260～360	0.035	0.050
30～80	0.020	0.030	360～500	0.040	0.060
80～120	0.025	0.035	＞500	0.050	0.070
120～180	0.030	0.040			

表 2.15　曲线形状冲裁时，凸、凹模的制造公差

mm

工作要求	工作部分最大尺寸		
	≤150	150～500	＞500
普通精度	0.2	0.35	0.5
高精度	0.1	0.2	0.3

2. 尺寸计算方法

由于模具加工和测量方法的不同，凸模与凹模刃口部分尺寸的计算公式和制造公差的标注也不同，基本上可分为两类：

(1) 凸模和凹模分开加工

采用这种方法，要分别标注凸模和凹模刃口尺寸与制造公差，它适用于圆形或简单形状的工件。冲孔、落料时各部分尺寸公差的分布位置如图 2.23 所示，其计算公式如表 2.16 所列。

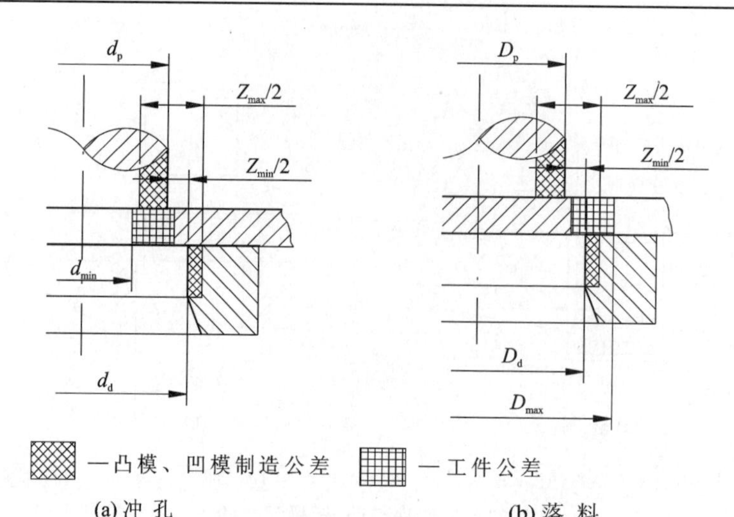

d_{min} 为冲孔工件的最小极限尺寸；D_{max} 为落料工件的最大极限尺寸

图 2.23　冲孔、落料时各部分尺寸公差的分配位置

表 2.16　凸、凹模分别加工时，其工作部分尺寸的计算公式

工序性质	工件尺寸	凸模尺寸	凹模尺寸
落　料	$D_{-\Delta}^{\ 0}$	$D_p=(D_{max}-x\Delta-Z_{min})_{-\delta_p}^{\ 0}$	$D_d=(D_{max}-x\Delta)_{\ 0}^{+\delta_d}$
冲　孔	$d_{\ 0}^{+\Delta}$	$d_p=(d_{min}+x\Delta)_{-\delta_p}^{\ 0}$	$d_d=(d_{min}+x\Delta+Z_{min})_{\ 0}^{+\delta_d}$

注，计算时，先将冲裁件尺寸化成 $D_{-\Delta}^{\ 0}$、$d_{\ 0}^{+\Delta}$ 的形式。

表 2.16 中，d_p、d_d——分别为冲孔凸、凹模的刃口尺寸，mm；

D_p、D_d——分别为落料凸、凹模的刃口尺寸，mm；

D、d——分别为落料件外径和冲孔件内径的基本尺寸，mm；

δ_p、δ_d——分别为凸、凹模的制造公差，凸模按 IT6，凹模按 IT7，也可按表 2.14、表 2.15 选取，或取 $\delta_p=(1/4\sim1/5)\Delta$，$\delta_d=(1/4)\Delta$；

Δ——工件的尺寸公差，mm；如果工件未注明尺寸公差，查表 7.14，按 IT14 级得到。

Z_{min}——最小合理间隙，mm，按表 2.12 选取；

x——磨损系数，其值在 0.5～1，按表 2.17 选取。

为了保证新冲模的间隙小于最大合理间隙(Z_{max})，凸模和凹模制造公差必须保证

$$\delta_p+\delta_d\leqslant Z_{max}-Z_{min} \tag{2.20}$$

否则，取 $\delta_p=0.4(Z_{max}-Z_{min})$，$\delta_d=0.6(Z_{max}-Z_{min})$。

表 2.17　磨损系数 x

材料厚度 t /mm	非圆形			圆　形	
	1	0.75	0.5	0.75	0.5
	工件的尺寸公差 Δ/mm				
≤1	<0.16	0.17～0.35	≥0.36	<0.16	≥0.16
1～2	<0.20	0.21～0.41	≥0.42	<0.20	≥0.20
2～4	<0.24	0.25～0.49	≥0.50	<0.24	≥0.24
>4	<0.30	0.31～0.59	≥0.60	<0.30	≥0.30

(2) 凸模与凹模配合加工

对于形状复杂或厚度较薄的冲裁件,为了保证凸、凹模之间一定的间隙值,必须采用配合加工。用该方法加工凸模或凹模时,在图纸上只需要标注作为基准件的落料凹模或冲孔凸模的尺寸和公差,对于配制的落料凸模或冲孔凹模只标注基本尺寸,并在图纸上注明要保证的间隙。这种加工方法的特点是模具间隙在配制中保证,因此不需要校核 $\delta_p+\delta_d\leqslant Z_{max}-Z_{min}$,加工基准件时可以适当放宽公差,使加工容易,且尺寸标注简单。目前一般工厂大多采用这种方法,但用此方法制造的各套凸、凹模不能互换。

复杂形状的凸模、凹模磨损之后尺寸变化规律有三种:尺寸增大(A 类尺寸),尺寸减小(B 类尺寸),尺寸不变(C 类尺寸),如图 2.24、2.25 所示。各类尺寸的计算公式如表 2.18 所列。

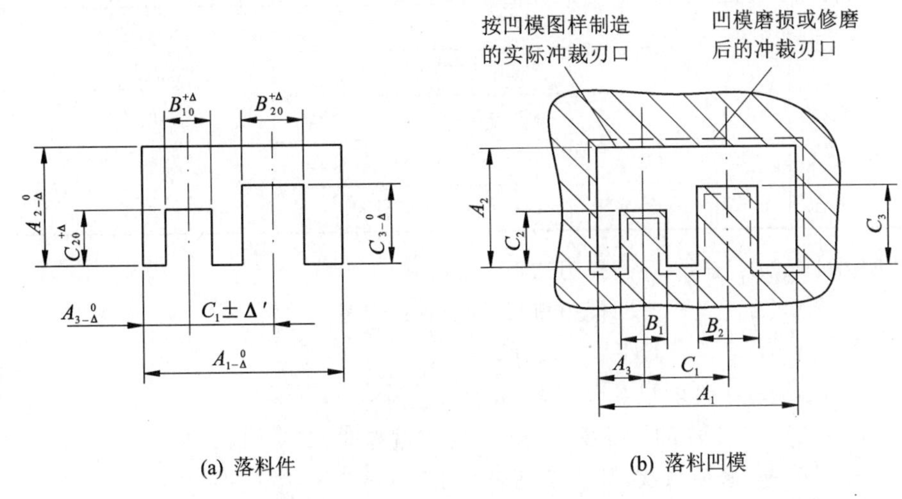

(a) 落料件　　(b) 落料凹模

图 2.24 落料件和落料凹模

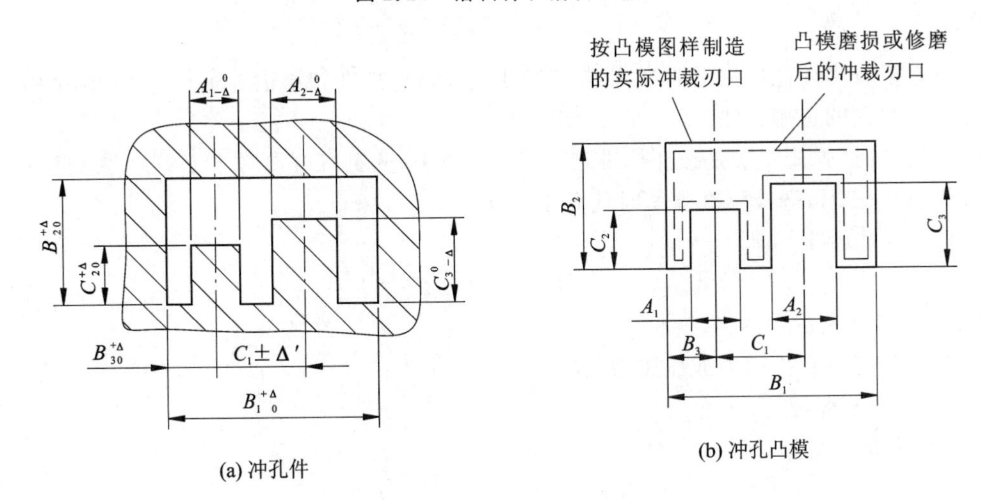

(a) 冲孔件　　(b) 冲孔凸模

图 2.25 冲孔件和冲孔凸模

表 2.18　凸、凹模配合加工时,其工作部分尺寸的计算公式

工序性质	工件尺寸(图2.24)(图2.25)		凸模尺寸	凹模尺寸
落　料	$A_{-\Delta}^{\ 0}$		按凹模尺寸配制,其双面间隙为 $Z_{\min}\sim Z_{\max}$	$A_d=(A-x\Delta)_{\ 0}^{+0.25\Delta}$
	$B_{\ 0}^{+\Delta}$			$B_d=(B+x\Delta)_{-0.25\Delta}^{\ 0}$
	C	$C_{\ 0}^{+\Delta}$		$C_d=(C+0.5\Delta)\pm0.125\Delta$
		$C_{-\Delta}^{\ 0}$		$C_d=(C-0.5\Delta)\pm0.125\Delta$
		$C\pm\Delta'$		$C_d=C\pm0.125\Delta$
冲　孔	$A_{-\Delta}^{\ 0}$		$A_p=(A-x\Delta)_{\ 0}^{+0.25\Delta}$	按凸模尺寸配制,其双面间隙为 $Z_{\min}\sim Z_{\max}$
	$B_{\ 0}^{+\Delta}$		$B_p=(B+x\Delta)_{-0.25\Delta}^{\ 0}$	
	C	$C_{\ 0}^{+\Delta}$	$C_p=(C+0.5\Delta)\pm0.125\Delta$	
		$C_{-\Delta}^{\ 0}$	$C_p=(C-0.5\Delta)\pm0.125\Delta$	
		$C\pm\Delta'$	$C_p=C\pm0.125\Delta$	

表2.18中,A_p、B_p、C_p——凸模刃口尺寸,mm;

A_d、B_d、C_d——凹模刃口尺寸,mm;

A、B、C——工件基本尺寸,mm;

Δ——工件的尺寸公差,mm;

Δ'——工件的尺寸偏差,mm,对称偏差时,$\Delta'=(1/2)\Delta$;

x——磨损系数,其值参见表2.17。

三、弹　簧

弹簧是模具中广泛应用的弹性零件,主要用于卸料、推件和压边等工作。下面主要介绍圆柱螺旋压缩弹簧的选用方法。

模具设计时,弹簧一般是按照标准选用的。标准弹簧规格可参考本书第7章圆柱螺旋压缩弹簧(见表7.52),选择标准弹簧时的要求如下:

(1) 压力要足够。即

$$F_{预} \geqslant F/n \tag{2.21}$$

式中:$F_{预}$——弹簧的预压力,N;

F——卸料力、推件力或压边力,N;

n——弹簧根数。

(2) 压缩量要足够。即

$$h \geqslant h_{总}=h_{预}+h_{工作}+h_{修模} \tag{2.22}$$

式中:h——弹簧允许的最大压缩量,mm;

$h_{总}$——弹簧需要的总压缩量,mm;

$h_{预}$——弹簧的预压缩量,mm;

$h_{工作}$——卸料板、推件块或压边圈的工作行程,mm;

$h_{修模}$——模具的修模量或调整量,mm(一般取4~6 mm)。

(3) 要符合模具结构空间的要求。模具闭合高度的大小限定了所选弹簧在预压状态下的长度；上、下模座的尺寸限定了卸料板的面积，也就限定了允许弹簧占用的面积，所以选取弹簧的根数、直径和长度，必须符合模具结构空间的要求。下面给出计算弹簧安装长度的实例。

例如：落料拉深复合模，假定工作行程 $h_{工作}=20$ mm，卸料力 $F_{卸}$ 为 800 N，选定四根弹簧，单根的 $F_{卸}=200$ N。

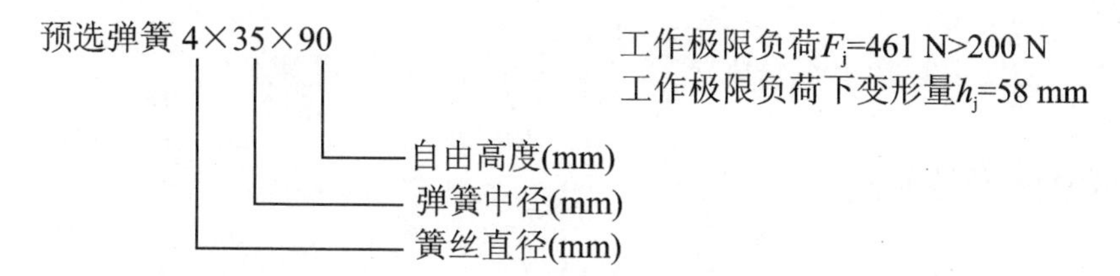

弹簧的预压缩量　　$h_{预}=(200/461)\times 58\text{ mm}=25.16\text{ mm}$

弹簧的剩余压缩量　　$h_{余}=h_j-h_{预}=58\text{ mm}-25.16\text{ mm}=32.84\text{ mm}>h_{工作}=20\text{ mm}$

弹簧总的压缩量　　$h_{总}=h_{预}+h_{工作}+h_{修模}=25.16\text{ mm}+20\text{ mm}+6\text{ mm}=51.16\text{ mm}$

校核　　$h_j=58\text{ mm}>h_{总}$

在卸料力作用下弹簧未压死，所选取的弹簧尺寸合适。

弹簧的安装长度　　$h_{安}=h_{自由}-h_{预}=90\text{ mm}-25.16\text{ mm}=64.84\text{ mm}$(取小化整取 64 mm)

四、模具的闭合高度

模具的闭合高度必须与压力机的封闭高度相适应。压力机的封闭高度是指滑块在下止点位置时，滑块下端面至压力机工作台上平面之间的距离。压力机的调节螺杆可以上下调节(调节量为 M)，当连杆调至最短时，此距离为压力机的最大封闭高度 H_{max}；连杆调至最长时，此距离为压力机的最小封闭高度 H_{min}。模具的闭合高度 $H_{模}$ 是指滑块在下止点即模具在最低工作位置时，上模座上表面与下模座下表面之间的距离。为使模具正常工作，模具的闭合高度 $H_{模}$ 应介于压力机最大封闭高度 H_{max} 和最小封闭高度 H_{min} 之间，如图 2.26 所示。正常条件下模具与压力机闭合高度间的关系应满足如下条件

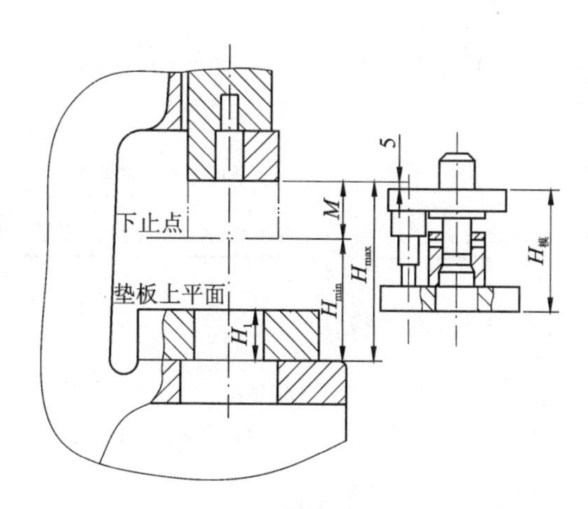

图 2.26　模具闭合高度与压力机封闭高度

$$H_{max}-5\text{ mm}\geqslant H_{模}\geqslant H_{min}+10\text{ mm}\qquad(2.23)$$

式中 5 mm 和 10 mm 为装配时的安全余量。

当模具的闭合高度高于压力机的最大封闭高度时，模具不能在该压力机上使用。反之，小于压力机的最小封闭高度时，可以加经过磨平的垫板，其厚度为 H_1，则式(2.23)改写为

$$H_{max}-H_1-5\text{ mm}\geqslant H_{模}\geqslant H_{min}-H_1+10\text{ mm}\qquad(2.24)$$

在冲压过程中,压力机滑块带动上模做全过程的往复运动,模具的闭合高度应满足以下条件。

$$H_{min} = L_{柱} - (10 \sim 20)\text{mm}$$

$$H_{max} = L_{柱} + L_{套} - (1.5 \sim 1.8)d$$

式中:$L_{柱}$——导柱长度,mm;

$L_{套}$——导套长度,mm;

d——导柱直径,mm。

尽量使导柱在全行程往复运行中不脱离导套,以保证精确导向和模具安全。

2.2 冲裁模的典型结构

2.2.1 冲裁模的基本形式与构造

生产中使用的冲裁模种类繁多,结构各异。从完成工序数和工序的组合形式可将冲裁模分为单工序模、复合模和连续模三种。它们之间的比较见表2.19。

表2.19 单工序模、复合模和连续模的比较

比较项目	单工序模	复合模	连续模
冲压精度	较低	较高	一般
冲压生产率	低——压力机一次冲程内只能完成一个工序	较高——压力机一次冲程内可完成两个或两个以上工序	高——压力机在一次冲程内能连续完成两个或两个以上工序
实现操作机械化、自动化的可能性	较易——尤其适合于在多工位压力机上实现自动化	难——制件和废料排除较复杂,可实现部分机械化	容易——尤其适合于在单机上实现自动化
生产通用性	好——适合于中小批量生产	较差——仅适合于大批量生产	较差——仅适合于中小型零件的大批量生产
冲模制造的复杂性和价格	结构简单、制造周期短,价格低	复杂和价格较高	低于复合模

一、单工序模(简单模)

压力机一次冲程中只能完成一个冲裁工序的模具称单工序模,也叫简单模。落料模和冲孔模的三维实体效果如图2.27、图2.28所示。

图2.27 落料模

图2.28 冲孔模

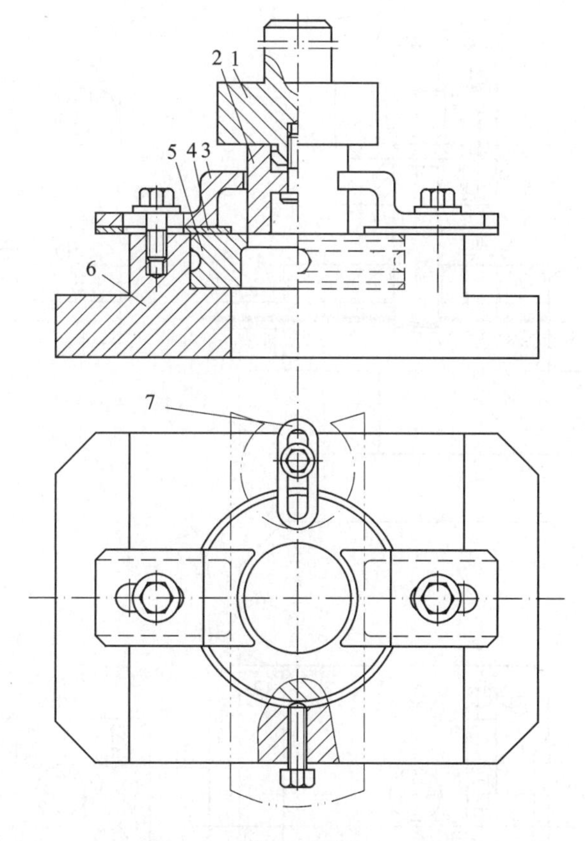

1—模柄；2—凸模；3—卸料板；4—导料板；
5—凹模；6—下模座；7—定位板

图 2.29　无导向简单冲裁模

1. 无导向简单冲裁模

图 2.29 为无导向简单冲裁模。模具的上部分为活动部分，由模柄、凸模组成，通过模柄安装在压力机滑块上。下部分为固定部分，由卸料板、导料板、凹模、下模座、定位板组成，通过下模座安装在压力机工作台上。模具的上、下两部分之间没有直接导向关系。

无导向简单模的优点是结构简单，重量较轻，尺寸较小，模具制造简单，成本低廉；缺点是模具依靠压力机滑块导向，使用时安装调整麻烦，模具寿命较低，冲裁件精度差，操作也不安全。

无导向简单模适用于生产精度要求不高、形状简单、小批量或试制的冲裁件。

2. 导板式简单冲裁模

图 2.30 为导板式简单冲裁模，结构与无导向简单冲裁模相似。上部分主要由模柄、上模座、垫板、凸模固定板、凸模组成。下部分主要由下模座、凹模、导料板、导板、活动挡料销、托料板组成。这种模具的特点是模具上、下两部分依靠凸模与导板的动配合导向；导板兼作卸料板；工作时凸模始终不脱离导板，以保证模具导向精度，一般凸模刃磨时也不应脱离导板。为便于拆卸安装，固定导板的螺钉之间与销钉之间的位置，应该大于上模座轮廓尺寸(见俯视图)；凸模无须销钉定位固定；要求使用的设备行程不大于导板厚度(可用行程较小且可以调整的偏心式压力机)。

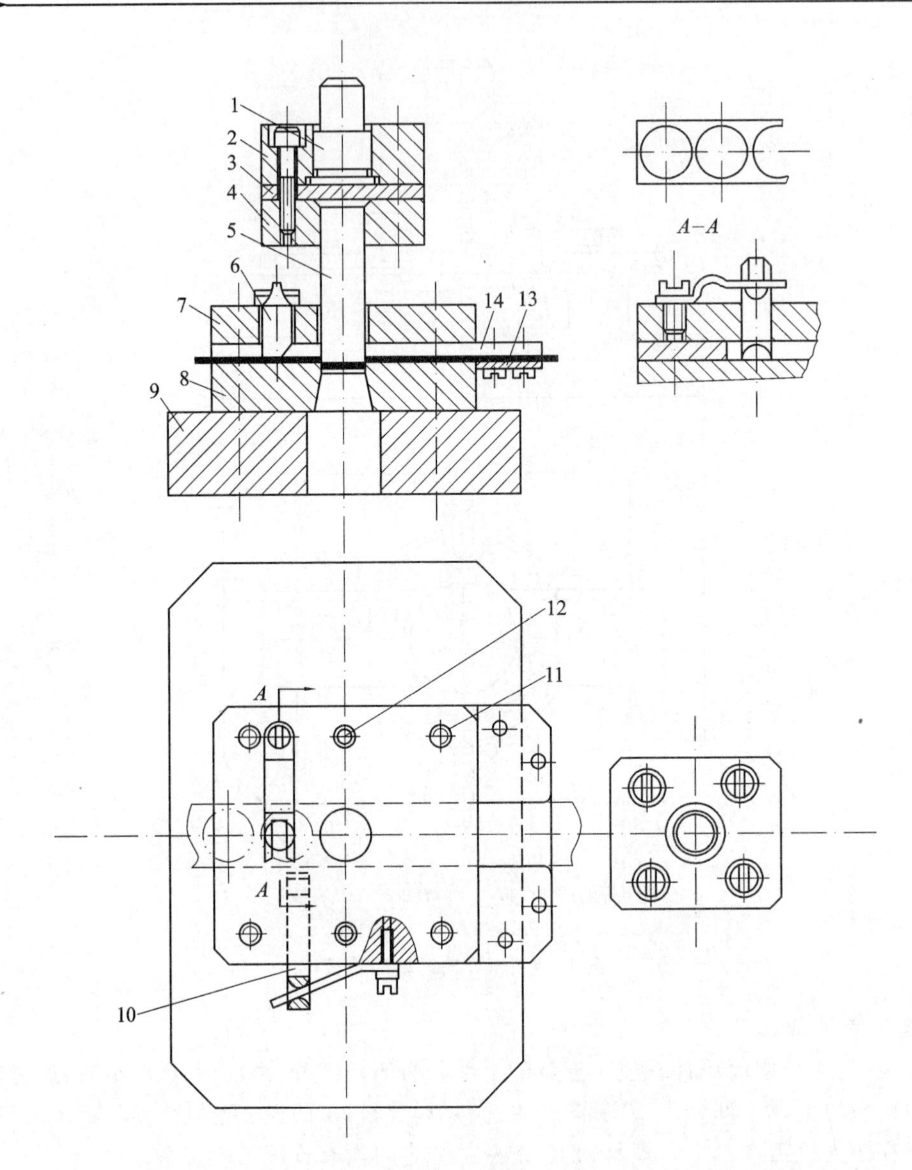

1—模柄;2—上模座;3—垫板;4—凸模固定板;5—凸模;6—活动挡料销;7—导板;
8—凹模;9—下模座;10—初始挡料销;11—螺钉;12—销钉;13—托料板;14—导料板

图2.30　导板式简单冲裁模

这种模具的动作是条料沿托料板、导料板从右向左送进,搭边越过活动挡料销后,再反向向后拉拽条料,使挡料销后端面抵住条料搭边定位。凸模下行实现冲裁。由于挡料销对第一次冲裁起不到定位作用,为此采用了临时挡料销。在冲第一件前用手压入临时挡料销限定条料位置,在以后的各次冲裁工作中,临时挡料销被弹簧弹出,不再起挡料作用。

导板模比无导向模具的精度高、寿命长、使用安装容易、操作安全,但制造比较复杂。一般适用于生产形状简单、尺寸不大的冲裁件。

3. 导柱式冲裁模

用导板导向并不十分可靠,尤其是对于形状复杂的工件,按凸模配作形状复杂的导板孔形困难很大,而且,由于受到热处理变形的限制,导板常是不经淬火处理的,影响其使用寿命和导向效果。所以在大批量生产中广泛采用导柱式冲裁模。

图 2.31 为导柱式固定卸料落料模。模具的上、下两部分利用导柱、导套的滑动配合导向。用导柱导向比导板可靠性强、精度高、寿命长、安装使用方便，但是导柱会加大模具轮廓尺寸，使模具略显笨重，制造工艺复杂，模具成本提高。

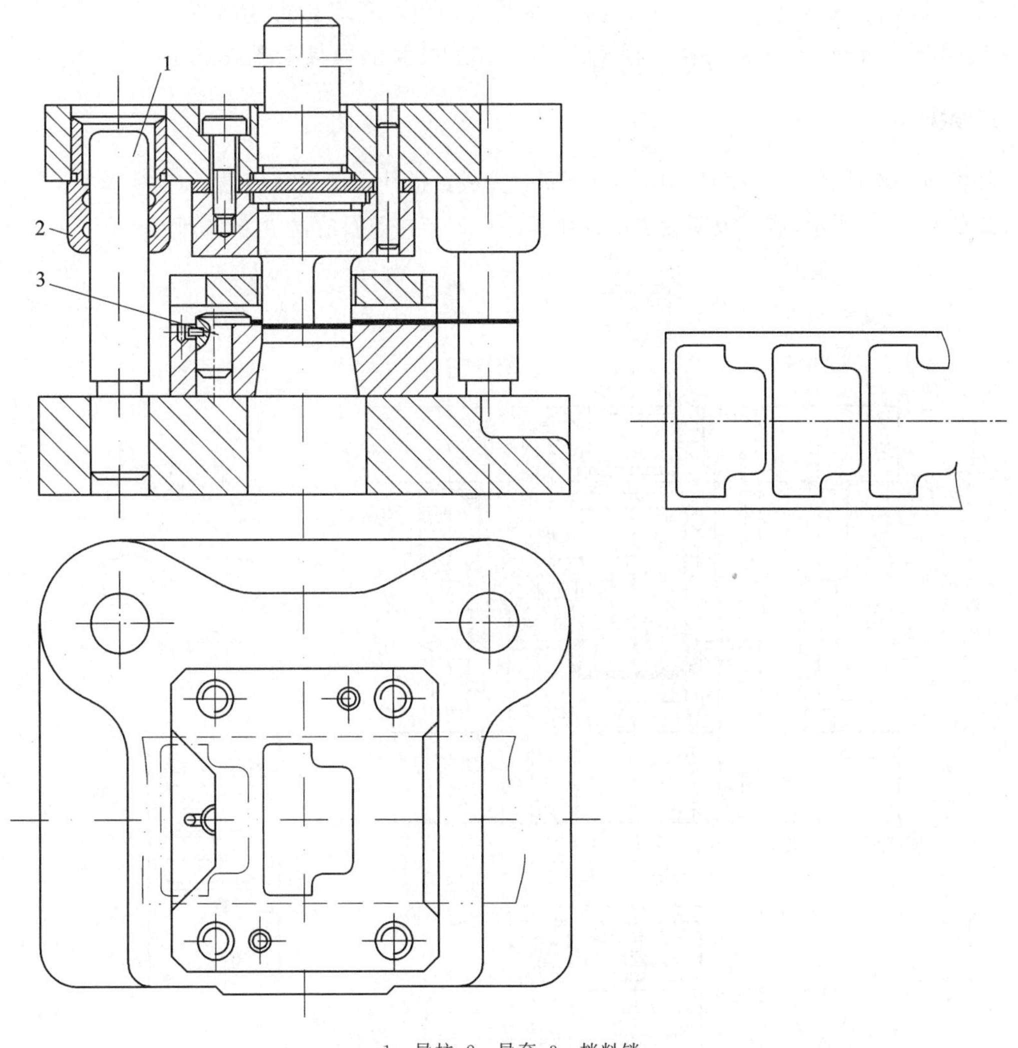

1—导柱；2—导套；3—挡料销

图 2.31　固定卸料落料模

图 2.32 为弹性卸料落料模。其中图 2.32(a)为下出件落料模。模具由可沿导柱滑动的上模和工作时需要固定的下模两部分组成。上模以上模座为基体，由安装在其上的导套、模柄、止动销钉、垫板、凸模固定板、凸模、弹压卸料板、螺钉、销钉和橡胶垫(或弹簧)等元件组成。下模以下模座为基体，由导柱、凹模、导料板、挡料销、螺钉、销钉等元件组成。上模经模柄安装在压力机滑块的固定孔内，可随滑块上下运动。下模通过下模座用压板螺栓固定在压力机的台面上。工作时将裁好的条料沿导料板送至挡料销处定位。开动压力机后，上模沿导柱随滑块向下运动，待弹压卸料板将条料压紧后，凸模和凹模对条料进行冲裁，使工件与条料分离。冲出的工件由凹模洞口落下。上模上升时，在橡胶垫的弹性力作用下，弹压卸料板将条料从凸

模上卸下。

图 2.32(b)为上出件落料模，与图 2.32(a)极相似。主要差别是在凹模型孔内增添了顶件板和顶杆。模具工作时不仅条料被弹压卸料板压紧在凹模的工作面上，被冲裁的零件也被压紧在凸模与顶件板之间。因此，冲裁出的零件尺寸精度和平面度较高、塌角小、毛刺短，适于冲裁平面尺寸较大，厚度小于 1.5 mm，且有平面度要求的零件。因冲出零件需从凹模型孔内顶出，给操作带来不便，与下出件落料模相比，这种结构类型的模具生产效率较低。

二、连续模

压力机一次冲程中，在模具不同部位上同时完成数道冲裁工序的模具，称为连续模。三维实体效果如图 2.33 所示，连续模所完成的冲压工序均分布在条料的送进方向上。

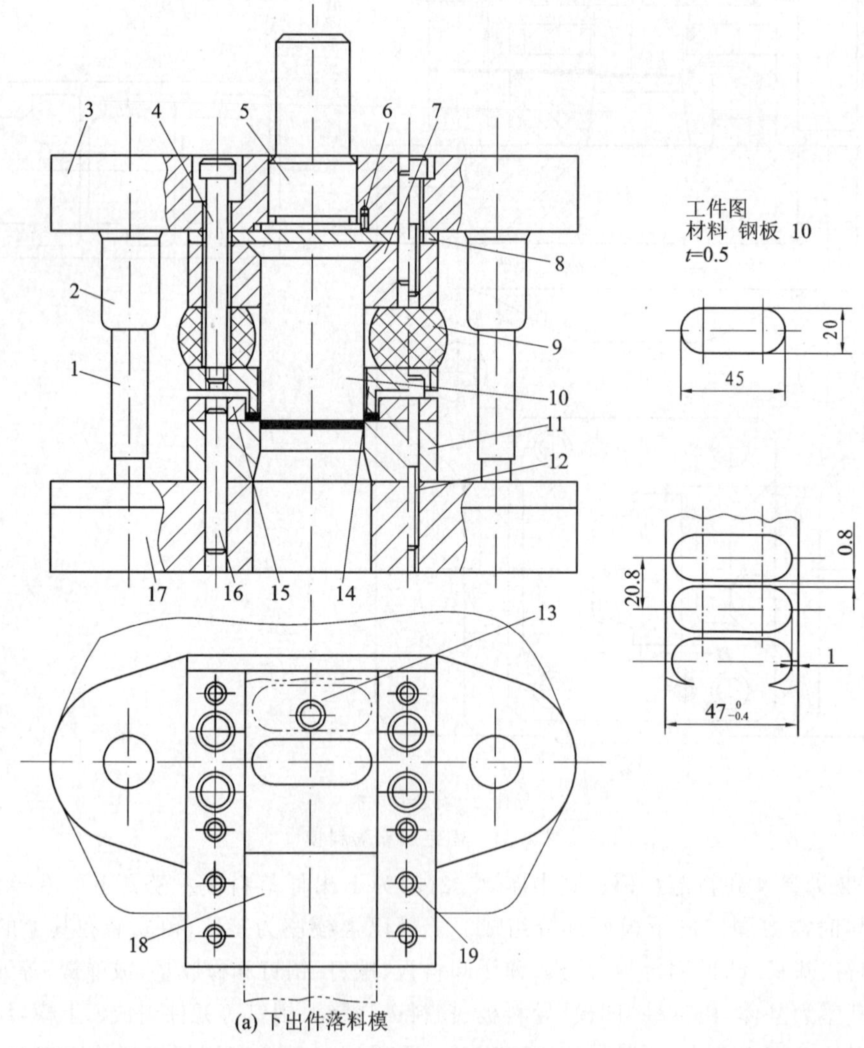

(a) 下出件落料模

1—导柱；2—导套；3—上模座；4—卸料板螺钉；5—模柄；6—止动销钉；7—凸模固定板；8—垫板；9—橡胶垫；10—凸模；11—凹模；12—螺钉；13—挡料销；14—弹压卸料板；15—导料板；16—销钉；17—下模座；18—托板；19—螺钉

图 2.32 弹性卸料落料模

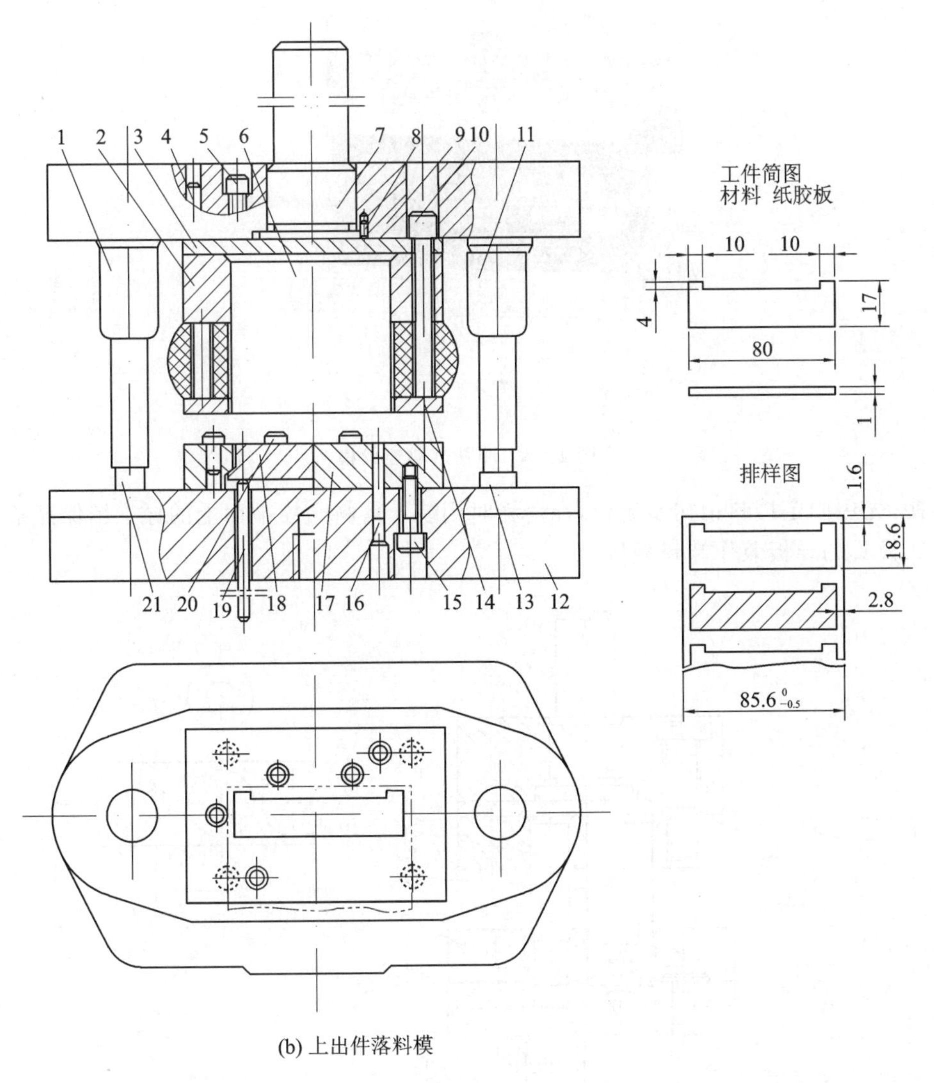

(b) 上出件落料模

1,11—导套;2—凸模固定板;3—垫板;4,16—销钉;5,15—螺钉;6—凸模;7—模柄;
8—止动销钉;9—上模座;10—卸料板螺钉;12—下模座;13,21—导柱;
14—弹压卸料板;17—凹模;18—顶件块;19—顶杆;20—挡料销

图 2.32　弹性卸料落料模(续)

例如用简单模冲制环形垫圈,需要落料、冲孔两套模具。如果改用连续模就可以把两道工序合并,用一套模具完成。所以使用连续模可以减少模具和设备数量,提高生产效率,而且容易实现生产自动化。但连续模比简单模制造复杂,成本也高。

用连续模冲制工件,较难保证内、外形相对位置的一致性,条料的定位和送进是设计中的关键问题。下面介绍几种常见的典型连续模结构形式。

1. 有固定挡料销及导正销的连续模

图 2.34 为冲制垫圈的连续模。工作零件包括冲孔凸模、落料凸模、凹模、固定挡料销、导正销、临时挡料销,模具上、下两部分靠凸模与导板配合导向。工作时用手按入临时挡料销限定条料的初始位置,进行冲孔。临时挡料销在弹簧的作用下可自动复位。然后将条料再送进

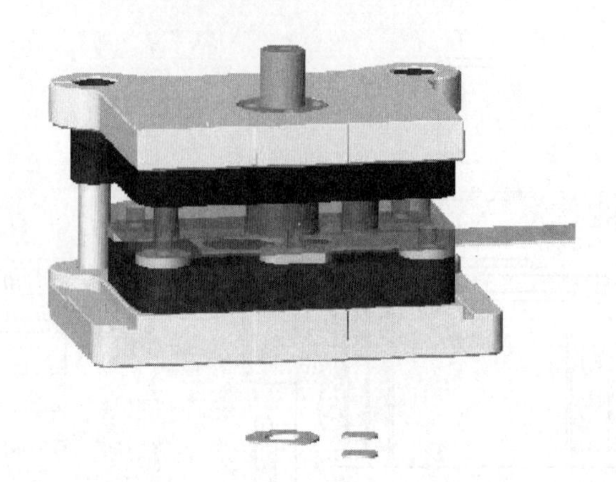

图 2.33　冲孔落料连续模

一个步距,先用固定挡料销初步定位,在落料时用装于落料凸模端面上的导正销保证条料的正确定位。模具的导板兼作卸料板用。

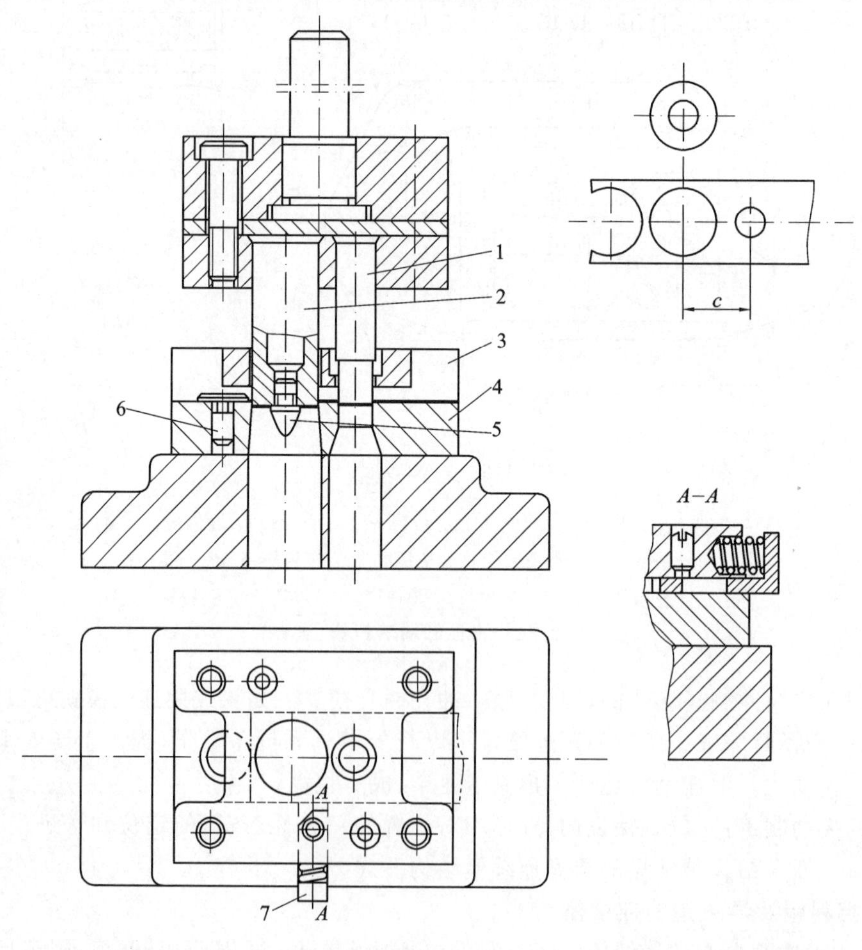

1—冲孔凸模;2—落料凸模;3—导板;4—凹模;5—导正销;6—固定挡料销;7—初始挡料销

图 2.34　连续冲裁模

当工件形状不适合用导正销导正定位时，可在条料上的废料部分冲出工艺孔，利用装在凸模固定板上的导正销进行导正。为使导正销可靠的工作，避免折损，导正销直径至少应取2～5 mm。在以下两种情况下可采用侧刃的定位方法：① 如果条料厚度小于0.3 mm，孔的边缘可能被导正销压弯因而起不到正确导正和定位的作用；② 对于窄长形零件(步距在6～8 mm或更小)或落料凸模尺寸不大时，为避免凸模强度过度减弱，一般都不用导正销。

2. 有侧刃的连续模

图2.35为有侧刃的连续模，其特点是装有节制条料送进距离的侧刃(侧刃断面的长度等于步距)。侧刃前后导料板宽度不等，只有用侧刃切去一定宽度、长度等于步距的料边后，条料才可能向前送进一个步距。

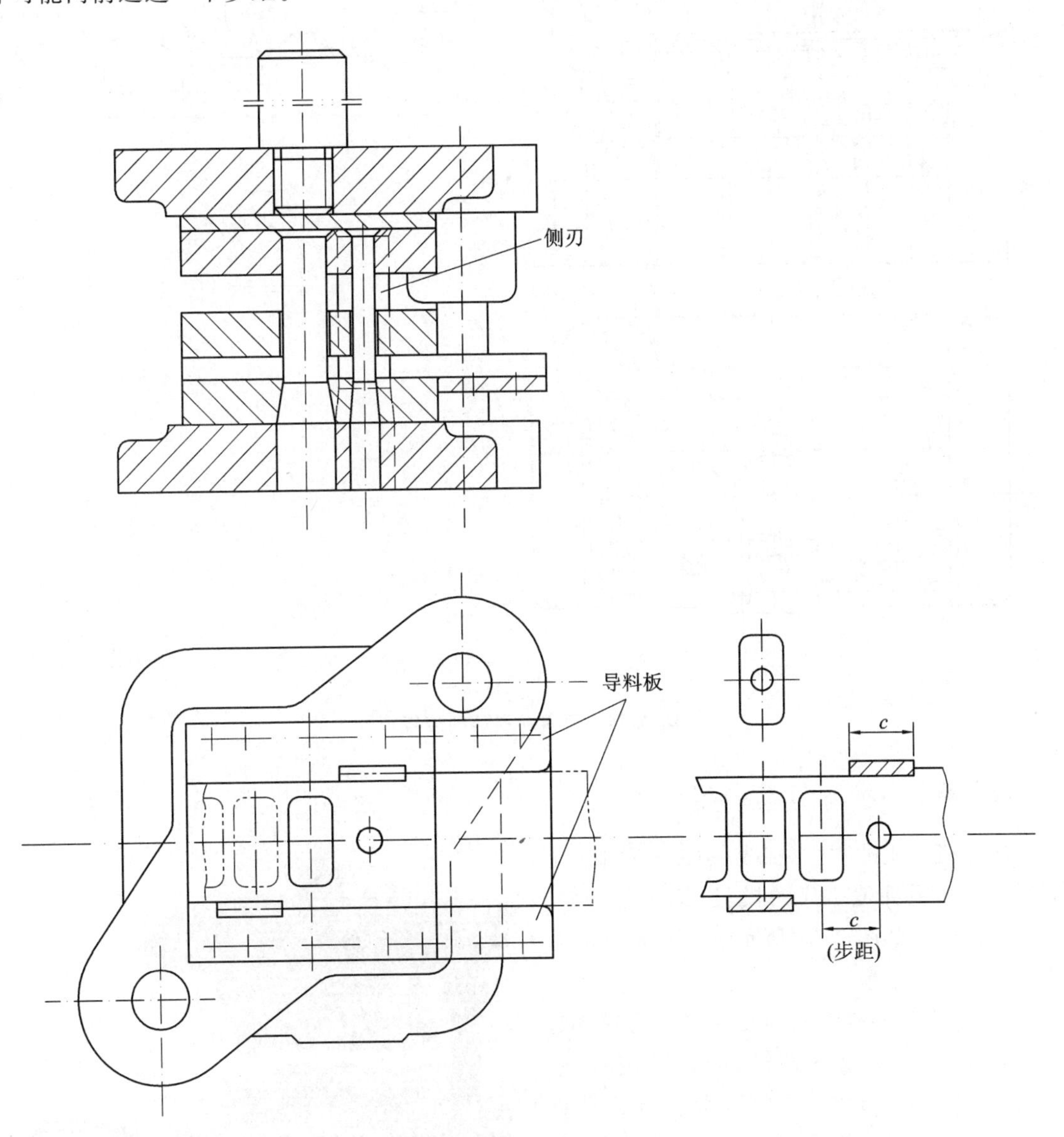

图2.35　有侧刃的连续模

有侧刃的连续模定位准确、生产效率高、操作方便，但材料的消耗增加、冲裁力增大。

3. 有自动挡料的连续模

图 2.36 为有自动挡料的连续模,自动挡料装置由挡料杆及冲搭边的凸模和凹模构成。工作时挡料杆始终不离开凹模的刃口表面,条料从右方送进时即被挡料杆挡住搭边。在冲裁的同时凸模将搭边冲出一缺口,使条料又可以继续送进一个步距 c,从而起到自动挡料的作用。开始的两次冲程分别由临时挡料销定位,从第三次冲程开始用自动挡料装置定位。

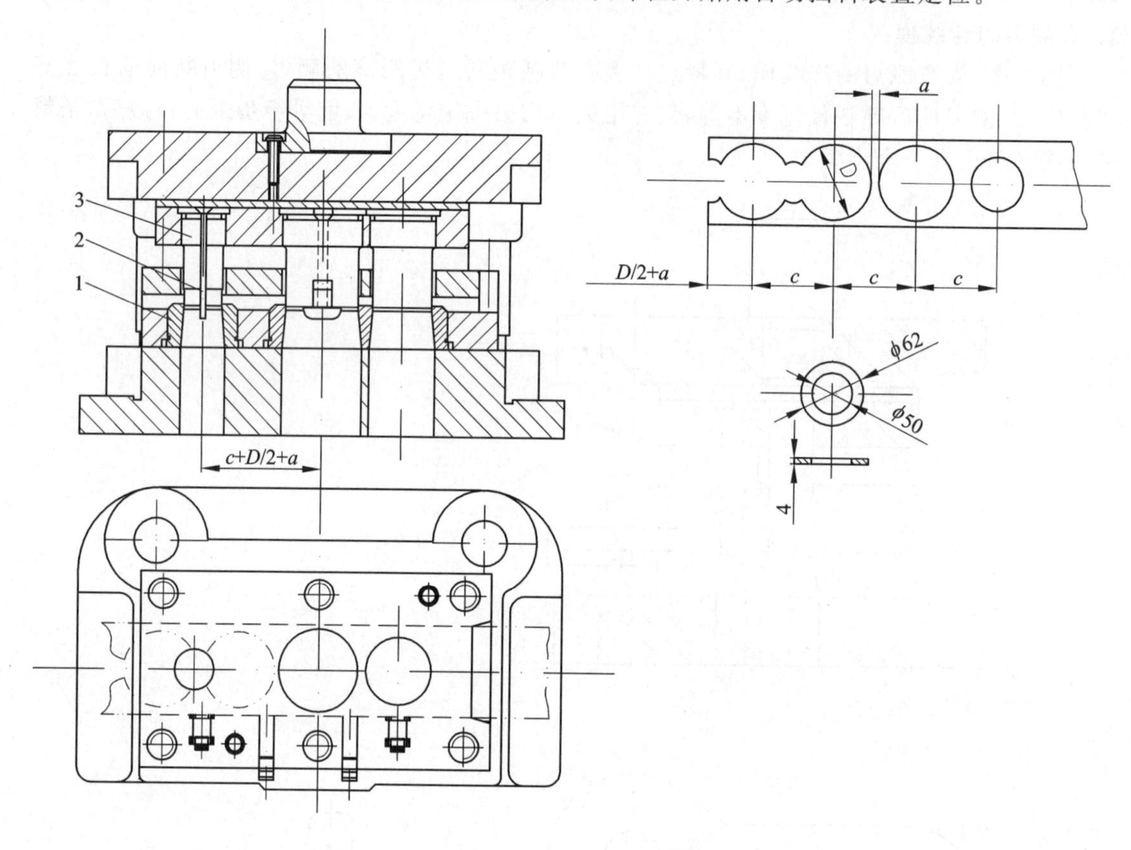

1—凹模;2—挡料杆;3—凸模

图 2.36　有自动挡料的连续模

三、复合模

压力机一次冲程中,在模具的同一部位上同时完成数道冲裁工序的模具,称为复合模。三维实体效果如图 2.37 所示。连续模和复合模都属于多工序模。

图 2.37　冲孔落料复合模

图 2.38 为冲制垫圈的复合模。上模部分主要由冲孔凸模、落料凹模、凸模固定板、垫板、上模座、模柄组成,下模部分主要由凸凹模、凸凹模固定板、垫板、下模座、卸料板组成,上、下模两部分通过导柱、导套滑动配合导向。复合模结构的特点是具有既是落料凸模又是

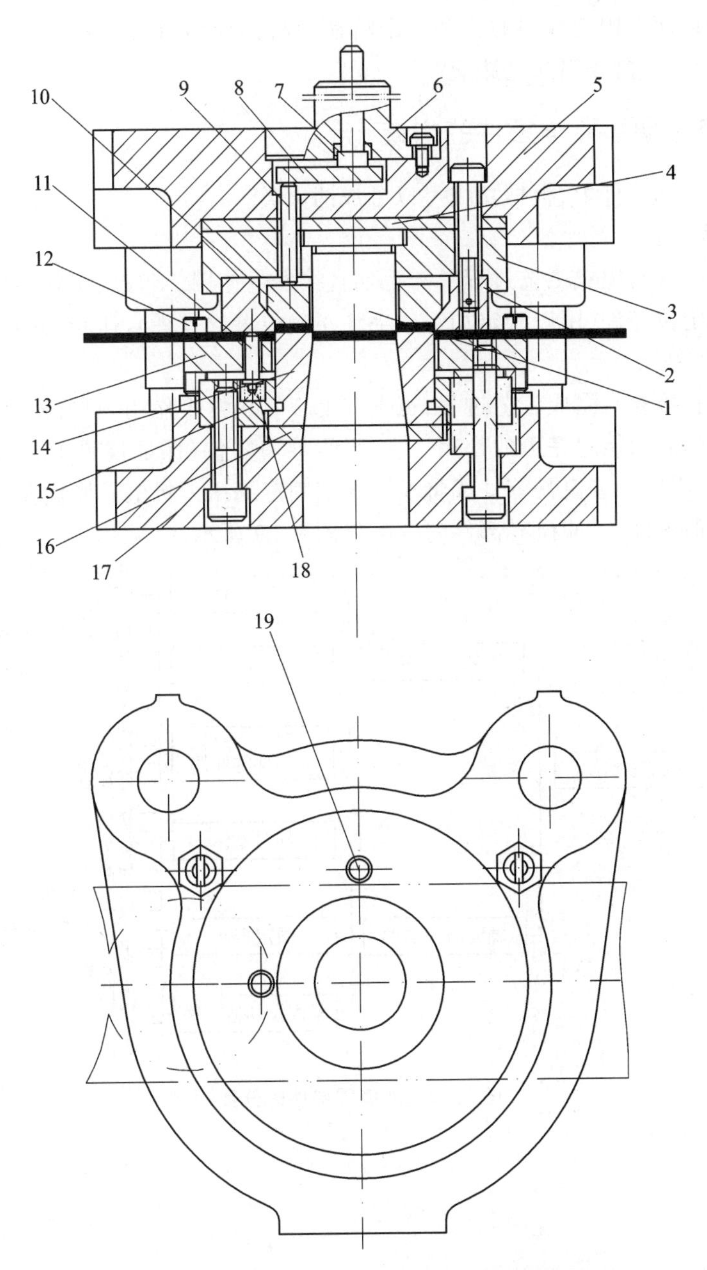

1—冲孔凸模；2—落料凹模；3—凸模固定板；4，16—垫板；5—上模座；6—模柄；7—推杆；8—推板；
9—推销；10—推件块；11—活动挡料销；12—固定导料螺栓；13—卸料板；14—凸凹模；
15—凸凹模固定板；17—下模座；18—弹簧；19—导料销

图 2.38　复合模

冲孔凹模的凸凹模。利用凸凹模能够在模具的同一部位上同时完成工件的落料和冲孔工序，从而保证冲裁件的内孔与外缘的相对位置精度和平整性、生产效率高；条料的定位精度比连续模低，模具轮廓尺寸也比连续模小。但是，模具结构复杂，不易制造，成本高，适合于大批量生产。

此模采用刚性推件装置，通过推杆、推板、推销、推件块推出工件。

这套模具利用两个固定导料螺栓和一个活动导料销导向,控制条料的送进方向。利用活动挡料销挡料定位,控制条料送进距离。

2.2.2　冲裁模主要零件与零件的构造

组成模具的全部零件中,根据功用可以分成两大类。

1. 工艺结构零件

这类零件直接参与完成工艺过程并与毛坯直接发生作用。包括:工作零件(直接对毛坯进行加工的零件),定位零件(用以确定加工中毛坯正确位置的零件),压料、卸料及出件零部件。

2. 辅助结构零件

这类零件不直接参与完成工艺过程,也不与毛坯直接发生作用,只对模具完成工艺过程起保证作用和对模具的功能起完善的作用。它包括:导向零件(保证模具上、下部分正确的相对位置),固定零件(用以承装模具零件或将模具安装固定到压力机上),紧固及其他零件(连接紧固工艺零件与辅助零件)。冲模零部件的分类如图 2.39 所示。

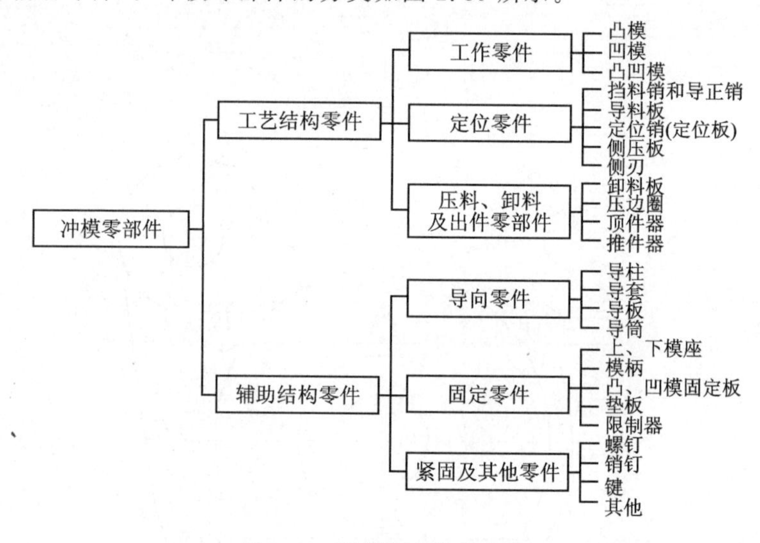

图 2.39　冲模零部件的分类

一、工作零件

1. 凸　模

(1) 凸模结构基本类型

① 镶拼式凸模

大型工件的落料、冲孔或切边等工序使用的凸模,一般都设计成镶拼式结构,如图 2.40 所示,凸模刃口部分用优质工具钢制造,将其用螺钉或销钉直接固定在用普通结构钢制造的基体或凸模固定板上。其中,(a)适用于大型圆凸模;(b)适用于大型剪切凸模;(c)适用于孔距尺寸很小的多排矩形孔的冲裁凸模。采用镶拼结构不仅可以节省贵重的模具钢材,也避免了大型凸模的锻造、机械加工和热处理的困难。

② 整体式凸模

冲裁中、小型工件使用的凸模,一般都设计成整体式。整体式凸模的基本结构形式为阶梯

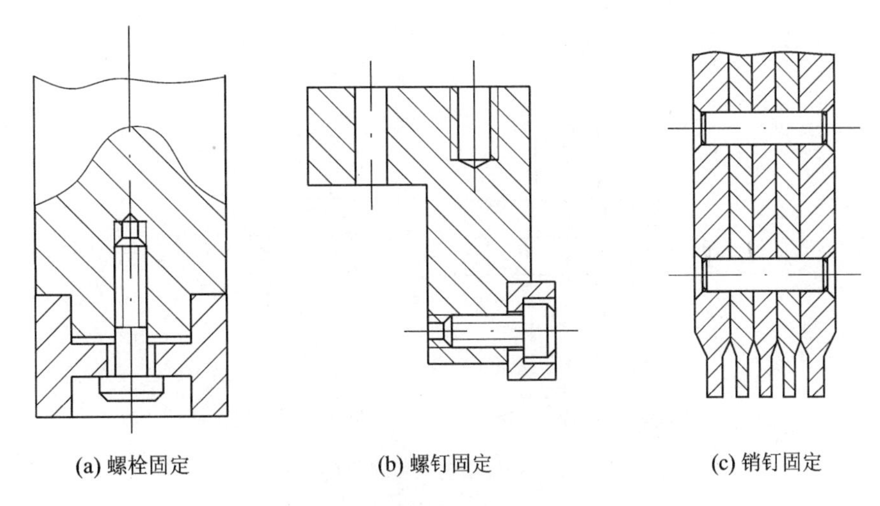

图 2.40 镶拼凸模的结构型式

式和直通式两类，如图 2.41 所示。阶梯式凸模的固定部分，如图 2.41(a)和(b)所示，一般可以设计成圆形、方形或盒形，以便于凸模固定板的配合孔加工。这类凸模的工作部分(非圆形凸模)，通常都是采用仿刨削加工制成。直通式凸模如图 2.41(c)所示，一般用数控线切割或成型磨削加工制造。

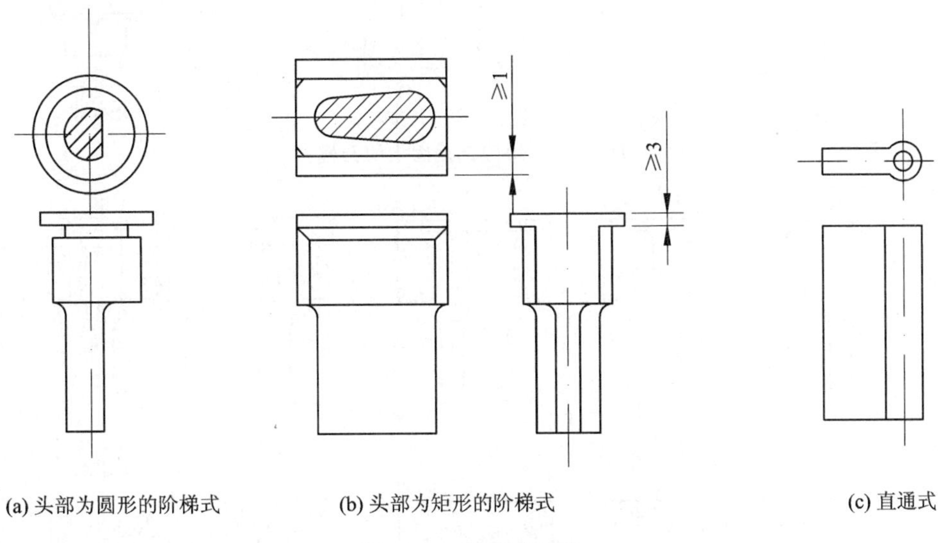

图 2.41 整体式凸模

(2) 凸模的固定方式

① 直接固定在模座上，如图 2.42 所示。其中，(a)适用于横截面较大的凸模；(b)适用于窄长的凸模。

② 用固定板固定，如图 2.43 所示。其中，(a)台肩固定，适用于固定端形状简单(一般为圆形或盒形)，卸料力较大的凸模；(b)铆接，适用于卸料力较小的凸模；(c)用螺钉拉紧的固定形式。

如果凸模的工作端非圆形，固定端为圆形，则必须考虑防转措施，如图 2.44 所示。

③ 快换式固定法，如图 2.45 所示。适用于小批量生产，使用通用模座的凸模或易损凸模。

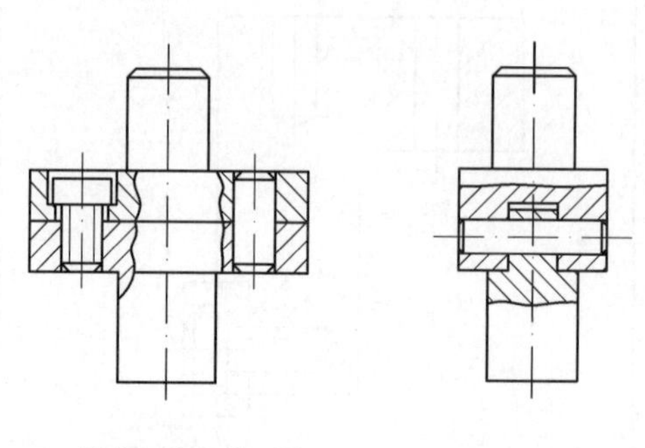

(a) 横截面较大的凸模　　(b) 窄长的凸模

图 2.42　直接固定在模座上的凸模

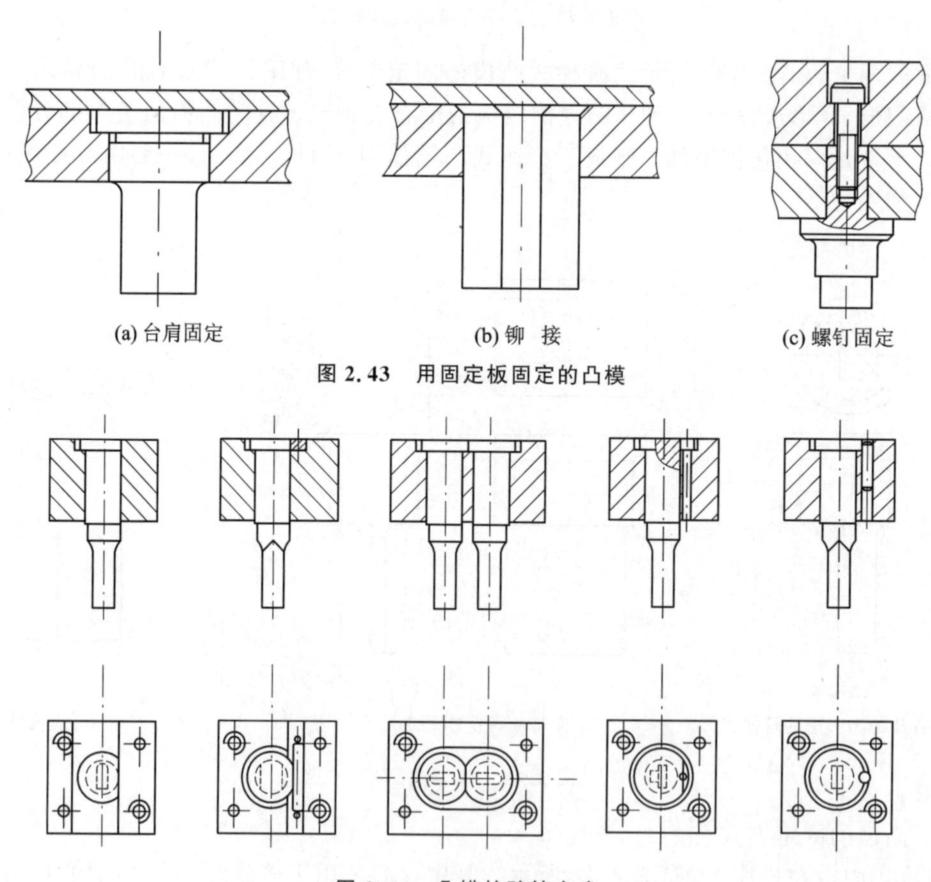

(a) 台肩固定　　(b) 铆　接　　(c) 螺钉固定

图 2.43　用固定板固定的凸模

图 2.44　凸模的防转方式

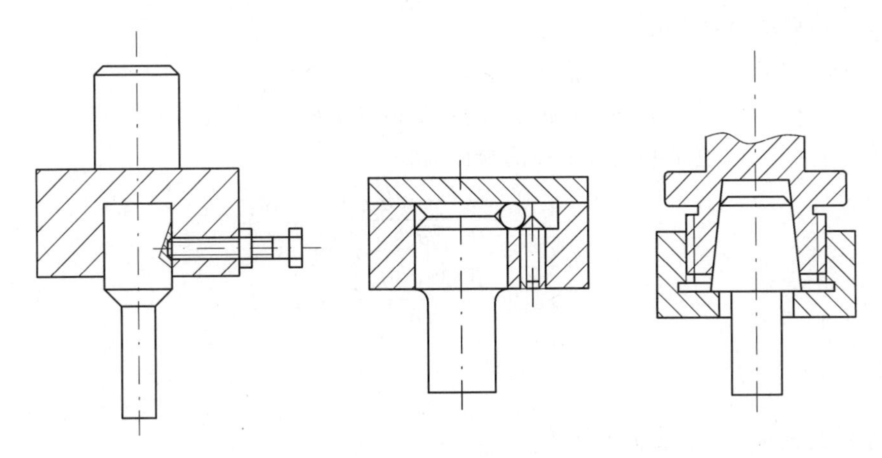

图 2.45　快换式固定法

(3) 凸模的长度

凸模长度 L 根据模具的结构,并考虑修磨、固定板与卸料板之间的安全距离、装配等的需要来确定。采用固定卸料板和导料板时,如图 2.46 所示,凸模长度应该为

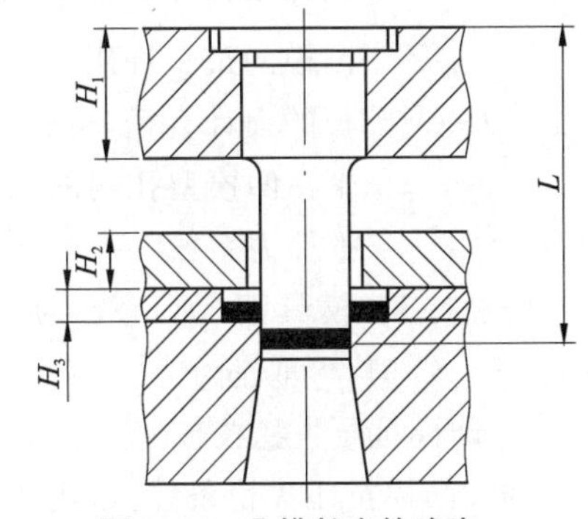

图 2.46　凸模长度的确定

$$L = H_1 + H_2 + H_3 + H \tag{2.25}$$

式中:H_1——凸模固定板厚度,mm;

H_2——卸料板厚度,mm;

H_3——导料板厚度,mm;

H——附加长度,mm,主要考虑凸模进入凹模的深度(0.5～1 mm)、总修磨量(10～15 mm)及模具闭合状态下卸料板到凸模固定板间的安全距离(10～20 mm)等因素确定。

(4) 凸模强度和刚度校核

凸模工作时受到交变载荷作用,冲裁时受到轴向压缩作用,卸料时受到轴向拉伸作用。由于冲裁时凸模刃口端面承受的轴向压力远大于卸料时受到的拉力,当用小凸模冲裁较厚或较硬的材料时,有可能因受到的压应力超过模具材料的许用压应力$[\sigma_c]$而损坏。如果凸模结构的长径比$(l/d)>10$,会因受压失稳而折断。因此在设计或选用细长凸模时,必须对其抗压强度和抗弯刚度进行校核,而用于一般落料或冲孔的凸模无需进行校核。

① 凸模抗压强度校核

凸模正常工作的条件是其刃口端面承受的轴向压应力不应超过模具材料的许用压应力,即

$$\sigma_c = \frac{F_\Sigma}{S} \leqslant [\sigma_c] \tag{2.26}$$

式中:σ_c——凸模刃口端面承受的压应力,MPa;

F_Σ——作用在凸模端面上的总冲压力,N;

S——凸模刃口端面面积,mm^2;

$[\sigma_c]$——模具钢的许用压应力,MPa。

如果模具的结构是工件向下被推出,则

$$F_{\Sigma}=F+F_{推}=F(1+nK_{推}) \tag{2.27}$$

由式(2.26)可得凸模能够正常工作的端面面积为

$$S\geqslant\frac{F(1+nK_{推})}{[\sigma_c]} \tag{2.28}$$

若取

$$S_{min}=\frac{F(1+nK_{推})}{[\sigma_c]} \tag{2.29}$$

则应有

$$S\geqslant S_{min} \tag{2.30}$$

如果是圆形凸模,且计算推件力,则

$$d\geqslant d_{min}=\frac{4t\tau(1+nK_{推})}{[\sigma_c]} \tag{2.31}$$

式中:S_{min}——凸模刃口端面的最小面积,mm^2;

d_{min}——凸模的最小许用直径,mm;

d——凸模的设计直径,mm;

n——积聚在凹模型孔内的工件数;

$K_{推}$——推件力系数。

普通冲裁,模具钢(如T8A、T10A、Cr12MoV、GCr15等)的许用压应力,当淬火硬度为HRC58~62时,可取$[\sigma_c]$=1 000~1 600 MPa。

② 凸模抗压失稳校核

细长凸模抗压失稳条件,可用压杆失稳的欧拉公式确定。求压杆失稳临界载荷F_{cr}的欧拉公式为

$$F_{cr}=\frac{\pi^2EJ}{(\mu l_{max})^2} \tag{2.32}$$

式中:F_{cr}——压杆(凸模)失稳时的临界载荷,N;

l_{max}——临界载荷作用下,压杆(凸模伸出固定板)的"许用"长度,mm;

E——弹性模量,MPa,对于模具钢$E=(2.1\sim2.2)\times10^5$ MPa;

J——凸模最小断面的惯性矩,mm^4,圆形凸模,$J=\pi d^4/64$;盒形断面凸模,$J=bh^3/12$,其中b为刃口长度,h为刃口的宽度;

μ——与支承情况有关的长度系数。

利用欧拉公式对细长凸模进行校核时应附加载荷条件和支承条件。

载荷条件:凸模刃口端面承受的总冲压力F_{Σ}应小于临界载荷F_{cr},即$F_{\Sigma}<F_{cr}$。为此,引入安全系数K,通常取$K=2\sim3$,则

$$F_{cr}=KF_{\Sigma}=\frac{\pi^2EJ}{(\mu l_{max})^2} \tag{2.33}$$

由式(2.33)可得许用长度l_{max}的表达式为

$$l_{max}=\sqrt{\frac{\pi^2EJ}{\mu^2KF_{\Sigma}}} \tag{2.34}$$

支承条件：不同的支承条件，长度系数 μ 是不同的，则许用长度 l_{max} 亦不同。长度系数的取值与模具结构和凸模结构形状有关，如图 2.47 所示。

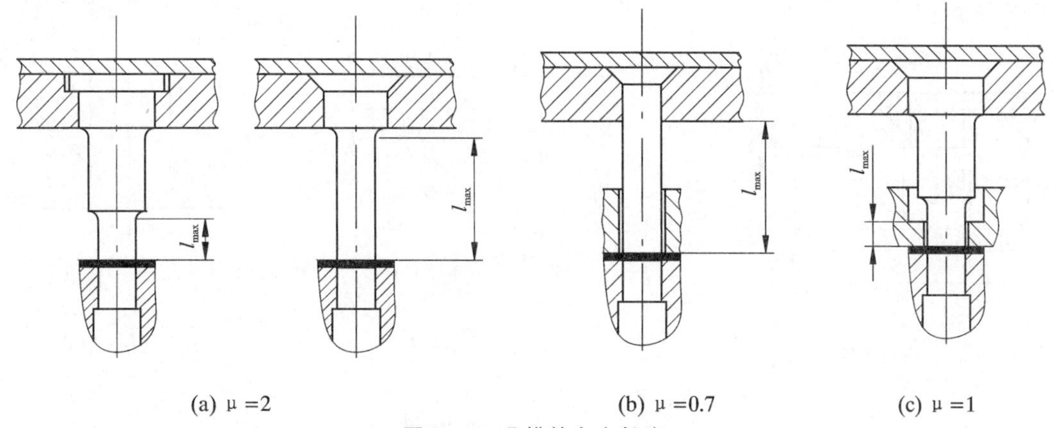

图 2.47 凸模的自由长度

图 2.47(a)所示为无导向装置的模具结构，卸料板仅起卸料作用，对凸模自由端无约束作用。这种结构形式可视为一端固定，另一端自由支承，符合这种支承条件的长度系数 $\mu=2$，由式(2.34)得

$$l_{max}=0.5\sqrt{\frac{\pi^2 EJ}{KF_{\Sigma}}} \tag{2.35}$$

图 2.47(b)所示为直通式凸模，其自由端由导板或弹压卸料导向。这种结构可视为一端固定，另一端铰支。符合这种支承条件的长度系数 $\mu=0.7$，由式(2.34)得

$$l_{max}=1.43\sqrt{\frac{\pi^2 EJ}{KF_{\Sigma}}} \tag{2.36}$$

图 2.47(c)所示为阶梯形凸模，它由弹压卸料板导向，这种结构可视为两端铰支，$\mu=1$，由式(2.34)得

$$l_{max}=\sqrt{\frac{\pi^2 EJ}{KF_{\Sigma}}} \tag{2.37}$$

由以上三式可见，压杆的许用长度 l_{max} 随长度系数 μ 值的减小而增大。为安全起见，设计时取安全系数 $K=3$。根据模具结构特点，采用上述各式进行校核时，凸模伸出固定板外的实用设计长度 l 应满足 $l\leqslant l_{max}$。

2. 凹 模

(1) 凹模型孔的结构类型

常用凹模型孔结构类型如图 2.48 所示。图 2.48(a)、(b)、(c)均为直壁式刃口凹模，其特点是刃口强度高，制造方便，刃磨后型孔尺寸基本不变，对冲裁间隙无明显影响，适合于冲裁形状复杂、精度要求高，以及厚度较大的工件。由于型孔内容易聚积工件或废料，因而推件力大。如果刃口周边有突变的尖角或有窄悬臂伸出，由于应力集中，有可能在角部产生胀裂，因此对凹模和凸模的强度都带来不利的影响。同时，由于摩擦力增大，对孔壁的磨损深度增大，故刃磨层较厚，致使凹模的总寿命缩短。

(a)型和(c)型一般用于复合模或上出件冲裁模。下出件模具多采用(b)型或(a)型。

图 2.48(d)、(e)是斜壁式刃口。这种类型的凹模孔刃口锐利，因不会聚积零件或废料，摩

擦力和胀裂力均较小,刃口磨损小,使用寿命相对增长,但是刃口强度低,刃磨后尺寸略有增大。当 $\alpha=30°$时,刃磨 0.1 mm,尺寸增大约为 1.7 μm。故适合于冲裁形状简单、厚度较薄、精度要求较低的下出工件。

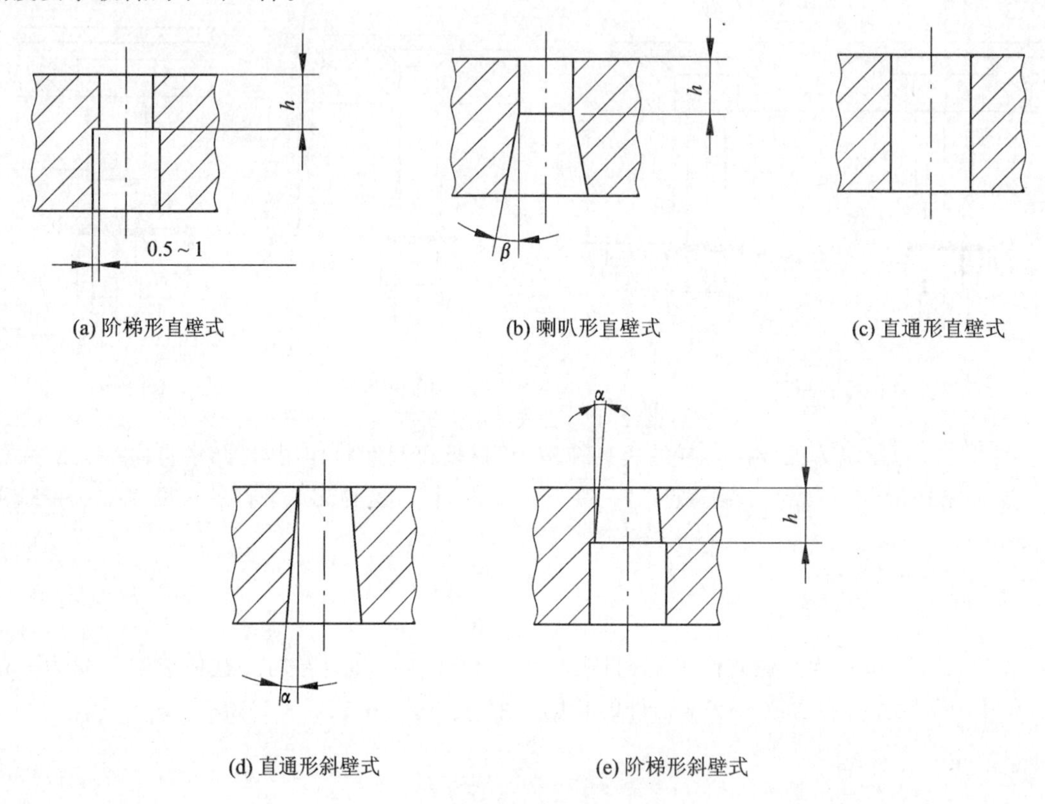

图 2.48 凹模型孔类型

凹模锥角 α、后角 β 和刃口直壁高度 h 均与冲裁板料厚度有关。通常 $\alpha=15'\sim30'$;$\beta=2°\sim3°$;$h=4\sim10$ mm。

(2) 凹模结构基本类型

用于冲孔落料的凹模,通常皆选用整体式结构。根据工件形状特征和工位数,凹模外形多为盒形或圆形,由于尺寸较大,一般采用螺钉连接和销钉紧固在模座上。

冲小孔或型孔易损的凹模,为便于加工,易于更换和刃磨,可在整体凹模的局部或凹模固定板的指定位置,压入外形为圆柱形的整体镶块,成为镶套式凹模。镶块与凹模固定板或整体式凹模采用 H7/n6 或 H7/m6 过渡配合。镶套式凹模的型孔若为异形孔,在装配结合缝处,应加止动销,以防冲压时发生转动。

① 镶拼凹模的结构类型分为平面式、嵌入式、压入式和斜楔式。

a. 平面式

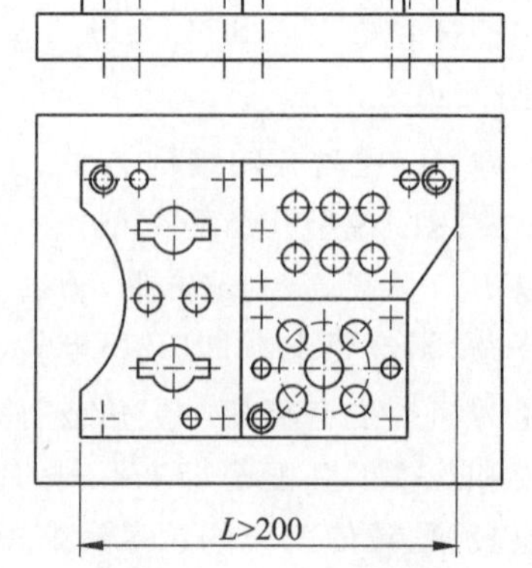

图 2.49 平面式镶拼

平面式如图 2.49 所示。这种镶拼将凹模分成几块,用螺钉连接、销钉紧固在固定板的平面上，主要适用于大型冲模。

b. 嵌入式

嵌入式如图 2.50 所示。将拼块嵌入两边或四周有凸台的固定板内，再用螺钉连接、销钉紧固。这种镶拼方式的侧向承载能力较强。

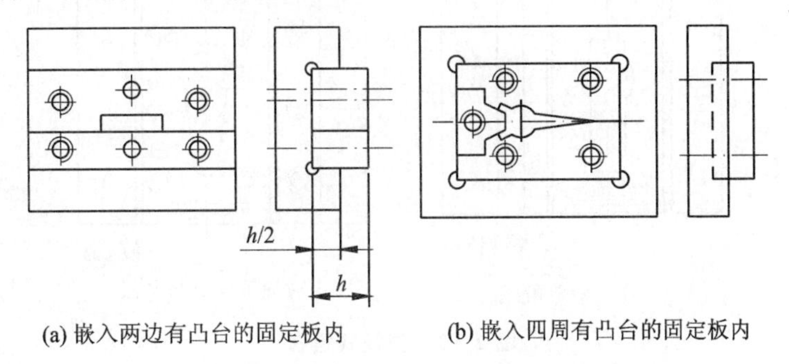

(a) 嵌入两边有凸台的固定板内　(b) 嵌入四周有凸台的固定板内

图 2.50　嵌入式镶拼

c. 压入式

压入式如图 2.51 所示。将拼块以过盈配合压入固定板孔内。适用于形状复杂的小型冲模以及拼块较小不宜用螺钉连接、销钉紧固的情况。图 2.51(a)是把难加工的窄长排孔分别割成若干薄片，再压入固定板孔内；图 2.51(b)是用锥面压入，适用于复杂且要求定心的镶拼模；图 2.51(c)是把凹模中易损的悬臂单独做出，再压入凹模的固定孔内。

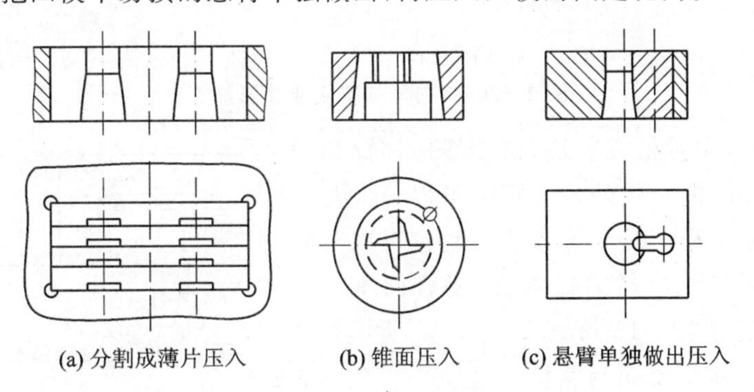

(a) 分割成薄片压入　(b) 锥面压入　(c) 悬臂单独做出压入

图 2.51　压入式镶拼

d. 斜楔式

斜楔式如图 2.52 所示，用斜楔紧固拼块。装拆、调整较方便，凹模因磨损间隙增大时，可将其中一块拼合面磨去少许，使其恢复正常间隙。

② 几种镶拼结构的设计

拼块必须具有良好的工艺性，便于进行机械加工和热处理。

- 尽量将内形加工变成外形加工，如图 2.53 所示。
- 沿对称线或径向线分割，形状、尺寸相同的拼块可以一起加工，如图 2.54 及图 2.51(b)所示。
- 尖角处加工困难，淬火易裂，因此可在尖角处分割，使拼块角度不小于 90°，如图 2.50(b)所示。

(a) 斜槽斜楔式　　(b) 垂直螺钉拉紧式

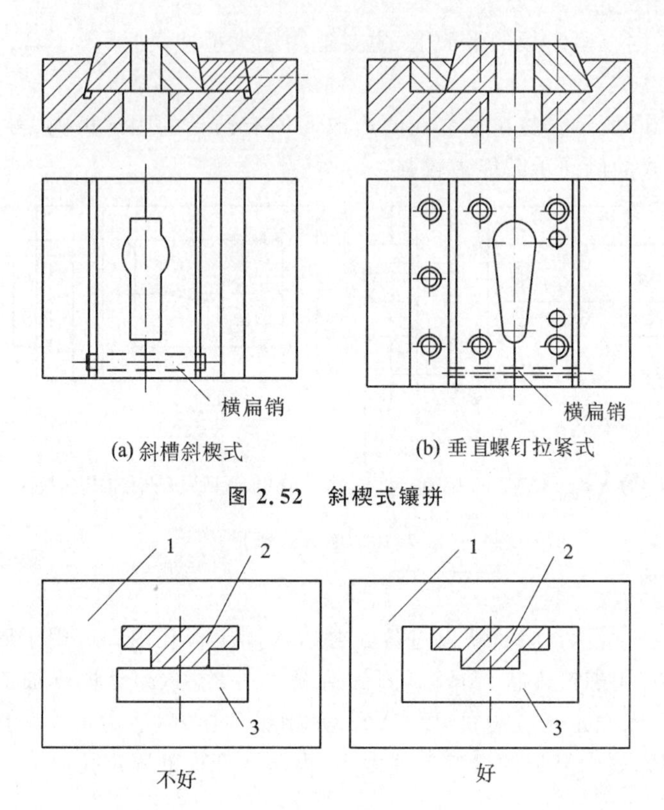

图 2.52　斜楔式镶拼

1—凹模体；2—凹模孔；3—镶块

图 2.53　将内形加工变成外形加工

图 2.54　沿对称线或径向线分割

● 圆弧一般应单独做成一块，拼接线应在离切点 4～7 mm 的直线处。大圆弧可以分成几块，接缝应沿径向线。长直线轮廓也可以分成几块，拼接线应与刃口垂直，拼合面不宜过长，一般为 12～15 mm，如图 2.55 所示。

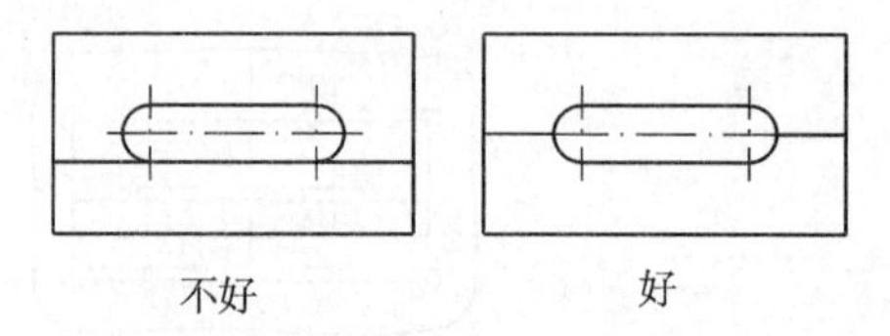

拼块还应便于维修更换与调整。

为便于更换，比较薄弱或易磨损的局部凸出或凹进部分，应单独做成一块，如图 2.50(b)及图 2.51(c)所示。

如果凹模孔的中心距精度要求较高，可以采用镶拼结构，通过增减垫片或磨拼合面的方法进行调整，如图 2.56 所示。

如果凸模和凹模同时采用镶拼结构，拼接线应错开 3～5mm，以免产生毛刺，如图 2.57 所示。

(3) 凹模的固定方式

① 圆形或盒形板状凹模直接采用螺钉连接、销钉固定在模座上，如图 2.58(a)所示。

② 圆凹模采用固定板固定，如图 2.58(b)所示。凹模与固定板采用过渡配合H7/m6。

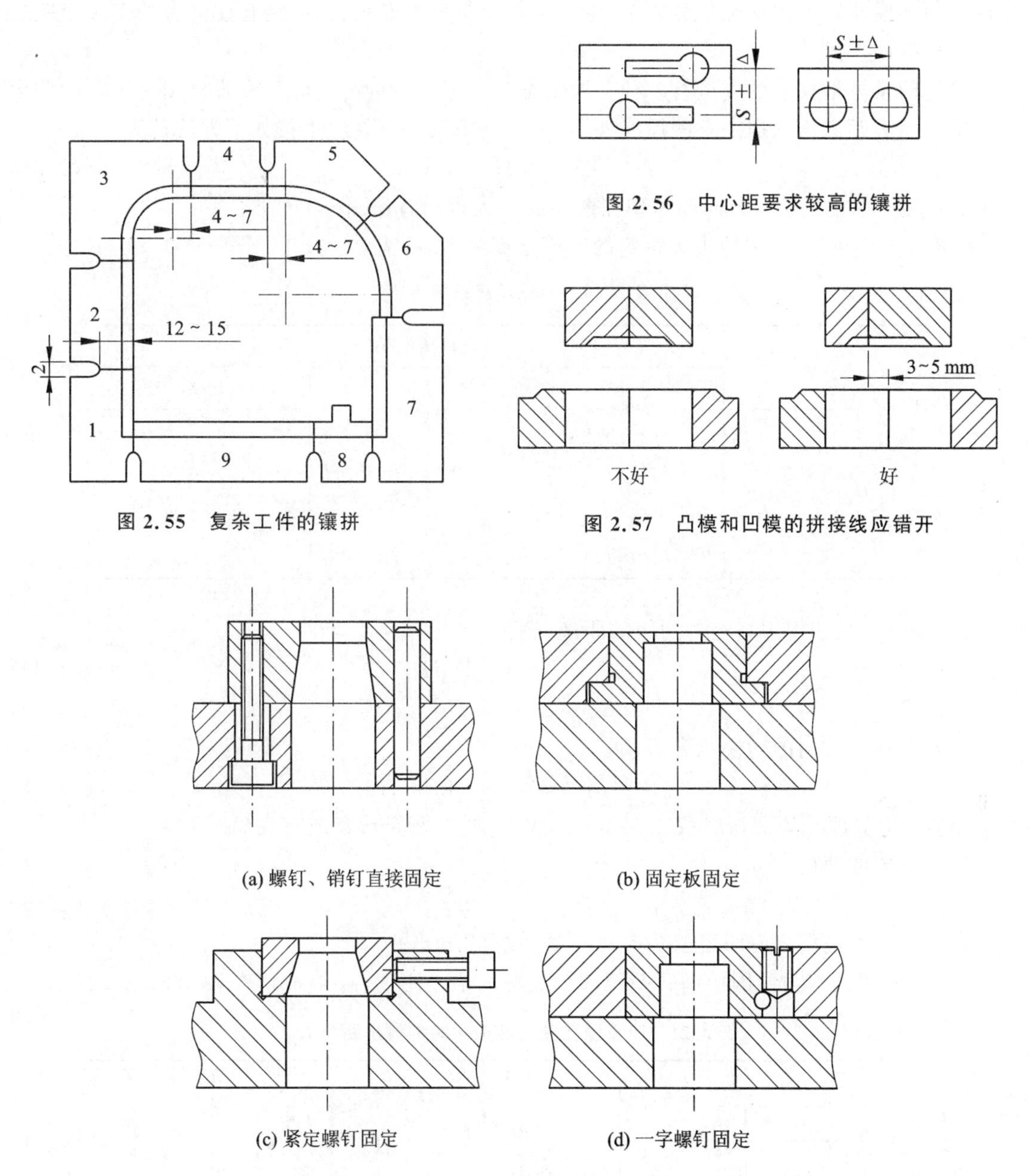

图 2.55　复杂工件的镶拼

图 2.56　中心距要求较高的镶拼

图 2.57　凸模和凹模的拼接线应错开

图 2.58　凹模的机械固定方法

③ 快换凹模的固定,如图 2.58(c)、(d)所示。

(4) 整体式凹模外形尺寸的确定

凹模的外形尺寸是指凹模的厚度 H、长度 A 与宽度 B(盒形凹模)或厚度 H 与外径 D(圆形凹模)。长度与宽度的选择直接与厚度有关;同时也是选择模架外形尺寸的依据。凹模的厚度直接关系到模具的使用。厚度过小,影响凹模的强度和刚度;厚度过大,会使模具的体积和闭合高度增大,从而增加模具的质量。

工作时,凹模刃口周边承受冲裁力和弯曲力矩的作用,在刃壁上承受分布不均匀的挤压力作用。因凹模实际受力情况十分复杂，生产中都是按照经验公式，并结合设计者的实际经验来确定凹模的外形尺寸。

确定凹模外形尺寸的方法有多种。通常都是根据工件的材料厚度和排样图所确定的凹模型孔壁间最大距离为依据来求凹模的外形尺寸。盒形凹模厚度 H 按如下方法计算

$$H = Kb_1 \quad (H \geqslant 8\ \text{mm}) \tag{2.38}$$

式中：b_1——垂直于送料方向凹模型孔壁间的最大距离，mm；

K——由 b_1 和材料厚度 t 决定的凹模厚度系数，查表 2.20。

表 2.20　凹模厚度系数 K 值

b_1/mm	材料厚度 t/mm		
	≤1	1～3	3～6
≤50	0.30～0.40	0.35～0.50	0.45～0.60
50～100	0.20～0.30	0.22～0.35	0.30～0.45
100～200	0.15～0.20	0.18～0.22	0.22～0.30
>200	0.10～0.15	0.12～0.18	0.15～0.22

凹模壁厚(指凹模刃口与外边缘的距离)C 为

小凹模　$$C = (1.5 \sim 2)\ H \tag{2.39}$$

大凹模　$$C = (2 \sim 3)\ H \tag{2.40}$$

垂直于送料方向的凹模宽度 B 为

$$B = b_1 + (2.5 \sim 4.0)\ H \tag{2.41}$$

式中系数：边界型孔为圆弧时取 2.5；为直线段时取 3；复杂形状或有尖角时取 4。

送料方向的凹模长度 A 为

$$A = L_1 + 2l_1 \tag{2.42}$$

式中：L_1——沿送料方向凹模型孔壁间的最大距离，mm；

l_1——沿送料方向凹模型孔壁至凹模边缘的最小距离，mm，取值查表 2.21。

表 2.21　凹模型孔壁至凹模边缘的最小距离 l_1

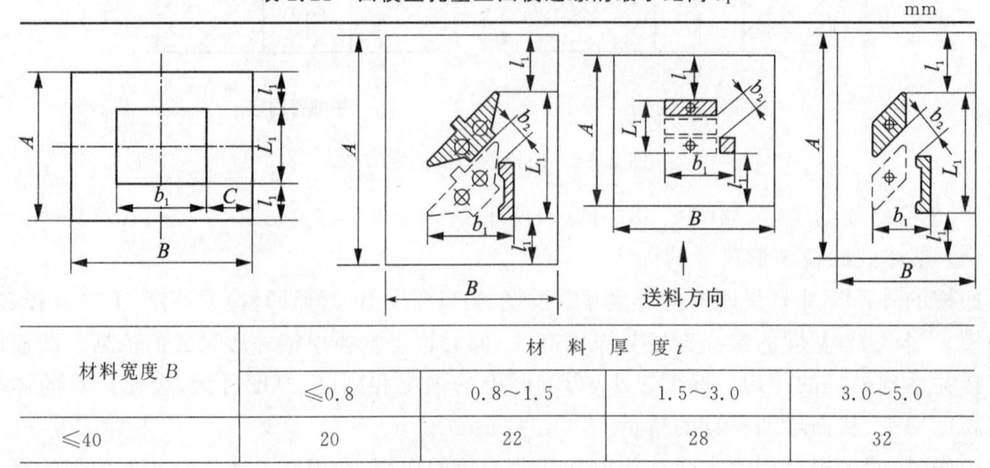

材料宽度 B	材　料　厚　度 t			
	≤0.8	0.8～1.5	1.5～3.0	3.0～5.0
≤40	20	22	28	32

续表 2.21

材料宽度 B	材料厚度 t			
	≤0.8	0.8～1.5	1.5～3.0	3.0～5.0
40～50	22	25	30	35
50～70	28	30	36	40
70～90	34	36	42	46
90～120	38	42	48	52
120～150	40	45	52	55

注：1. l_1 的公差视凹模型孔复杂程度而定，一般不超过±8 mm；

2. b_2 一般不小于 5 mm，但 t<0.5 mm 的小孔，壁厚可适当减小。

圆形凹模板的计算方法与上面计算方法类似。根据计算结果，应尽可能选取接近计算值的标准凹模作为设计用的凹模。

这类算法在生产中经常使用，结果也偏于安全。值得注意的是，上面各式仅根据冲裁件的厚度取值，并没有考虑材料机械性能的差异。由此如果推论：只要材料厚度和排样图相同，不论冲裁何种材料，凹模的外形尺寸都是相同的，显然这是不合理的。选用的该计算方法和经验数据具有明显的针对性和局限性。

长期以来，从事冲压行业的生产者力图建立冲裁力与凹模外形尺寸间的关系。由实验研究得到的凹模厚度 H 与冲裁力 F 之间的近似关系式为

$$H=\sqrt[3]{0.1F} \tag{2.43}$$

式中：H——凹模厚度，mm；

F——冲裁力，N。

由于实验条件的局限性，这个近似关系式也是附有使用条件的。这里将该式引入是针对材料种类的不同，通过对比使计算结果趋于合理。如果按式(2.38)计算的结果与按式(2.43)计算结果比较接近，则说明按式(2.38)计算取值是适宜的。若计算结果比按式(2.43)计算值大，则应考虑适当减薄凹模厚度。在实际设计时，凹模外形尺寸还经常根据模具的内部结构进行调整。

将凹模用螺钉连接和销钉固定时，螺钉孔与销钉孔间，螺钉孔或销钉孔与凹模刃口间的距离，一般大于两倍孔径值，其最小许用值参考表 2.22。

表 2.22　螺钉孔与销钉孔间及至刃口边的最小距离

螺钉孔		M6	M8	M10	M12	M16	M20	M24
A	淬　火	10	12	14	16	20	25	30
	不淬火	8	10	11	13	16	20	25

续表 2.22

螺钉孔		M6	M8	M10	M12	M16	M20	M24
B	淬　火	12	14	17	19	24	28	35
C	淬　火	5						
	不淬火	3						
销钉孔		ϕ4	ϕ6	ϕ8	ϕ10	ϕ12	ϕ16	ϕ20
D	淬　火	7	9	11	12	15	16	20
	不淬火	4	6	7	8	10	13	16

螺钉、销钉拧入被连接件的最小深度如图 2.59 所示。

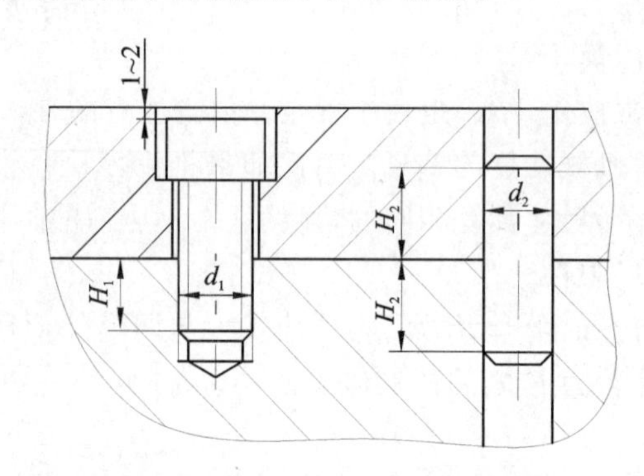

钢　$H_1=1.5d_1$,铸铁　$H_1=2d_1$;$H_2=2d_2$

图 2.59　螺钉、销钉拧入被连接件的最小深度

复合模中的凸凹模,其最小壁厚受强度的限制。对于凸凹模放在下模部分的倒装式复合模,刃口孔内由于积存废料,增加了胀力,其凸凹模最小壁厚值见表 2.23。

顺装复合模,刃口孔内不积存废料,最小壁厚可小一些,一般常用的经验数据为:

- 冲裁黑色金属材料,$a=1.5t(a\geqslant 0.7\ \text{mm})$;
- 冲裁有色金属材料,$a=t(a\geqslant 0.5\ \text{mm})$。

表 2.23　凸凹模最小壁厚

mm

料厚 t	0.4	0.5	0.6	0.7	0.8	0.9	1.0	1.2	1.5	1.75
最小壁厚 a	1.4	1.6	1.8	2.0	2.3	2.5	2.7	3.2	3.8	4.0
最小直径 D	15					18			21	
料厚 t	2.0	2.1	2.5	2.75	3.0	3.5	4.0	4.5	5.0	5.5
最小壁厚 a	4.9	5.0	5.8	6.3	6.7	7.8	8.5	9.3	10	12
最小直径 D	21	25		28		32		35	40	45

(5) 凹模的强度校核

凹模的强度校核主要是校核其厚度 H。凹模在冲裁力的作用下会产生弯曲,如果凹模厚度不够,就会产生较大的弯曲变形甚至断裂。凹模强度计算的近似公式见表 2.24。

表 2.24　凹模强度校核的计算公式

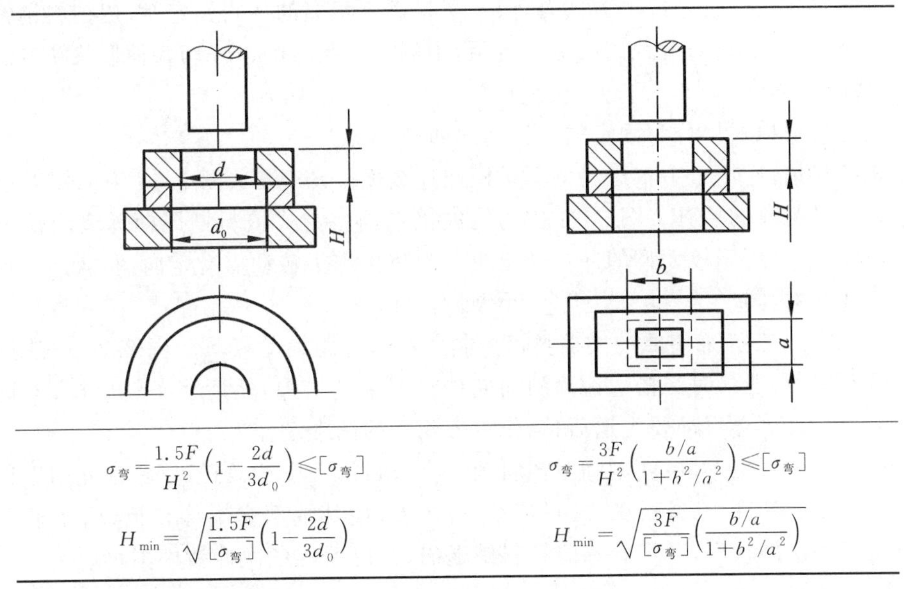

$\sigma_{弯}=\dfrac{1.5F}{H^2}\left(1-\dfrac{2d}{3d_0}\right)\leqslant[\sigma_{弯}]$	$\sigma_{弯}=\dfrac{3F}{H^2}\left(\dfrac{b/a}{1+b^2/a^2}\right)\leqslant[\sigma_{弯}]$
$H_{\min}=\sqrt{\dfrac{1.5F}{[\sigma_{弯}]}\left(1-\dfrac{2d}{3d_0}\right)}$	$H_{\min}=\sqrt{\dfrac{3F}{[\sigma_{弯}]}\left(\dfrac{b/a}{1+b^2/a^2}\right)}$

注：F——冲裁力，N；

$\sigma_{弯}$——弯曲应力的计算值，MPa；

$[\sigma_{弯}]$——许用弯曲应力，MPa，对于淬火硬度 HRC58～62 的 T8A、T10A、Cr12MoV 和 GCr15，取 300～500 MPa；

H——凹模厚度；

$H_{\min}$——凹模最小厚度，mm；

d——凹模直径，mm；

d_0——下模座孔的直径，mm；

$a\times b$——下模座长方孔尺寸，mm×mm。

二、定位零件

为了保证模具正常工作并冲出合格的工件，要求在送进的平面内，毛坯（块料、条料）相对于模具的工作零件处于正确的位置。毛坯在模具中的定位有两方面内容：送进导向（与送料方向垂直的定位）和挡料（送料方向上的定位，用来控制送料的进距）。

1. 送进导向方式

常见的送进导向方式有导销式与导料板式。图 2.38 为导销式送进导向复合模，在条料的同一侧装设两个固定导料销，为了保证条料在首次或末次冲裁的正确送进方向，设有一活动导料销。只要保持条料沿导料销一侧送进，即可保证正确的送进方向。导料销也可以安装在凹模上。导销式送进导向结构简单，制造容易，多用于简单模或复合模。

图 2.30 为导料板送进导向简单模，条料沿导料板送进保证送进方向。为了条料的顺利通过，导料板间距离应该等于条料的最大宽度加上 0.2～1.0 mm 的间隙值。如果条料宽度尺寸公差较大，为节省板料和保证冲压件的质量，应该在进料方向的一侧装侧压装置，迫使条料始终紧靠另一侧导料板送进。导料板与导板（卸料板）可以分开制造如图 2.29、图 2.30 所示，也可以制成整体的如图 2.31、图 2.34 所示。有导板（卸料板）的简单模或连续模，经常采用导料板保证送进方向。

2. 挡料方式

常见的限定条料送进距离的方式有:限定条料送进距离的挡料销定距,用挡料销钉抵挡搭边或工件轮廓;限定条料送进距离的侧刃定距,用侧刃在条料侧边冲切各种形状缺口。

(1) 挡料销定距

根据结构特征挡料销分为固定式和活动式两种。

固定式挡料销,适用于手工送料的简单模或连续模。图 2.31、图 2.34 为采用固定式挡料销控制条料送进距离的模具。图 2.31 中为钩式挡料销。钩式挡料销尾柄远离凹模刃口有利于保证凹模强度,适用于较大型的冲裁件定距。为防止钩头转动需有定向销,从而增加制造加工量。图 2.34 中为圆形挡料销,用于中、小型冲裁件定距。

图 2.30、图 2.38 为采用活动式挡料销控制条料送进距离的模具。图 2.30 中的挡料销在送进方向带有斜面,送料时当搭边碰撞斜面使挡料销跳越搭边,然后将条料后拉,挡料销便抵住搭边而定位。每次送料都要先送后拉,作方向相反的两个动作。

为了提高材料利用率,可使用临时挡料销。在条料第一次冲裁送进前,预先用手将临时挡料销(如图 2.30 的零件 10 或图 2.34 的零件 7)按入,使其端部突出导料板,挡住条料而限定送进距离。第一次冲裁后,弹簧将临时挡料销退出,在以后的各次冲裁中不再使用。

(2) 侧刃定距

图 2.35 所示为侧刃定距的连续模。根据断面形状常用的侧刃可分成三种,如图 2.60 所示。

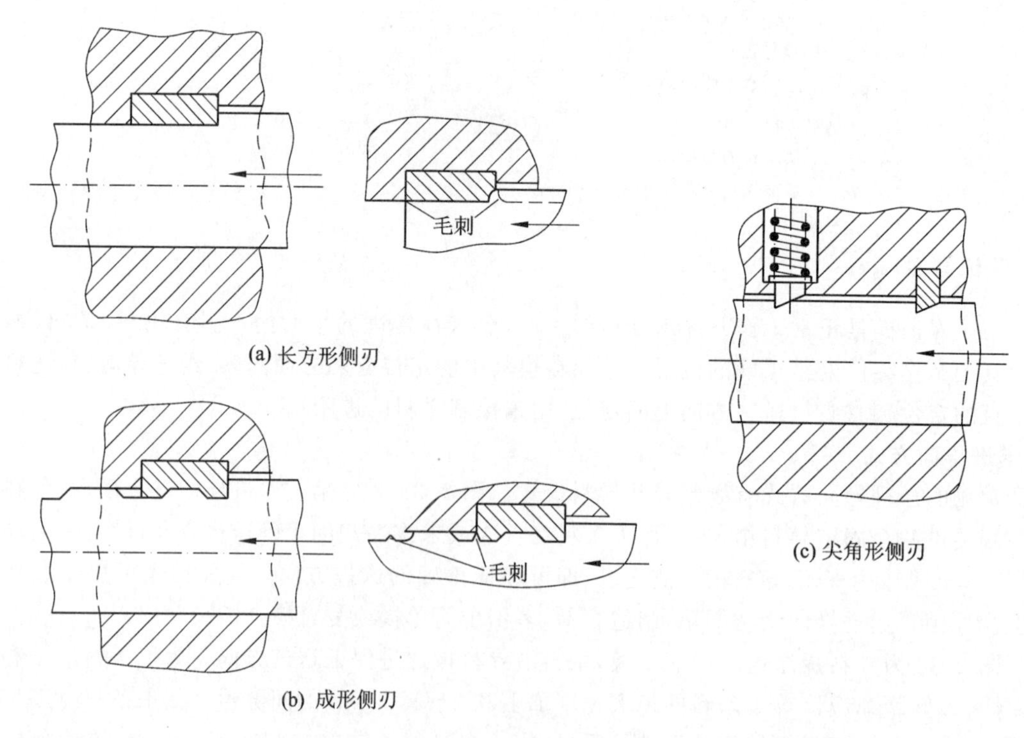

图 2.60　侧刃的形式

长方形侧刃如图 2.60(a)所示,制造和使用都很简单,但当刃口尖角磨损后,在条料侧边形成的毛刺,会影响定位和送进。为了解决这个问题,在生产中常采用图 2.60(b)所示的侧刃形状。这时由于侧刃尖角磨损而形成的毛刺不会影响条料的送进，但必须增大切边的宽度，因而造成原材料过多的消耗。尖角形侧刃如图 2.60(c)所示，需与弹簧挡销配合使用，先在条料边缘冲切尖角缺口，条料送进当缺口滑过弹簧挡销后，反向后拉条料至挡销卡住缺口而定距。尖角侧刃废料少，但操作麻烦，生产效率低。

采用侧刃定距时，步距的公称尺寸应比侧刃的公称尺寸小 0.05～0.1 mm。侧刃定距准确可靠，生产效率高，但增大总冲裁力和增加材料消耗。一般用于连续模冲制窄长形工件(步距小于 6～8 mm)或薄料(厚度 0.5 mm 以下)冲裁。

侧刃的数量可以是一个，或者是两个。两个侧刃可以并列布置，也可按对角线布置，对角布置能够保证料尾的充分利用。

(3) 导正销

为了保证连续模冲裁件内孔与外缘的相对位置精度，可采用如图 2.34 所示的固定挡料销(粗定位)和导正销(精定位)定距。这种方法操作方便，冲裁板料厚度一般不小于 0.3 mm，但固定挡料销易削弱凹模的强度。导正销安装在落料凸模工作端面上，落料前导正销先插入已冲好的孔中，确定内孔与外形的相对位置，消除送料和导向造成的误差。

设计有导正销的连续模时，挡料销的位置，应该保证导正销导正条料过程中条料活动的可能。挡料销位置 e 如图 2.61 所示，按式(2.44)计算

$$e = c - D/2 + d/2 + 0.1 \tag{2.44}$$

式中：c ——步距，mm；

　　D ——落料凸模直径，mm；

　　d ——挡料销头部直径，mm。

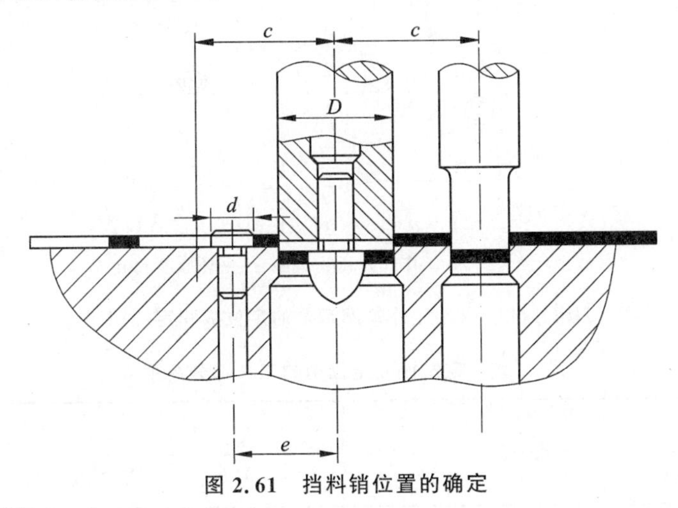

图 2.61　挡料销位置的确定

3. 定位板和定位销

定位板和定位销用于对单个毛坯的定位，应根据定位面形状分为外轮廓定位和内轮廓定位，如图 2.62、图 2.63 所示。

定位板或定位销与毛坯定位面的配合可取 H9/h9 的间隙配合，其工作部分高度可按表 2.25 选取。考虑定位面有效范围即可。

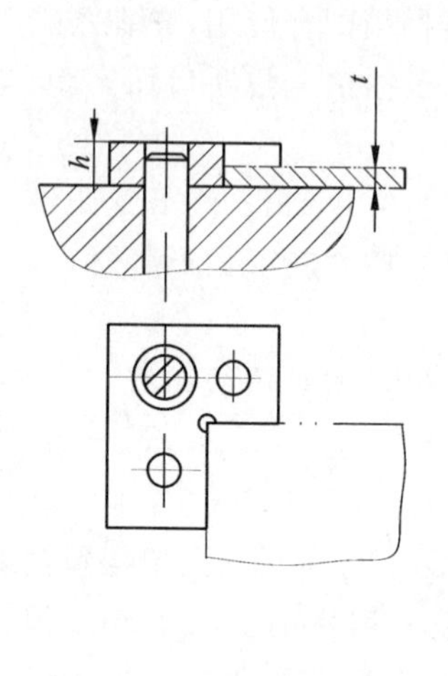

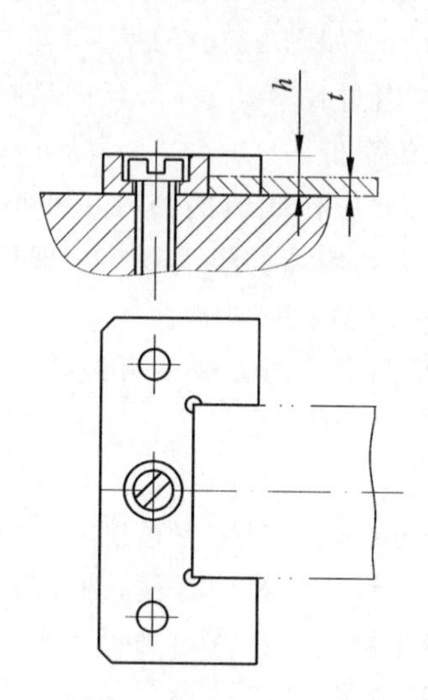

(a) 盒形毛坯用定位板

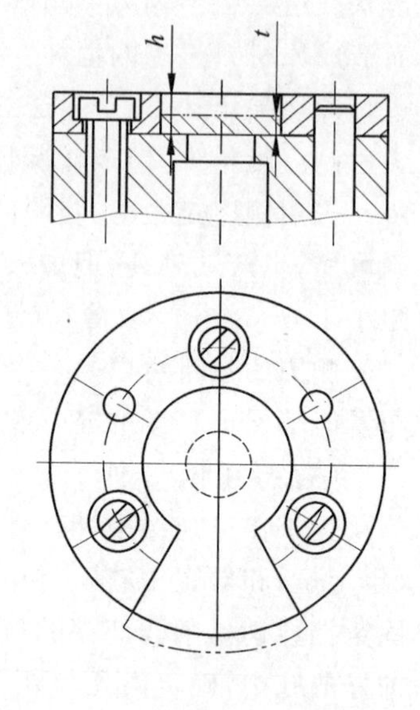

(b) 圆形毛坯用定位板

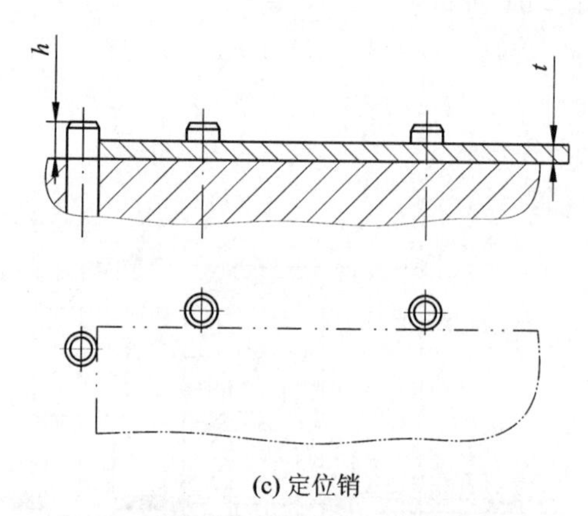

(c) 定位销

h—工作部分高度,mm; t—毛坯厚度,mm

图 2.62　以毛坯外轮廓定位的定位板和定位销

表 2.25　定位板或定位销的工作部分高度 h

mm

毛坯厚度 t	≤1	1～3	3～5
h	$t+2$	$t+1$	t

三、压料、卸料及出件零部件

1. 压边圈

冲裁模不用,拉深模设计时需考虑,参见第 4 章拉深模设计中的相关内容。

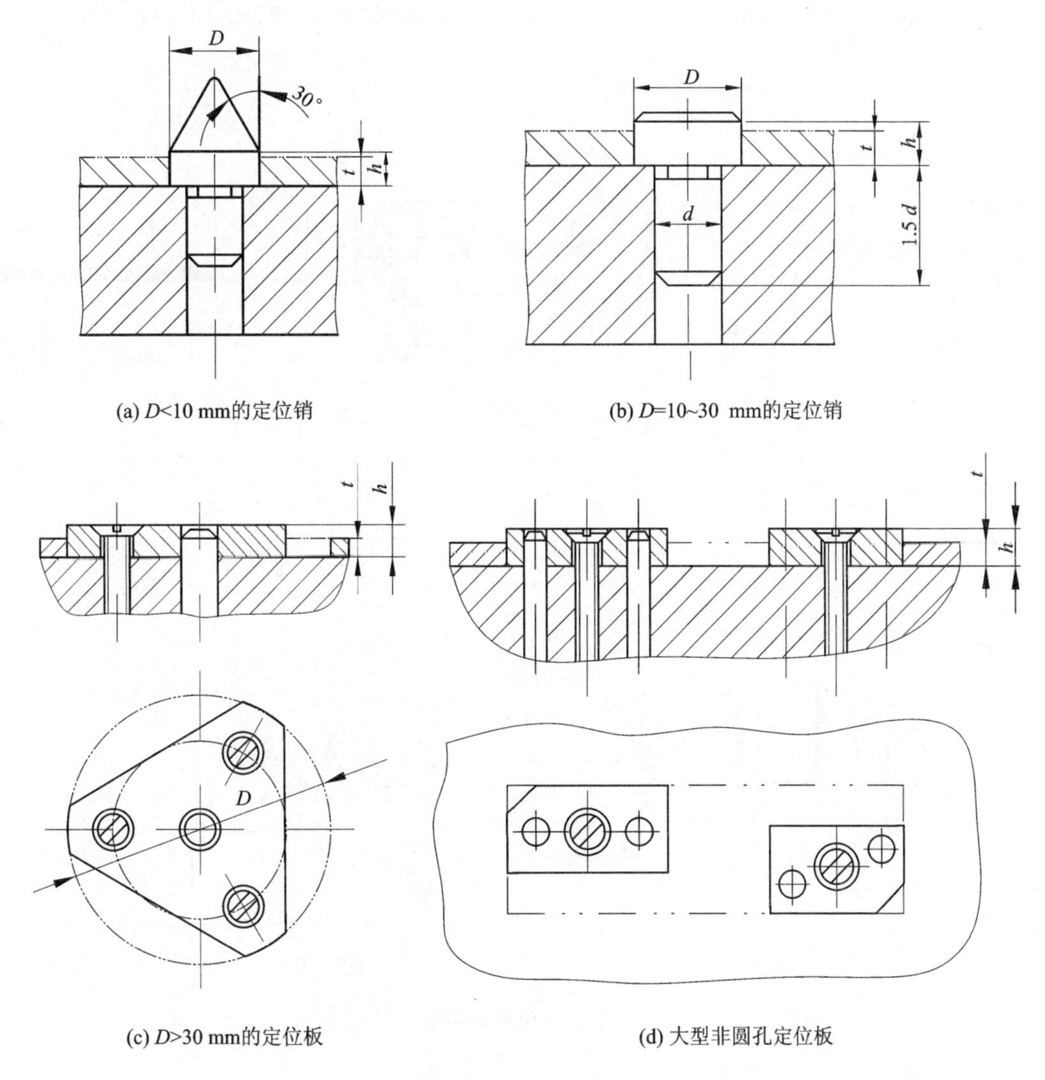

(a) D<10 mm的定位销　　(b) D=10~30 mm的定位销

(c) D>30 mm的定位板　　(d) 大型非圆孔定位板

图 2.63　以毛坯内轮廓定位的定位板和定位销

2. 卸料板

卸料板的主要作用是把板料从凸模上卸下，有时也可作压料板用以防止板料变形。卸料板要求耐磨，材料一般选 45 钢、淬火后磨削，粗糙度为 Ra0.4～0.8 μm。卸料板安装尺寸计算中要考虑凸模有 4～6 mm 的刃磨量。

冲裁模中使用的卸料板分固定卸料板和弹压卸料板两类。

(1) 固定卸料板

可用在冲裁料厚大于 0.5 mm，平面度要求不高的工件的冲裁模中，特别适用于卸料力较大的情况。

① 固定卸料板的结构形式

固定卸料板的结构形式如图 2.64 所示。其中(a)为整体式，卸料板与导料板做成一体，适用于条料宽度比较小的情况；(b)为分离式，适用于条料宽度较大的情况；(c)为悬臂卸料板，主要用于料厚不小于 2 mm 大型零件边缘处的冲裁加工及在弯曲件上冲孔；(d)为拱形卸料装置,用于空心件或弯曲件冲底孔时卸工件;(e)为半固定式卸料板,与(d)适用范围类似,此结构可以使凸模高度尺寸减小。

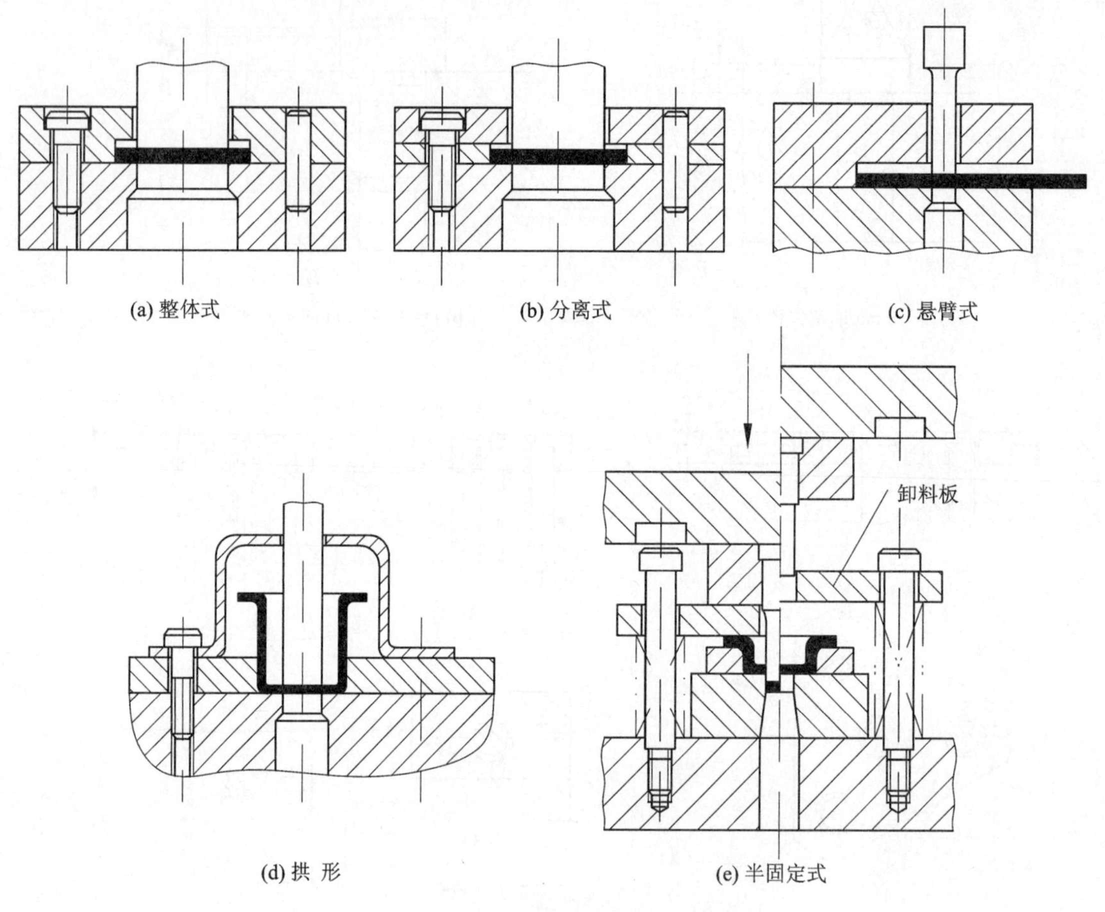

图 2.64　固定卸料板

② 固定卸料板的有关尺寸

固定卸料板的有关尺寸如图 2.65 所示。

- 固定卸料板的厚度见表 2.26;
- 紧固螺钉及导料板宽度见表 2.27;
- 缺口尺寸 m=3～9 mm(与条料宽度 B 成正比);
- 卸料板孔与凸模的单边间隙 $Z_1/2$ 见表 2.28。

(2) 弹压卸料板

弹压卸料板具有卸料和压料的双重作用,多用于冲制薄料,使工件的平面度提高。借助弹簧、橡胶或气垫等弹性装置卸料,常兼作压边,压料装置或凸模导向。

① 弹压卸料板的结构形式

弹压卸料板的结构形式如图 2.66 所示。其中,(a)为一般弹压卸料板;(b)为带小导柱的弹压卸料板,这种卸料板可兼作凸模导向;(c)为用橡胶直接卸料,适用于薄料冲裁的小批量生产。

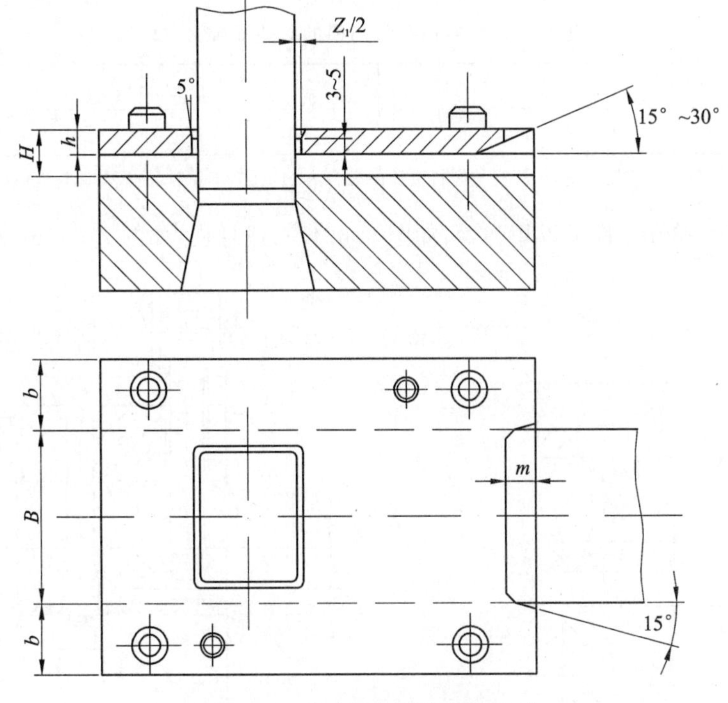

图 2.65　固定卸料板的有关尺寸

表 2.26　固定卸料板的厚度

mm

料厚 t	条料宽度 B									
	≤25		25～50		50～100		100～150		150～200	
	整体式卸料板				分离式卸料板					
	h	H	h	H	h	H	h	H	h	H
≤0.6	3	6	3	6	4	7	6.5	9.5	8	11
0.6～1.0	3	7	4	8	5.5	9	7	10.5	9	12.5
1.0～1.6	4	8	5	9	6.5	10.5	8	12	10	14
1.6～2.3	6	11	7	12	8	13	10	15	12	17
2.3～3.5	8	14	9	15	10	15	12	18	14	20
3.5～4.5	10	17	11	18	12	19	14	21	16	23
4.5	11	18	13	21	15	23	16	24	18	26

表 2.27　紧固螺钉及导料板宽度

mm

条料宽度 B	≤25	25～50	50～100	100～200
螺钉直径 d	M5，M6	M6，M8	M8	M10
导料板宽度 b	10～15	12～18	15～25	10～30

注：导料板尺寸应按标准选用。

表 2.28　卸料板孔与凸模的单边间隙 $Z_1/2$

mm

料厚 t	≤1	1～3	3～5
$Z_1/2$	0.2	0.3	0.5

注：固定卸料板作凸模导向时，凸模与卸料板孔的配合为 H7/h6，工作时，凸模与卸料板不得脱离。

弹压卸料板的弹性元件可以用弹簧，如图 2.66(a)，或橡皮，如图 2.66(b)、(c)。

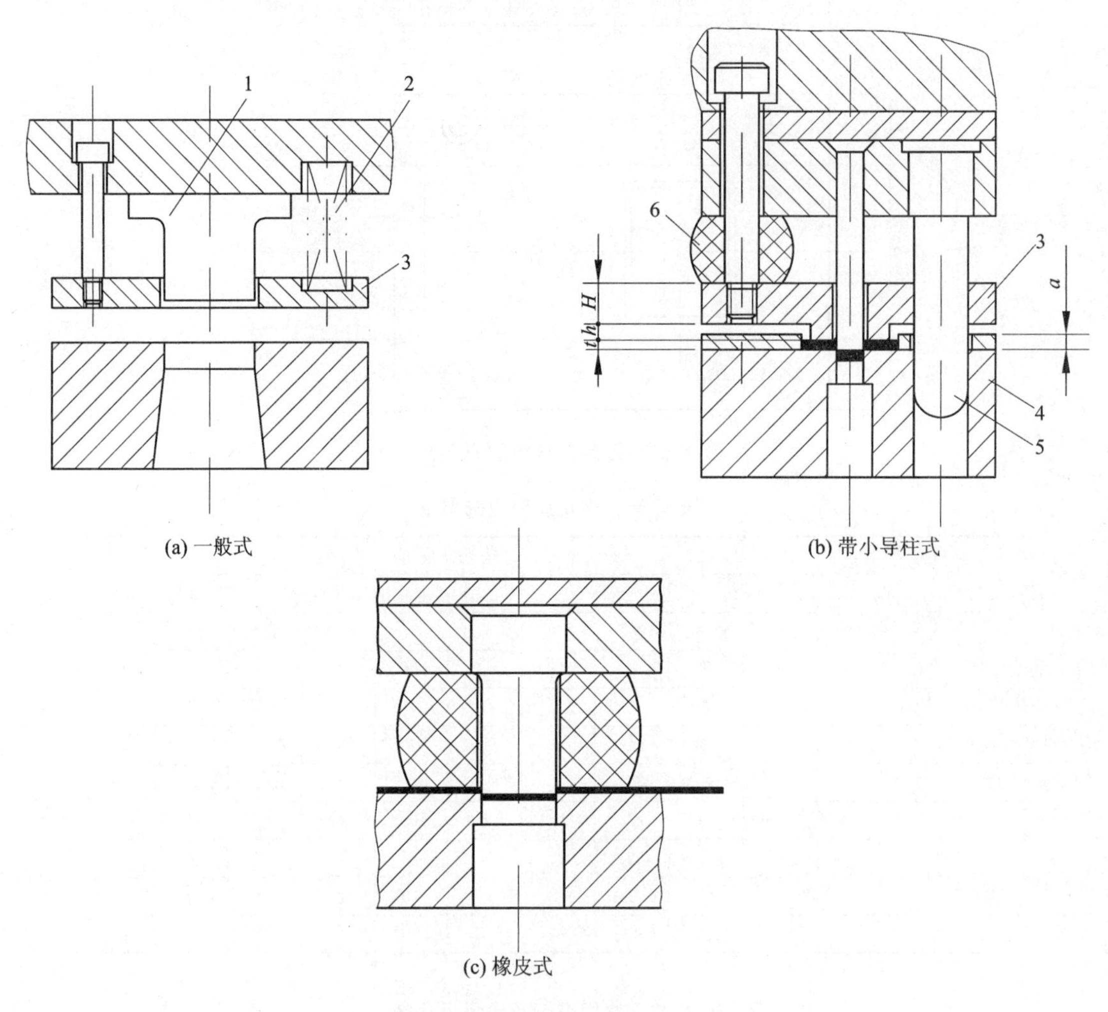

1—凸模；2—弹簧；3—弹性卸料板；4—凹模；5—小导柱；6—橡胶

图 2.66　弹压卸料板

② 弹压卸料板的有关尺寸

弹压卸料板的有关尺寸如图 2.67 所示。

- 弹压卸料板的厚度见表 2.29。

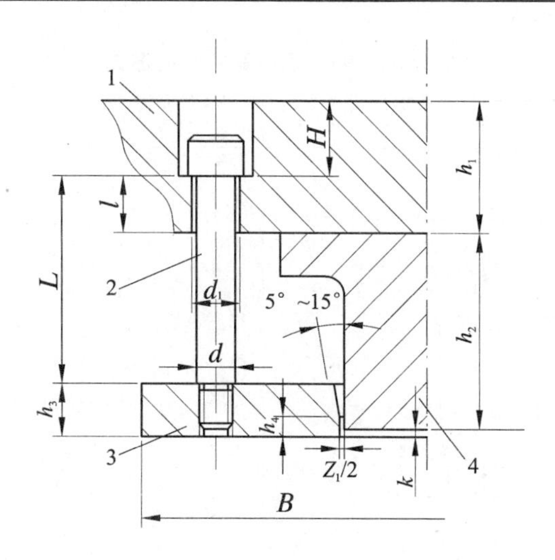

1—上模座；2—卸料板螺钉；3—卸料板；4—凸模

图 2.67　弹压卸料板尺寸

表 2.29　弹压卸料板的厚度 *H*

mm

冲件料厚 t	卸料板宽度 B				
	≤50	50～80	80～125	125～200	>200
≤0.8	8	10	12	14	16
0.8～1.5	10	12	14	16	18

- 卸料板孔与凸模的单边间隙 $Z_1/2$ 见表 2.30。

表 2.30　卸料板孔与凸模的单边间隙

mm

材料厚度 t	≤0.5	0.5～1	>1
$Z_1/2$	0.05	0.10	0.15

注：1. 当用弹压卸料板作凸模导向时，卸料板孔与凸模配合按 H7/h6。

2. 级进模中特别小的冲孔凸模与卸料板孔的单面间隙值应比表中的值适当加大。

- 卸料板导向孔的高度 $h_4=3\sim5$ mm。
- 卸料板底面高出凸模底面的尺寸 $k=0.2\sim0.8$ mm。
- 弹压卸料板凸台高度 $h=a-t+(0.1\sim0.3)t$，参见图 2.66(b)，a 为导料板厚度，t 为板料厚度。
- 卸料螺钉孔直径 d_1 处的 l 最小值为

  模座材料为铸铁时，$l_{min}=d$；

  模座材料为钢时，$l_{min}=0.75d$。
- 卸料板螺钉的沉孔深度 $H=h_1+h_2+k-h_3-L$，其中 h_1 为模座厚度，h_2 为凸模或凸凹模高度，h_3 为卸料板厚度，L 为卸料板螺钉高度。

③ 卸料板螺钉的结构形式

卸料板螺钉的结构形式见表 2.31。

表 2.31　卸料板螺钉的结构形式

序　号	简　图	说　明
1	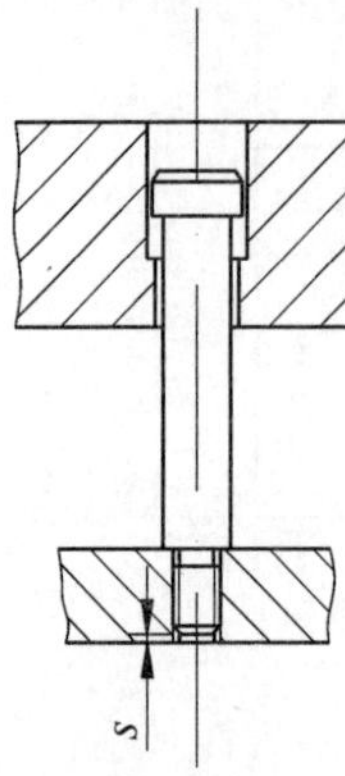 s	标准卸料板螺钉结构,凸模刃磨后须在卸料板螺钉头下加垫圈调节,重载时螺纹根部有折断危险,s 的最小值为 0.3 mm
2	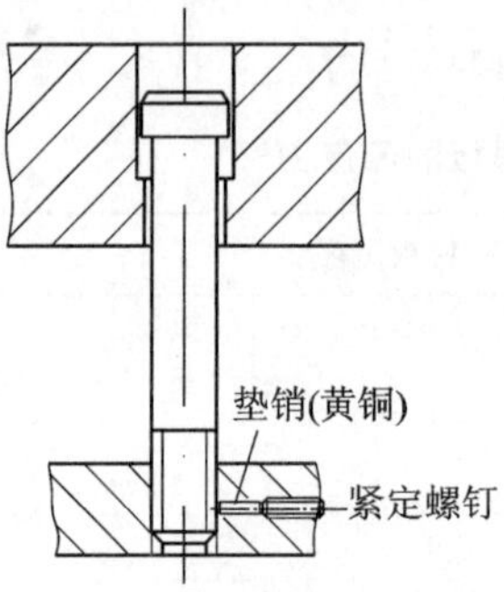 垫销(黄铜) 紧定螺钉	高度容易调节,能承受较大的侧压力,为防止螺纹松动,用紧定螺钉固定,为防止压坏螺纹,紧定螺钉和卸料板螺钉之间有了黄铜垫销
3	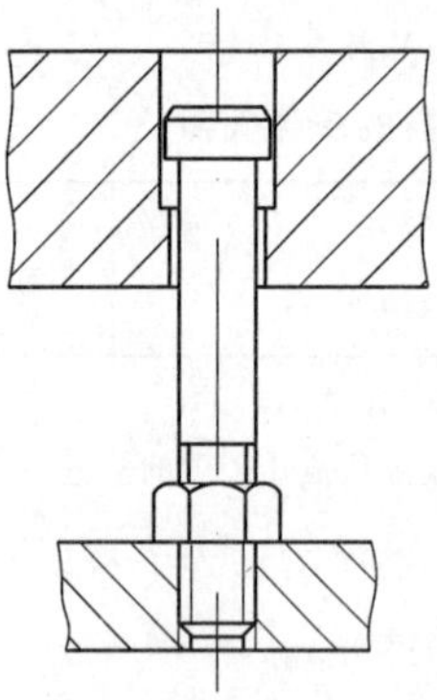	特点同序号 2,结构简单,但占据较大空间
4	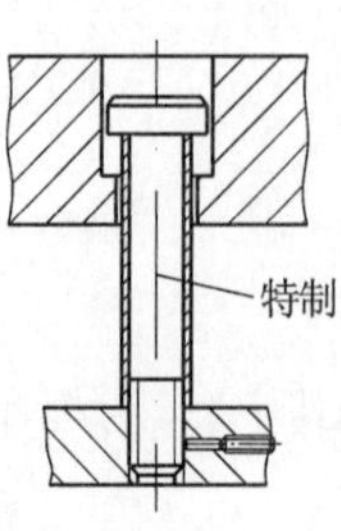 特制大头螺钉	螺钉(外套钢管),容易控制卸料板螺钉头部下面的螺钉长度

续表 2.31

序　号	简　图	说　明
5	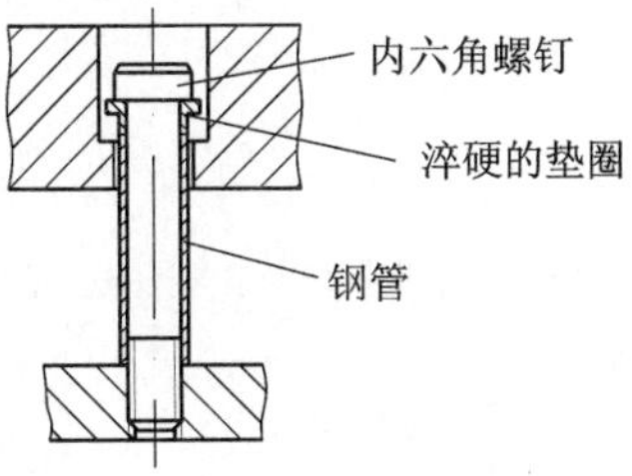 内六角螺钉 淬硬的垫圈 钢管	螺钉(外套钢管),增加垫圈螺钉头不必增大,采用通用的标准螺钉即可 垫圈须淬硬

④ 卸料板弹簧的安装方法及有关尺寸

卸料板弹簧的安装方法及有关尺寸见表 2.32、表 2.33。

表 2.32　卸料板弹簧的安装方法

序　号	简　图	说　明
1	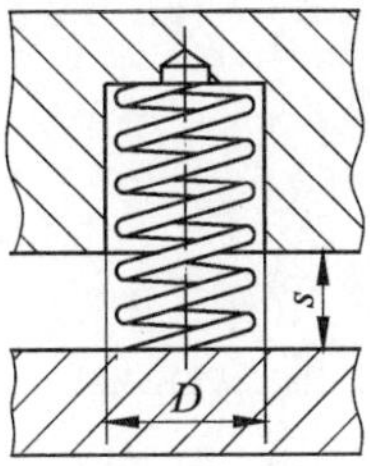 s D	单面加工弹簧座孔,适用于 $s<D$ 的情况
2	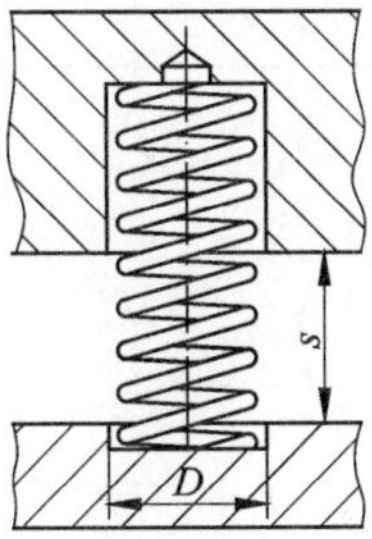 s D	双面加工弹簧座孔,适用于 $s>D$ 的情况
3	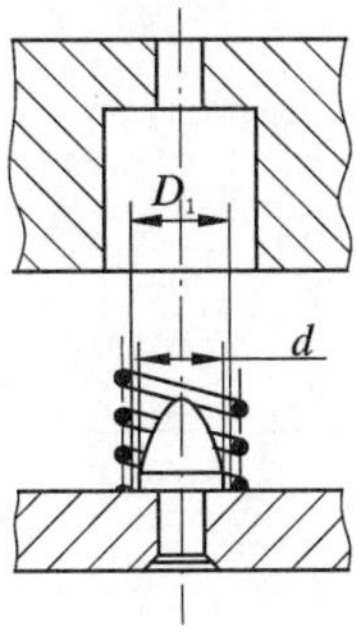 D_1 d	使用弹簧芯柱,当卸料板的厚度较薄不宜加工座孔时采用,$D_1=d+(1\sim2)$mm

续表 2.32

序　号	简　图	说　明
4	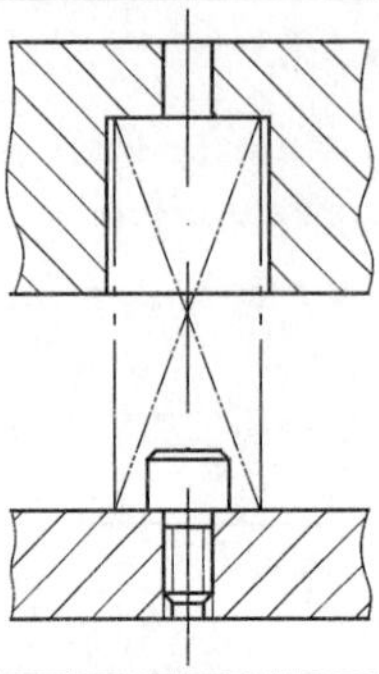	用内六角螺钉代替弹簧芯柱,适用情况同序号 3
5	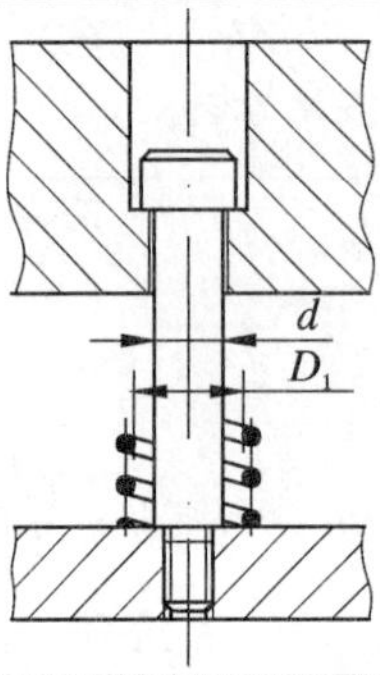	弹簧与卸料板螺钉安装在一起,$D_1=d+(2\sim3)$mm

表 2.33　弹簧座孔的尺寸

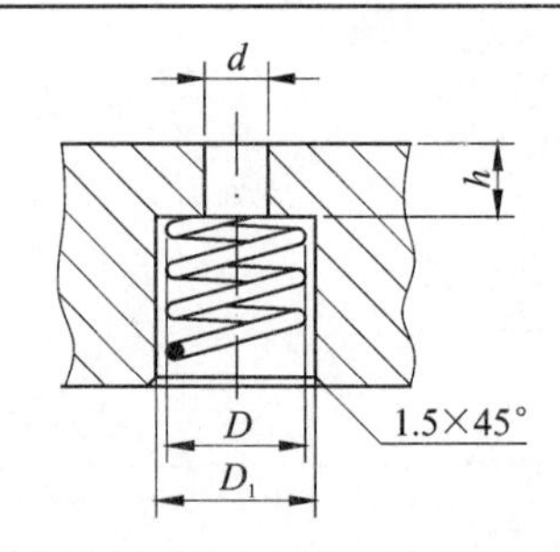

弹簧外径 D	6～10	10～15	15～20	20～25	25～30	>30
座孔内径 D_1	$D+1$	$D+1.5$	$D+2$	$D+2.5$	$D+3$	$D+3.5$
弹簧外径 D	6～10	10～20	20～35	35～50	50～65	
h	3	5	7	10	13	

注:通孔直径 d 应小于弹簧内径。

3. 推件装置及顶件装置

(1) 推件器和顶件器的结构

推件器装在上模内,顶件器装在下模内,其典型结构如图 2.68 所示。其中,(a)为倒装复合模(凸凹模在下模)中的推件器,上模向上时,推杆撞击推板,经推销推出推件块,从而推出工件;(b)为顺装复合模(凸凹模在上模)中的顶件器,由顶件块、顶杆和弹顶装置组成,留在凹模内的工件靠顶件器顶出；(c)为附加弹顶器，对于薄的或冲裁时涂油的工件，往往会吸附在推件块或顶件块上，采用附加弹顶器可将其顶出。

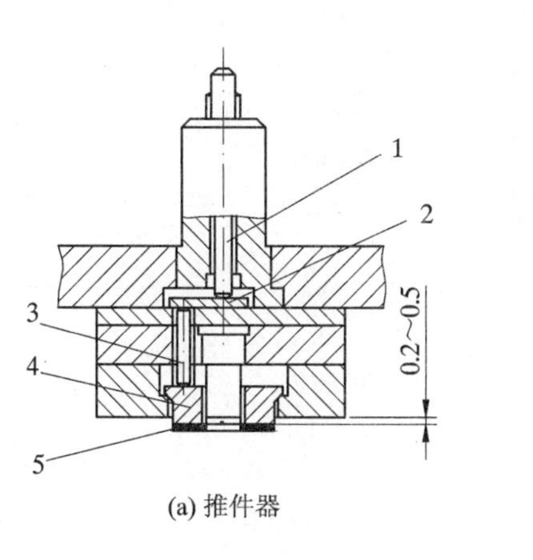

(a) 推件器

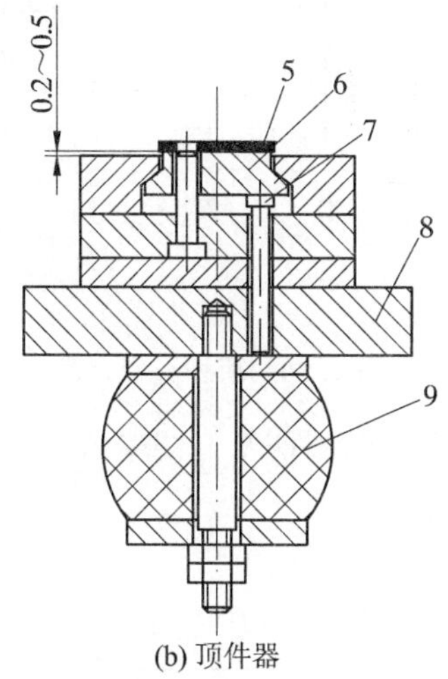

(b) 顶件器

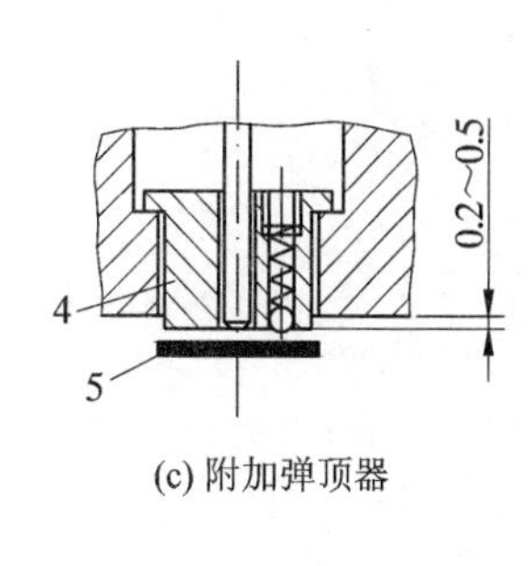

(c) 附加弹顶器

1—推杆；2—推板；3—推销；4—推件块；5—冲裁件；6—顶件块；7—顶杆；8—下模座；9—弹顶装置

图 2.68　推件器和顶件器

(2) 推件块或顶件块与凸、凹模的配合

① 冲裁件的内形尺寸较小，外形尺寸较简单时，推件块(顶件块)外形与凹模为间隙配合 H8/f8，推件块(顶件块)内孔与凸模为非配合关系(外导向)。

② 冲裁件的内形尺寸较大，外形相对复杂时，推件块(顶件块)内形与凸模为间隙配合 H8/f8，外形与凹模为非配合关系(内导向)。

(3) 推杆和顶杆长度的计算

① 推杆长度的计算如图 2.69 所示，推杆长度

$$H = h_1 + h_2 + c \tag{2.45}$$

式中：h_1——推出状态下，推杆在上模座内的长度，mm；

h_2——压力机结构尺寸，mm；

c——考虑各种误差而附加的常数，mm，常取 10～15 mm。

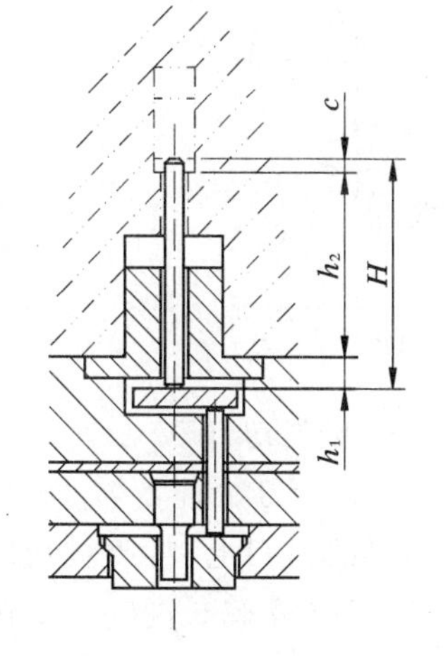

图 2.69　推杆长度计算示意图

② 顶件长度的计算如图 2.70 所示，顶杆长度

$$L = H_1 + H_2 + H_3 \tag{2.46}$$

式中：H_1——气垫上平面与工作台下平面之间距离，mm；

H_2——压力机工作台厚度，mm；

H_3——在上止点时，顶杆在模具内的长度，mm；

为了使用安全，气垫处于下止点时，要求顶杆不脱离工作台，应满足下式

$$L > l + H_1 (l\ 为气垫行程长度) \tag{2.47}$$

(4) 推板的形式

推板的形式如图 2.71 所示，它的形状及推杆的布置应使推件力分布对称、平衡，能平稳地

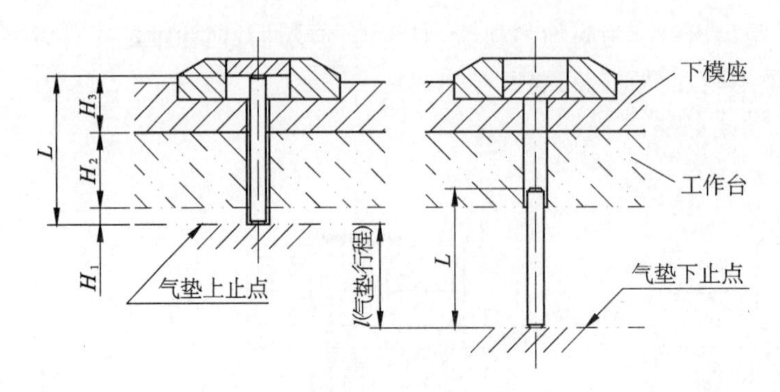

图 2.70　顶杆长度计算示意图

将工件或冲孔废料推出,又不会削弱模柄及上模座的强度。

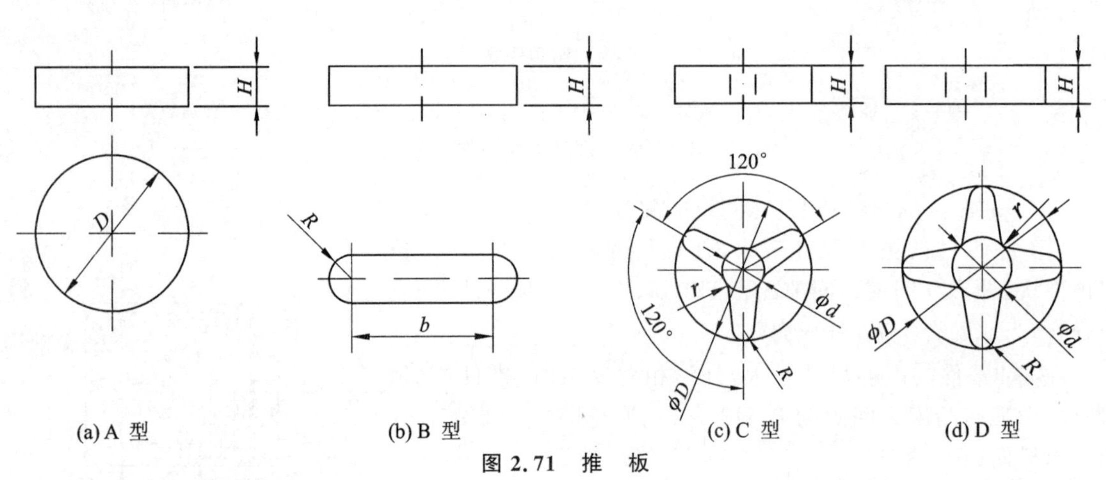

图 2.71　推　板

4. 废料切刀

废料切刀如图 2.72 所示。当冲裁时,凹模下压废料于切刀的刀刃上,将废料切断,一般用于修边时的卸料。废料切刀的刃口长度应比废料宽度长一些,刃口比凸模刃口低,其值 h 大小约为板料厚度为 2.5～4 倍,并且不小于 2 mm。

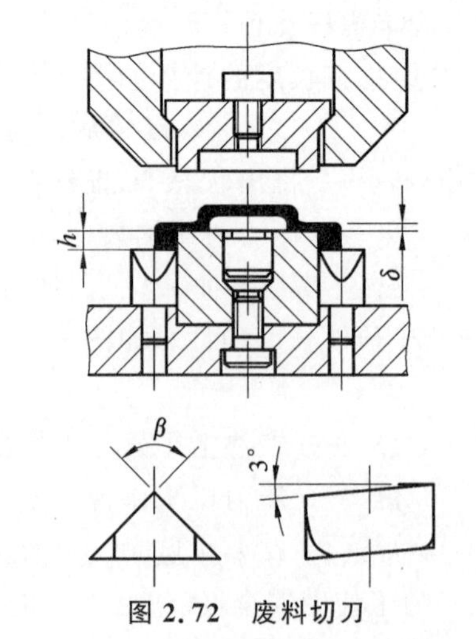

图 2.72　废料切刀

四、导向零件

1. 导柱和导套

对生产批量大,要求模具寿命高,工件精度较高的冲模,一般采用导柱、导套来保证上、下模的精确导向。导柱、导套的结构形式有滑动和滚动两种。

(1) 滑动导柱、导套

滑动导柱、导套都是圆柱形。其加工方便,容易装配,是模具行业应用最广的导向装置。

图 2.73 所示为最常用的导柱、导套结构形式。导柱的直径一般在 16～60 mm 之间，长度 L 在 90～320 mm 之间。按标准选用时，L 应保证上模座在最低位置时(闭合状态)，导柱上端面与上模座顶面距离不小于 10～15 mm，而下模座底面与导柱面的距离 $s=2\sim5$ mm。导柱的下部与下模座导柱孔采用过盈配合，导套的外径与上模座导套孔采用过盈配合。导套的长度 L_1 须保证在冲压开始时导柱一定要进入导套 10 mm 以上。

导柱与导套之间采用间隙配合，根据冲压工序性质、冲压件的精度及材料厚度的不同，其配合间隙也稍有不同。例如：对于冲裁模，导柱和导套的配合可根据凸、凹模间隙选择。凸、凹模间隙小于 0.3 mm 时，采用 H6/h5 配合；大于 0.3 mm 时，采用 H7/h6 配合；对于拉深模，拉深厚度为 4～8 mm 的金属板时，采用 H7/f7 配合。

(2) 滚珠导柱、导套

滚珠导柱、导套是一种无间隙、精度高、寿命较长的导向装置，适用于高速冲模、精密冲裁模以及硬质合金模具的冲压工作。

图 2.74 所示为常见的滚珠导柱、导套的结构形式，导套与上模座导套孔采用过盈配合，导柱与下模座导柱孔为过盈配合，滚珠置于滚珠夹持圈内，与导柱和导套接触，并有微量过盈。设计时，滚珠与导柱、导套之间应保持 0.01～0.02 mm 的过盈量。为保证均匀接触，滚珠尺寸必须严格控制。滚珠直径一般取 3～5 mm。对于高精度模具，滚珠精度取 IT5，一般精度的模具取 IT6。滚珠排列对称，分布均匀，与中心线倾斜角一般取 5°～10°，使每个滚珠在上下运动时都有其各自的滚道而减少磨损。滚珠夹持圈的长度 L，应保证上模上升至上止点时，仍有 2～3 圈滚珠与导柱、导套配合起导向作用。导套长度为

$$L_1 = L + (5 \sim 10)\ \text{mm} \tag{2.48}$$

导柱、导套有国家标准，设计时应尽可能按标准选用。

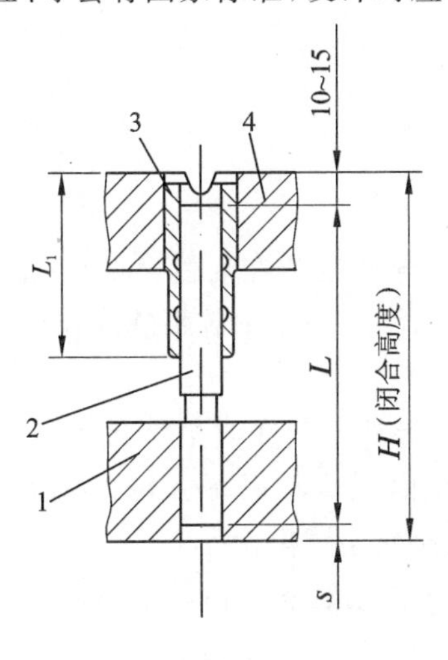

1—下模座；2—导柱；3—导套；4—上模座

图 2.73　滑动导柱、导套

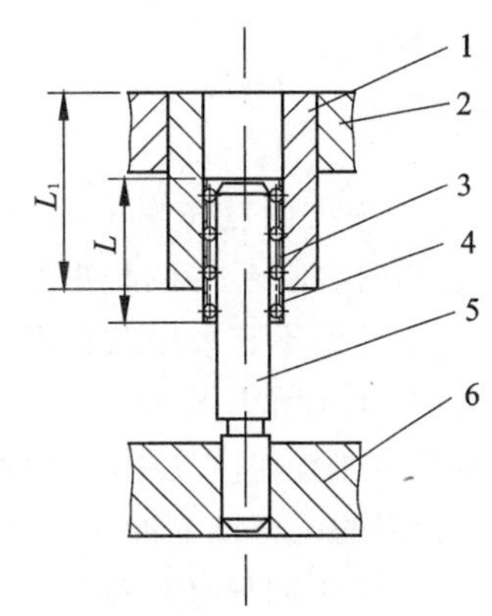

1—导套；2—上模座；3—滚珠；4—滚珠夹持圈；
5—导柱；6—下模座

图 2.74　滚珠导柱、导套

2. 导　板

导板起凸模导向作用，适用于冲制形状简单，尺寸不大，材料厚度大于 0.5 mm 的工件。在工作时，凸模始终在导板型孔内，且与导板之间的间隙小于凸、凹模间隙，如图 2.30 所示。

五、固定零件

1. 上、下模座

上模座是上模最上面的板状零件，工作时紧贴压力机滑块，并通过模柄或直接与压力机滑块固定。

下模座是下模底面的板状零件，工作时直接固定在压力机工作台面或垫板上。

模座分带导柱和不带导柱两种，根据生产规模和产品要求确定是否采用带导柱的模座。带导柱标准模座的常用形式及导柱的排列方式如图 2.75 所示。

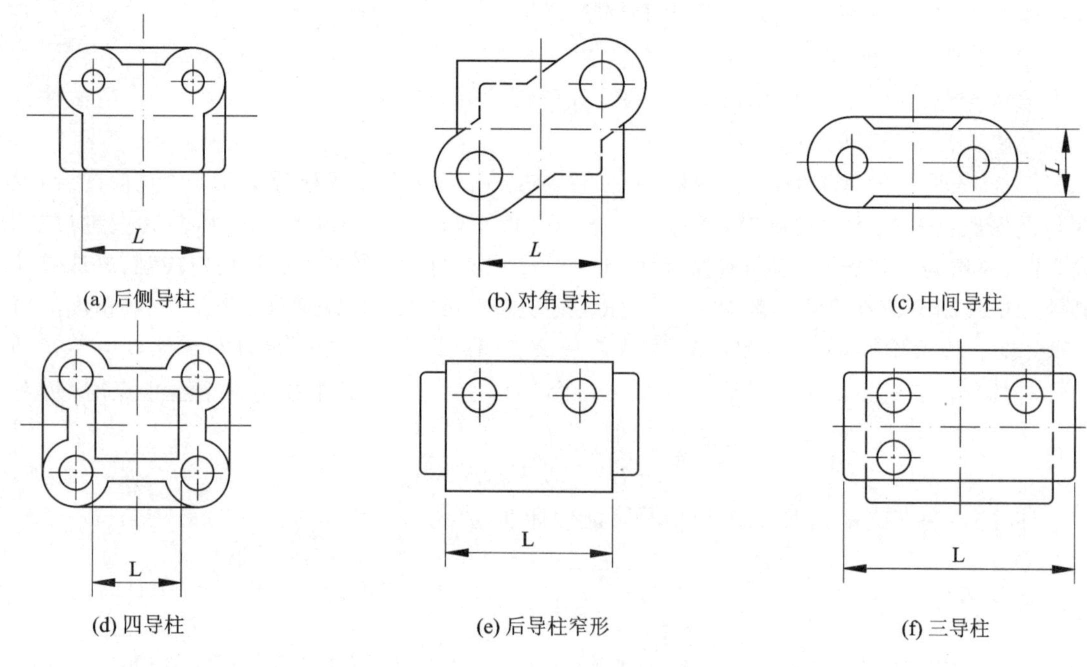

图 2.75 模座的形式

图 2.75(a)为后侧导柱模座，$L=63\sim400$ mm。两个导柱安装在后侧，可以三面送料，操作方便，但冲压时容易产生偏心矩而使模具歪斜。因此，适用于冲制中等精度的较小尺寸冲压件的模具，大型冲模不宜采用此种形式。

图 2.75(b)为对角导柱模座，$L=63\sim500$ mm。两个导柱安装在对角线上，便于纵向或横向送料。由于导柱装在模具中心对称位置，冲压时可防止由于偏心矩而引起的模具歪斜。适用于在快速行程的压力机上冲制一般精度冲压件的冲裁模或连续模。

图 2.75(c)为中间导柱模座，$L=63\sim630$ mm，适用于横向送料和由单个毛坯冲制的较精密的冲压件。

图 2.75(d)为四导柱模座，$L=160\sim630$ mm。四个导柱冲模的导向性能最好，适用于冲制比较精密的冲压件。

图 2.75(e)为后导柱窄形模座，$L=250\sim800$ mm。适用于冲制中等尺寸冲压件的各种模具。

图 2.75(f)为三导柱模座，用于冲制大尺寸冲压件。

按标准选择模座时，应根据凹模(或凸模)、卸料和定位装置等的平面布置来选择模座的尺寸。一般模座的尺寸 L 大于凹模尺寸 40～70 mm。模座厚度为凹模厚度的 1～1.5 倍。下模座的外形尺寸每边应超出压力机工作台孔边 40～50 mm。

上、下模座已有国家标准,除特殊类型外,尽可能按标准选取。导柱、导套和上、下模座装配后组成模架,国内已有部分标准化模架。

2. 模　柄

模柄的作用是将模具的上模座固定在压力机的滑块上。常用的模柄形式如图 2.76 所示。对它的基本要求是:与压力机滑块上的模柄孔正确配合,安装可靠;与上模座正确而可靠地连接。

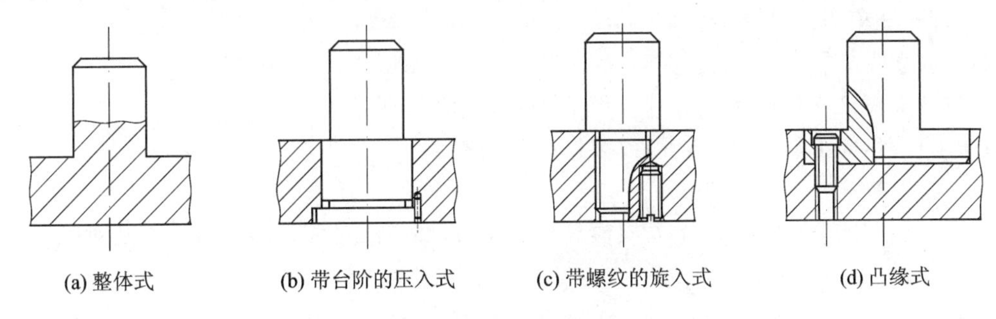

(a) 整体式　(b) 带台阶的压入式　(c) 带螺纹的旋入式　(d) 凸缘式

图 2.76　模柄的结构形式

图 2.76(a)为整体式模柄。模柄与上模座做成整体,用于小型模具上。

图 2.76(b)为带台阶的压入式模柄。它与模座安装孔用 H7/m6 过渡配合,并加销钉以防转动可以保证较高的同轴度和垂直度。加防转销钉防止模柄转动适用于各种中、小型模具,生产中最常见。

图 2.76(c)为带螺纹的旋入式模柄。与上模座连接后,为防止松动,拧入防转螺钉紧固,垂直精度较差,主要用于有导柱的中、小型模具。

图 2.76(d)为有凸缘的模柄,用 3～4 个螺钉与上模座连接在一起,模柄的凸缘与上模座的沉孔采用 H7/js6 过渡配合,多用于较大的模具。

在设计模柄时要注意,模柄的长度不得大于压力机滑块内模柄孔的深度,模柄直径应与模柄孔一致。

3. 固定板

将凸模或镶块按一定相对位置压入固定后,作为一个整体安装在上模座或下模座上的板件分别称为凸模固定板或凹模固定板。固定板的外形通常为矩形或圆形,平面尺寸应与相应的整体凹模尺寸一致。凸模固定板的厚度应至少取其凸模设计长度 L 的 2/5。凹模固定板的厚度通常至少按凹模镶块厚度 H 的 2/3 选用。

凸模和一般钢质凹模镶块与固定板选用 H7/n6 或 H7/m6 配合。压入固定后应将底面与固定板一起磨平。细小凸模与固定板应取 H7/h6 配合。

固定板通常选用 A3 或 A5 钢制造,压装配合面的表面粗糙度应达 $R_a 1.6 \sim 0.8\ \mu m$。

4. 垫　板

垫板的作用是分散凸模传递的压力。当凸模尾端传递的压强大于模座材料的许用压应力时(一般铸铁取 100 MPa;铸钢取 120 MPa),为防止凸模尾端压损模座(或选用压入式模柄的上模座,为避免模柄受到直接冲击作用),在上模座和凸模固定板之间必须安装淬硬磨平的垫板。(注:计算凸模传递的单位压力时,应取凸模承受的总冲压力,不能仅取冲裁力。)

一般冲裁模使用的垫板,厚度可在 4～12 mm 内按标准选用,外形尺寸应与凸模固定板相同。为便于模具装配,销钉通孔直径可以比销钉直径增大 0.3～0.5 mm。垫板材料可选用 45 钢,淬火硬度 HRC43～48;或选用 T7A、T8A,淬火硬度为 HRC54～58。

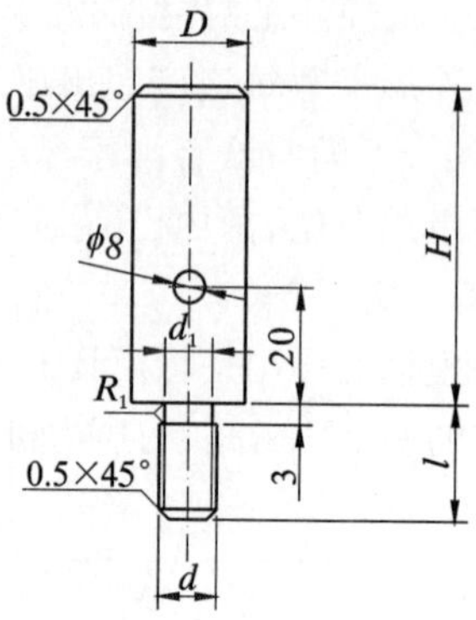

5. 限位器

为了保护冲裁刃口,在下模座上安装限制器,使模具在非工作时凸、凹模刃口不接触。

(1) 限位柱

限位柱如图 2.77 所示,用于中小型模具。工作时,向下旋入;非工作时,向上旋出,使凸、凹模刃口脱离接触。

图 2.77　限位柱

(2) 限制器

限制器如图 2.78 所示,用于大型模具。工作时,凹与凸对配;放置时,凸与凸对配。

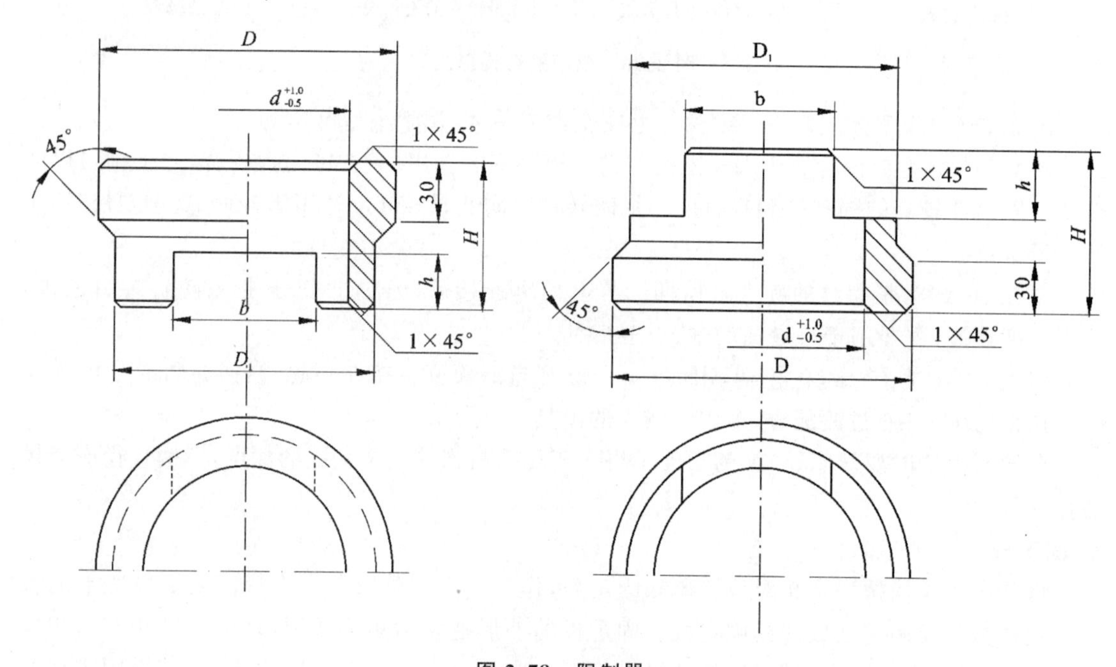

图 2.78　限制器

六、紧固及其他零件

1. 螺钉和销钉

冲模中的螺钉和销钉都是标准件,设计模具时按标准选用即可,螺钉用于模具零部件的连接,而销钉用于模具零部件的定位。通常两者选用相同的直径。螺钉的直径与布置间距可参考表 2.34 按凹模厚度选定。螺钉选用内六角形,常用 M6～M12。它紧固牢靠,头部不外露,可以保证模具外形安全美观。一般设计时,应不少于 3 个螺钉,拧入被连接件的最小深度,铸铁为 $2d$,钢为 $1.5d$(d 为螺钉直径)。销钉设计为 2 个,连接件的销钉孔应同时钻、铰,销钉与孔采用 H7/n6 过盈配合,孔壁的表面粗糙度应达 $Ra1.6$ μm,压入连接件与被连接件的深度

至少为 $2d$（d 为销钉直径）。矩形板件的销钉应取对角布置，距离越远越好。

表 2.34　螺钉间距

mm

凹模厚度 H	使用螺钉	最小间距	最大间距
≤13	M4、M5	15	50
13～19	M5、M6	25	70
19～25	M6、M8	40	90
25～32	M8、M10	60	115
>32	M10、M12	80	150

2. 键

为防止凸、凹模承受侧向力，用两个螺钉及两个销钉将键与连接件紧固。有关标准件可以查阅有关手册。

2.2.3　复杂的冲裁模

1. 水平冲孔模

如图 2.79 所示，冲孔模工作时，工件放在凹模固定板上初定位，上模下降，斜楔通过顶杆，固定板压缩弹簧，使顶件板下降，同时压料板也将工件完全推入凹模固定板定位，并压紧，上模继续下降，压料板压紧工件不动，而斜楔继续下降，压紧橡胶，其斜面通过侧滑块的斜面使侧滑块向中心水平移动，使冲孔凸模完成水平冲孔动作。上模回升，冲孔凸模在弹顶器的作用下恢复原位，压料板随上模上升，废料从漏料套内漏出。

2. 浮动式切边模

如图 2.80 所示，本模具用于盒形件切边工序。其工作原理是：冲模工作时，上模借助压力机的压力，使凸模 9 先压住芯子 8、工件 6、顶板 2 和弹簧 3，再往下凸模即要进入凹模，但由于限制柱的作用，凸模与凹模平面间保持着一定的间隙。此时，凹模与四周导板 1、11、12、13 始终保持接触。凹模在导板轨迹中，不但作上、下运动，还作水平方向的前后、左右运动。凹模在作水平方向运动时，芯子 8 也随之运动，即与凸模发生相对运动，在剪切力的作用下，对工件进行剪切，并利用导板接触面的变化，使凹模按不同方向位移，依次将余边切掉。图 2 - 81 所示，为凹模相对凸模位移切掉余边的慢动作的四个过程。实际上，冲压的一瞬间，即完成切边工作。

3. 凸缘拉深件切边模

如图 2.82 所示，毛坯由定位块定位，推件采用刚性推杆和推件块将工件推出，卸料则采用一对废料切刀，切刀刃口应低于凸模刃面约(3～5)t，以免切边时，凹模啃伤切刀刃口。切边时，凹模除切边外还将废料向下推，当最下边的废料被压在切刀刃口上即被剖切成两半。切刀应前后或对角布置，以免废料溅出伤人。冲裁完成放置模具时，为了避免凹模啃坏切刀刃口，在导柱上装有两对限位套，冲压时，限位套凹、凸对配，放置模具时，限位套凸与凸对配。

4. 拉深件剖切模

如图 2.83 所示，非对称件的拉深采用成对成形，然后剖切后成为两件。该模具的凸模和凹模形状与拉深件相似，为了便于加工，凹模采用镶块结构。

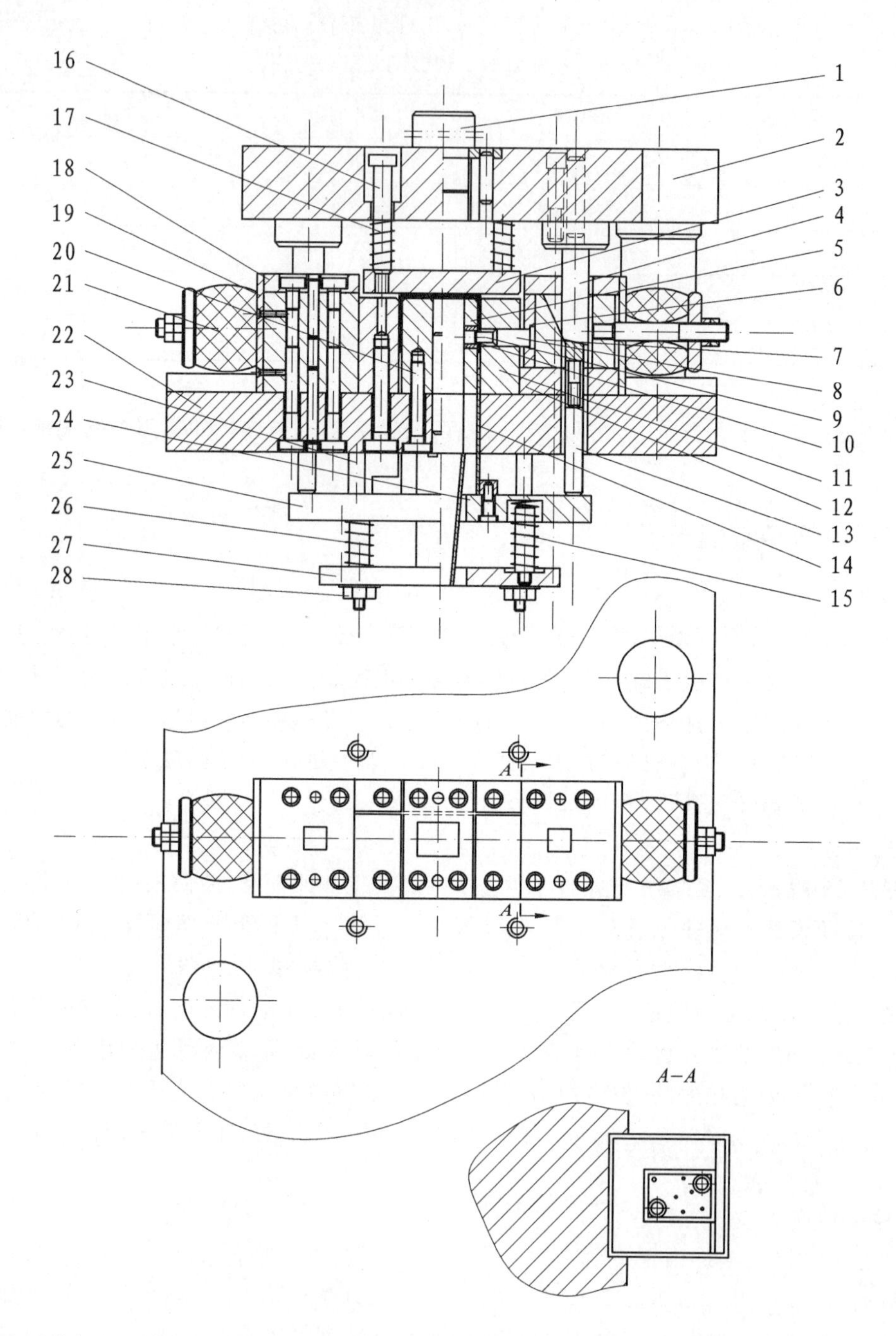

1—模柄;2—上模座;3—压料板;4—斜楔;5—凹模固定板;6—凸模固定板;7—侧滑块;8—冲孔凸模;9—导向套;10—凹模套;11—导正板;12—滑块座;13—顶杆;14—顶件板;15—中心轴;16—卸料螺钉;17—弹簧;18—盖板(一);19—盖板(二);20—内六角螺钉;21—弹顶器;22—下模座 ;23—螺杆;24—漏料套;25—固定板;26—压缩弹簧;27—弹顶板;28—圆角螺母

图 2.79　水平冲孔模

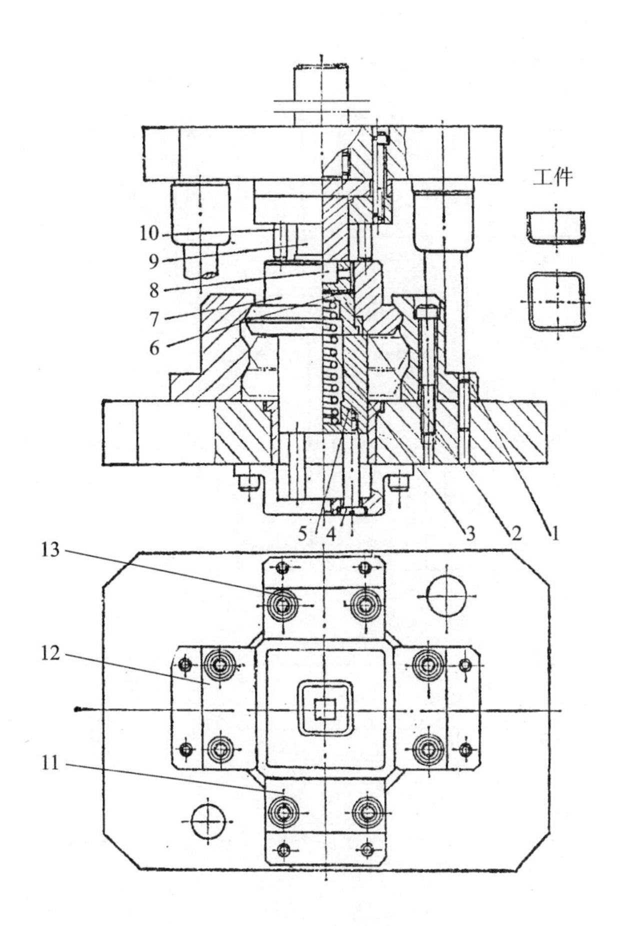

1—右导板；2—顶板；3—弹簧；4—螺钉；5—支撑块；
6—工件；7—凹模；8—芯子；9—凸模；10—限位柱；
11—前导板；12—左导板；13—后导板；

图 2.80 浮动式切边模

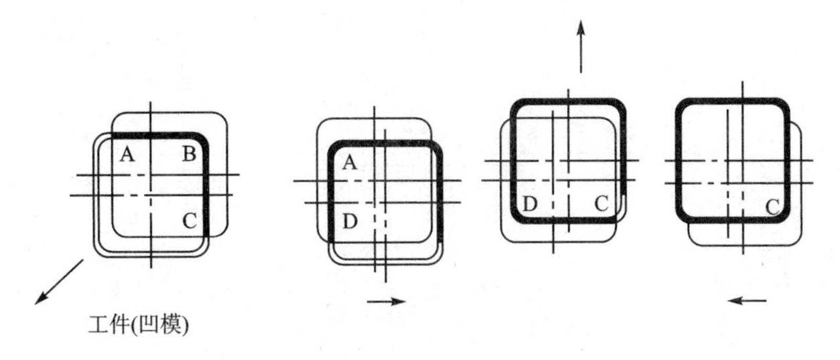

图 2.81 切边动作过程示意图

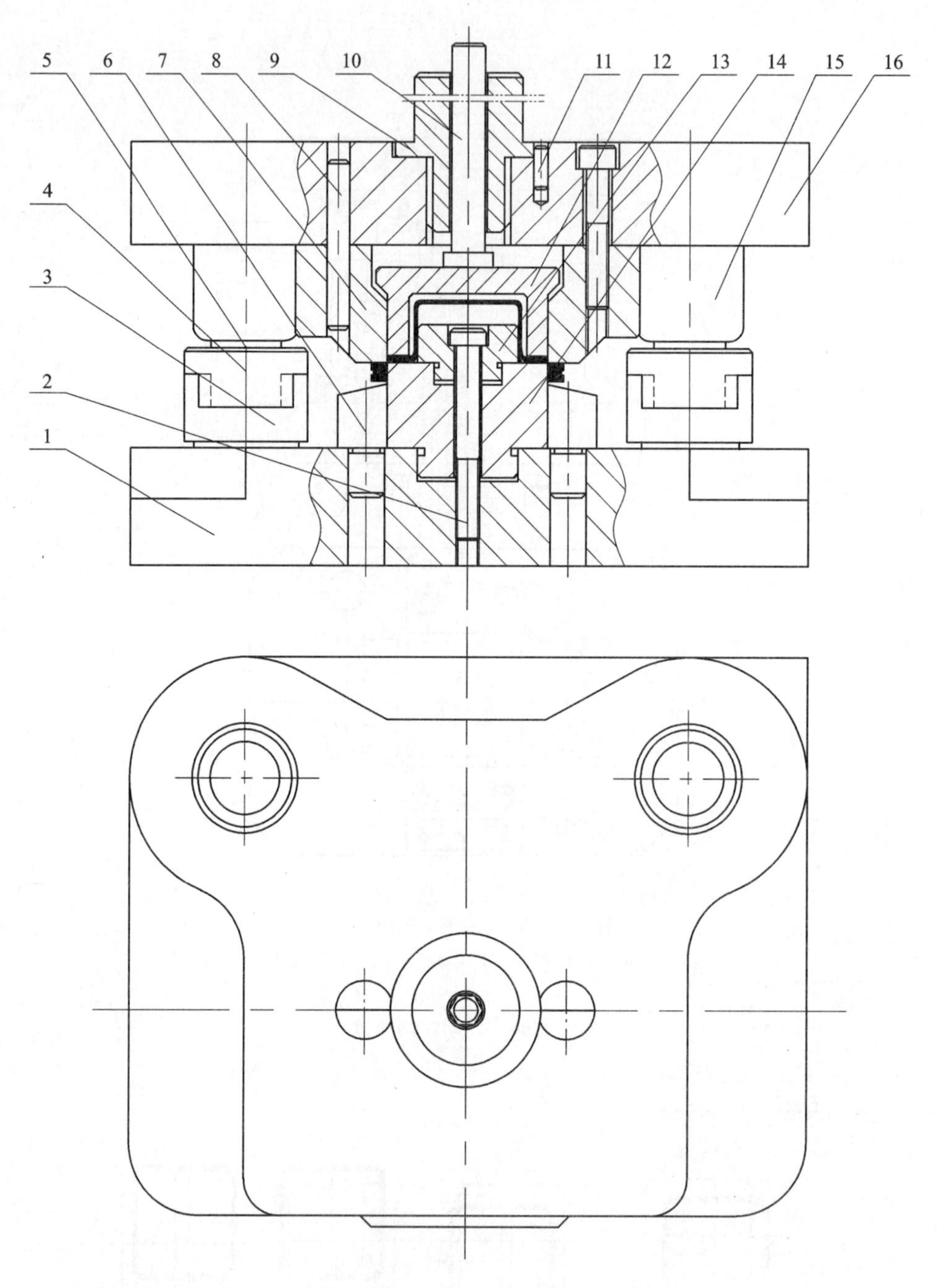

1—下模座;2—内六角螺钉;3—限位套(下);4—限位套(上);5—导柱;6—废料切刀;7—凹模;8—销钉;9—模柄;10—推杆;11—防转销钉;12—推件块;13—定位块;14—凸模;15—导套;16—上模座

图 2.82 凸缘拉深件切边模

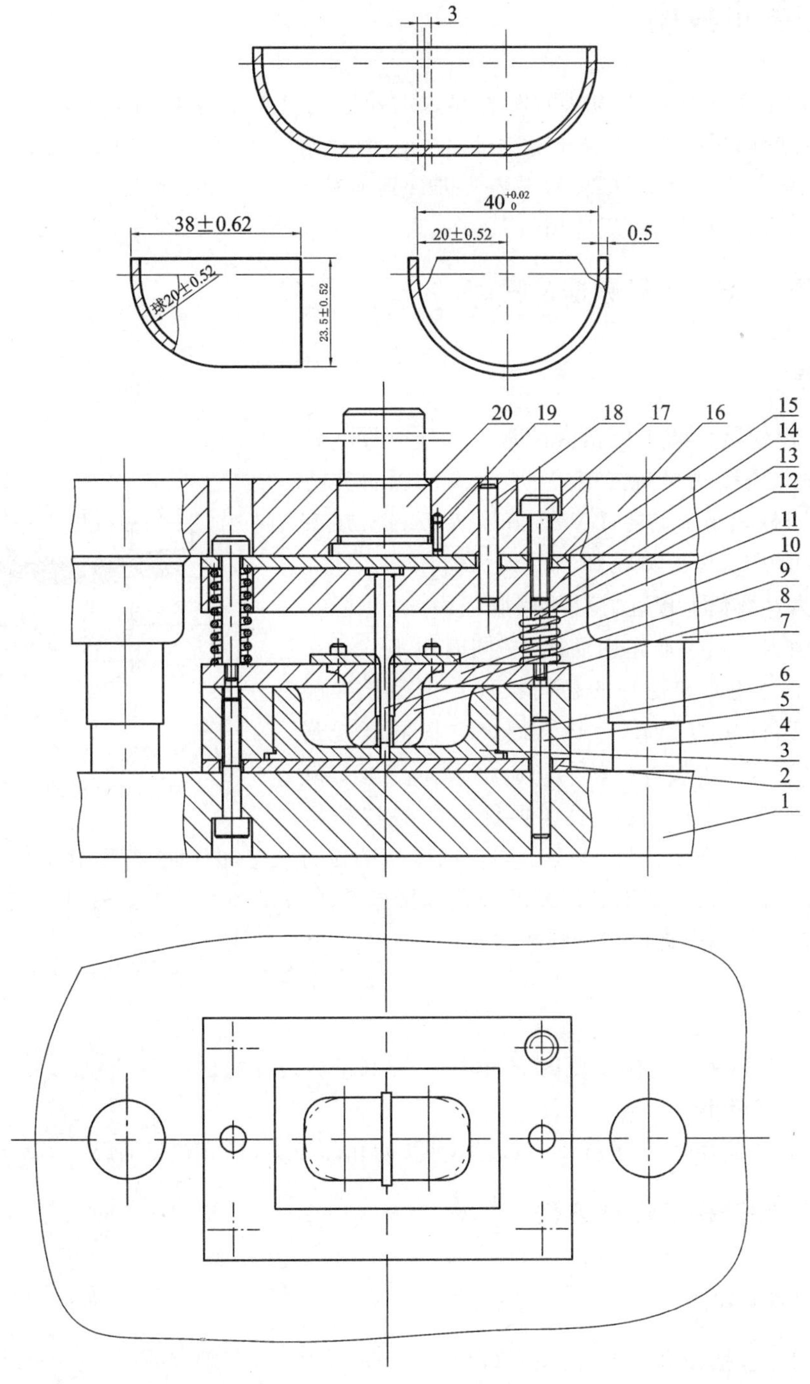

1—下模座；2—下垫板；3—镶拼凹模；4—导柱；5—销钉；6—凹模固定板；7—导套；8—压板；9—凸模；10—弹压板；11—盖板；12—弹簧；13—卸料螺钉；14—凸模固定板；15—上垫板；16—上模座；17—内六角螺钉；18—销钉；19—防转销钉；20—模柄

图 2.83　拉深件剖切模

2.3　精密冲裁模

精密冲裁是在普通冲裁基础上发展起来的。用这种方法冲裁出的工件,尺寸精度可达IT9～IT6 级,断面粗糙度可达 $Ra1.6\sim0.4\ \mu m$,断面基本垂直,外形平整,断面光亮,没有剪裂带,去掉毛刺后可直接交付装配,不需要进行其他补充加工。因此,精密冲裁技术在精密仪器、钟表、机械等行业得到广泛应用。

2.3.1　精密冲裁的工作原理及特点

一、工作原理

图 2.84 所示是齿圈压板精密冲裁工作原理图。精密冲裁时,在凸模接触材料之前,V 形齿圈压板首先将毛坯压紧在凹模表面上,继而 V 形齿压入板料。在 V 形齿的压力作用下,使板料在径向受到强力压缩。施加的径向压应力在数值上接近材料的屈服极限 σ_s,以阻止板料的剪切面因受到拉伸作用而撕裂,同时也消除了冲裁时毛坯产生的翘曲和受到的径向拉伸。当凸模接触材料时,由于顶件块的支承,毛坯在厚度方向同样受到强力压缩,单位压力也接近材料的屈服极限 σ_s。因有齿圈压板和顶件块的作用,在凸模和顶件块的夹持挤压下,剪切变形区内的金属材料,由于处在三向受压的应力状态,因而提高了塑性变形的能力,延缓了剪裂纹的出现,板料就沿着凹模的型孔以接近简单剪切的变形方式被冲切下来。冲出的零件,断面呈光亮状态,无任何撕裂或裂纹。

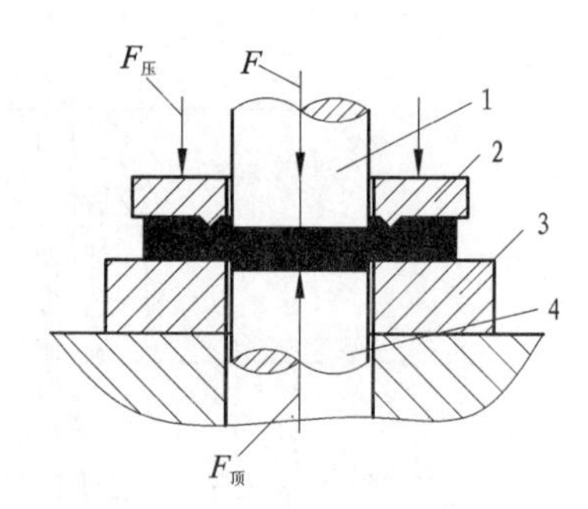

1—凸模;2—齿圈压板;3—凹模;4—顶件块

图 2.84　精冲原理图

二、工作特点

1. 剪切变形区处于三向受压的应力状态,抑制了剪裂纹的出现。
2. 冲裁间隙极小。
3. 为了防止应力集中,消除微裂纹的出现,冲孔凸模刃口和落料凹模刃口略带圆角。

2.3.2　精密冲裁模的设计参数

一、精密冲裁力的计算

精密冲裁力包括冲裁力 F,齿圈压板力 $F_压$ 和顶件力 $F_顶$ 三部分,如图 2.84 所示。

1. 冲裁力

精密冲裁力的计算方法与普通冲裁力的计算方法一样,其计算见式(2.49)。

$$F = 1.3Lt\tau \approx Lt\sigma_b \tag{2.49}$$

式中:L——内、外冲裁周边长度的总和,mm;

t——料厚,mm;

τ——材料的抗剪强度，MPa；

σ_b——材料的抗拉强度，MPa。

2. 齿圈压板力

齿圈压板力的作用主要是在冲压过程中对板料剪切周围施加静压力，防止金属流动，形成塑剪变形，其次是冲裁完毕起卸料的作用。其计算见式(2.50)。

$$F_{压} = (0.3 \sim 0.5)F \tag{2.50}$$

3. 顶件力

顶件力对精密冲裁件的弯曲、断面的斜度、塌角等都有一定的影响，从对精密冲裁件的质量来看，顶件力越大越好。但是顶件力过大，对凸模寿命又有影响。其计算见式(2.51)。

$$F_{顶} = (0.1 \sim 0.15)F \tag{2.51}$$

$F_{压}$、$F_{顶}$的取值均需经试冲后确定，在满足精密冲裁要求的条件下应选用最小值。

精密冲裁总冲压力的计算见式(2.52)。

$$F_{总} = F + F_{压} + F_{顶} \tag{2.52}$$

二、凸、凹模的间隙

合理的间隙值是保证精密冲裁件剪切断面质量和模具寿命的重要因素。间隙值的大小与材料性质、材料厚度、工件形状等因素有关。对塑性好的材料，间隙值取大一些；塑性差的材料，间隙值取小一些。具体数值见表2.35。

表2.35　凸、凹模的双面间隙(占材料厚度 t%)

mm

材料厚度 t/mm	外　形 /t%	内　形/t%		
		$d<t$	$d=(1\sim5)t$	$d>5t$
0.5	1	2.5	2	1
1		2.5	2	1
2		2.5	1	0.5
3		2	1	0.5
4		1.7	0.75	0.5
6		1.7	0.5	0.5
10		1.5	0.5	0.5
15		1	0.5	0.5

三、凸、凹模刃口尺寸

精密冲裁模刃口尺寸设计与普通冲裁模刃口尺寸设计基本相同，仍是落料件以凹模为设计基准，冲孔件以凸模为设计基准。不同的是精密冲裁后工件外形和内孔均有微量收缩，一般外形要比凹模小0.01 mm以内，内孔也比冲孔凸模略小一些。另外，还要考虑使用中的磨损，故精密冲裁模刃口尺寸按下式计算。

1. 落　料

$$D_d = \left(D_{min} + \frac{1}{4}\Delta\right)^{+\Delta/4}_{0} \tag{2.53}$$

凸模按凹模实际尺寸配制，保证双面间隙值 Z。

2. 冲　孔

$$d_p = \left(d_{max} - \frac{1}{4}\Delta\right)_{-\Delta/4}^{0} \tag{2.54}$$

凹模按凸模实际尺寸配制,保证双面间隙值 Z。

3. 中心距

$$C_d = (C_{min} + 0.5\Delta)_{-\Delta/3}^{+\Delta/3} \tag{2.55}$$

式中:D_d、d_p——凹模、凸模刃口尺寸,mm;

C_d——凹模孔中心距尺寸,mm;

D_{min}——工件最小极限尺寸,mm;

d_{max}——工件最大极限尺寸,mm;

C_{min}——工件孔中心距最小极限尺寸,mm;

Δ——工件的尺寸公差,mm。

4. 刃口圆角

为了改善金属的流动性,提高工件的冲切断面质量,应在凹模刃口处倒有很小的圆角。但当凹模刃口圆角太小时,有时也会出现二次剪切和裂纹。因此,一般凹模刃口取0.05～0.1 mm的圆角,效果较好。对于冲孔凸模,一般在冲裁薄料时采用尖角,冲裁厚料时,采用圆角为0.05 mm左右。在实际生产试模时,还要对刃口圆角进行适当修整。

四、齿　圈

齿圈就是压板上的V形凸起圈,它围绕在工件剪切位置的周边,并离开模具刃口一定距离。齿圈是精密冲裁模的重要组成部分。

1. 齿圈的设置

齿圈的分布应根据工件形状和加工的可能性进行设置。通常,对于形状简单的精密冲裁件,齿圈可做成与工件外形相同形状,而形状复杂的精密冲裁件,齿圈与工件外形近似即可。如图2.85所示。

冲小孔时一般不需要齿圈。冲直径大于料厚10倍的大孔时,可在顶杆上考虑加齿圈(用于固定凸模的模具)。当材料厚度小于3.5 mm时,只需在齿圈压板上设置单面齿圈;当材料厚度大于3.5 mm时,应在齿圈压板和凹模上都设置齿圈,即双面齿圈。为保证板料在齿圈嵌入后具有足够的强度,上、下齿圈可以微微错开。

2. 齿圈的齿形参数

齿圈的齿形参数见表2.36和表2.37。

五、搭边和排样

因为精密冲裁时齿圈压板要压紧板料,故精密冲裁的搭边值比普通冲裁时要大些,具体数值按表2.38选取。

精密冲裁的排样基本上与普通冲裁排样相同,但要注意工件上形状复杂或带有齿形的部分,以及要求精密的剪切面,应放在靠板料送进的这一端,以便冲裁时有最充分的搭边,如图2.86所示。

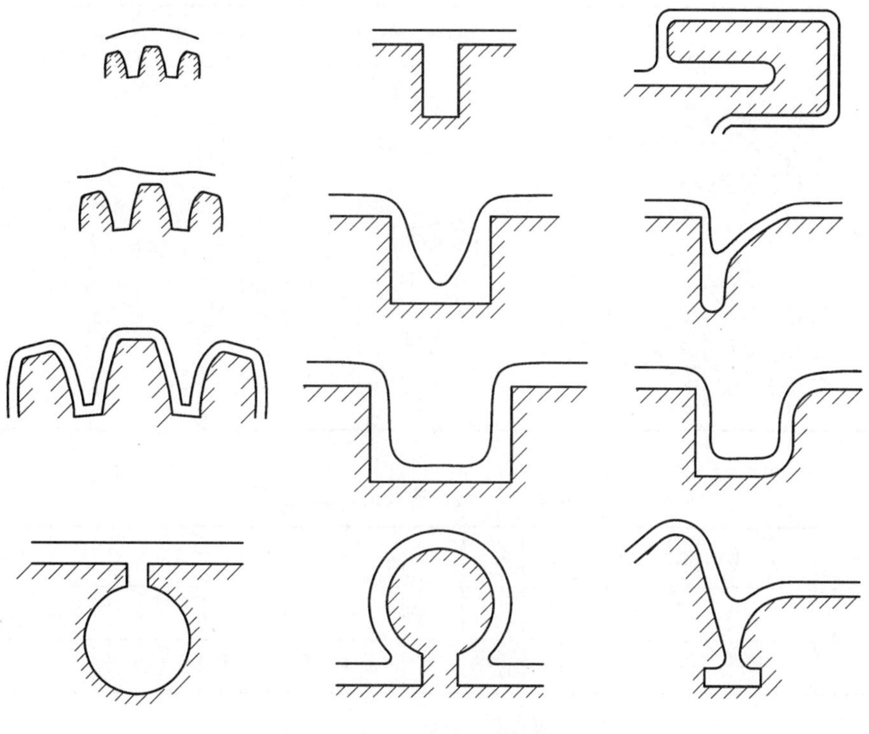

图 2.85　齿圈与刃口形状

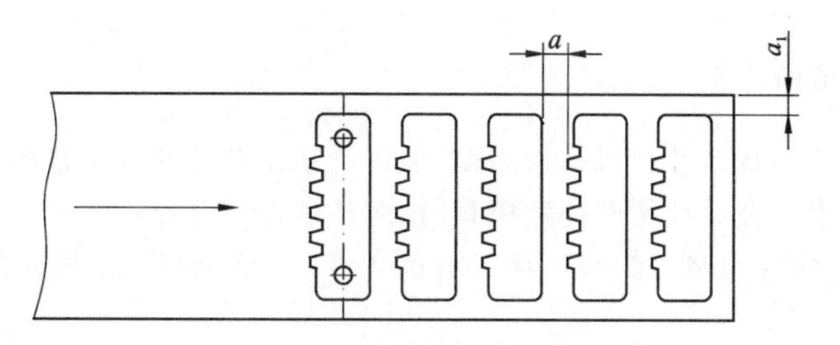

图 2.86　精密冲裁排样图

表 2.36　单面齿圈尺寸(压板)

mm

材料厚度 t	A	h	r
1～1.7	1	0.3	0.1
1.8～2.2	1.4	0.4	0.1
2.3～2.7	1.8	0.5	0.1
2.8～3.2	2.1	0.6	0.1
3.3～3.7	2.5	0.75	0.2
3.8～4.5	2.8	0.8	0.2

表 2.37　双面齿圈尺寸(压板与凹模)

mm

材料厚度	A	H	R	h	r
4.5～5.5	2.5	0.8	0.5	0.5	0.2
5.6～7	3	1	1	0.7	0.2
7.1～9	3.5	1.2	1.2	0.8	0.2
9.1～11	4.5	1.5	1.5	1	0.5
11.1～13	5.5	1.8	2	1.2	0.5
13.1～15	7	2.2	3	1.6	0.5

表 2.38　精密冲裁搭边数值

mm

材料厚度		0.5	1.0	1.25	1.5	2.0	2.5	3.0	3.5	4.0	5	6	8	10	12.5	15
搭边	a	1.5	2	2	2.5	3	4	4.5	5	5.5	6	7	8	9	10	12.5
	a_1	2	3	3.5	4	4.5	5	5.5	6	6.5	7	8	10	12	15	18

2.3.3　典型的精密冲裁模

一、精密冲裁模具结构特点

精密冲裁模结构与普通冲裁模结构相似,但由于精密冲裁原理与普通冲裁原理的差别,故对模具有不同的要求。在设计精密冲裁模具时,应注意以下特点。

1. 因精密冲裁的总冲裁力为普通冲裁力的1.5～3倍,而凸、凹模间隙又小,故要求模架必须刚性好,精度高。

2. 因凸、凹模间隙很小,为了确保凸、凹模同心,使间隙均匀,故上、下模座必须有精确而稳固的导向装置。一般采用滚珠导柱、导套导向。

3. 为避免刃口损坏,要严格控制凸模进入凹模的深度,使之在0.025～0.05 mm之内。同时模具工作部分应选择耐磨、淬透性好、热处理变形小的材料。

4. 因模具工作部分零件之间是无间隙配合,为保证顶板的移动距离,要考虑设置排气孔或排气槽。

5. 根据工件的结构形状和模具各部分受力情况,合理分布顶杆位置,并确定顶杆大小和形状,尽量避免顶板受力不均的现象。顶板一般比凹模高出约0.2 mm。

二、精密冲裁模具的典型结构

1. 专用精密冲裁模

图2.87所示为活动凸凹模结构,凸凹模的活动是靠机床的滑块来控制的。这种结构是在专用精密冲裁压力机上使用的专用模具。模具中的凹模及凸模固定在上模座上,与机床上工

作台连接,凹模与凸模之间的推件块由机床上柱塞控制。齿圈压板固定在下模座上,与机床下工作台连接。

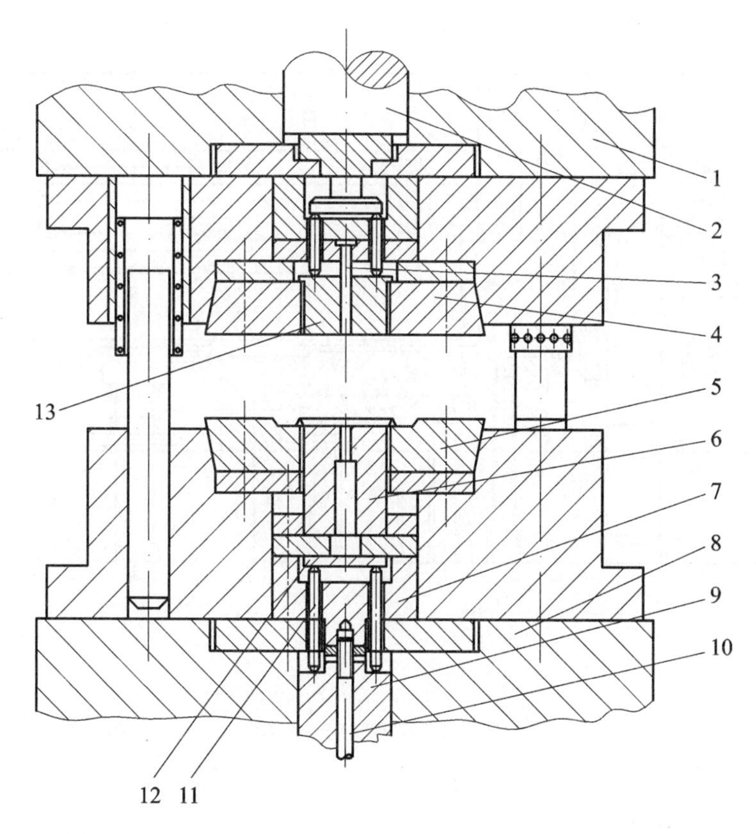

1—上工作台;2—上柱塞;3—凸模;4—凹模;5—齿圈压板;6—凸凹模;
7—凸凹模座;8—下工作台;9—滑块;10—凸凹模座拉杆;11—顶杆;12—顶板;13—推件块

图 2.87　活动凸凹模结构

精密冲裁压力机是一种三动压力机。工作时,当板料送入模具后,机床工作台带动模座使模具闭合,材料被齿圈压板、凹模、凸凹模、推件块等压紧。机床滑块带动凸凹模进行冲裁。冲裁完毕后,上、下模分开。滑块带动凸凹模下移,由齿圈压板、顶板、顶杆卸下凸凹模外的废料。最后上柱塞下移,用推板推出凹模与凸模之间的工件。

这种结构多用于冲裁力不大及小尺寸的精密冲裁。

2. 简易精密冲裁模

图 2.88 所示为在普通压力机上使用的简易精密冲裁模。它的齿圈压板力和顶件力,来自模具中安装的碟形弹簧和下模座下安装的弹顶器。这种结构适用于小批量及精度要求较低的精密冲裁件的生产,冲裁的工件容易被重新压入废料孔中,须将板料敲击一下,工件才脱落下来,生产效率低。由于压力有限不适于冲裁较厚材料。

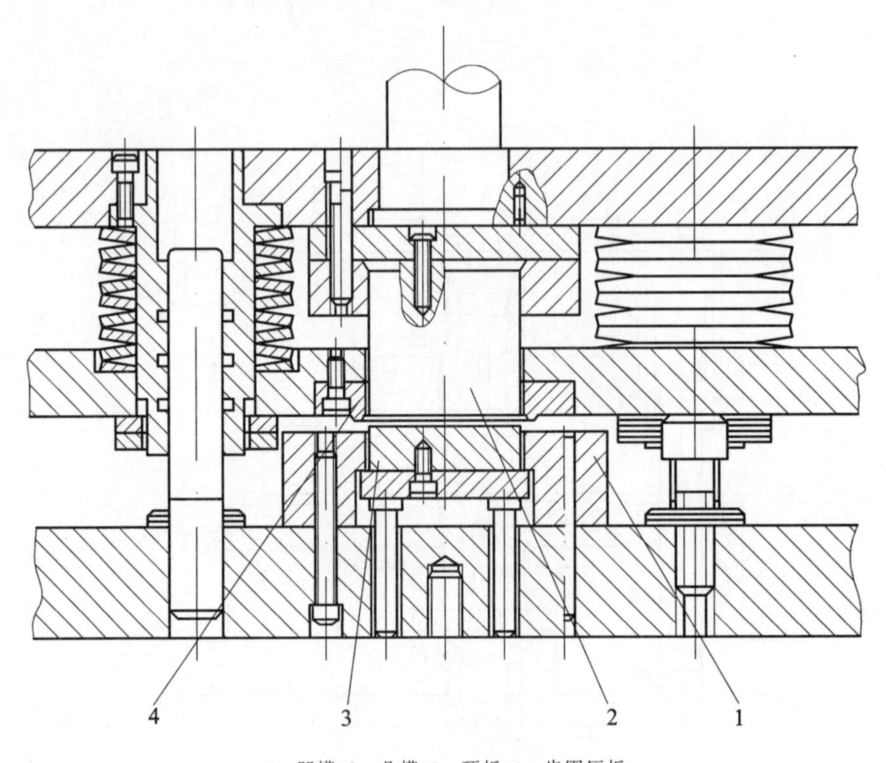

1—凹模;2—凸模;3—顶板;4—齿圈压板

图 2.88　简易精密冲裁模

习　题

2.1　板料冲裁时,其断面特征怎样?影响冲裁件断面质量的因素有哪些?

2.2　讨论冲裁间隙的大小与冲裁件断面质量的关系。

2.3　分析冲裁间隙对冲裁件尺寸精度、冲裁力、模具寿命的影响。

2.4　简述精密冲裁与普通冲裁的工艺特点。

2.5　如图 2.89 所示零件,材料为 08 钢,板厚为 2 mm。按分别加工的方法,试确定冲裁凸、凹模刃口尺寸,并计算冲裁力。

2.6　如图 2.90 所示零件,材料为 LY12 的硬铝板,料厚 $t=1$ mm,用配作法制造模具,试确定落料凸、凹模刃口尺寸。

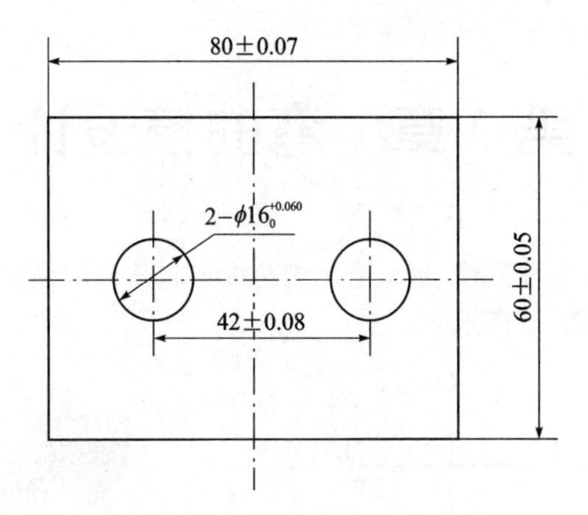

图 2.89　冲孔落料件

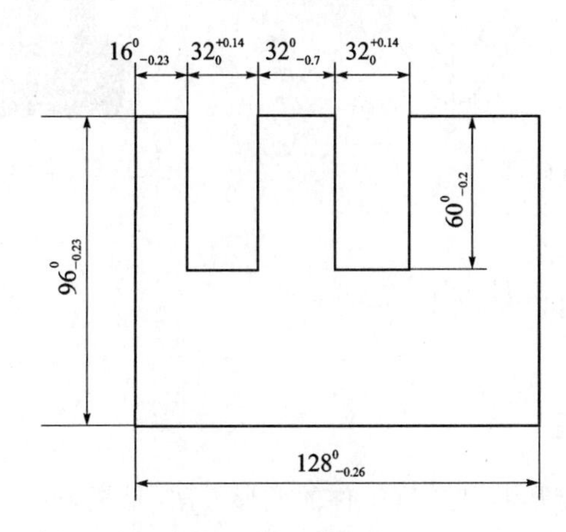

图 2.90　落料件

第 3 章　弯曲模设计

弯曲模是使板料产生塑性变形、形成有一定角度形状零件的模具,简单的弯曲模如图 3.1 所示。三维实体效果如图 3.2 所示。

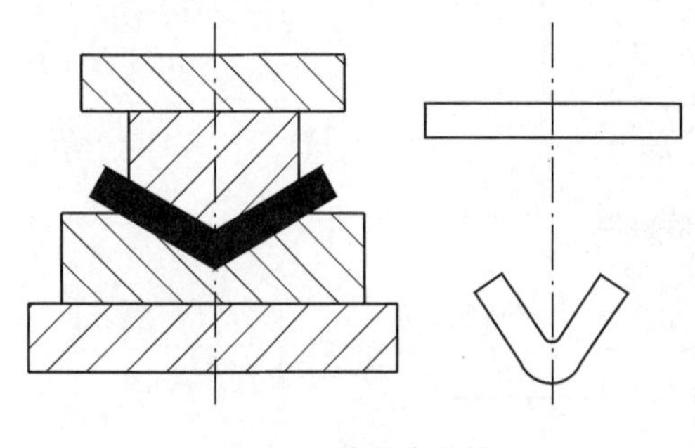

图 3.1　简单弯曲模

图 3.2　弯曲模

3.1　弯曲模的设计基础

3.1.1　弯曲件的工艺性

弯曲是将板料弯成一定形状和角度工件的成形方法,是板料冲压中常见的加工工序之一。在生产中,弯曲件的种类繁多,结构形状各异。弯曲成形主要问题是回弹和弯曲半径。回弹是在弯曲过程中,由于材料存在着弹性变形,当外加弯矩卸去以后,板料产生弹性恢复的现象,直接影响弯曲件的形状准确度;弯曲半径是表示板料弯曲的变形程度,如果取的过小,有可能使弯曲件产生开裂。因此,在满足使用要求的前提下,应充分考虑弯曲成形的工艺特点,使工件具有尽可能好的工艺性。这样不仅可以简化弯曲成形工艺和模具设计,而且可以提高工件的成形质量。

一、弯曲成形对材料性能的要求

用于弯曲成形的材料,应具有足够大的断面收缩率 φ 和尽可能小的 σ_s/E 值。断面收缩率愈大,材料的塑性变形能力愈强,从而获得较小的相对弯曲半径而不致产生裂纹。σ_s/E 的比值愈小,材料由纯弹性弯曲进入弹塑性弯曲的临界相对弯曲半径愈大,有利于减小回弹,提高弯曲件的成形质量。

二、弯曲件的结构工艺性

1. 弯曲件的结构特点

弯曲件的形状最好左右对称、宽度相同,相应部位的圆角半径应左右相等,以保证弯曲时毛坯不会产生侧向滑动,如图 3.3 所示。窄而长的弯曲件或形状比较复杂的零件,为防止弯曲时产生侧滑，在结构设计上应设置定位工艺孔，使毛坯能准确定位，如图3.4所示。非对称的小型弯曲件，应采用左右件成对弯曲工艺，然后切断为两件，如图3.5所示。

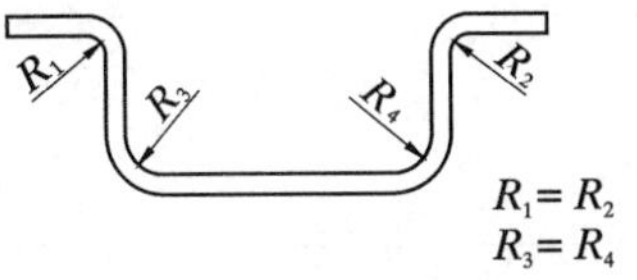

图3.3　对称形状弯曲件

2. 弯曲件的圆角半径

板料只有产生塑性变形才能形成所需的形状。为了实现弯曲件的形状，弯曲圆角半径最大值没有限制。例如，可以将0.3 m厚的铁板卷成ϕ300 mm圆桶，只要计算或试验出其回弹量，就可制出所需的形状。然而，板料的最小弯曲半径是有限制的，如果弯曲半径过小，弯曲时外层材料拉伸变形量过大，而使拉应力达到或超过抗拉强度σ_b，则板料外层将出现断裂，致使工件报废。因此，板料弯曲存在一个最小弯曲半径允许值，最小弯曲半径愈小的材料，承受弯曲变形的性能愈好。最小弯曲半径与板料厚度t、弯曲方向和材料纤维方向之间的角度有关。设计弯曲件时，如无特殊必要，应使零件的内圆角半径大于选用材料的最小弯曲半径。常用材料的最小弯曲半径如表3.1所列。

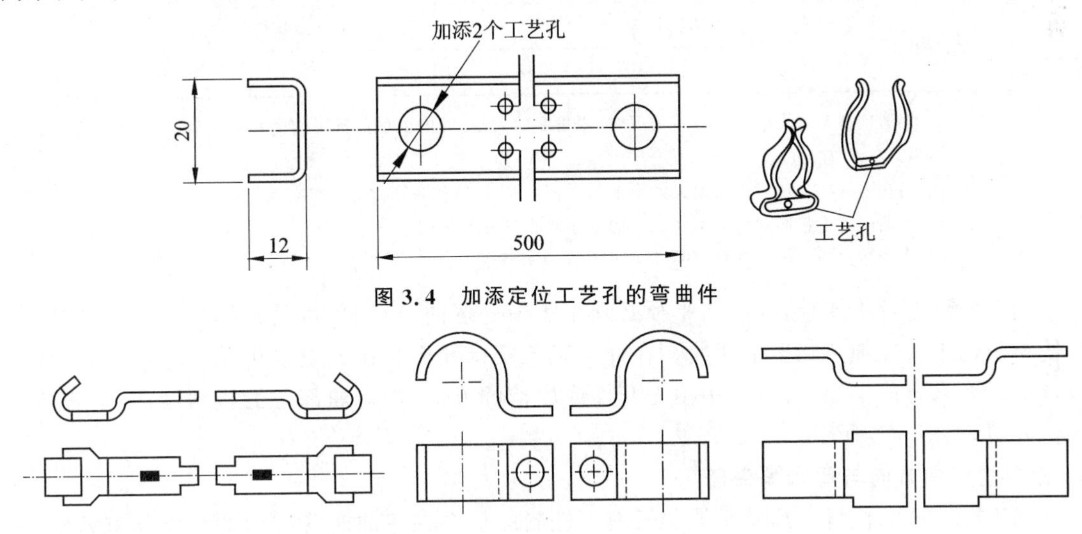

图3.4　加添定位工艺孔的弯曲件

图3.5　单面几何形状弯曲件的对称弯曲

表3.1　板料最小弯曲半径

材　料	退火或正火		冷作硬化	
	弯　曲　线　位　置			
	垂直辗压纹向	平行辗压纹向	垂直辗压纹向	平行辗压纹向
08、10	0.1t	0.4t	0.4t	0.8t
15、20	0.1t	0.5t	0.5t	1t
25、30	0.2t	0.6t	0.6t	1.2t
35、40	0.3t	0.8t	0.8t	1.5t
45、50	0.5t	1t	1t	1.7t
55、60	0.7t	1.3t	1.3t	2t
65Mn、T7	1t	2t	2t	3t
Cr18Ni9Ti	1t	2t	3t	4t

续表 3.1

材　料	退火或正火		冷作硬化	
	弯　曲　线　位　置			
	垂直辗压纹向	平行辗压纹向	垂直辗压纹向	平行辗压纹向
硬铝(软)	1t	1.5t	1.5t	2.5t
硬铝(硬)	2t	3t	3t	4t
磷青铜	—	—	1t	3t
黄铜(半硬)	0.1t	0.35t	0.5t	1.2t
黄铜(软)	0.1t	0.35t	0.35t	0.8t
紫铜	0.1t	0.35t	1t	2t
铝	0.1t	0.35t	0.5t	1t
镁合金 MB1	加热到 300～400 ℃		冷作硬化状态	
	2t	3t	6t	8t
钛合金 BT5	加热到 300～400 ℃		冷作硬化状态	
	3t	4t	5t	6t

注：1. 当弯曲线与碾压纹向成一定角度时，视角度的大小，可采用垂直辗压纹向和平行辗压纹向之间的数值，如45°取平均数值。
2. 对在冲裁或剪裁时没有退火的窄毛料进行弯曲时，应作为硬化的金属来使用。
3. 弯曲时通常将冲裁件有圆弧的一面放在弯曲圆弧的外侧。
4. 表列数据适用于弯曲角≥90°且断面质量良好状况。

当弯曲件有特殊要求，其弯曲半径必须小于最小弯曲半径时，可设法提高材料的塑性，例如使材料退火或在加热状态下弯曲。在冲压工艺安排和模具设计上也可采取一些方法，如厚板弯曲时要求弯曲半径小，可采用预先开槽或压槽的方法，使弯曲部位的板料变薄，防止弯曲部位开裂，如图3.6所示。

3. 板料的弯曲方向与弯曲线夹角

用于冷冲压的板料大都属于轧制板料。轧制的板料在弯曲时各方向的性能是有差别的，轧制的方向就是纤维线的方向。对于卷料或长的板料，纤维线与长边方向平行。作为弯曲用的板料，沿着纤维线方向塑性较好，所以弯曲线最好与纤维线垂直。这样，弯曲时不容易开裂，如图3.7所示。

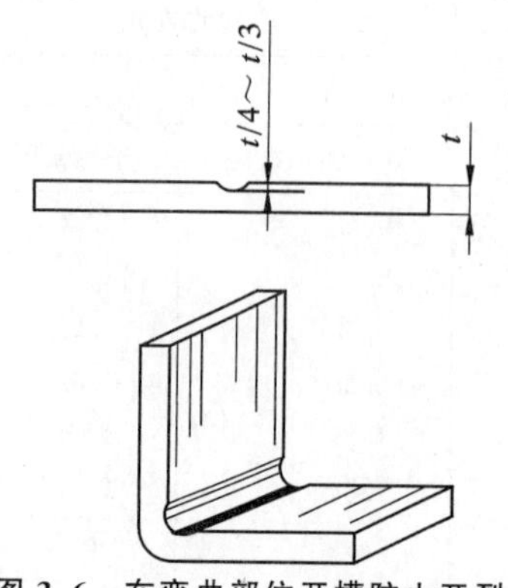

图3.6　在弯曲部位开槽防止开裂

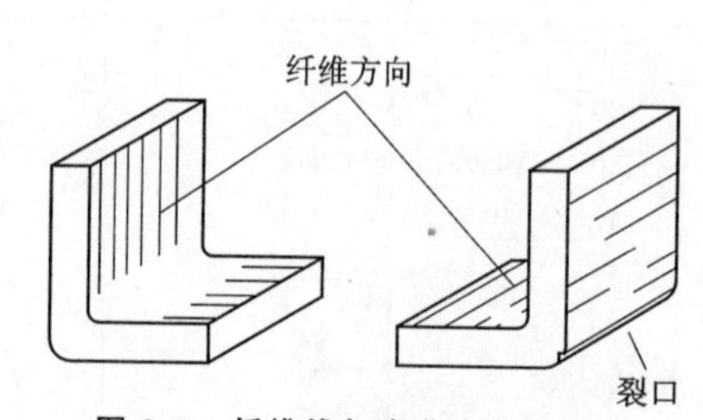

图3.7　纤维线与弯曲方向的关系

如果在同一零件上具有不同方向的弯曲，在考虑弯曲件排样经济性的同时，应尽可能使弯曲线与纤维方向夹角 α 不小于 30°，如图 3.8 所示。

4. 弯曲件的孔边距

弯曲前在毛坯上冲制的孔，应位于弯曲变形区之外。孔壁至弯曲中心的距离 L 与材料种类、厚度和弯曲方式等因素有关。通常，当 $t<2$ mm 时，$L\geqslant t$；当 $t\geqslant 2$ mm 时，$L\geqslant 2t$，如图 3.9 所示。如果孔的位置精度要求较高或孔壁距弯曲变形区较近，则应弯曲后冲制。

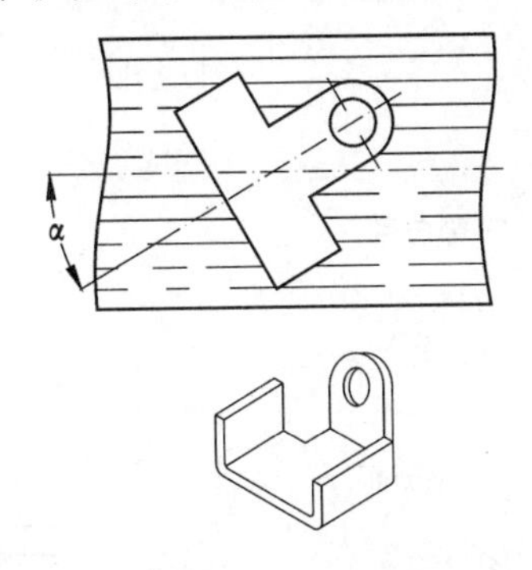

图 3.8　纤维线与弯曲线的夹角

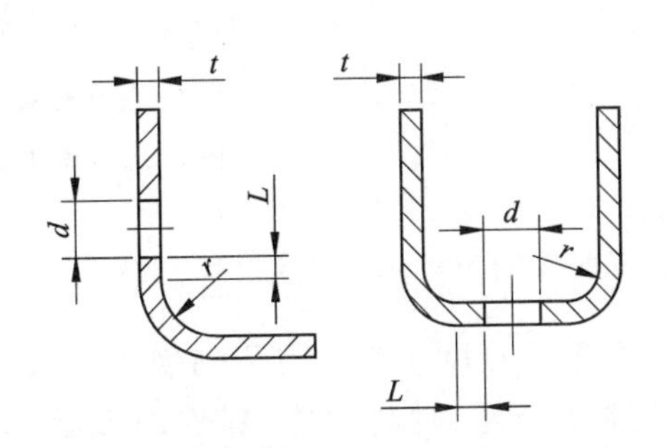

图 3.9　弯曲件的孔边距

5. 最小弯边高度

工件的弯边高度 H 不宜过小，否则会因弯边高度不足而影响弯曲质量。弯曲直角的最小弯边高度应为 $H_{min}\geqslant 2t$。若弯边高度小于此值，应允许在弯角处压槽，或增大弯边高度，弯曲后切除，如图 3.10 所示。

6. 切口弯曲

弯曲件上的各种切口弯曲工作，可以在冲切口的同时完成，如图 3.11 所示。为使成形后的工件便于从凹模内顶出，弯曲部分应设计成梯形。

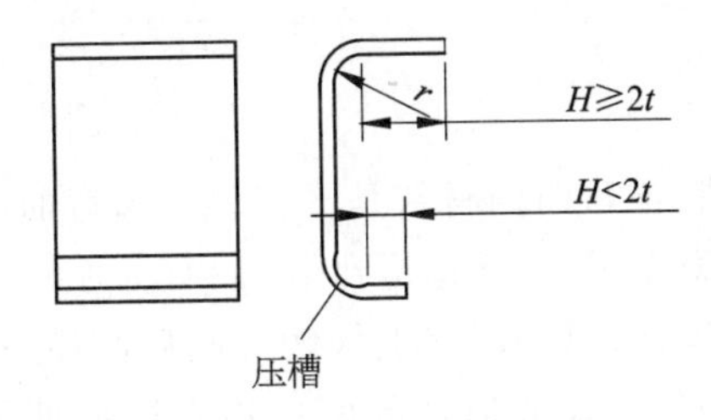

图 3.10　弯曲件直边高度

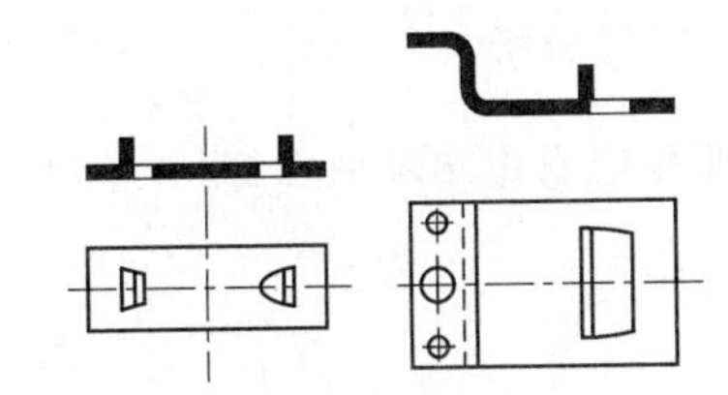

图 3.11　带夹爪和跷脚工件

7. 局部弯曲的工艺结构

工件边缘需进行局部弯曲时，在弯曲部位的交接处应开止裂孔或止裂槽，以避免弯角部位产生裂纹或畸变，如图 3.12 所示。

8. 冲裁毛刺与弯曲方向

弯曲件的毛坯往往是经冲裁落料而成。其冲裁的断面一面是光亮，另一面带有毛刺。弯曲时应尽量使有毛刺的一面作为弯曲件的内侧，如图 3.13(a)所示；当弯曲方向必须将毛刺面置于外侧时，应尽量加大弯曲半径，如图 3.13(b)所示。

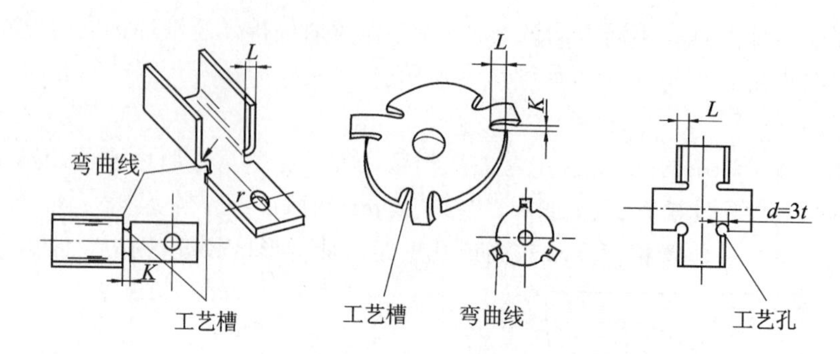

槽深 $L \geqslant t+r+K/2$;槽宽 $K \geqslant t$

图 3.12 预冲工艺槽和工艺孔的弯曲件

三、弯曲件的尺寸精度

弯曲件的尺寸精度与下列因素有关,板料的厚度公差、材料性能、零件的形状和尺寸、模具结构和定位方式,以及工序的数量和先后顺序。生产经验表明,如无特殊要求,弯曲件的尺寸精度不高于IT13级为宜,角度公差应不大于±15′。当对弯曲件的尺寸精度有较高要求时,在结构设计上应设置定位工艺孔;对角度公差有较高要求时,应允许工件弯曲部位表面有轻微擦伤,或在弯曲工艺方面增加整形工序。

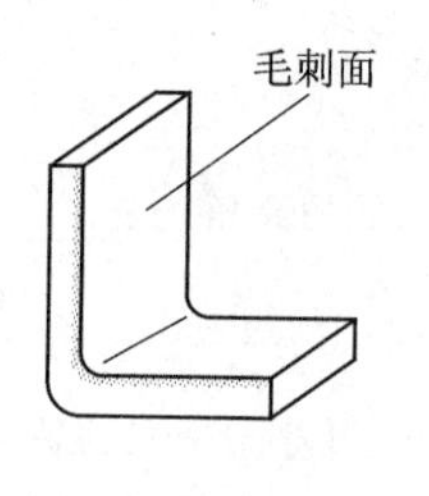

(a) 毛刺面在内侧

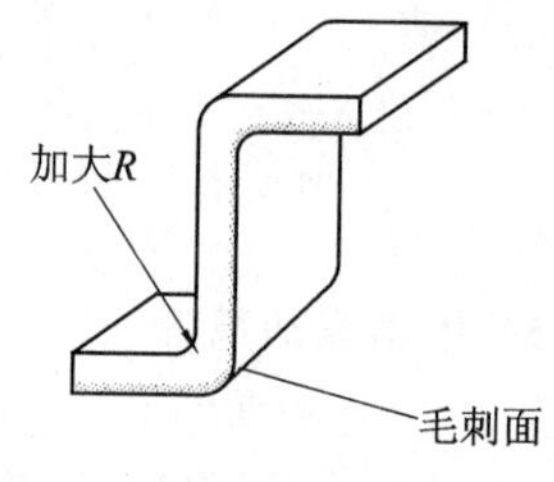

(b) 毛刺面在外侧

图 3.13 毛刺方向的安排

3.1.2 弯曲过程及变形分析

一、弯曲过程分析

弯曲变形有很多种形式,图3.14所示为V形弯曲,被弯曲的材料是平板料。当弯曲凸模受到压力作用时,首先达到图3.14(a)所示的位置,板料与凸模形成三点接触。此后凸模下行,弯曲区缩小,未成形件的两边逐步贴向凹模工作表面,直到弯曲件与凸模和凹模全部贴紧,如图3.14(b)所示。凸模与凹模分开后,工件就弯成具有 α 角的弯曲工件。成形件的角度由于回弹而往往稍大于 α 角,回弹的角度可以估算,并可采取措施予以减少。

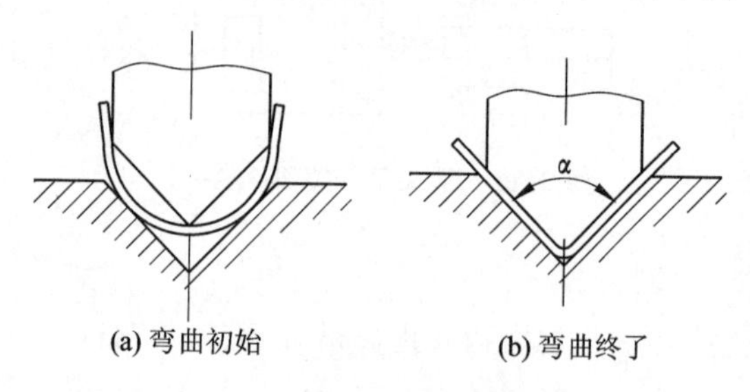

(a) 弯曲初始　　(b) 弯曲终了

图 3.14 弯曲过程

弯曲分自由弯曲和校正弯曲。自由弯曲是指当弯曲终了时,凸模、工件和凹模三者吻合后凸模不再下压。校正弯曲是指在自由弯曲的基础上凸模再往下压,对弯曲件起校正作用,减少回弹,从而使工件产生更准确的塑性变形。

二、弯曲变形分析

分析板料变形规律，通常采用在板料剖面上设置网格的方法。弯曲前，板料剖面上的线条都是直线，均为正方形的网格，如图3.15(a)所示；变形后，图中的 ab 段和 cd 段仍为直线，bc 段弯成了弧形，其间的正方形网格变成了近似梯形的网格，如图3.15(b)所示。

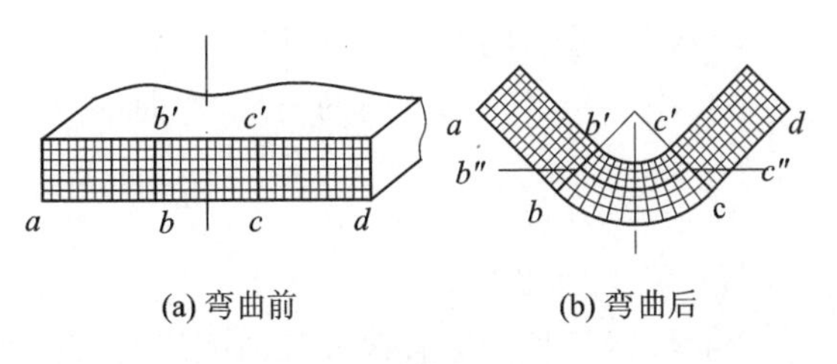

图3.15　弯曲变形分析

图3.15(b)中 $b'c'$ 圆弧附近的网格，原来垂直方向的线变斜，但长短未变；而原来水平方向的在 $b'c'$ 附近的直线变短，也就是在弯曲的内侧形成压缩区。同样分析外侧的 bc 圆弧，可以看出，这一部分是伸长区。在 bc 圆弧与 $b'c'$，圆弧中间有许多这样的圆弧线，从 bc 圆弧向内，各圆弧线越来越短。在图中 $b''c''$ 位置上的这段圆弧和弯曲前相比既未伸长也未缩短，这一层称为中性层。一般来说，中性层位于材料厚度的中间偏压缩区一些。

被弯曲的板料宽度方向的变化，如图3.16所示。图中 b 为板宽，t 为板厚，$b<3t$ 的板称为窄板。如图3.16(a)所示，内层的材料向宽度方向分散，而使宽度增加；外层材料受到拉伸后，使得外层厚度变窄，结果弯曲部分整个断面变成扇形。图3.15(b)所示为宽板弯曲，由于板料宽度增加，横向变形阻力较大，弯曲后断面形状变化不大。

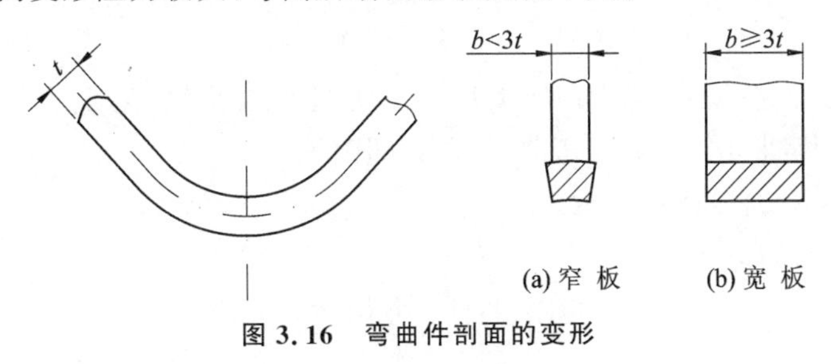

图3.16　弯曲件剖面的变形

3.1.3　弯曲件的工艺计算

一、弯曲件展开长度的确定

当板料弯曲变形在弹性阶段时，中性层位于板厚的中间。冲压件的弯曲变形主要是塑性变形，其中性层的位置往往向弯曲的内侧，即压缩区偏移。如图3.17(a)所示，此时中性层半径的计算式为

$$\rho = R + Kt \tag{3.1}$$

式中：ρ——中性层半径，mm；

R——弯曲内半径，mm；

K——中性层位置因数；

t——材料厚度，mm。

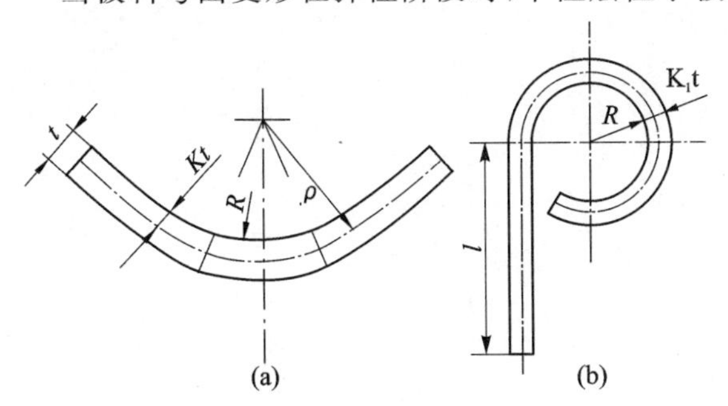

图3.17　中性层位置

中性层位置因数 K 与 R/t 比值的关

系见表3.2。当中性层半径确定以后,可计算出中性层展开长度,从而计算板料的展开长度。由于板料的性能、弯曲方法不同,中性层的位置将受到影响。表3.2所列数值适用于矩形截面的板料、棒料、管料的弯曲展开计算,一般通过试弯来确定(也可直接查阅有关计算资料)。

根据中性层半径和弯曲的角度,弯曲部分弧线段长 L 的计算式为

$$L=\frac{\pi\alpha}{180^\circ}(R+Kt) \tag{3.2}$$

式中:α——弯曲角度,(°)。

弯曲件展开长度为直线段长与弧线段长之和。

表3.2　中性层位置因素 K 与 R/t 比值的关系

R/t	0.1	0.2	0.3	0.4	0.5	0.6	0.7	0.8	1.0	1.2	1.3	1.5	2	2.5	3	4	5	6	7	≥8
K	0.21	0.22	0.23	0.24	0.25	0.26	0.27	0.3	0.32	0.33	0.34	0.36	0.38	0.39	0.40	0.43	0.44	0.46	0.48	0.5

R/t	0.5～0.6	0.6～0.8	0.8～1.0	1.0～1.2	1.2～1.5	1.5～1.8	1.8～2.0	2.0～2.2	>2.2
K_1	0.76	0.73	0.7	0.67	0.64	0.61	0.58	0.54	0.5

对于铰链件的弯曲,常用推卷的方法成形,此时材料同时受到挤压和弯曲作用,故中性层由板料厚度的中间向外层方向移动,如图3.17(b)所示。坯料长度可按下式近似计算:

$$L=l+5.7R+4.7K_1t$$

试中:K_1 一卷边时中性层位移系数,其值如表3.2所示。

二、弯曲力计算

弯曲力是指工件完成预定弯曲时需要压力机所施加的压力。弯曲力与下列因素有关,材料品种、板料厚度、弯曲几何参数和弯曲凸、凹模间隙等。

1. 自由弯曲的弯曲力计算

V形弯曲件的计算式为

$$F_1=\frac{0.6KBt^2\sigma_b}{R+t} \tag{3.3}$$

U形弯曲件的计算式为

$$F_1=\frac{0.7KBt^2\sigma_b}{R+t} \tag{3.4}$$

式中:F_1——自由弯曲力(冲压行程结束,尚未进行校正弯曲时的压力),N;

B——弯曲件宽度,mm;

t——弯曲件材料厚度,mm;

R——弯曲内半径,mm;

σ_b——材料抗拉强度,MPa;

K——安全因数,一般取 $K=1.3$。

2. 校正弯曲的弯曲力计算

校正弯曲的弯曲力计算式为

$$F_2=qA \tag{3.5}$$

式中:F_2——校正力,N;

q——单位校正力,MPa,参见表3.3;

A——工件被校正部分的投影面积，mm^2。

3. 弯曲时压力机的压力

弯曲时压力机的压力是自由弯曲力与校正弯曲力之和，即

$$F \geqslant F_1 + F_2 \tag{3.6}$$

式中：F——压力机的压力，N。

校正弯曲时，由于校正力比自由弯曲力大得多，故 F_1 可以忽略，而 F_2 的大小决定了压力机的压力。

表 3.3　单位校正力 q

MPa

材　料	t/mm			
	≤1	1～2	2～5	5～10
铝	10～15	15～20	20～30	30～40
黄铜	15～20	20～30	30～40	40～60
10 钢、15 钢、20 钢	20～30	30～40	40～60	60～80
25 钢、30 钢、35 钢	30～40	40～50	50～70	70～100

三、回弹量的计算

弯曲后工件的形状因为回弹而与模具的形状不完全一致。这是因为弯曲过程并不完全是材料的塑性变形过程，其弯曲部位还存在着弹性变形。回弹的大小通常用弯曲角度回弹量 $\Delta\theta$ 和弯曲半径回弹量 ΔR 来表示。弯曲角度回弹是指模具在闭合状态时工件弯曲角 θ 与从模具中取出后工件的实际角度 θ_0 之差，即 $\Delta\theta=\theta_0-\theta$；弯曲半径回弹量是指模具处于闭合状态时压在模具中工件的弯曲半径 R_p（即凸模半径）与从模具中取出后工件的实际弯曲半径 R 之差，即 $\Delta R=R-R_p$。

当要求工件的弯曲圆角半径为 R 时，可根据材料的有关参数，用下列公式计算回弹补偿时弯曲凸模的圆角半径 R_p。只有当弯曲工件的圆角半径 R 为板料厚度 t 的 5 倍以上时，计算才近似正确。

板料弯曲见式(3.7)。

$$R_p = \frac{R}{1 + 3\dfrac{\sigma_s R}{Et}} \tag{3.7}$$

棒料弯曲见式(3.8)。

$$R_p = \frac{R}{1 + 3.4\dfrac{\sigma_s R}{Ed}} \tag{3.8}$$

式中：R、R_p——弯曲件、弯曲凸模圆角半径，mm；

σ_s——材料屈服极限，MPa；

t——板料厚度，mm；

E——材料弹性模量，MPa；

d——棒料直径，mm。

当 $R<(5\sim8)t$ 时，工件的弯曲半径一般变化不大，只考虑角度回弹。角度回弹量可参考

经验数值,如表 3.4 和表 3.5 所列。

表 3.4　V 形弯曲回弹角

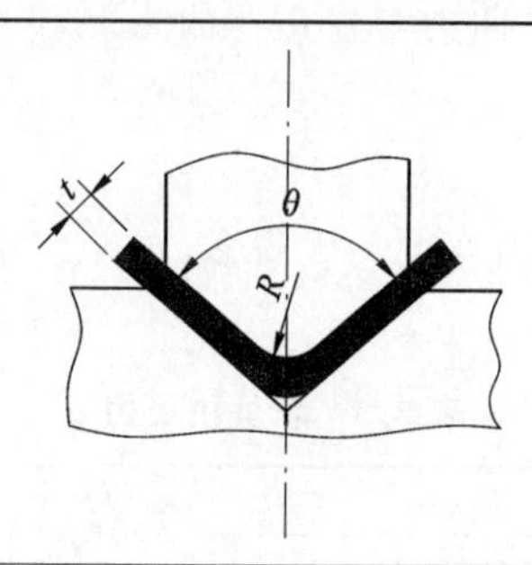

材料的牌号和状态	$\frac{R}{t}$	弯曲角度 θ						
		150°	135°	120°	105°	90°	60°	30°
		回弹角度 $\Delta\theta$						
2A12(硬) (LY12Y)	2	2°	2°30′	3°30′	4°	4°30′	6°	7°30′
	3	3°	3°30′	4°	5°	6°	7°30′	9°
	4	3°30′	4°30′	5°	6°	7°30′	9°	10°30′
	5	4°30′	5°30′	6°30′	7°30′	8°30′	10°	11°30′
	6	5°30′	6°30′	7°30′	8°30′	9°30′	11°30′	13°30′
2A12(软) (LY12M)	2	0°30′	1°	1°30′	2°	2°	2°30′	3°
	3	1°	1°30′	2°	2°30′	2°30′	3°	4°30′
	4	1°30′	1°30′	2°	2°30′	3°	4°30′	5°
	5	1°30′	2°	2°30′	3°	4°	5°	6°
	6	2°30′	3°	3°30′	4°	4°30′	5°30′	6°30′
7A04(硬) (LC4Y)	3	5°	6°	7°	8°	8°30′	9°	11°30′
	4	6°	7°30′	8°	8°30′	9°	12°	14°
	5	7°	8°	8°30′	10°	11°30′	13°30′	16°
	6	7°30′	8°30′	10°	12°	13°30′	15°30′	18°
7A04(软) (LC4M)	2	1°	1°30′	1°30′	2°	2°30′	3°	3°30′
	3	1°30′	2°	2°30′	2°	3°	3°30′	4°
	4	2°	2°30′	3°	3°	3°30′	4°	4°30′
	5	2°30′	3°	3°30′	3°30′	4°	5°	6°
	6	3°	3°30′	4°	4°	5°	6°	7°
20 (已退火)	1	0°30′	1°	1°	1°30′	1°30′	2°	2°30′
	2	0°30′	1°	1°30′	2°	2°	3°	3°30′
	3	1°	1°30′	2°	2°	2°30′	3°30′	4°
	4	1°	1°30′	2°	2°30′	3°	4°	5°
	5	1°30′	2°	2°30′	3°	3°30′	4°30′	5°30′
	6	1°30′	2°	2°30′	3°	4°	5°	6°

续表 3.4

材料的牌号和状态	$\frac{R}{t}$	弯曲角度 θ						
		150°	135°	120°	105°	90°	60°	30°
		回弹角度 $\Delta\theta$						
30CrMnSiA （已退火）	1	0°30′	1°	1°	1°30′	2°	2°30′	3°
	2	0°30′	1°30′	1°30′	2°	2°30′	3°30′	4°30′
	3	1°	1°30′	2°	2°30′	3°	4°	5°30′
	4	1°30′	2°	3°	3°30′	4°	5°	6°30′
	5	2°	2°30′	3°	4°	4°30′	5°30′	7°
	6	2°30′	3°	4°	4°30′	5°30′	6°30′	8°
1Cr17Ni8 （1Cr18Ni9Ti）	0.5	0°	0°	0°30′	0°30′	1°	1°30′	2°
	1	0°30′	0°30′	1°	1°	1°30′	2°	2°30′
	2	0°30′	1°	1°30′	1°30′	2°	2°30′	3°
	3	1°	1°	2°	2°	2°30′	2°30′	4°
	4	1°	1°30′	2°30′	3°	3°30′	4°	4°30′
	5	1°30′	2°	3°	3°30′	4°	4°30′	5°30′
	6	2°	3°	3°30′	4°	4°30′	5°30′	6°30′

表 3.5　U 形弯曲回弹角

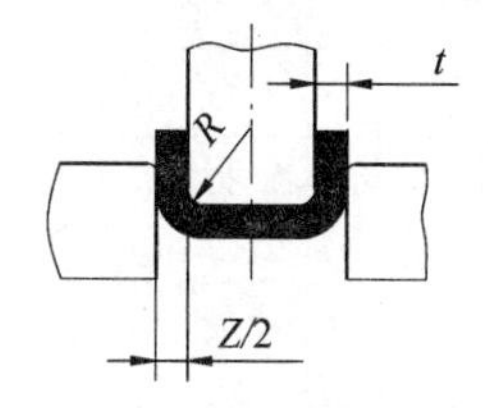

材料的牌号和状态	$\frac{R}{t}$	凹模和凸模的间隙 $Z/2$						
		0.8t	0.9t	1t	1.1t	1.2t	1.3t	1.4t
		回弹角度 $\Delta\theta$						
2A12(硬) (LY12Y)	2	−2°	0°	2°30′	5°	7°30′	10°	12°
	3	−1°	1°30′	4°	6°30′	9°30′	12°	14°
	4	0°	3°	5°30′	8°30′	11°30′	14°	16°30′
	5	1°	4°	7°	10°	12°30′	15°	18°
	6	2°	5°	8°	11°	13°30′	16°30′	19°30′

续表 3.5

材料的牌号和状态	$\frac{R}{t}$	凹模和凸模的间隙 $Z/2$						
		0.8t	0.9t	1t	1.1t	1.2t	1.3t	1.4t
		回弹角度 $\Delta\theta$						
2A12(软) (LY12M)	2	−1°30′	0°	1°30′	3°	5°	7°	8°30′
	3	−1°30′	0°30′	2°30′	4°	6°	8°	9°30′
	4	−1°	1°	3°	4°30′	6°30′	9°	10°30′
	5	−1°	1°	3°	5°	7°	9°30′	11°
	6	−0°30′	1°30′	3°30′	6°	8°	10°	12°
7A04(硬) (LC4Y)	3	3°	7°	10°	12°30′	14°	16°	17°
	4	4°	8°	11°	13°30′	15°	17°	18°
	5	5°	9°	12°	14°	16°	18°	20°
	6	6°	10°	13°	15°	17°	20°	23°
7A04(软) (LC4M)	2	−3°	−2°	0°	3°	5°	6°30′	8°
	3	−2°	−1°30′	2°	3°30′	6°30′	8°	9°
	4	−1°30′	−1°	2°30′	4°30′	7°	8°30′	10°
	5	−1°	−1°	3°	5°30′	8°	9°	11°
	6	0°	−0°30′	3°30′	6°30′	8°30′	10°	12°
20 (已退火)	1	−2°30′	−1°	0°30′	1°30′	3°	4°	5°
	2	−2°	−0°30′	1°	2°	3°30′	5°	6°
	3	−1°30′	0°	1°30′	3°	4°30′	6°	7°30′
	4	−1°	0°30′	2°30′	4°	5°30′	7°	9°
	5	−0°30′	1°30′	3°	5°	6°30′	8°	10°
	6	−0°30′	2°	4°	6°	7°30′	9°	11°
30CrMnSiA	1	−1°	−0°30′	0°	1°	2°	4°	5°
	2	−2°	−1°	1°	2°	4°	5°30′	7°
	3	−1°30′	0°	2°	3°30′	5°	6°30′	8°30′
	4	−0°30′	1°	3°	5°	6°30′	8°30′	10°
	5	0°	1°30′	4°	6°	8°	10°	11°
	6	0°30′	2°	5°	7°	9°	11°	13°

3.1.4　弯曲模设计中的有关计算

一、凸、凹模间隙

弯曲V形工件时，凸、凹模间隙靠调整压力机闭合高度来控制，不需要在模具结构上确定间隙。弯曲U形工件时，则必须选择适当的凸、凹模间隙。间隙的大小对于工件质量和弯曲力有很大影响。间隙越小,弯曲力越大。间隙过小会使工件壁变薄,降低凹模寿命;间隙过大,则回弹较大,会降低工件精度。间隙值根据材料的种类、厚度以及弯曲件的高度和宽度(即弯曲线的长度)而按下式确定。

弯曲有色金属时,间隙值的计算式为

$$\frac{Z}{2}=t_{\min}+n\,t \tag{3.9}$$

弯曲黑色金属时,间隙值的计算式为

$$\frac{Z}{2}=(1+n)t \tag{3.10}$$

式中:$Z/2$——凸、凹模间的单面间隙,mm;

$t_{\min}$——材料的最小厚度,mm;

t——材料的公称厚度,mm;

n——因数,与弯曲件高度 H 和弯曲线长度 B 有关,参见表 3.6。

表 3.6　因数 n 值

弯曲件高度 H/mm	材料厚度 t/mm								
	<0.5	0.5~2	2~4	4~5	<0.5	0.5~2	2~4	4~7.5	7.5~12
	$B\leqslant 2H$				$B>2H$				
10	0.05	0.05	0.04	—	0.10	0.10	0.08	—	—
20	0.05	0.05	0.04	0.03	0.10	0.10	0.08	0.06	0.06
35	0.07	0.05	0.04	0.03	0.15	0.10	0.08	0.06	0.06
50	0.10	0.07	0.05	0.04	0.20	0.15	0.10	0.06	0.06
75	0.10	0.07	0.05	0.05	0.20	0.15	0.10	0.10	0.08
100	—	0.07	0.05	0.05	—	0.15	0.10	0.10	0.08
150	—	0.10	0.07	0.05	—	0.20	0.15	0.10	0.10
200	—	0.10	0.07	0.07	—	0.20	0.15	0.15	0.10

二、凸、凹模工作部位尺寸

1. 凸、凹模宽度尺寸计算

凸、凹模宽度尺寸 b_p 和 b_d 如图 3.18 所示,根据工件尺寸的标注方式不同,其尺寸可按表 3.7 所列公式计算。

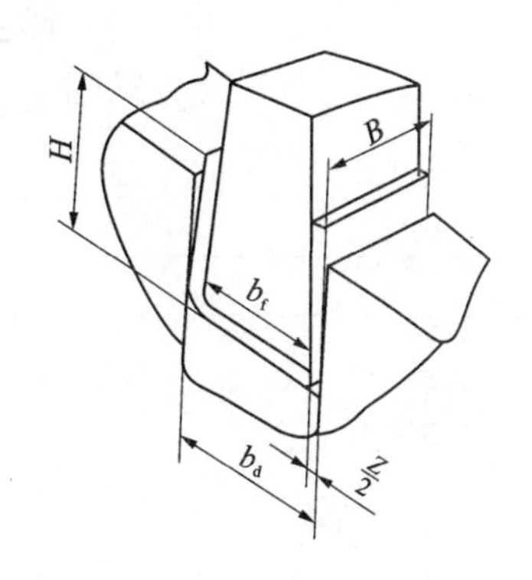

图 3.18　弯曲模工作部位尺寸

2. 凸、凹模的圆角半径与弯曲凹模的深度

(1) 凸模圆角半径

一般情况下,凸模圆角半径 r_p 等于或略小于工件内侧的圆角半径 r,但不能小于材料允许的最小弯曲半径。若 $r<r_{\min}$,则应取 $r_p>r_{\min}$,然后增加一次整形工序,使整形模的 $r_p=r$。对于工件圆角半径较大($r/t>10$),而且精度要求较高时,应考虑回弹的影响,将凸模圆角半径根据回弹角

的大小作相应的调整,以补偿弯曲的回弹量。

(2) 凹模圆角半径及凹模深度

凹模的圆角半径不能太小,以免弯曲时板料表面擦伤或出现压痕,凹模两边的圆角半径应一致,否则弯曲时毛坯会发生偏移。凹模圆角半径通常根据板料的厚度选取或采用查表法,见表3.8。

表3.7　凸、凹模工作部位尺寸计算

工件尺寸标注方式	工件简图	凹模尺寸	凸模尺寸
用外形尺寸标注	$L\pm\Delta$	$b_d=\left(L-\frac{1}{2}\Delta\right)_0^{+\delta_d}$	b_p按凹模尺寸配制,保证双面间隙为Z或 $b_p=(b_d-Z)_{-\delta_p}^0$
	$L_{-\Delta}^{0}$	$b_d=\left(L-\frac{3}{4}\Delta\right)_0^{+\delta_d}$	
用内形尺寸标注	$L\pm\Delta$	b_d按凸模尺寸配制,保证双面间隙Z或 $b_d=(b_p+Z)_0^{+\delta_d}$	$b_p=\left(L+\frac{1}{2}\Delta\right)_{-\delta_p}^0$
	$L_0^{+\Delta}$		$b_p=\left(L+\frac{3}{4}\Delta\right)_{-\delta_p}^0$

注:b_p、b_d——弯曲凸、凹模宽度尺寸,mm;

$Z/2$——弯曲凸、凹模单边间隙,mm;

L——弯曲件外形或内形的基本尺寸,mm;

Δ——弯曲件的尺寸公差,mm;

δ_p,δ_d——弯曲凸、凹模制造公差,mm,采用IT7~IT9级。

表3.8　凹模圆角半径与凹模深度

mm

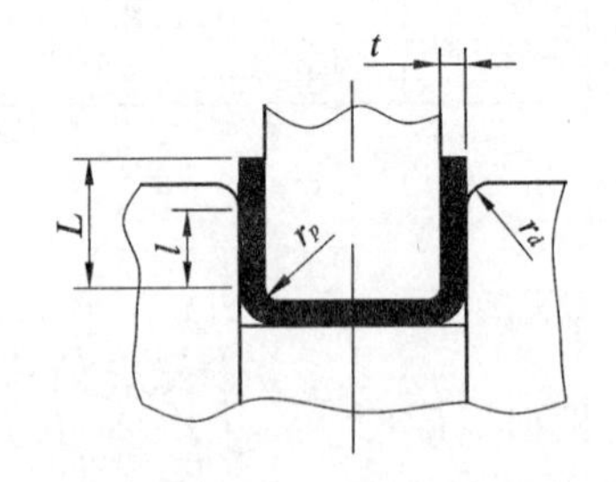

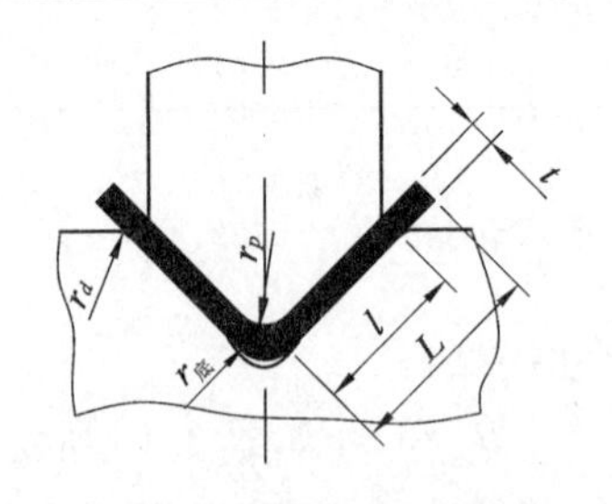

料厚t	≤0.5		0.5~2.0		2.0~4.0		4.0~7.0	
边长L	l	r_d	l	r_d	l	r_d	l	r_d
10	6	3	10	3	10	4		
20	8	3	12	4	15	5	20	8
35	12	4	15	5	20	6	25	8
50	15	5	20	6	25	8	30	10
75	20	6	25	8	30	10	35	12
100			30	10	35	12	40	15
150			35	12	40	15	50	20
200			45	15	55	20	65	25

当 $t \leqslant 2$ mm 时，$r_d=(3\sim6)t$；

2 mm$<t<$4 mm，$r_d=(2\sim3)t$；

$t>4$ mm，$r_d=2t$。

凹模深度要适当，见表3.8。若过小，毛坯两边自由部分太多，弯曲件回弹大，不平直；若过大，凹模必然增大，消耗模具钢材多，且需要压力机有较大的工作行程。

V形凹模底部可开退刀槽或取圆角半径 $r_底$ 为

$$r_底=(0.6\sim0.8)(r_p+t) \qquad (3.11)$$

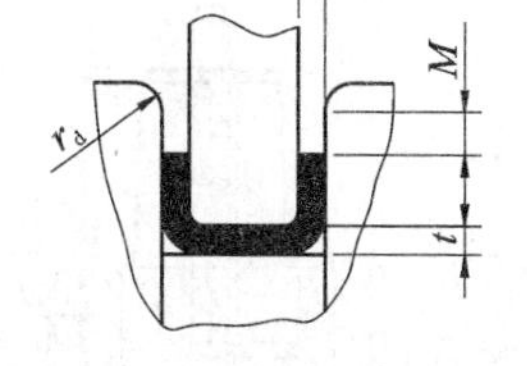

图3.19 校正弯曲凹模工作部位尺寸

对于校正弯曲如图3.19所示，图中凹模 M 值可根据板料厚度在表3.9中选取。

表3.9 校正弯曲时 M 值的选用表

材料厚度 t	≤1	1～2	2～3	3～4	4～5	5～6	6～7	7～8	8～10
M 值	3	4	5	6	8	10	15	20	25

3.2 弯曲模的典型结构

一、弯曲模的典型结构

1. V形件弯曲模

V形件弯曲模是弯曲模中最简单的一种，如图3.20所示。其特点是结构简单，通用性好，但弯曲时毛坯容易滑动偏移，影响工件精度。

2. U形件弯曲模

典型的U形件弯曲模如图3.21所示。毛坯依靠4个定位销定位。工作完成后，由顶件板下的弹顶装置卸料。

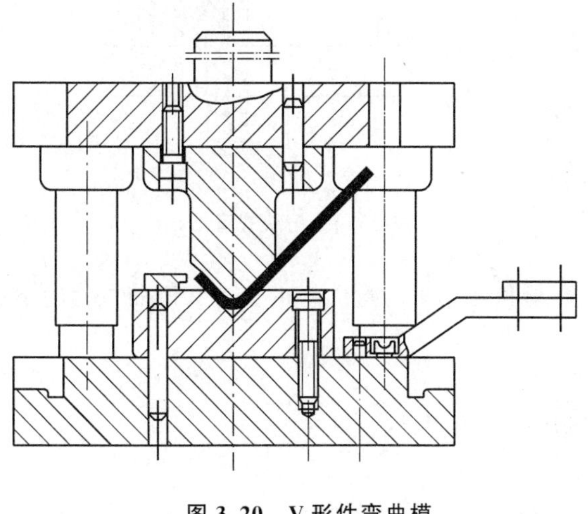

图3.20 V形件弯曲模

根据工件精度要求的不同，模具结构可采取不同形式：底部平整度要求不高的弯曲件，可采用开底形式；外形尺寸要求高的弯曲件，可将凸模做成活动形式，以保证外形精度；内形尺寸要求高的弯曲件，可将凹模两侧做成活动形式，以保证内形精度。

图3.22所示是弯曲角大于90°的U形件弯曲模。毛坯用安装在凹模面上的定位板定位。压弯时凸模首先将毛坯弯曲成U形，当凸模继续下压时，两侧的转动凹模使毛坯最后压弯成弯曲角大于90°的U形件。凸模上升，弹簧使转动凹模复位，工件由垂直于图面方向从凸模上卸下。

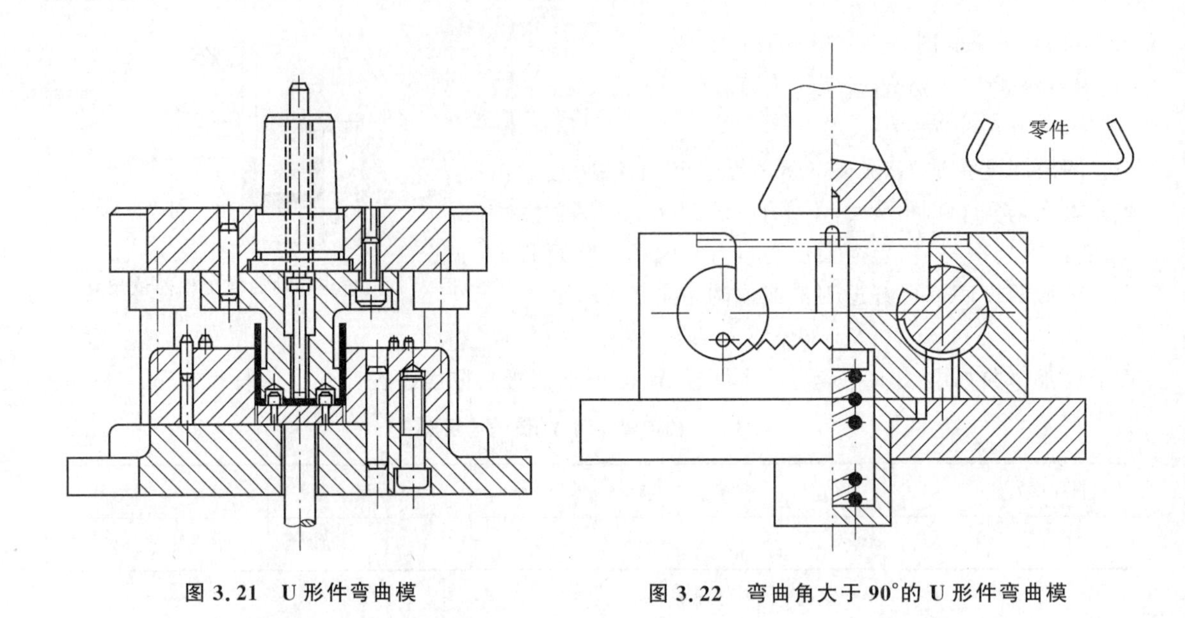

图 3.21 U形件弯曲模　　图 3.22 弯曲角大于90°的U形件弯曲模

3. 四角形零件弯曲模

四直角的弯曲件,若其弯曲高度较小,圆角半径较大,材料较薄时,可采取一次弯曲成形,如图 3.23、图 3.24 所示。弯边高度较大时,以采用两道工序弯曲为宜,如图 3.25 所示。

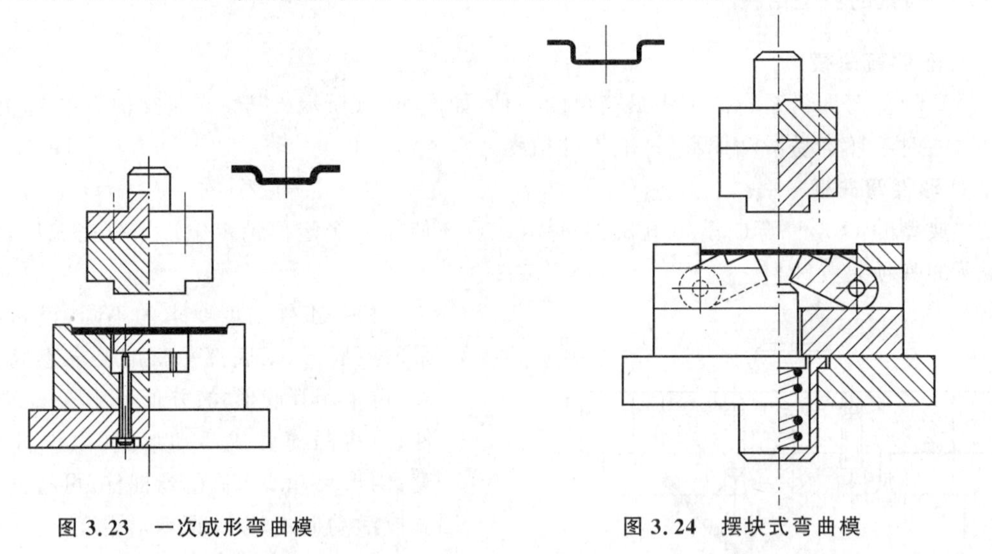

图 3.23 一次成形弯曲模　　图 3.24 摆块式弯曲模

采用图 3.26 所示的模具结构,可以保证内弯角和外弯角的弯曲线的位置在弯曲过程中不发生变化,从而满足零件尺寸和形状的要求。

4. 圆形件弯曲模

圆形件的弯曲方法与其尺寸的大小有关,通常可分为两种。

(1) 直径 $d \leqslant 5$ mm 的小圆弯曲件

这类小圆弯曲件一般先完成U形弯曲,然后再推卷成圆形,如图 3.27 所示。若材料较厚,直径较小,也可采取三道工序成形。

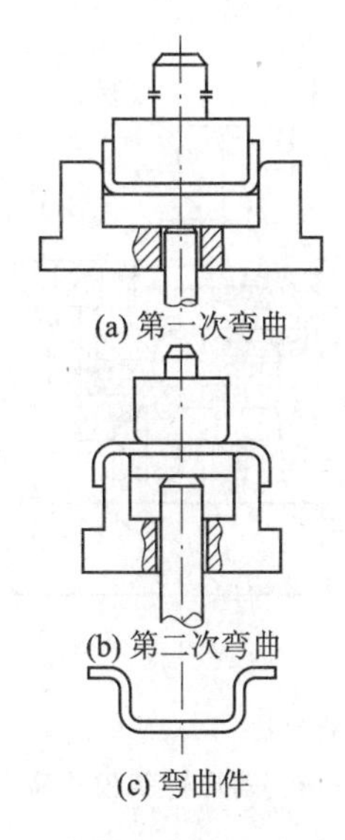

图 3.25　两次 U 形弯曲模

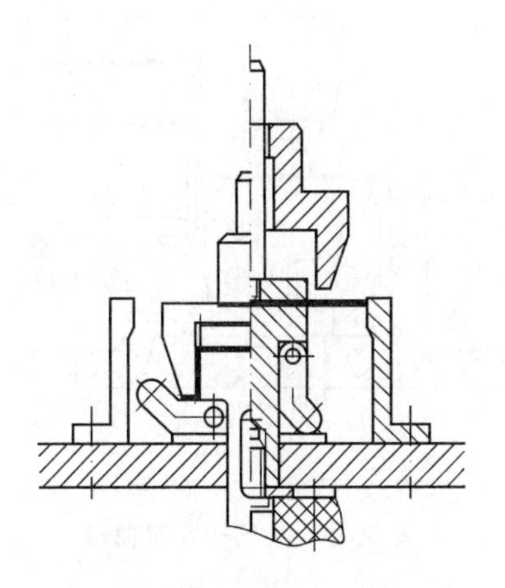

图 3.26　四角弯曲模

（2）直径 $d \geqslant 20$ mm 的大圆弯曲件

大圆弯曲件一般先弯成波浪形，再弯曲成圆形，如图 3.28 所示。有些较大的圆形件，也可一次弯曲成形，如图 3.29 所示。凸模下行先将毛坯压弯成 U 形，凸模继续下行，摆动凹模将 U 形件弯成圆形件。凸模上升后，工件沿凸模轴线方向推开支撑取下。

5. 有斜楔装置的弯曲模

在多工序 V 形件弯曲、圆形件弯曲，以及铰链的弯曲模中，常常有斜楔结构。目的是将压力机滑块的垂直活动转化为活动凹模或凸模的水平活动，或倾斜运动来完成弯曲成形。

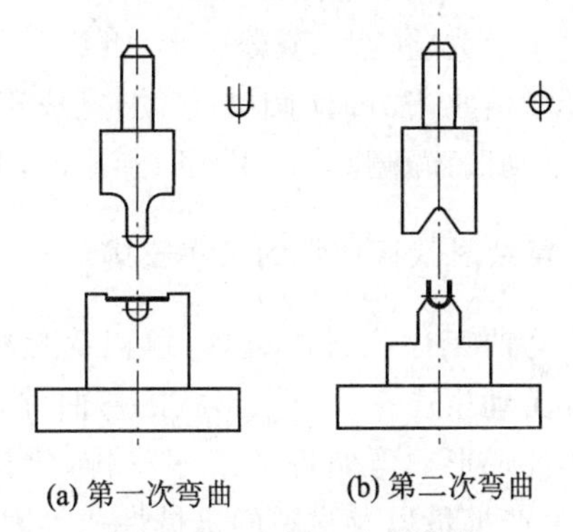

图 3.27　小圆二次弯曲模

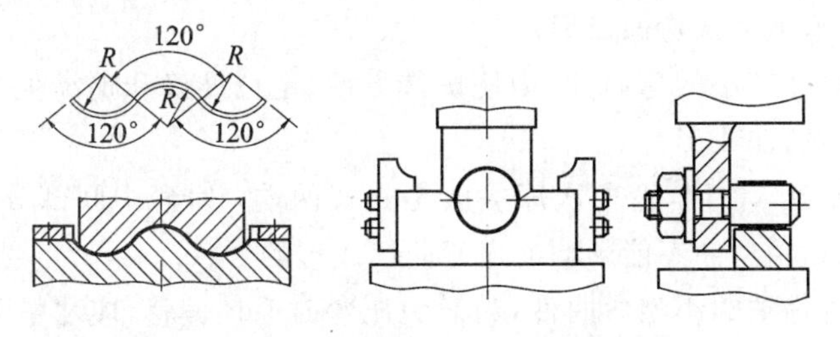

图 3.28　大圆二次弯曲模

图 3.30 所示为圆形件斜楔式弯曲模。凸模下行将毛坯弯曲成 U 形件，继续下行时两侧楔块压在活动的凹模上，迫使凹模水平方向运动，从而完成圆形弯曲。

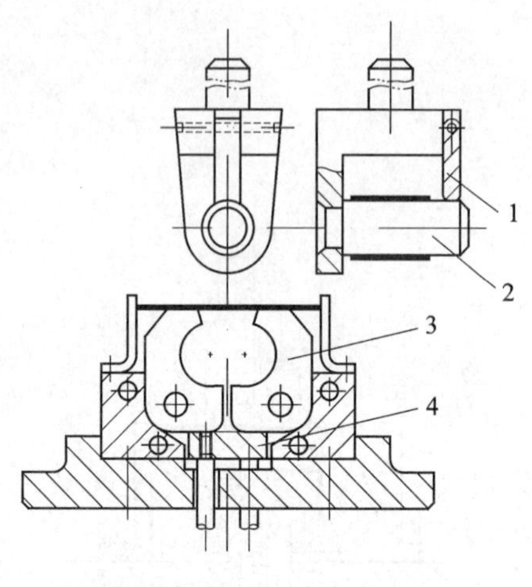

1—支撑;2—凸模;3—摆动凹模;4—顶板

图3.29 大圆一次弯曲模

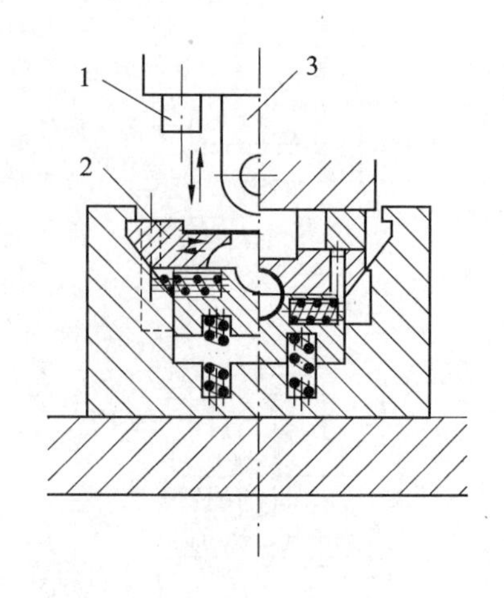

1—楔块;2—活动凹模;3—凸模

图3.30 圆形件斜楔式弯曲模

图3.31为弯制复杂形状弯曲件使用的斜楔式弯曲模。凸模下行先将毛坯弯成U形,继续下行时,两侧斜楔迫使活动凹模沿水平方向向中心移动,完成第二步弯曲。弯曲完成后,活动凹模在弹簧作用下回到原位,取出零件。

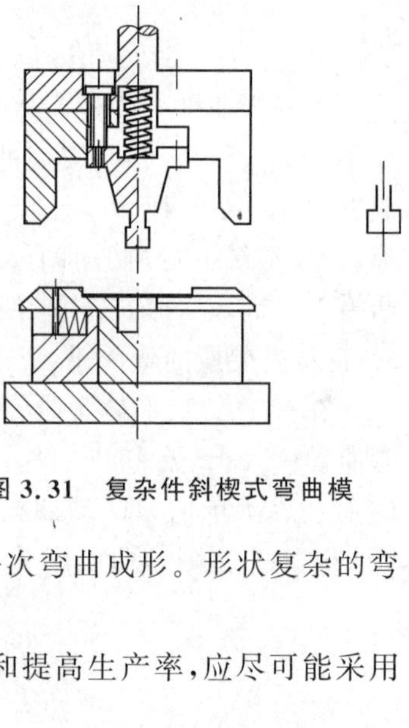

图3.31 复杂件斜楔式弯曲模

二、复杂形状弯曲件的工序安排

弯曲工序安排的合理,可以简化模具结构,提高工件质量和劳动生产率。复杂形状的弯曲件,一般都要经过多次弯曲才能成形。弯曲件的工序安排,应根据工件形状、精度等级、生产批量以及材料的机械性质等因素进行考虑。

1. 弯曲工序的安排原则

(1) 形状简单的弯曲件,如V形、U形和Z形等,可以采用一次弯曲成形。形状复杂的弯曲件,一般需采用二次或多次弯曲成形。

(2) 批量大而尺寸较小的弯曲件,为使操作方便、定位准确和提高生产率,应尽可能采用连续模或复合模进行弯曲成形。

(3) 需要多次单道弯曲时,弯曲次序一般是先弯两端,后弯中间部分。前道弯曲应考虑后道弯曲定位可靠,后道弯曲不能影响前道弯曲已成形的形状。

(4) 具有一个对称轴的小型弯曲件,为避免压弯时毛坯偏移,应尽量采用成对弯曲,然后剖切成两件,如图3.5所示。

2. 典型弯曲件的工序安排

图3.32、图3.33、图3.34所示分别为一次弯曲、二次弯曲及三次弯曲成形的实例。

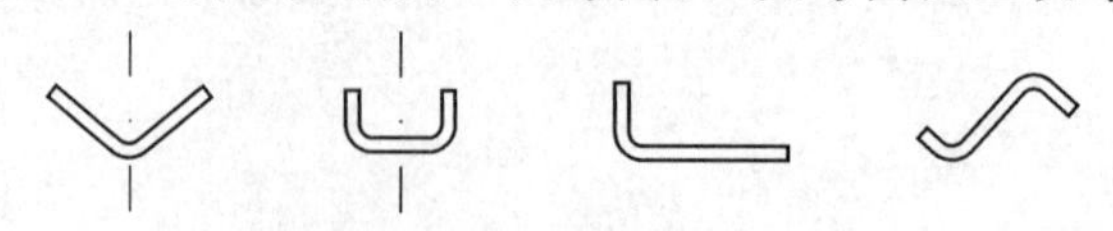

图3.32 一次弯曲成形

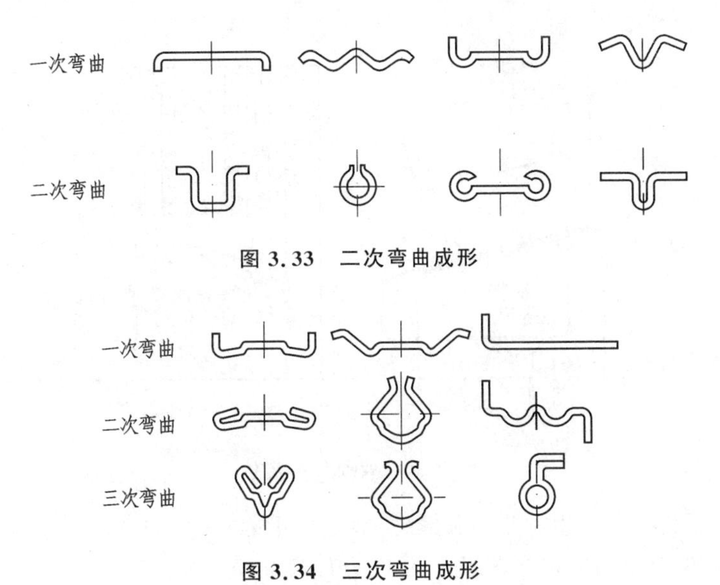

图 3.33　二次弯曲成形

图 3.34　三次弯曲成形

三、弯曲模结构设计要点

1. 毛坯定位

设计模具时，模具结构应能保证毛坯在弯曲时不产生偏移和窜动。定位件的作用就是使毛坯在模具上获得正确位置，并且在弯曲过程中不发生移动。在弯曲模中对毛坯的定位常用以下几种方法。

(1) 定位销定位

用定位销定位时，应尽量利用零件上的预制孔，如图 3.35 所示。定位销装在顶板上时，应防止顶板与凹模之间产生错动，如图 3.36 所示。

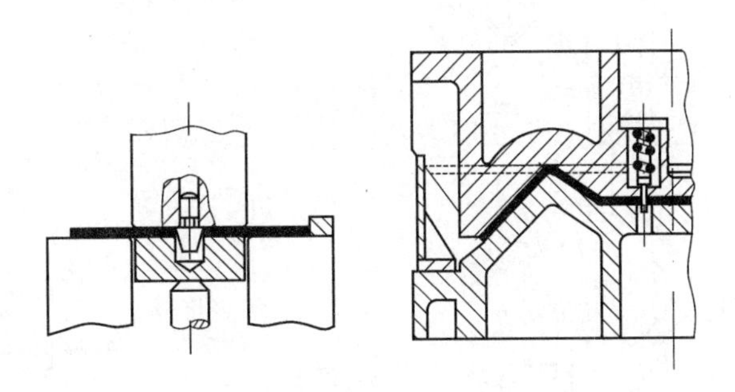

图 3.35　弯曲件的定位

(2) 定位尖、顶杆、顶板定位

V 形件上无孔时，可采用定位尖定位，如图 3.37(a)；顶杆定位，如图 3.37(b)和顶板定位，如图 3.37(c)。

图 3.38 所示为 L 形件弯曲，亦可以看作非对称的 V 形件弯曲。用弹性顶板和定位销定位，可以有效地防止毛坯偏移。

(3) 定位板定位

图 3.39 所示为 V 形件用定位板定位的弯曲模。定位板 3 固定在活动凹模 4 上。弯曲时

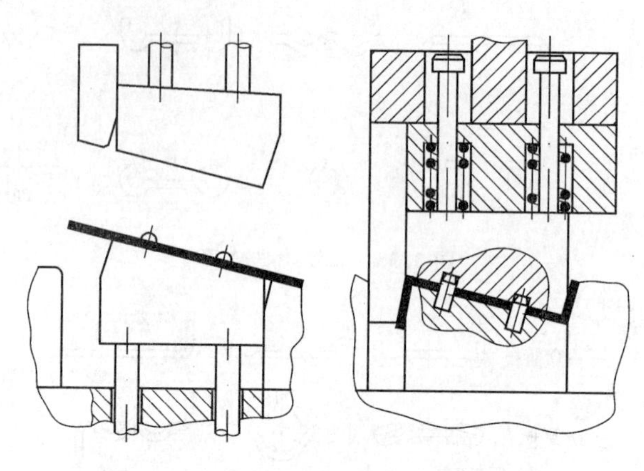

图 3.36　弯曲件的定位

因毛坯在活动凹模上不产生相对转动和滑动,故定位可靠,成形质量高。

图 3.40 所示为定位板固定在凹模上的 U 形件弯曲模。

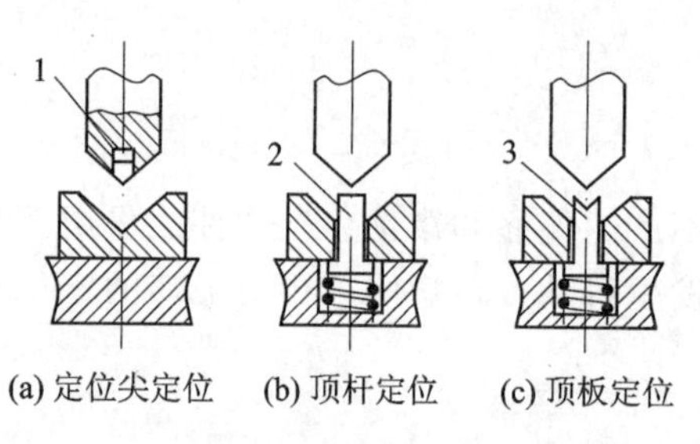

(a) 定位尖定位　(b) 顶杆定位　(c) 顶板定位

图 3.37　弯曲件的定位

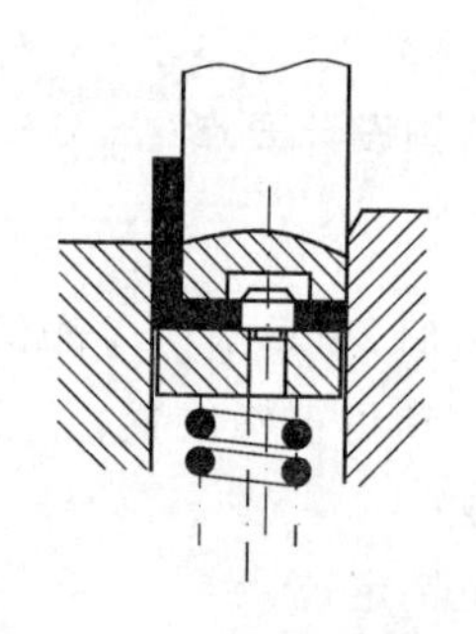

图 3.38　L 形弯曲件的定位

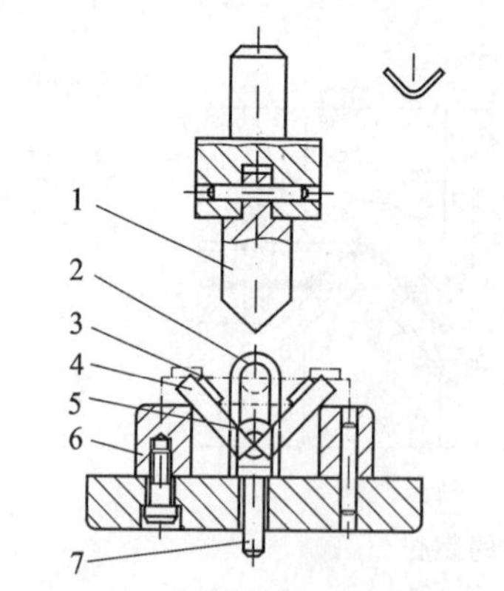

1—凸模;2—支撑;3—定位板;4—活动凹模;
5—转轴;6—支撑板;7—顶杆

图 3.39　V 形件弯曲模

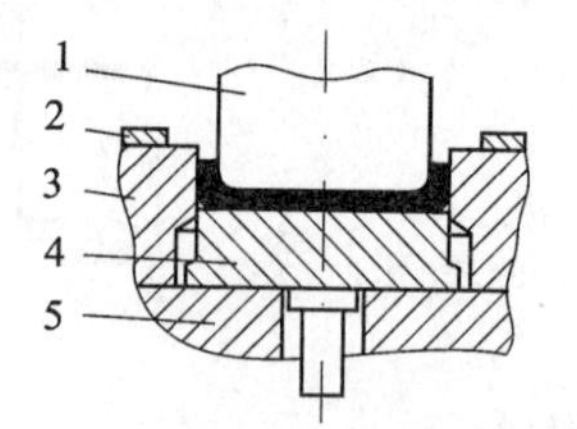

1—凸模; 2—定位板; 3—凹模;
4—顶板; 5—下模座

图 3.40　U 形件弯曲模

(4) 导向块

在弯曲 Z 形件或不对称的弯曲件时,由于受到不对称的侧向压力的作用,使毛坯在弯曲过程中容易产生侧向滑动或偏移;其结果不仅会改变弯曲线的位置,而且也会使凸、凹模之间的间隙发生明显变化，使弯曲后的工件不符合要求。导向块可以有效地防止上、下模因受力不对称而在弯曲过程中沿水平方向产生的错动，保证凸、凹模之间的合理间隙，如图 3.41 所示。

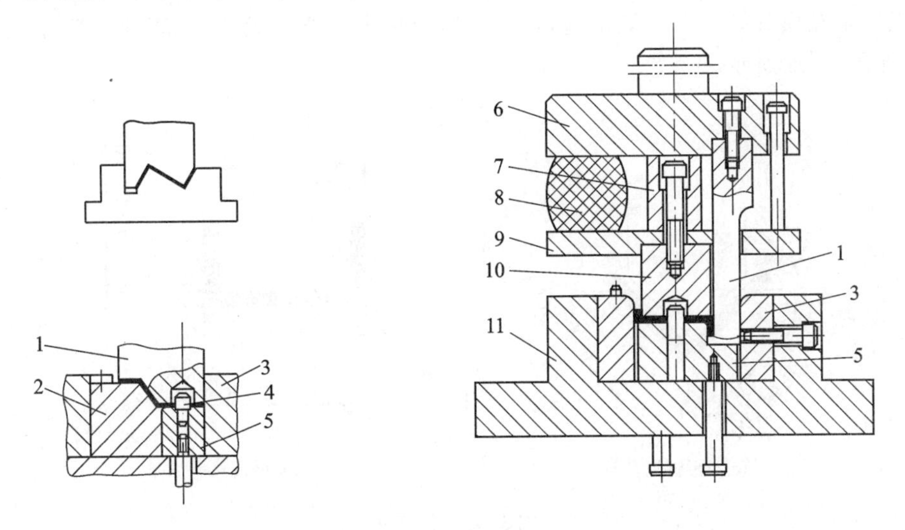

1—凸模；2—凹模；3—导向块；4—定位销；5—顶板；6—上模座；
7—压块；8—橡胶；9—托板；10—活动凸模；11—下模座

图 3.41　Z 形件弯曲模

2. 减少回弹量的措施

弯曲成形后必然会使弯曲件产生回弹。回弹的大小与弯曲的方法及模具结构等因素有关。要完全消除回弹是极其困难的，减少回弹常用的方法如下。

(1) 补偿法

补偿法就是预先估算或试验出工件弯曲后的回弹量，在设计模具时，使工件的变形在原设计的基础上加上回弹量，这样工件在弯曲后，经过回弹可得到所需要的形状。

单角回弹的补偿如图 3.42(a)所示，根据已确定出的回弹角 $\Delta\theta$，在设计凸模和凹模时，减小模具的角度，作出补偿。图 3.42(b)所示的情况可采取两种措施：第一，使凸模向内侧倾斜，形成角 $\Delta\theta$；第二，使凸、凹模单边间隙小于板料厚度，凸模将板料压入凹模后，利用板料外侧与凹模的摩擦力使板料的两侧都向内贴紧凸模，从而实现回弹的补偿。图 3.42(c)所示的补偿法，是在工件底部形成一个圆弧状弯曲，凸、凹模分离后，工件的圆弧面回弹为平面，同时其两

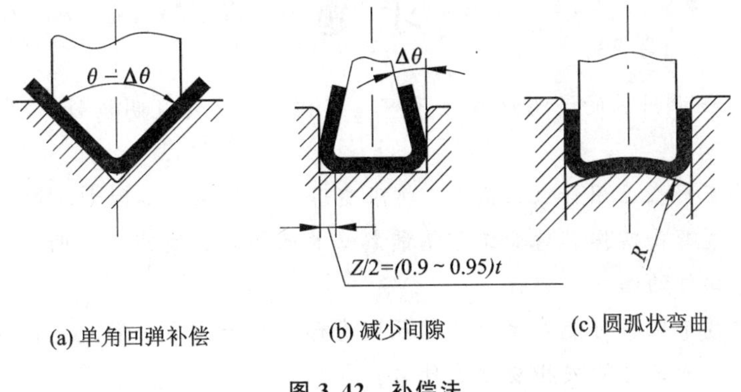

(a) 单角回弹补偿　(b) 减少间隙　(c) 圆弧状弯曲

图 3.42　补偿法

侧向内倾斜,使回弹得到补偿。

(2) 校正法

校正法是在模具结构上采取措施,让校正压力集中在弯角处,使其产生一定塑性变形,减少回弹,如图3.43所示。

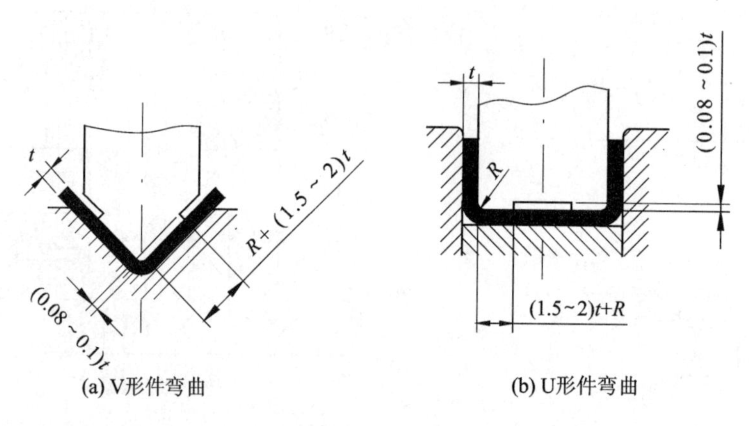

(a) V形件弯曲　(b) U形件弯曲

图3.43　校正法

(3) 采用挡块或窝座,提高模具结构刚性,从而减少工件的回弹,如图3.44所示。

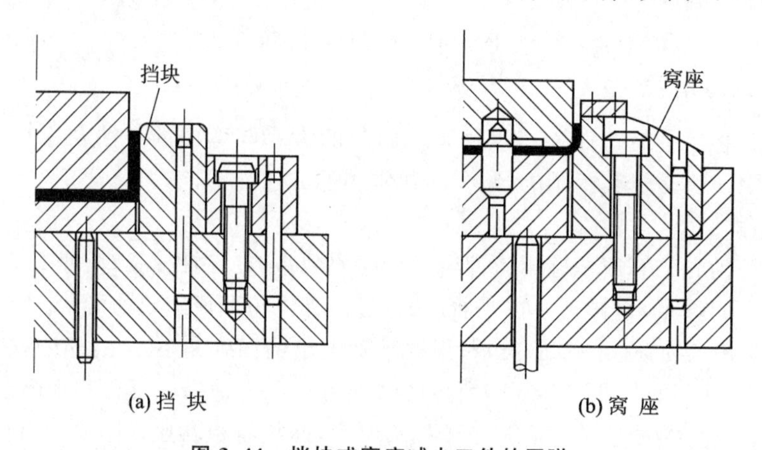

(a) 挡 块　(b) 窝 座

图3.44　挡块或窝座减少工件的回弹

习　题

3.1　弯曲过程中材料的变形区发生了哪些变化?试简要说明板料弯曲变形区的应力和应变情况。

3.2　弯曲的变形程度用什么来表示?极限变形程度受到哪些因素的影响?

3.3　为什么说弯曲回弹是弯曲工艺不能忽略的问题?试述减小弯曲回弹的常用措施。

3.4　简述弯曲件的结构工艺性。

3.5　弯曲过程中坯料可能产生偏移的原因有哪些?如何减小和克服偏移?

3.6　弯曲件弯曲工序的安排要注意什么?

3.7　试计算图3.45所示二个弯曲件的毛坯展开长度。

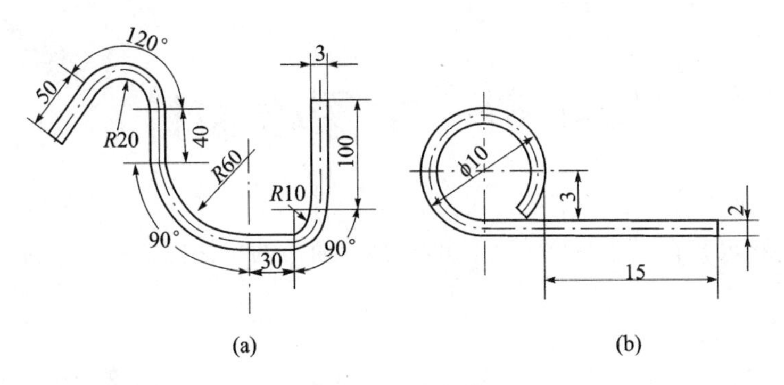

图 3.45　弯曲件

3.8　试计算图 3.46 所示弯曲凸模和凹模的工作部分尺寸,并计算弯曲件的自由弯曲力。

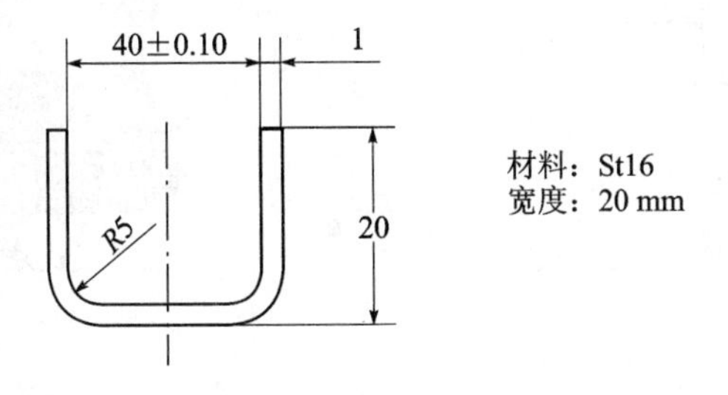

图 3.46　U 型弯曲件

第4章　拉深模设计

拉深模是将板料拉深成各种空心工件的模具。简单的拉深模如图 4.1 所示。三维实体效果如图 4.2 所示。

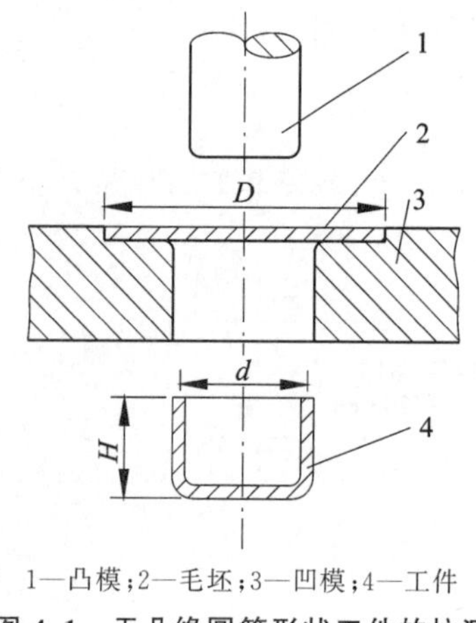

1—凸模；2—毛坯；3—凹模；4—工件

图 4.1　无凸缘圆筒形状工件的拉深

图 4.2　拉深模

在冲压生产中，拉深模是使用最广泛的模具，主要分为旋转体拉深模、盒形件拉深模和复杂形状件拉深模。

4.1　拉深模的设计基础

4.1.1　拉深件的工艺性

拉深是利用拉深模将板料冲压成各种空心件的一种加工方法，是冲压生产中应用最广泛的工序之一，用拉深工艺制造的冲压零件很多。拉深成形时主要考虑的问题是，位于凸缘部分的材料因切向压缩极易起皱；处于凸模圆角区的材料因受到径向强烈拉伸而严重变薄，甚至断裂。影响拉深成形的因素是材料的种类、工件的结构形状、模具结构及工作部分的表面质量。

一、拉深成形对材料性能的要求

用于拉深成形的材料应具有良好的塑性，较大的应变强化指数 n 或较小的屈强比 σ_s/σ_b。n 值大的材料，在以拉伸为主的凸模圆角区不易产生局部集中变形，有助于延缓危险断面过度变薄或发生破裂。

通常认为板料的厚向异性指数 R 值越大，越有利于提高拉深件危险断面的承载能力，材料的拉深性能也就越好。然而，拉深成形主要变形区是毛坯凸缘。凸缘材料在切向压缩变形时越易变厚，拉深成形越易顺利进行。R 值大的材料，因不易变厚，故降低了板料抗压失稳的能力。当毛坯的相对厚度较小时，必须增大单位面积上的压边力，才能有效地防止凸缘起皱。

此外，R 值大的材料，其板面内的各向异性也十分显著，用其进行筒形件拉深时，由于凸缘变形沿切向不均匀收缩，使得拉深以后，在筒口边缘会形成四个明显的凸耳；并且在同一筒壁高度，筒壁厚度沿周向亦不相同，凸耳之间较厚，凸耳部位较薄。出现明显的凸耳不仅加大了修边余量，降低了材料利用率，也为确定毛坯的展开形状和尺寸带来许多不便。适合于拉深成形的板料，应是 R 值接近或略大于 1 的材料。从拉深工艺角度来说，过分强调板料厚向异性指数 R 大对拉深成形的作用，显然并不适宜。

二、拉深件的结构工艺性

1. 拉深件的形状

拉深件的结构形状应尽量简单、对称，避免急剧的外形变化。标注尺寸时，根据使用要求只能标注内形或外形尺寸。材料厚度不宜标注在筒壁或凸缘上。设计拉深件时应考虑到筒壁及凸缘厚度的非均匀性及其在拉深过程中的变化规律。凸模圆角区变薄显著，最大变薄率约为材料厚度的 10%～18%；而筒口或凸缘边部，材料显著增厚，最大增厚率约为材料厚度的 20%～30%。多次拉深的拉深件的筒壁和凸缘的内、外表面还应允许出现压痕。

2. 拉深件的高度

拉深件的高度 h 对拉深成形的次数和成形质量均有重要的影响。常见零件一次成形的拉深高度一般近似为：

无凸缘筒形件　$h \leqslant (0.5 \sim 0.7)d$，$d$ 为拉深件壁厚中径；

带凸缘筒形件　当 $d_p/d \leqslant 1.5$ 时，$h \leqslant (0.4 \sim 0.6)d$，$d_p$ 为拉深件凸缘直径；

盒形件　当 $r=(0.05 \sim 0.20)B$ 时，$h \leqslant (0.3 \sim 0.8)B$，$r$ 为盒形件长、短边间的圆角半径，B 为盒形件的短边长度。

3. 拉深件的圆角半径

拉深件凸缘与筒壁间的圆角半径应取 $r_d \geqslant 2t$，为便于拉深工作顺利进行，通常取 $r_d \geqslant 4t$。当 $r_d \leqslant 2t$ 时，需增加整形工序。

拉深件底与筒壁间的圆角半径应取 $r_p \geqslant t$，为使拉深工作顺利进行，通常取 $r_p \geqslant (3 \sim 5)t$。当零件要求 $r_p < t$ 时，需增加整形工序。

盒形件筒壁间圆角半径应取 $r_{底} \geqslant 3t$，为减少拉深次数，尽可能使 $r_{底} \geqslant 0.2h$。

三、拉深件的尺寸精度

拉深件的径向尺寸精度一般不高于 IT13 级。如果要求尺寸精度高于 IT13 级，则需要增加校形工序。

4.1.2　拉深过程及变形分析

一、拉深过程分析

如图 4.1 所示，在圆筒形件的拉深过程中，平板毛坯在凸模压力的作用下，凸模底部的材料变形很小；而毛坯的环形区的材料在凸模压力的作用下，要受到拉应力和压应力的作用，径向伸长、切向缩短，依次流入凸、凹模的间隙里成为筒壁。最后，平板毛坯完全变成圆筒形工件。

二、拉深变形分析

拉深的变形区较大,金属流动性大,拉深过程中容易发生凸缘起皱、筒壁拉裂而导致拉深失败。因此,提高拉深件的质量有必要分析拉深时的变形特点,找出发生起皱、拉裂的根本原因,指导工艺的制订和模具的设计。

起皱发生在圆筒形凸缘部分,如图4.3所示,是由切向压应力引起的。起皱的危害很大:第一,起皱变厚的板料不易被拉入凸、凹模的间隙里,使拉深件底部圆角部分受力过大而被拉裂,即使勉强拉入也会使工件留下皱痕,影响工件质量;第二,使材料与模具之间的摩擦与磨损加剧,降低模具的寿命。

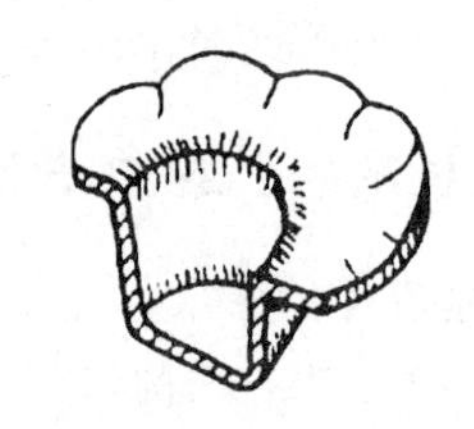

图4.3 拉深件的起皱现象

拉深后工件在各个部分的厚度不同,如图4.4所示。在底部圆角与直壁相接部分工件最薄,最易发生拉裂,如图4.5所示。

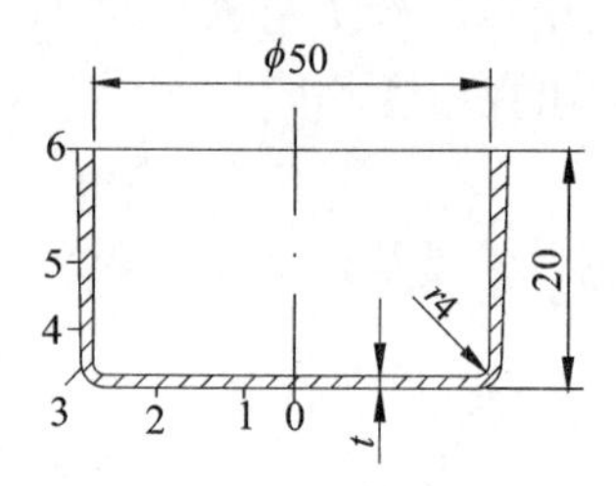

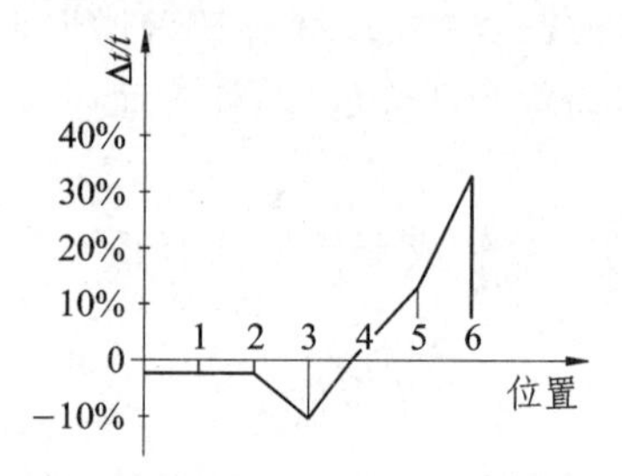

图4.4 拉深件的厚度分布

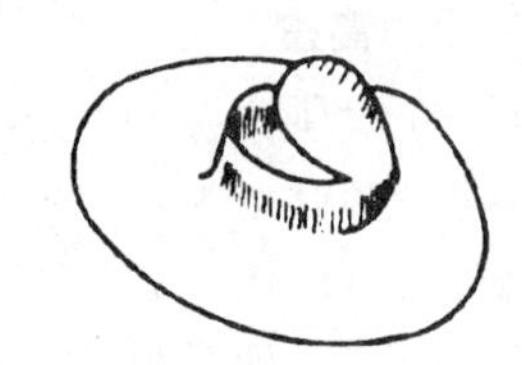

图4.5 拉深件的拉裂现象

拉深使材料发生塑性变形，必然伴随着材料的加工硬化。如果工件需多次拉深才能成形，或工件是硬化效应强的材料，则应合理安排退火工序以恢复材料的塑性，降低其硬度和强度。

4.1.3 拉深件的工艺计算

一、拉深件毛坯尺寸的确定

工件的横截面是圆形、椭圆形和方形时,则毛坯的形状基本上也应是圆形、椭圆形和近似方形。拉深件毛坯的形状一般与工件的横截面形状相似。

毛坯尺寸的确定方法很多,有等重量法、等体积法、等面积法等。拉深件的毛坯尺寸仅用理论方法确定并不十分准确,特别是一些复杂形状的拉深件,用理论方法确定十分困难,通常是在已作好的拉深模中对已由理论分析初步确定的毛坯来试压、修改,直到工件合格后才将毛坯形状确定下来,再做落料模。注意毛坯的轮廓周边必须制成光滑曲线,且无急剧转折。

在不变薄拉深中,一般按"毛坯的面积等于工件的面积"的等面积法原则来确定各类拉深件的毛坯尺寸。

1. 旋转类工件的毛坯尺寸计算

这类工件的毛坯都是圆形的,求毛坯尺寸即是求毛坯的直径。按等面积法原则可以用解析法和重心法来求解毛坯直径。

(1) 解析法

一般比较规则形状的拉深件的毛坯尺寸可用此方法。具体方法是：将工件分解为若干个简单几何体，分别求出各几何体的表面积，对其求和；根据等面积法，求和后的表面积应该等于工件的表面积；又因为毛坯是圆形的，即可得毛坯的直径。表 4.1 列出了简单几何体面积的计算公式。

表 4.1　简单几何体表面积计算公式

序　号	名　称	几　何　体	面积 A
1	圆	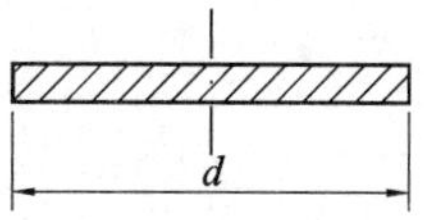 d	$\frac{\pi d^2}{4}$
2	圆环	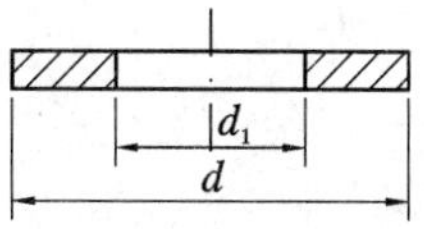 d_1, d	$\frac{\pi}{4}(d^2-d_1^2)$
3	圆柱	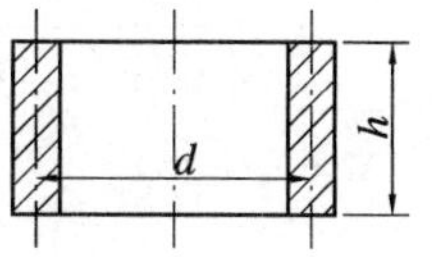 d, h	πdh
4	半球	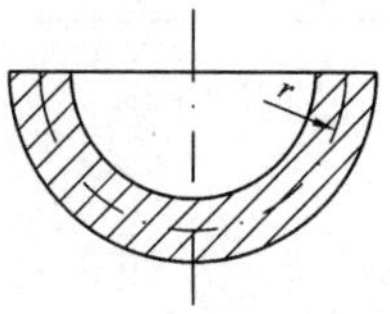 r	$2\pi r^2$
5	1/4 球环	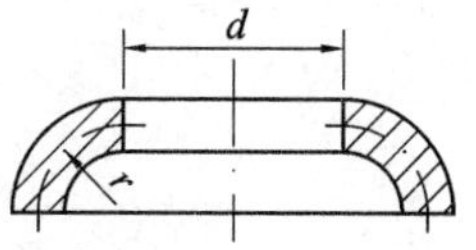 d, r	$\frac{\pi}{2}r(\pi d+4r)$
6	1/4 凹球环	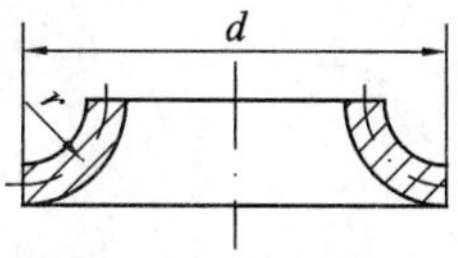 d, r	$\frac{\pi}{2}r(\pi d-4r)$
7	圆锥	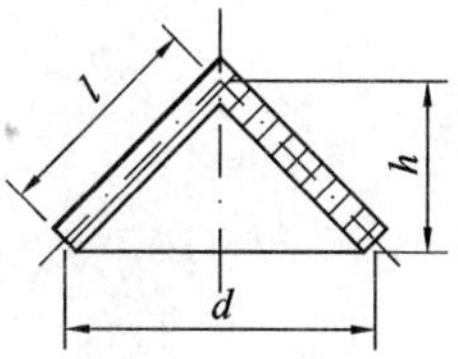 l, h, d	$\frac{\pi dl}{2}$ 或 $\frac{\pi}{4}d\sqrt{d^2+4h^2}$

续表 4.1

序号	名称	几何体	面积 A
8	圆锥台	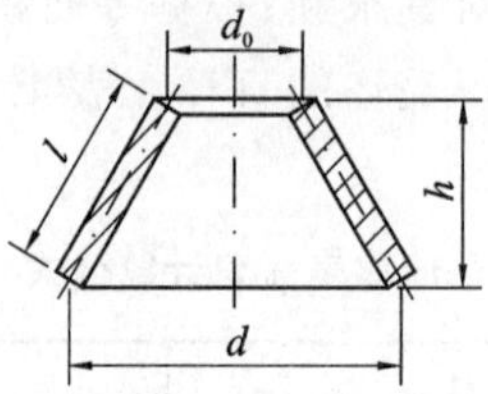	$\pi l\left(\frac{d_0+d}{2}\right)$ 式中 $l=\sqrt{h^2+\left(\frac{d-d_0}{2}\right)^2}$
9	球缺	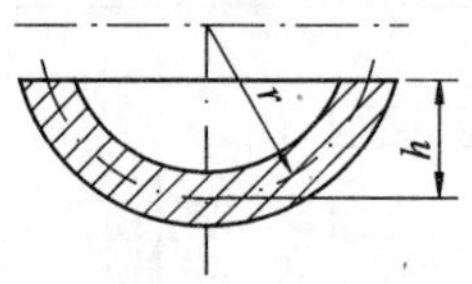	$2\pi rh$
10	凸球环	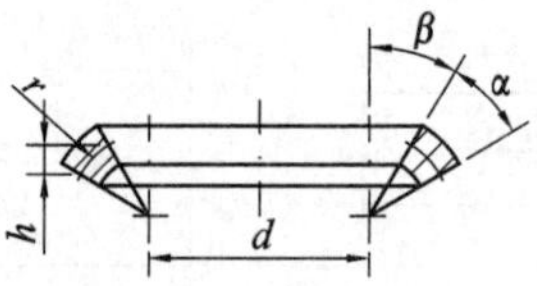	$\pi(dl+2rh)$ 式中 $h=r[\cos\beta-\cos(\alpha+\beta)]$, $l=\frac{\pi r\alpha}{180°}$
11	凹球环	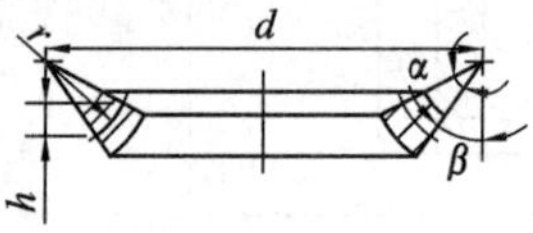	$\pi(dl-2rh)$ 式中 $h=r[\cos\beta-\cos(\alpha+\beta)]$ $l=\frac{\pi r\alpha}{180°}$

用表 4.1 中的面积公式来推导图 4.6 所示的无凸缘圆筒形件的毛坯直径。

将图 4.6(a)所示的工件分为三个简单几何体,如图 4.6(b)中的第Ⅰ、Ⅱ、Ⅲ部分。

据表 4.1 序号 3,Ⅰ的表面积 $A_1=\pi d(H-r)$

据表 4.1 序号 5,Ⅱ的表面积

$$A_2=\frac{\pi}{2}r[\pi(d-2r)+4r]$$

据表 4.1 序号 1,Ⅲ的表面积 $A_3=\frac{\pi}{4}(d-2r)^2$

根据等面积原则,$A_{毛坯}=\sum_{i=1}^{3}A_i=A_1+A_2+A_3$

毛坯面积 $A_{毛坯}=\frac{\pi}{4}D^2$(D 为毛坯直径)

将 A_1、A_2、A_3、代入上式得如图 4.6(c)所示毛坯直径

$$D=\sqrt{d^2+4dH-1.72rd-0.56r^2}$$

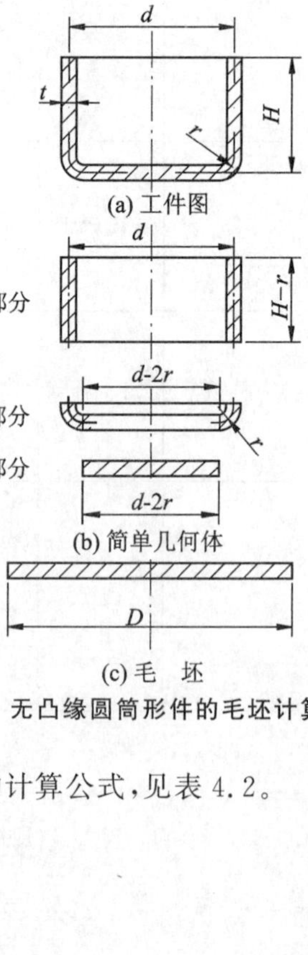

(a) 工件图

第Ⅰ部分

第Ⅱ部分

第Ⅲ部分

(b) 简单几何体

(c) 毛 坯

图 4.6 无凸缘圆筒形件的毛坯计算

用同样的方法可求出一些常用的旋转体拉深件毛坯直径 D 的计算公式,见表 4.2。

表 4.2　常用旋转体拉深件毛坯直径的计算公式

序号	工件形状	毛坯直径 D
1	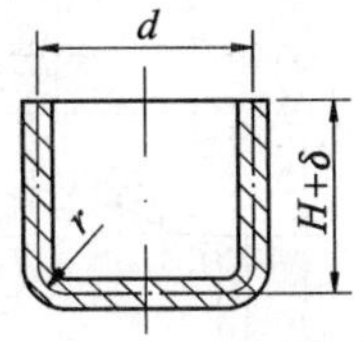 d；$H+\delta$；r	$\sqrt{d^2+4d(H+\delta)-1.72rd-0.56r^2}$
2	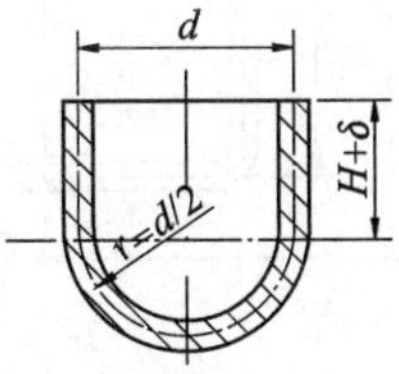 d；$H+\delta$；$r=d/2$	$1.414\sqrt{d^2+2d(H+\delta)}$
3	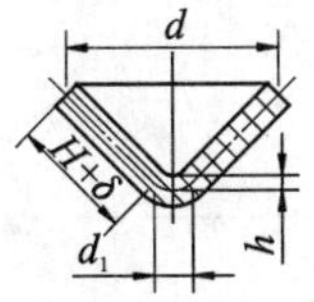 d；$H+\delta$；d_1；h	$\sqrt{d_1^2+4h^2+2(H+\delta)(d_1+d)}$
4	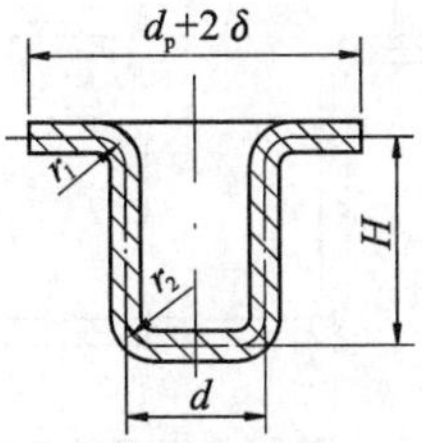 $d_p+2\delta$；r_1；r_2；H；d	$\sqrt{(d_p+2\delta)^2+4dH-1.72(r_1+r_2)d-0.56(r_2^2-r_1^2)}$ 若 $r_1=r_2=r$ 则 $\sqrt{(d_p+2\delta)^2+4dH-3.44rd}$
5	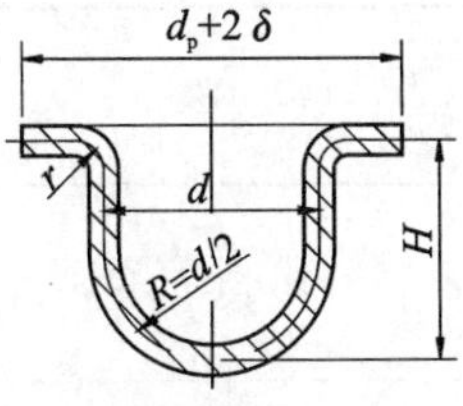 $d_p+2\delta$；r；d；$R=d/2$；H	$\sqrt{8R^2+4dH-4dR-1.72dr+0.56r^2+(d_p+2\delta)^2-d^2}$
6	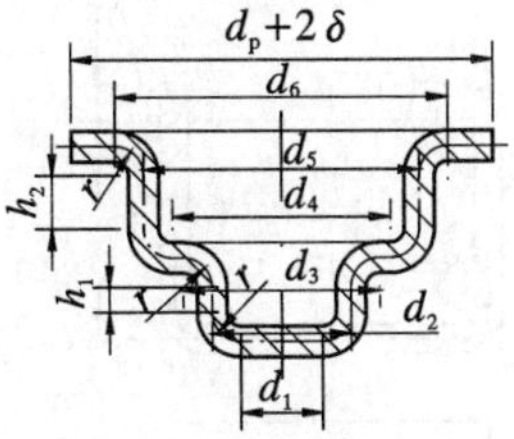 $d_p+2\delta$；d_6；d_5；d_4；h_2；r；d_3；h_1；d_2；d_1	$\sqrt{d_1^2+2\pi r(d_1+d_2+d_4+d_5)+4(d_2h_1+d_5h_2)+8\pi r^2+d_4^2-d_3^2+(d_p+2\delta)^2-d_6^2}$

注：d、H 和 r 或 R 线指向中径。

表 4.2 中的 δ 为修边余量。一般情况拉深后都要修边，因为材料的流动和各向异性，毛坯拉深后，工件边口不齐。因此在计算毛坯的尺寸时，必须把修边余量计入工件。无凸缘的圆筒形件的修边余量见表 4.3；有凸缘的圆筒形工件的修边余量见表 4.4；无凸缘的盒形件的修边余量见表 4.5。

表 4.3 无凸缘圆筒形件的修边余量 δ

mm

工件高度 H	工件相对高度 $\frac{H}{d}$				附 图
	0.5～0.8	0.8～1.6	1.6～2.5	2.5～4	
10	1.0	1.2	1.5	2	d δ H
20	1.2	1.6	2	2.5	
50	2	2.5	3.3	4	
100	3	3.8	5	6	
150	4	5	6.5	8	
200	5	6.3	8	10	
250	6	7.5	9	11	
300	7	8.5	10	12	

表 4.4 有凸缘圆筒形件的修边余量 δ

mm

凸缘直径 d_p	凸缘的相对直径 $\frac{d_p}{d}$				附 图
	1.5 以下	1.5～2	2～2.5	2.5～3	
25	1.6	1.4	1.2	1.0	δ d_p δ H d
50	2.5	2.0	1.8	1.6	
100	3.5	3.0	2.5	2.2	
150	4.3	3.6	3.0	2.5	
200	5.0	4.2	3.5	2.7	
250	5.5	4.6	3.8	2.8	
300	6	5	4	3	

表 4.5 无凸缘盒形件的修边余量 δ

mm

工件的比值 $\frac{H}{r_{角}}$	修边余量 δ	附 图
2.5～6	$(0.03～0.05)H$	δ H $r_{角}$
7～17	$(0.04～0.06)H$	
18～44	$(0.05～0.08)H$	A B $r_{角}$
45～100	$(0.06～0.1)H$	

(2) 重心法(久里金法则)

当拉深件是不规则的几何体时,其部分面积用表查不到或过于麻烦时,则采用重心法。

重心法的原理是:任何形状的母线,绕同一平面内的轴线旋转所形成的旋转体,其表面积等于母线长度与母线的重心绕轴线旋转周长的乘积,如图4.7所示。

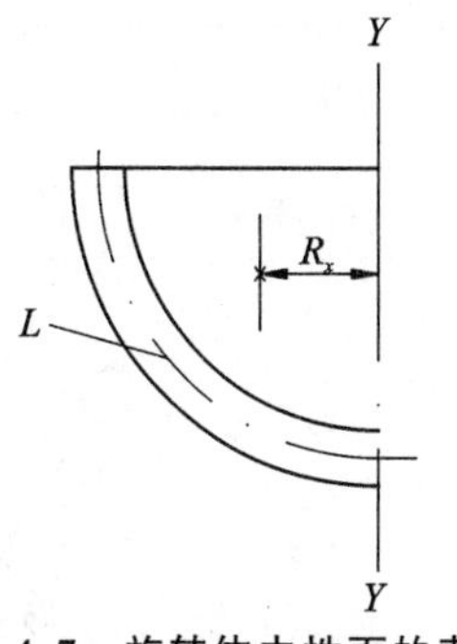

图4.7　旋转体中性面的表面积计算示意图

旋转体中性面的表面积为

$$A = 2\pi R_x L$$

拉深前毛坯与该面积相等,则有

$$\frac{\pi}{4}D^2 = 2\pi R_x L$$

$$D = \sqrt{8R_x L} \tag{4.1}$$

式中:A——旋转体的表面积,mm^2;

R_x——母线重心至旋转轴的距离(旋转半径),mm;

L——母线的长度,mm;

D——圆形毛坯的直径,mm。

从式(4.1)可知,对于任意复杂的旋转体,只要知道旋转体母线长度及其形心的旋转半径,即可求出毛坯的直径。计算示例如图4.8所示。

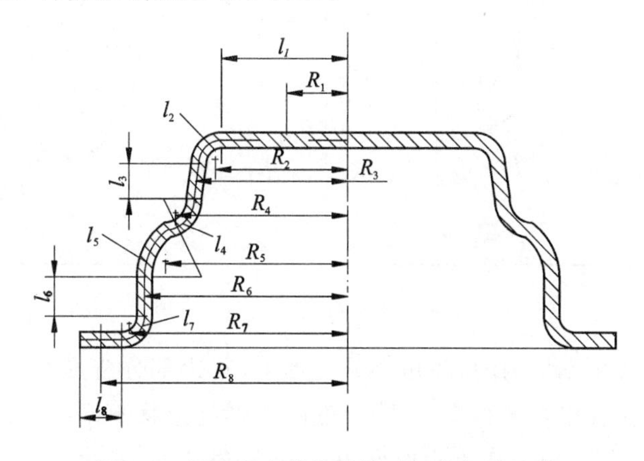

图4.8　任意复杂的旋转体毛坯直径的计算

具体的方法是:把形成旋转体的绕轴母线分为若干直线段和圆弧段(或近似直线、圆弧段)$l_1, l_2, \cdots, l_n$,找到每一段母线的重心,并求出每一段母线重心到轴线的旋转半径$R_1, R_2, \cdots, R_n$之后求和$\sum_{i=1}^{n} l_i R_i$,根据等面积原则和重心法原理,毛坯面积的计算式为

$$A = \frac{\pi D^2}{4} = 2\pi \sum_{i=1}^{n} l_i R_i \tag{4.2}$$

故

$$D = \sqrt{8\sum_{i=1}^{n} l_i R_i} \tag{4.3}$$

式中:D——圆形毛坯的直径,mm。

直线的重心是在线段的中点,圆弧的重心不在圆弧上,表4.6所列为圆弧长度和圆弧的重心至$Y-Y$轴距离的计算公式。注意,不管用何种方法计算毛坯的尺寸,一定要把修边余量计

算在内。

表 4.6　圆弧长度和重心到旋转轴的距离计算公式

中心角 $\alpha<90°$ 时的弧长	中心角 $\alpha=90°$ 时的弧长
$l=\pi R\dfrac{\alpha}{180°}$ 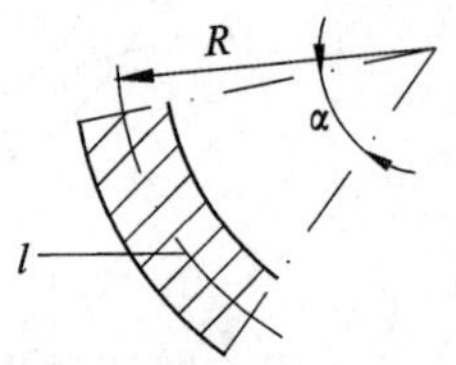	$l=\dfrac{\pi}{2}R$ 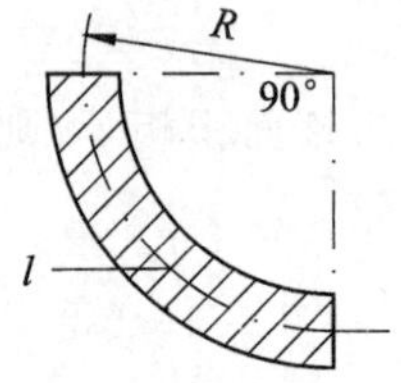
中心角 $\alpha<90°$ 时弧的重心到 $Y-Y$ 轴的距离	中心角 $\alpha=90°$ 时弧的重心到 $Y-Y$ 轴的距离
$R_x=R\dfrac{180°\sin\alpha}{\pi\alpha}$　　$R_x=R\dfrac{180°(1-\cos\alpha)}{\pi\alpha}$ 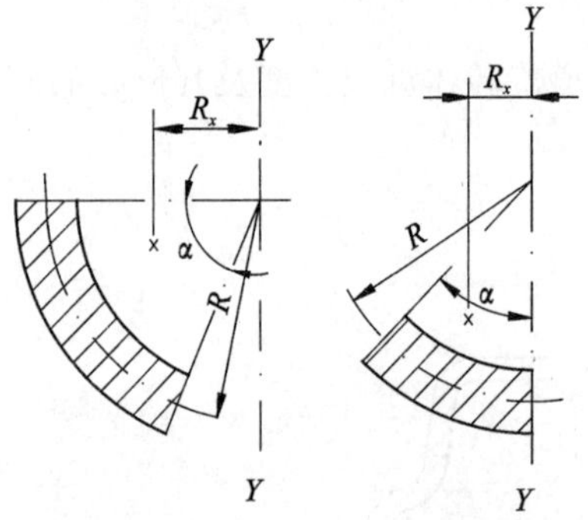	$R_x=\dfrac{2}{\pi}R$ 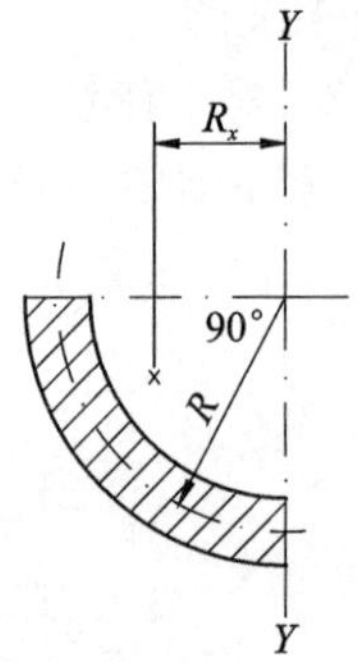

2. 盒形件的毛坯尺寸计算

盒形拉深件的变形是不均匀的,圆角部分变形大,直边部分变形小。拉深过程中,圆角部分和直边部分必然存在着相互的影响,影响程度随盒形的形状不同而不同。当相对圆角半径 $r_角/B$($r_角$ 为盒形件的圆角半径,B 为盒形件短边边长)越小时,直边部分对圆角部分的影响就越大;相对高度 H/B(H 为盒形件的高度) 越大时,圆角部分对直边部分的影响也越大。

盒形拉深件的毛坯形状和尺寸随着 H/B 和 $r_角/B$ 的不同而变化,这两个因素决定了圆角部分材料向直边部分转移的程度和直边部分高度的增加量。

(1) 一次成形的低盒形件毛坯的计算

这类零件拉深时有微量材料从圆角部分转移到直边部分,因此可认为圆角部分发生拉深变形,直边部分只是弯曲变形。如图 4.9 所示的盒形件一次拉深成形。其毛坯的计算如下。

● 直边部分按弯曲计算展开长度 l,其式为

$$l=H+0.57r_底 \tag{4.4}$$

式中:H——盒形件的高度,mm;

$r_底$——盒形件底部的圆角半径,mm。

● 设想把盒形件四个圆角合在一起，共同组成一个圆筒，展开半径为 R，其计算式为

$$R=\sqrt{r_{角}^2+2r_{角}H-0.86r_{底}r_{角}-0.14r_{底}^2} \tag{4.5}$$

当 $r_{角}=r_{底}=r$ 时，其计算式为

$$R=\sqrt{2rH} \tag{4.6}$$

● 按所计算的 l 和 R 作毛坯图。

● 由于拉深件的毛坯轮廓周边要求制成光滑曲线，无急剧转折，因此要对毛坯图作修正。分别过 b_1a_1 和 b_2a_2 的中点向 R 圆弧作切线，并用半径为 R 的圆弧连接切线与直边，如此看出，增加的面积与减少的面积是基本相等的，拉深后可不必修边。若工件要求高，有修边要求，修边余量（参见表4.5）要计入工件的高度，在这种情况下，展开坯料可简化为切去4个角的矩形平板毛坯，从而简化了落料凸、凹模型面的加工。

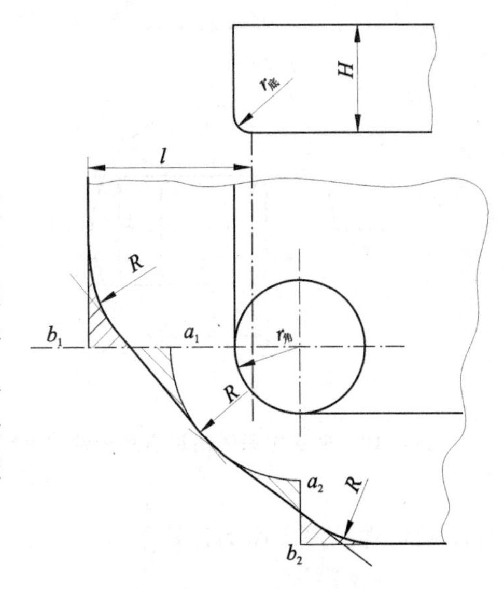

图4.9　一次拉成的低盒形件毛坯

（2）多次拉深的高盒形件的毛坯计算

高盒形件拉深时，圆角部分有大量的材料向直边部分流动，直边部分拉深变形也大，这类工件的毛坯形状可为圆形或长圆形。

● 多次拉深的高正方盒形件的毛坯，如图4.10所示。

正方盒形件的毛坯是圆形的。用等面积方法求出毛坯直径 D，其计算式为

$$D=1.13\sqrt{B^2+4B(H-0.43r_{底})-1.72r_{角}(H+0.5r_{角})-4r_{底}(0.11r_{底}-0.18r_{角})} \tag{4.7}$$

● 多次拉深的高盒形件的毛坯，如图4.11所示。

高盒形拉深件的毛坯为长圆形时计算如下。

可将盒形件看作宽度为 B（盒形件短边边长）的正方形工件对开后，中间增加了一个槽宽为 B，槽长为 $A-B$ 的槽形部分。

长圆形毛坯半径 R_b 的计算式为

$$R_b=\frac{1}{2}D \tag{4.8}$$

式中的 D 按式（4.7）计算。长圆形毛坯长度 L 的计算式为

$$L=2R_b+A-B=D+A-B \tag{4.9}$$

长圆形毛坯宽度 K 的计算式为

$$K=\frac{D(B-2r_{角})+[B+2(H-0.43r_{底})](A-B)}{A-2r_{角}} \tag{4.10}$$

用 $R=K/2$ 的圆弧过毛坯长度的两端作圆弧，使其既切 R_b 圆弧又切两长边，则这一光滑的长圆形就是高盒形件的毛坯。

若 L 和 K 的计算值十分近似，则毛坯为一圆形。

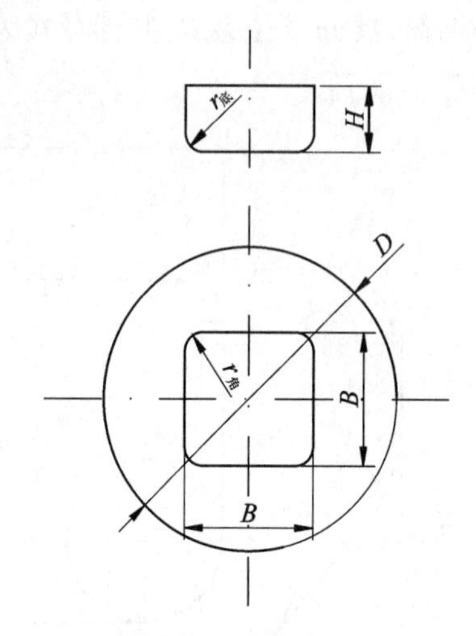

图 4.10　多次拉深时高正方盒形件的毛坯

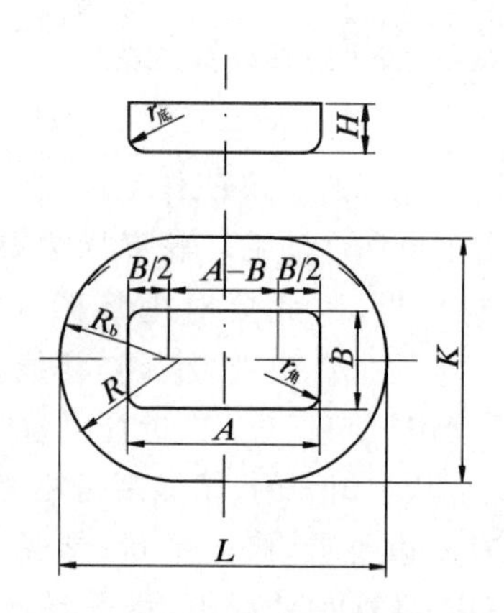

图 4.11　多次拉深时高盒形件的毛坯

二、拉深件拉深工序的计算

由于拉深零件的高度与其直径的比值不同,有的零件可以用一次拉深工序制成;而有些高度大的零件,则需要进行多次拉深工序才能制成。在进行冲压工艺过程设计和确定必要的拉深工序的数目时,通常都利用拉深系数作为计算的依据。拉深系数 m 是拉深后圆筒壁厚的中径 d 与毛坯直径 D 的比值,即

$$m=\frac{d}{D} \tag{4.11}$$

它表示筒形件的拉深变形程度,反映了毛坯外边缘在拉深时的切向压缩变形的大小。m 值越小,拉深时毛坯的变形程度越大。对给定的材料,当 m 值小于一定数值时,需要进行多次拉深才能获得符合规定要求的工件。对于第二次、第三次等以后各次拉深工序,拉深系数的计算式为

$$m_n=\frac{d_n}{d_{n-1}} \tag{4.12}$$

式中:m_n——第 n 次拉深工序的拉深系数;

d_n——第 n 次拉深工序后所得到的圆筒形零件的直径(中径),mm;

d_{n-1}——第$(n-1)$次拉深工序所用的圆筒形毛坯的直径,mm。

在制定拉深工艺过程时,为于减少工序数目,通常采用尽可能小的拉深系数,但不能小于最小极限拉深系数,以防拉深件断裂或严重变薄。

1. 旋转类件拉深工序的计算

(1) 无凸缘圆筒形件

① 拉深系数

如图 4.12 所示无凸缘圆筒形件的多次拉深示意图。

$$m_1=\frac{d_1}{D},\ m_2=\frac{d_2}{d_1},\cdots,\ m_{n-1}=\frac{d_{n-1}}{d_{n-2}},\ m_n=\frac{d_n}{d_{n-1}}$$

各种材料极限拉深系数见表 4.7～表 4.9。

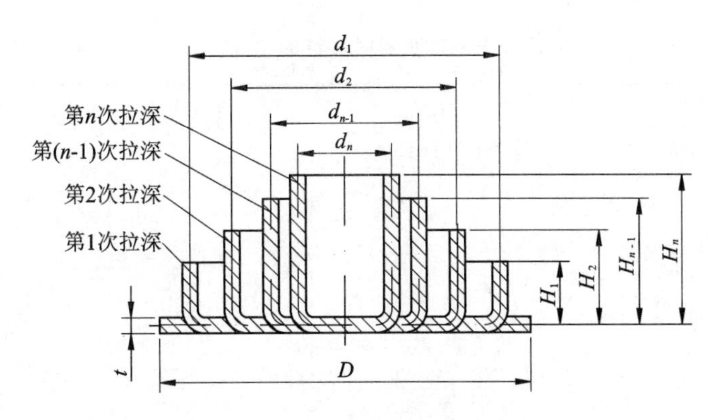

图 4.12　无凸缘圆筒形工件的多次拉深

表 4.7　无凸缘圆筒形件不用压边圈拉深时的拉深系数

相对厚度 $\frac{t}{D}\times 100$	各次拉深系数					
	m_1	m_2	m_3	m_4	m_5	m_6
0.4	0.85	0.90	—	—	—	—
0.6	0.82	0.90	—	—	—	—
0.8	0.78	0.88	—	—	—	—
1.0	0.75	0.85	0.90	—	—	—
1.5	0.65	0.80	0.84	0.87	0.90	—
2.0	0.60	0.75	0.80	0.84	0.87	0.90
2.5	0.55	0.75	0.80	0.84	0.87	0.90
3.0	0.53	0.75	0.80	0.84	0.87	0.90
3以上	0.50	0.70	0.75	0.78	0.82	0.85

注：此表适用于08钢、10钢及15 Mn等材料。

表 4.8　无凸缘圆筒形件用压边圈拉深时的拉深系数

拉深系数	毛坯的相对厚度$\frac{t}{D}\times 100$					
	2～1.5	1.5～1.0	1.0～0.6	0.6～0.3	0.3～0.15	0.15～0.08
m_1	0.48～0.50	0.50～0.53	0.53～0.55	0.55～0.58	0.58～0.60	0.60～0.63
m_2	0.73～0.75	0.75～0.76	0.76～0.78	0.78～0.79	0.79～0.80	0.80～0.82
m_3	0.76～0.78	0.78～0.79	0.79～0.80	0.80～0.81	0.81～0.82	0.82～0.84
m_4	0.78～0.80	0.80～0.81	0.81～0.82	0.82～0.83	0.83～0.85	0.85～0.86
m_5	0.80～0.82	0.82～0.84	0.84～0.85	0.85～0.86	0.86～0.87	0.87～0.88

注：1. 表中数值适用于深拉深钢(08、10、15F)及软黄铜(H62、H68)。当拉深塑性差的材料时(Q215、Q235、20、25、酸洗钢、硬铝、硬黄铜等)，应取比表中数值大1.5%～2%。

2. 在第一次拉深时，凹模圆角半径大时($r_d=8t\sim15t$)取小值，凹模圆角半径小时($r_d=4t\sim8t$)取大值。

3. 工序间进行中间退火时取小值。

表 4.9　其他金属材料的拉深系数

材料名称	牌　号	第一次拉深 m_1	以后各次拉深 m_n
铝和铝合金	L6(M)、L4(M)、LF21(M)[①]	0.52～0.55	0.70～0.75
硬铝	LY12(M)、LY11(M)	0.56～0.58	0.75～0.80
黄铜	H62	0.52～0.54	0.70～0.72
	H68	0.50～0.52	0.68～0.72
纯铜	T2、T3、T4	0.50～0.55	0.72～0.80
不锈钢	Cr13	0.52～0.56	0.75～0.78
	Cr18Ni	0.50～0.52	0.70～0.75
	1Cr18Ni9Ti	0.52～0.55	0.78～0.81
	Cr18Ni11Nb、Cr23Ni18	0.52～0.55	0.78～0.80
镍铬合金	Cr20Ni80Ti	0.54～0.59	0.78～0.84
合金结构钢	30CrMnSiA	0.62～0.70	0.80～0.84
钛及钛合金	TA2、TA3	0.58～0.60	0.80～0.85
	TA5	0.60～0.65	0.80～0.85
锌		0.65～0.70	0.85～0.90

① M表示退火状态。

注：1. 凹模圆角半径 $r_d<6t$ 时拉深系数取大值；
凹模圆角半径 $r_d>7t$ 时拉深系数取小值。

2. 材料相对厚度 $\frac{t}{D}\geqslant 0.62\%$ 时拉深系数取小值；
材料相对厚度 $\frac{t}{D}<0.62\%$ 时拉深系数取大值。

② 拉深次数

拉深次数通常只能概略地估计，最后通过工艺计算来确定，有以下几种。

● 计算法

$$n=1+\frac{\lg\left(\frac{d_n}{m_1 D}\right)}{\lg m_n} \tag{4.13}$$

式中：n ——拉深次数；

d_n——工件直径(中径)，mm；

D ——毛坯直径，mm；

m_1——第一次拉深系数；

m_n——以后各次的平均拉深系数。

上式算得的拉深次数 n，一般不是整数，也不能用四舍五入法取整，而应采用较大的整数值。

● 查表法

根据拉深件的相对高度 H/d 和毛坯相对厚度 t/D，由表 4.10 直接查出拉深次数。

● 推算法

根据 t/D 值查出 $m_1, m_2, \cdots$，然后从第一次工序开始依次求半成品直径(中径)，即

$$d_1 = m_1 D,\ d_2 = m_2 d_1, \cdots, d_n = m_n d_{n-1}$$

当计算到得出的直径不大于工件要求的直径(中径)时,就可以求出拉深系数以及中间工序的半成品直径(中径)。

表 4.10　无凸缘圆筒形件的最大相对高度 $\frac{H}{d}$

拉深次数 n	毛坯的相对厚度 $\frac{t}{D}$/%					
	2～1.5	1.5～1	1～0.6	0.6～0.3	0.3～0.15	0.15～0.08
1	0.94～0.77	0.84～0.65	0.70～0.57	0.62～0.5	0.52～0.45	0.46～0.38
2	1.88～1.54	1.60～1.32	1.36～1.1	1.13～0.94	0.96～0.83	0.9～0.7
3	3.5～2.7	2.8～2.2	2.3～1.8	1.9～1.5	1.6～1.3	1.3～1.1
4	5.6～4.3	4.3～3.5	3.6～2.9	2.9～2.4	2.4～2.0	2.0～1.5
5	8.9～6.6	6.6～5.1	5.2～4.1	4.1～3.3	3.3～2.7	2.7～2.0

注:1. 大的$\frac{H}{d}$比值适用于在第一次工序内大的凹模圆角半径(由$\frac{t}{D}$=2%～1.5%时的 $r_d = 8t$ 到$\frac{t}{D}$=0.15%～0.08%时的 $r_d = 15t$);小的比值适用于小的凹模圆角半径 $r_d = (4\sim8)t$。

2. 表中拉深次数适用于 08 及 10 钢的拉深件。

● 查图法

如图 4.13 所示,查法如下。

先在图中横坐标上找到相当毛坯直径 D 的点,从此点作一垂线。再从纵坐标上找到相当于工件中径 d 的点,并由此点作水平线,与垂线相交,根据交点,便可决定拉深次数。如交点位于两斜线之间,应取较大的次数,此线图适用酸洗软钢板的圆筒形件,图中的粗斜线用于材料厚度为 0.5～2.0 mm 的情况,细斜线用于材料厚度为 2.0～3.0 mm 的情况。

③ 拉深工序尺寸的计算

● 圆角半径 r:确定各次拉深半成品工件的内底角半径(即凸模圆角半径 r_p)时,一般取 $r=(3\sim5)t$,若拉深较薄的材料,其数值应适当加大。

各次拉深成形的半成品,除最后一道工序外,中间各次拉深时

$$r_{d1} = 0.8\sqrt{(D - d_1)t} \tag{4.14}$$

取

$$r_{p1} = (0.6 \sim 1) r_{d1} \tag{4.15}$$

中间各过渡工序的圆角半径逐渐减小,但应不小于 $2t$。

式中:D——毛坯直径,mm;

d_1——第一次拉深工件的直径(中径),mm;

t——材料厚度,mm;

r_{d1}——第一次拉深凹模圆角半径,mm;

r_{p1}——第一次拉深凸模圆角半径,mm。

● 各次拉深高度的计算:各次拉深高度用公式表示为

$$H_1 = 0.25\left(\frac{D^2}{d_1} - d_1\right) + 0.43\frac{r_1}{d_1}(d_1 + 0.32 r_1)$$

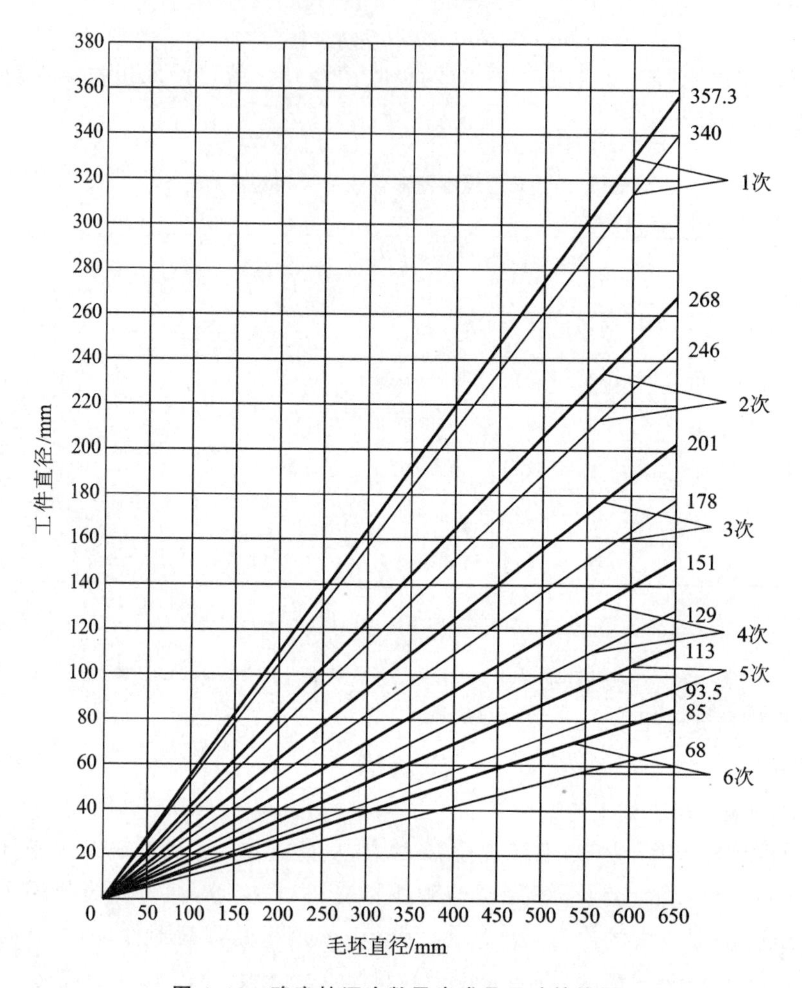

图 4.13 确定拉深次数及半成品尺寸的线图

$$H_2 = 0.25\left(\frac{D^2}{d_2} - d_2\right) + 0.43\frac{r_2}{d_2}(d_2 + 0.32r_2)$$

$$\vdots$$

$$H_n = 0.25\left(\frac{D^2}{d_n} - d_n\right) + 0.43\frac{r_n}{d_n}(d_n + 0.32r_n) \tag{4.16}$$

式中：$H_1, H_2, \cdots, H_n$——各次拉深半成品的高度，mm；

$d_1, d_2, \cdots, d_n$——各次拉深半成品的直径(中径)，mm；

$r_1, r_2, \cdots, r_n$——各次拉深后半成品的底角半径，mm；

D——毛坯直径，mm。

当料厚等于 1 mm 时，$r_1 = r_{p1}$，料厚大于 1 mm 时，$r_1 = r_{p1} + \frac{t}{2}$。

(2) 有凸缘圆筒形件

有凸缘圆筒形件的拉深从应力状态和变形特点上与无凸缘圆筒形件的拉深是相同的，只是有凸缘圆筒形件首次拉深时，凸缘只有部分材料转为筒壁，因此其首次拉深的成形过程及工序尺寸计算与无凸缘圆筒形件有一定差别。

① 拉深系数和拉深次数

图 4.14 所示为有凸缘圆筒形件，拉深系数

$$m_1 = \frac{d}{D} \tag{4.17}$$

式中：m_1——有凸缘圆筒形件的拉深系数；

d——工件筒形部分直径(中径)；

D——毛坯直径。

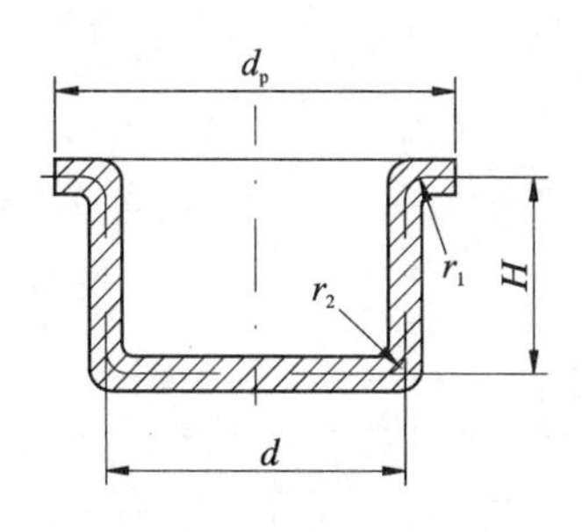

图 4.14 有凸缘的圆筒形件

当工件底部圆角半径 r_2 与凸缘处圆角半径 r_1 相等时，毛坯直径 D 为

$$D = \sqrt{d_p^2 + 4dH - 3.44dr} \tag{4.18}$$

将式(4.18)代入式(4.17)中，得

$$m_1 = \frac{d}{D} = \frac{d}{\sqrt{d_p^2 + 4dH - 3.44dr}} = \frac{1}{\sqrt{\left(\frac{d_p}{d}\right)^2 + 4\frac{H}{d} - 3.44\frac{r}{d}}} \tag{4.19}$$

通过式(4.19)可知，有凸缘圆筒形件的拉深系数与凸缘的相对直径 d_p/d、工件的相对高度 H/d、相对圆角半径 r/d 有关，其中影响最大的是 d_p/d。d_p/d 和 H/d 值越大，表示拉深时毛坯变形区宽度越大，拉深难度越大。当 d_p/d、H/d 超过一定值时，便不能一次拉深成形。有凸缘圆筒形件第一次拉深的最大相对高度见表 4.11，有凸缘圆筒形件第一次拉深时的最小拉深系数见表 4.12。

当要确定有凸缘圆筒形件是否能一次拉深出来时，要用工件总的相对高度 H/d 和总的拉深系数 $m_{总}$ 与表 4.11 中第一次拉深时最大相对高度 H_1/d_1 和表 4.12 中第一次拉深的极限拉深系数比较，如 $m_{总} \geqslant m_1$，或 $H/d \leqslant H_1/d_1$，则一次可以拉成，否则应安排多次拉深。有凸缘圆筒形件若多次拉深，其以后各次拉深与无凸缘圆筒形件的相同，判断拉深次数可仿照无凸缘圆筒形件判断方法。有凸缘的圆筒形件以后各次极限拉深系数可按无凸缘圆筒形件表 4.7～表 4.9 中的最大值来取，或略大些。

表 4.11 有凸缘圆筒形件第一次拉深的最大相对高度 H_1/d_1

凸缘相对直径 $\frac{d_p}{d_1}$	毛坯相对厚度 $t/D\times100$				
	2～1.5	1.5～1.0	1.0～0.6	0.6～0.3	0.3～0.15
1.1 以下	0.90～0.75	0.82～0.65	0.70～0.57	0.62～0.50	0.52～0.45
1.3	0.80～0.65	0.72～0.56	0.60～0.50	0.53～0.45	0.47～0.40
1.5	0.70～0.58	0.63～0.50	0.53～0.45	0.48～0.40	0.42～0.35
1.8	0.58～0.48	0.53～0.42	0.44～0.37	0.39～0.34	0.35～0.29
2.0	0.51～0.42	0.46～0.36	0.38～0.32	0.34～0.29	0.30～0.25
2.2	0.45～0.35	0.40～0.31	0.33～0.27	0.29～0.25	0.26～0.22
2.5	0.35～0.28	0.32～0.25	0.27～0.22	0.23～0.20	0.21～0.17
2.8	0.27～0.22	0.24～0.19	0.21～0.17	0.18～0.15	0.16～0.13
3.0	0.22～0.18	0.20～0.16	0.17～0.14	0.15～0.12	0.13～0.10

注：1. 表中数值适用于 10 钢，对于比 10 钢塑性更大的金属取接近于大的数值，对于塑性较小的金属，取接近于小

的数值。

2. 表中大的数值适用于大的圆角半径(由$\frac{t}{D}\times 100=2\sim1.5$时的$r=(10\sim12)t$到$\frac{t}{D}\times 100=0.3\sim0.15$时的$r=(20\sim25)t$,小的数值适用于底部及凸缘小的圆角半径$r=(4\sim8)t$。

表 4.12　有凸缘圆筒形件(10 钢)第一次拉深的最小拉深系数

凸缘相对直径 $\frac{d_p}{d_1}$	毛坯相对厚度$\frac{t}{D}\times 100$				
	2～1.5	1.5～1.0	1.0～0.6	0.6～0.3	0.3～0.1
1.1 以下	0.51	0.53	0.55	0.57	0.59
1.3	0.49	0.51	0.53	0.54	0.55
1.5	0.47	0.49	0.50	0.51	0.52
1.8	0.45	0.46	0.47	0.48	0.48
2.0	0.42	0.43	0.44	0.45	0.45
2.2	0.40	0.41	0.42	0.42	0.42
2.5	0.37	0.38	0.38	0.38	0.38
2.8	0.34	0.35	0.35	0.35	0.35
3.0	0.32	0.33	0.33	0.33	0.33

② 拉深工序尺寸的计算

● 工序安排方法

多次拉深的窄凸缘圆筒形件($d_p/d\leqslant1.1\sim1.4$)可在前几次拉深时按无凸缘进行拉深,在最后两次拉深时拉出带锥形的凸缘,最后校平,如图 4.15 所示。

多次拉深的宽凸缘圆筒形件($d_p/d>1.4$),可在第一次拉深时就把凸缘拉到尺寸,为了防止以后的拉深把凸缘拉入凹模(会加大筒壁的力而出现拉裂)。通常第一次拉深时拉入凹模的毛坯比所需的增加3%～5%(注意此时的毛坯作相应的放大),而在第二次、第三次多拉入 1%～3%,多拉入的材料会逐次返回到凸缘上。这样凸缘可能会变厚或出现微小的波纹,可通过校正工序校正过来,而不会影响工件的质量。

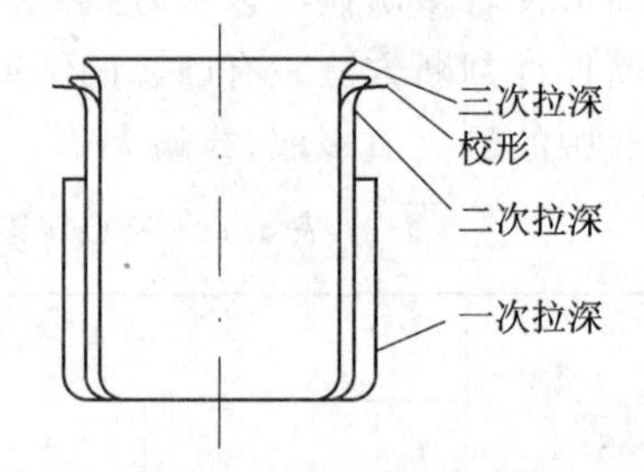

图 4.15　窄凸缘圆筒形件的拉深过程

宽凸缘圆筒形件的拉深方法有两种。如图 4.16(a)所示,减小圆筒的直径,增加高度,从而得到所需要的拉深件,而圆角半径基本保持不变。适用于材料较薄的中、小型工件($d_p<$ 200 mm)。用这种方法拉深的工件表面易留下痕迹,需要有整形工序。如图 4.16(b)所示,拉深高度基本保持不变,通过减小圆角直径同时减小圆筒的直径,从而得到所需要的拉深件。适用于材料较厚的大型工件($d_p\geqslant$200 mm)。

上述两种宽凸缘圆筒形件拉深的方法,在圆角半径要求较小,或凸缘有平面度要求时,须增加整形工序。

● 工序尺寸计算

利用公式 $d_1=m_1D, d_2=m_2d_1, \cdots, d_n=m_nd_{n-1}$，并依据 m 的取值依次计算各次拉深直径 d_n，直至 $d_n \leqslant d$（工件的直径）为止，n 即为拉深次数，并以工件直径 d 来修正拉深系数。调整各次拉深的直径 $d_{n-1}, d_{n-2}, \cdots, d_2, d_1$，各次拉深的高度是依据毛坯直径公式（表 4.2 中序号 4 的公式）推导出来的，见式(4.20)。

$$H_n=\frac{0.25}{d_n}(D^2-d_p^2)+0.43(r_{1n}+r_{2n})+\frac{0.14}{d_n}(r_{2n}^2-r_{1n}^2) \tag{4.20}$$

式中：H_n——第 n 次拉深后的高度(mm)；

d_n——第 n 次拉深后的筒壁直径（中径）(mm)；

d_p——凸模直径(mm)；

r_{1n}——第 n 次拉深后凸缘根部圆角半径(mm)；

r_{2n}——第 n 次拉深后底部圆角半径(mm)；

D——平板毛坯直径(mm)。

(3) 特殊形状件

① 阶梯形件

旋转体阶梯形件如图 4.17 所示，其拉深与圆筒形件的拉深基本相同，即每一阶梯相当于相应圆筒形件的拉深。

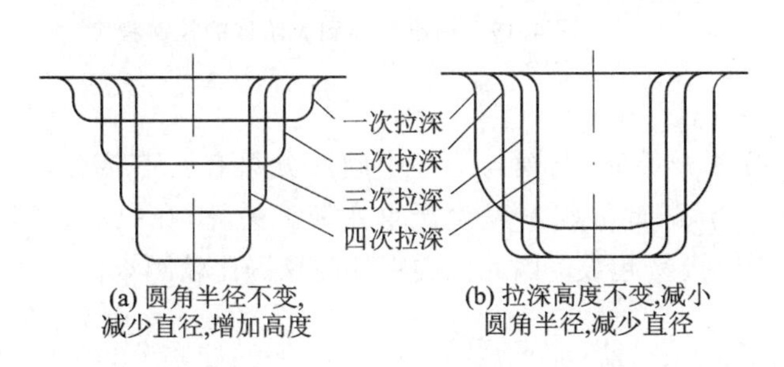

图 4.16　宽凸缘圆筒形件的拉深过程

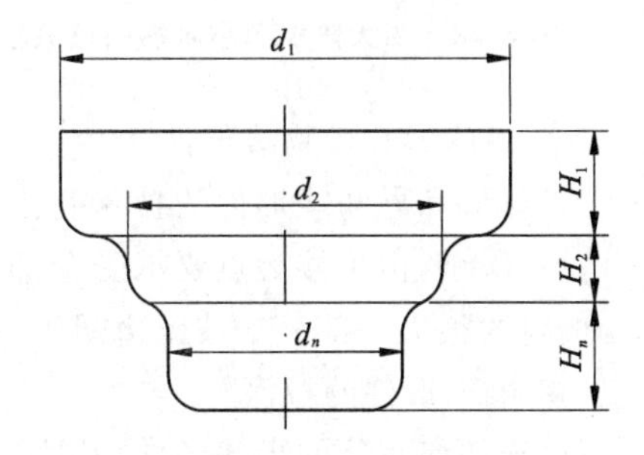

图 4.17　阶梯形拉深件

● 一次可拉成的阶梯形件

当材料的相对厚度较大($t/D>0.01$)，而阶梯之间的直径之差和工件高度较小时，可用一次工序拉深成形。判断是否可用一次工序拉深成形的两种方法如下：

1) 计算工件高度与最小直径之比 H/d_n 和 t/D，按表 4.10 查得拉深次数，若拉深次数为 1，则可一次拉出。

2) 用经验公式来校验

$$m_y=\frac{\frac{H_1}{H_2}\frac{d_1}{D}+\frac{H_2}{H_3}\frac{d_2}{D}+\cdots+\frac{H_{n-1}}{H_n}\frac{d_{n-1}}{D}+\frac{d_n}{D}}{\frac{H_1}{H_2}+\frac{H_2}{H_3}+\cdots+\frac{H_{n-1}}{H_n}+1} \tag{4.21}$$

式中：$H_1, H_2, \cdots, H_n$——各阶梯的高度(mm)；

$d_1, d_2, \cdots, d_n$——由大至小的各阶梯直径（中径）(mm)；

D——毛坯的直径(mm)。

m_y——阶梯形件的假想拉深系数。将 m_y 与圆筒形件的第一次拉深极限值 m_1 比较，

如果 $m_y \geq m_1$，可以一次拉出。其中 m_1 见表 4.8，否则就需要多次拉深。

● 多次拉深的阶梯形件

1）若任意两相邻阶梯直径的比值 d_n/d_{n-1} 均大于相应的无凸缘圆筒形件的极限拉深系数时，则其拉深顺序为由大阶梯到小阶梯依次拉出，如图 4.18 所示。其拉深次数则等于阶梯数目。

2）若某相邻两阶梯直径的比值 d_n/d_{n-1} 小于相应无凸缘圆筒形件的极限拉深系数时，由直径 d_{n-1} 拉深到 d_n 按有凸缘圆筒形件的拉深工序计算方法，例如图 4.19 所示的拉深件，因 d_2/d_1 小于相应的圆筒形件的极限拉深系数，所以先按宽凸缘件拉深方法拉出 d_2 之后（三次拉深），再拉出 d_n，最后拉出 d_1。

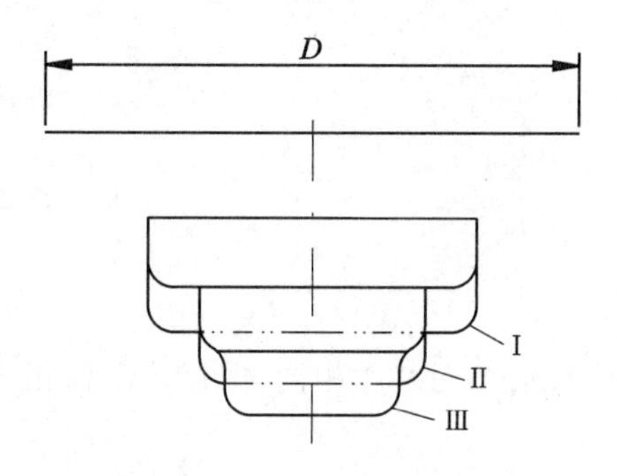

图 4.18　由大阶梯到小阶梯的拉深程序

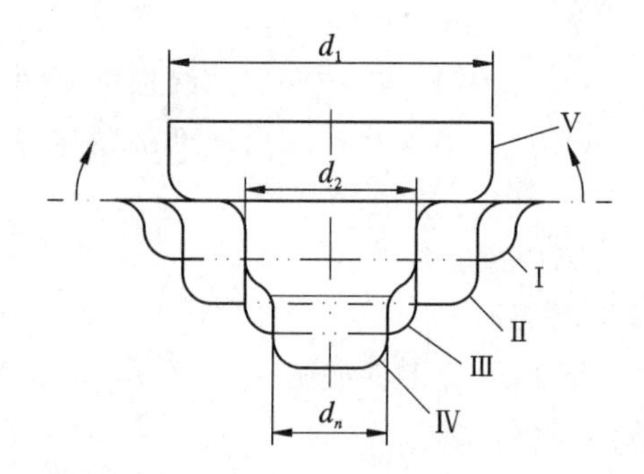

图 4.19　由小阶梯到大阶梯的拉深程序

② 半球形和抛物线形件

半球形和抛物线形件的拉深特点是拉深开始时，凸模与毛坯中间部分只有一点接触，如图 4.20 所示，由于接触点要承受全部拉深力，故此处材料发生严重变薄。另外，在拉深过程中，板料的很大一部分未被压边圈压住，所以极易起皱。因此该类零件的拉深比较困难。

● 半球形件的拉深

对于任何直径的半球形件，其拉深系数均为定值，即

$$m = \frac{d}{D} = \frac{d}{\sqrt{2}d} = 0.71 \tag{4.22}$$

根据毛坯的相对厚度不同，半球形件有以下三种拉深方法。

1）相对厚度 $t/D > 3\%$，可不用压边圈一次拉成，采用带球形底的凹模，在行程终了时进行校正，如图 4.21 所示。

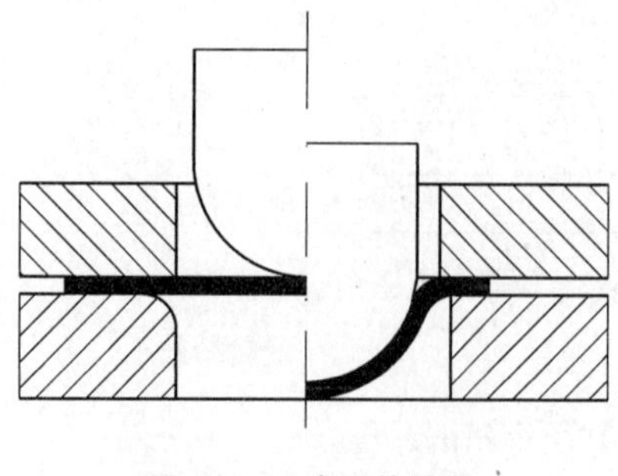

图 4.20　球形件拉深

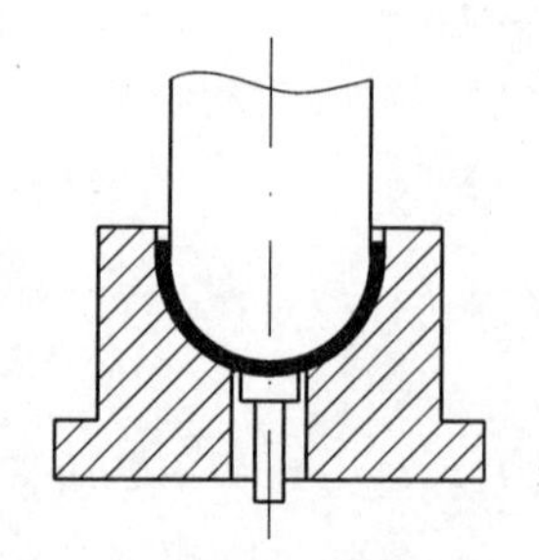

图 4.21　半球形件的拉深

2）相对厚度 $t/D=0.5\%\sim3\%$，一般采用有压边装置的模具拉深。

3）相对厚度 $t/D<0.5\%$，稳定性差，需要采用有效的防皱措施。常见的方法有：采用带拉深筋的凹模拉深如图4.22(a)所示；采用反向拉深如图4.22(b)所示；采用正、反向拉深如图4.22(c)所示。

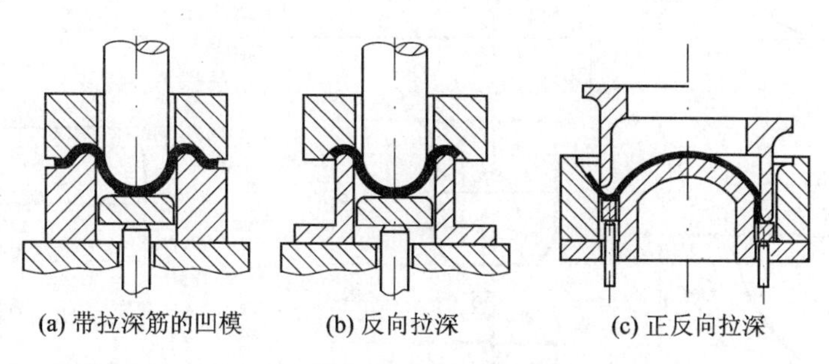

图4.22　半球形件拉深的防皱方法

● 抛物线形件

抛物线形件，如图4.23所示，根据相对高度和材料相对厚度不同，分别采用不同的拉深方法。

1）浅抛物线形件（$H/d<0.6$），其拉深特点与半球形件差不多，因此拉深方法与半球形件相似。

2）深抛物线形件（$H/d>0.6$），特别是 t/D 较小的工件，一般需要采用多次拉深或反向拉深，逐步成形，具体方法有以下几种如图4.24所示。

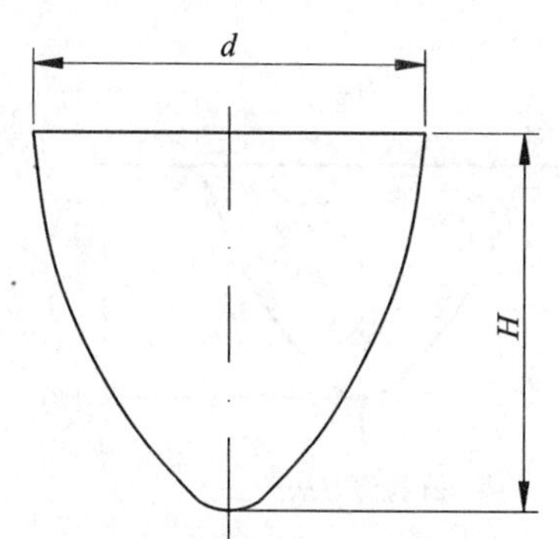

图4.23　抛物线形件

图4.24(a)是先将零件上部拉成近似形状；底部拉成平的或有较大的圆角，然后逐步拉出最后的形状。图4.24(b)是先拉成近似的阶梯形状，最后通过胀形成形。图4.24(c)为反拉深法。

③ 锥形件

锥形件的拉深除具有半球形件拉深的特点外，还由于工件口部与底部直径差别大，回弹现象特别严重。因此这种工件的拉深比半球形件更困难。

锥形件的形状如图4.25所示。锥形件的相对高度 H/d_2 越大，拉深难度越大；相对锥顶直径 d_1/d_2 越小，说明锥形件锥度越大，则拉深越困难；相对厚度 t/D 较小时，中间部分容易起皱，故拉深较困难。

由于几何参数不同，锥形件拉深方法大致分为以下三类。

● 浅锥形件（$H/d_2\leqslant 0.25\sim0.3$）

1）当材料较厚时，可用有压边圈的模具拉深，如图4.26(a)所示。这里加压边圈是为了增大拉深力，减小回弹，而不是为了防止起皱。

2）当材料厚度较小，且锥角 $\alpha/2>45°$ 时，可用带拉深筋的凹模拉深，如图4.26(b)所示；或用反锥度凹模拉深，如图4.26(c)所示。

这类工件用橡胶模拉深或液压拉深也可得到满意的结果。

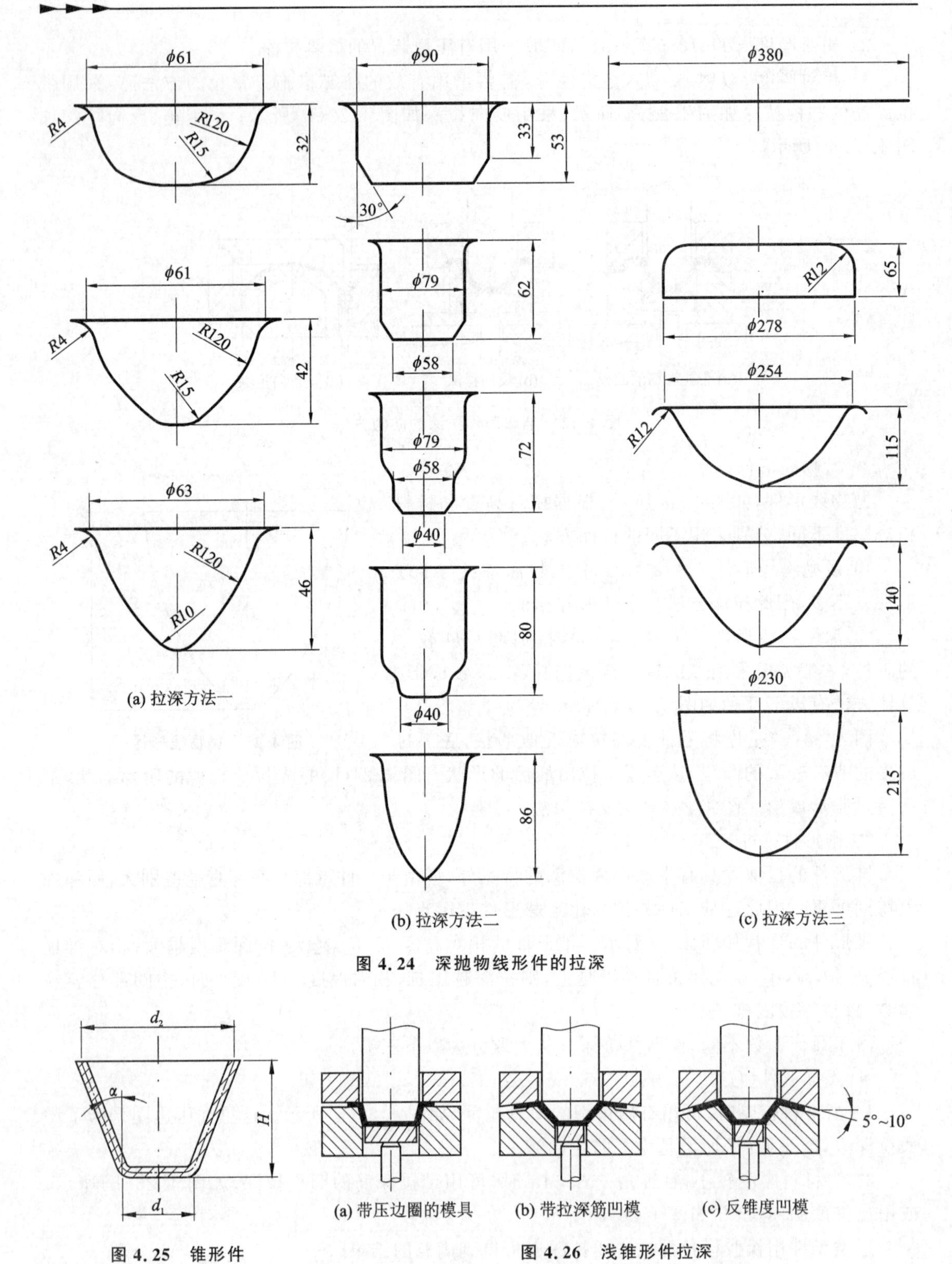

图 4.24　深抛物线形件的拉深

图 4.25　锥形件

图 4.26　浅锥形件拉深

● 中锥形件（$H/d_2=0.4\sim0.7$）

这类工件根据材料相对厚度 t/D 不同，分别采用不同的拉深方法。

1）$t/D>2.5\%$的中锥形件，可以用没有压边圈的模具一次拉成。为了保证精度，需要在工作行程终了时，对工件进行精压，如图 4.27 所示。

2）$t/D=1.5\%\sim2.5\%$的中锥形件，用有压边圈的模具一次拉成。

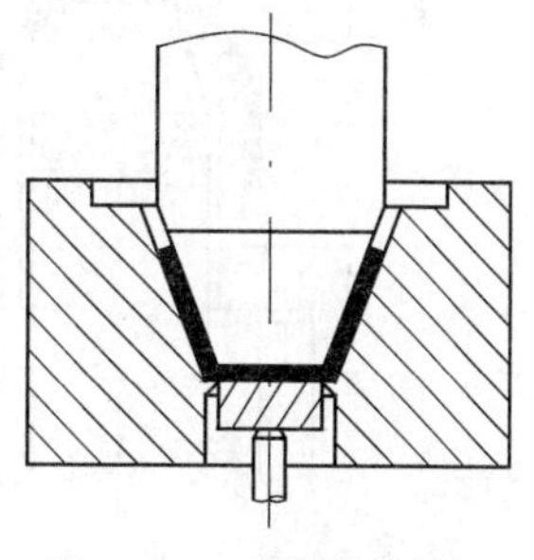

图 4.27　中锥形件拉深

3）$t/D<1.5\%$或带有宽凸缘的中锥形件，需用有压边圈的模具进行两次或三次拉深。图 4.28(a)为先拉成近似形状，再拉成锥形；图 4.28(b)为先拉成具有较大圆角半径的筒形件，再拉成锥形。第一次工序拉入凹模的毛坯面积要稍小于第二次工序所需的面积，以使第二次拉深产生一定的胀形。

对于第二次拉深，当 $t/d_2>1.5\%$时采取正拉深方法，如图 4.29(a)所示；当 $t/d_2<1.5\%$时采用反拉深方法，如图 4.29(b)所示。

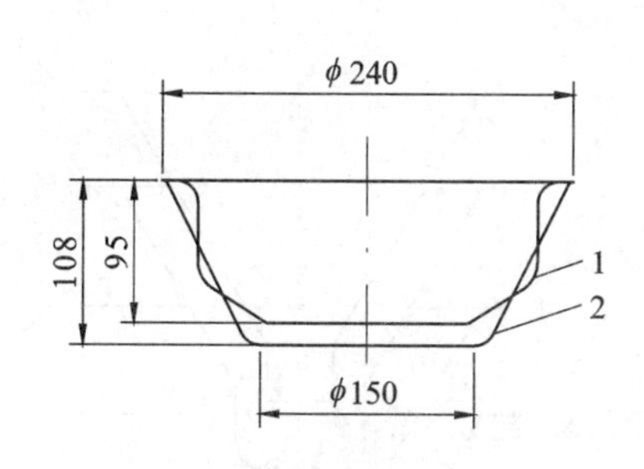

(a) 先拉成近似形状，再拉成锥形

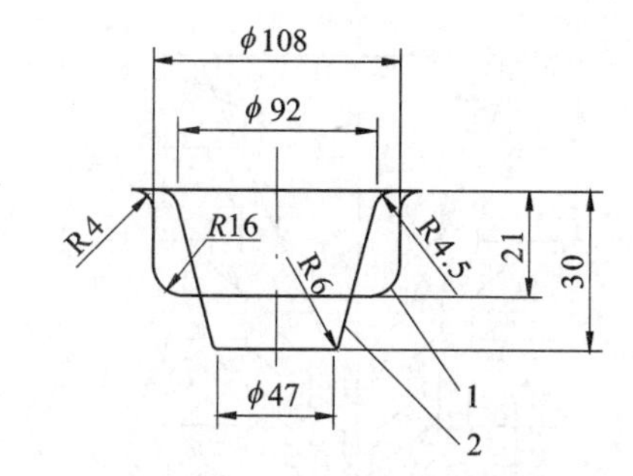

(b) 先拉成较大的圆角半径，再拉成锥形

1——次拉深；2—二次拉深

图 4.28　中锥形件拉深

● 深锥形件（$H/d_2>0.8$）

深锥形件需要多次拉深，采用逐步成形的方法，拉深过程如图 4.30、图 4.31 所示。

1）阶梯拉深法：首先将毛坯逐次拉成阶梯形工件，并且使阶梯形工件与成品工件内形相切，最后精压成锥形，如图 4.30 所示。这种拉深方法的缺点是：有壁厚不均匀现象，有明显的印痕，工件表面不光滑，所用的模具套数多。

2）锥面逐步成形法：先将毛坯拉成圆筒形，其直径与锥形工件大端尺寸一致，以后各次拉深中保持大端尺寸不变，逐步增加锥面的高度，如图 4.31 所示。

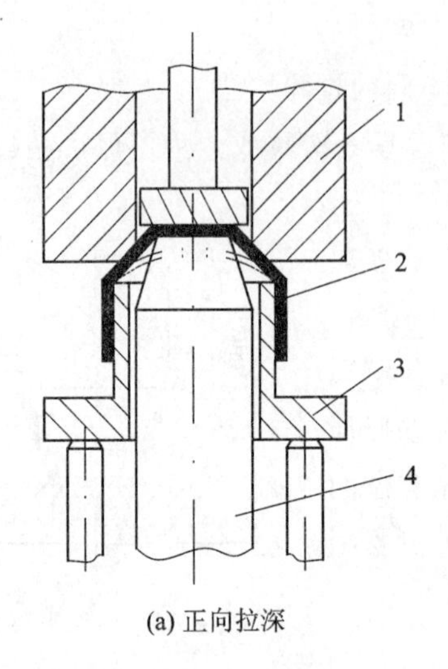

(a) 正向拉深

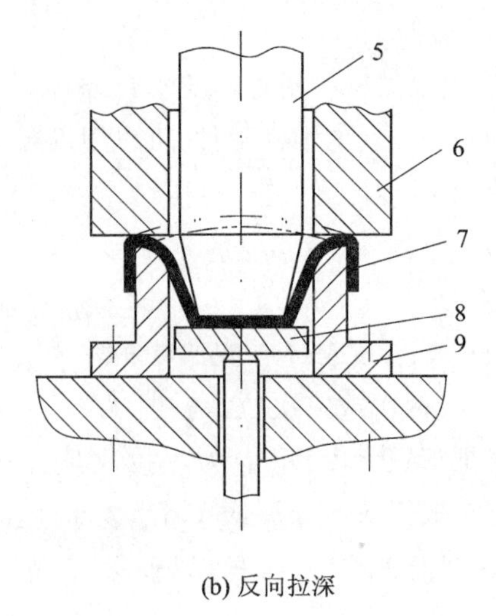

(b) 反向拉深

1,9—拉深凹模;2,7—工件;3,8—顶件块;4,5—拉深凸模;6—压边圈

图 4.29　中锥形件的正、反向拉深

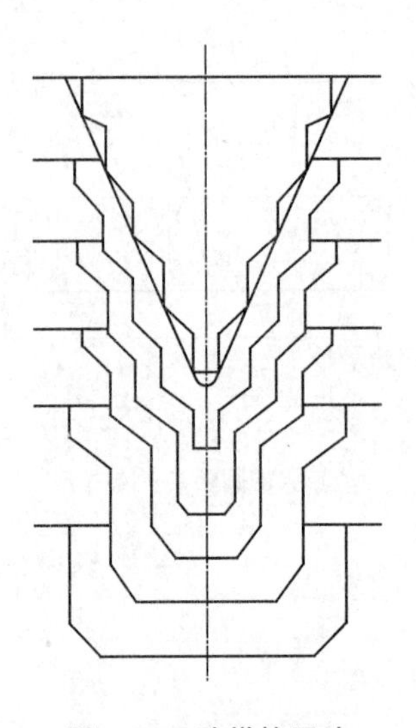

图 4.30　阶梯拉深法

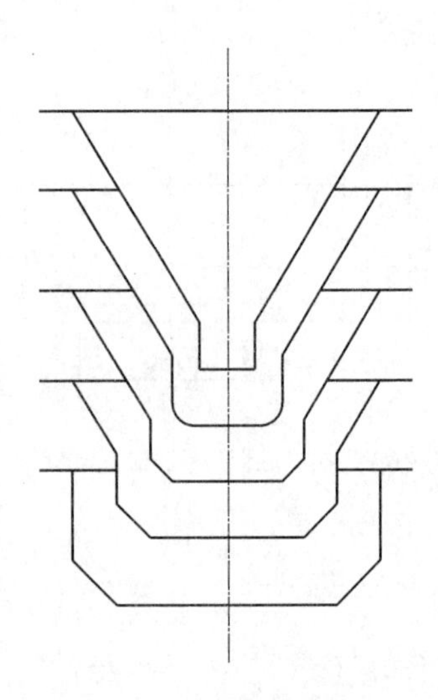

图 4.31　锥面逐步成形法

④ 反向拉深件

反向拉深件通过反向拉深工艺得到,如图 4.32 所示。反拉深是指拉深的方向与前一次拉深的方向相反,即将第一次拉深后的半成品倒放在第二次(反拉深)的拉深凹模上进行拉深。由于毛坯材料翻转,第一次拉深时所得半成品的外表面就变成反拉深以后零件的里层。

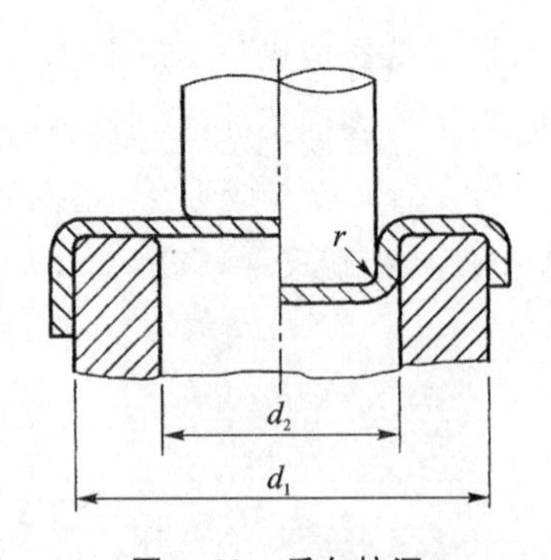

图 4.32　反向拉深

由于在反拉深时毛坯与凹模圆角的接触较多,所以材料沿凹模流动的摩擦阻力引起的径向拉应力要比用普通拉深大得多。这样相应地减小了引起起皱现象的切向压应力使材料不容易产生起皱。反拉深时,一般不用压边圈,避免了由于压边

力不适当或压边力不均匀而造成的拉裂。同时,由于拉应力的作用使板料紧靠在凸模的表面上,使其更好地按凸模的形状成形。反拉深的拉深系数一般要比普通拉深的小10%~15%。

在反拉深的过程中,由于把原来应力大的内层翻转到了外层,引起材料硬化的程度比正拉深低。残余应力也比一般的拉深有所降低。因此得到的拉深件的形状更为准确,表面粗糙度和工件的尺寸精度均有所提高。

反拉深的应用有一定的局限性:凹模壁的厚度选择取决于拉深件的尺寸,即

$$t_d = \frac{d_1 - d_2}{2} = \frac{d_1(1 - m_2)}{2}$$

式中:t_d——凹模模壁厚度;

d_1,d_2——凹模的外径与孔径(第一次拉深件的内径与反拉深时拉深件的外径);

m_2——反拉深时的拉深系数,$m_2 = \frac{d_2}{d_1}$

此外,凹模的圆角半径也受到零件尺寸的限制,最大值不能超过$\frac{d_1 - d_2}{4}$。因而,这种方法主要适用于毛坯的相对厚度为$\frac{t}{D} \times 100 > 0.25$的大、中尺寸工件的拉深。此时,反拉深后圆筒的最小直径$d_2 = (30 \sim 90)t$,圆角半径$r > (2 \sim 6)t$。如果拉深系数过大或工件的直径小而厚度大,则会因凹模模壁太薄而使其强度超过极限而发生破裂。

反拉深时的拉深力比一般拉深时大10%~20%,比一般二次拉深要小,如图4.33所示。拉深后的厚度变化情况如图4.34所示。(材料:t=1 mm软钢板。内径为102 mm的筒形件,D_P=76 mm的二次拉深。)

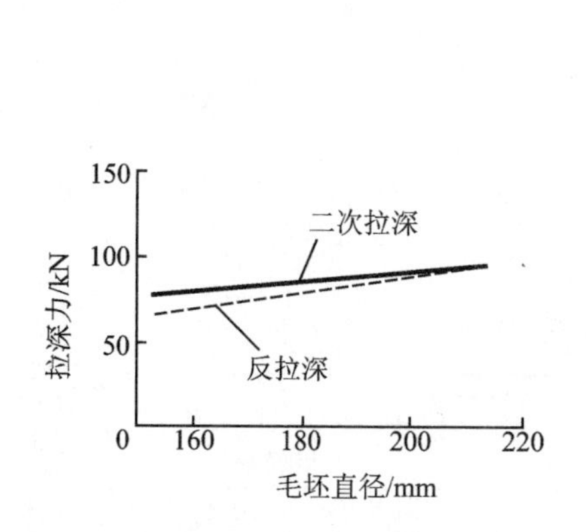

图4.33　二次拉深及反拉深时的拉深力

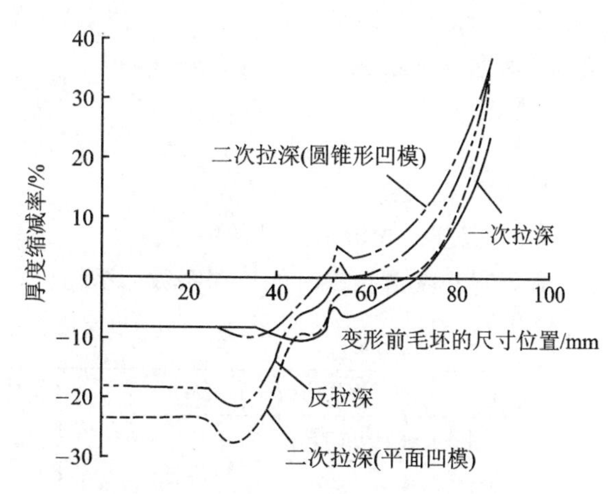

图4.34　不同方法二次拉深时厚度变化的比较

⑤ 变薄拉深件

变薄拉深件通过变薄拉深工艺得到,如图4.35所示。

当毛坯的直壁部分通过小于材料厚度的冲模间隙时,会使筒形件的侧壁变薄,这种拉深的工艺过程称为变薄拉深。采用这种工艺的主要意义在于提高筒形拉深件的尺寸精度及在适当的变薄筒壁厚度后改善拉深性能。

变薄拉深时,底部材料的厚度基本不变,筒形件的侧壁高度是因为壁部变薄而显著增加。

材料的塑性变形具有更大的稳定性,比普通的拉深方法具有更大的变形程度。这种工序主要用于加工底部和侧壁厚度不同和高度很高的工件,如子弹壳、易拉罐等。

图 4.36 表明了拉深后的外径分布和拉深后又进行一次变薄拉深所得外径尺寸分布的比较。从图中可以看出,经变薄拉深后拉深件的尺寸精度显著地得到了提高。

变薄拉深时的拉深系数,可以用拉深后工件侧壁部分的剖面面积 A_n 与拉深前的侧壁部分的剖面面积 A_{n-1} 之比来表示,即

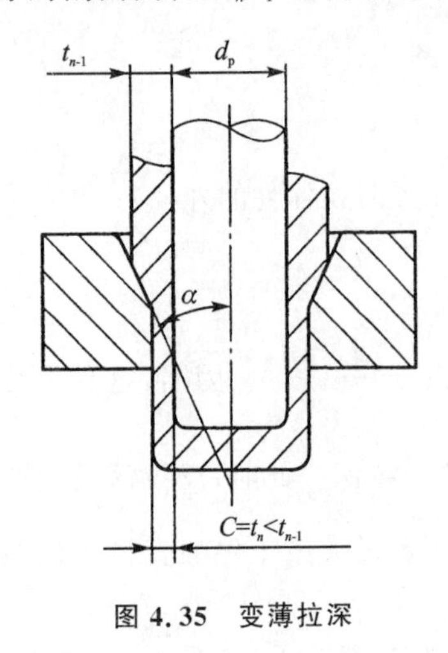

图 4.35 变薄拉深

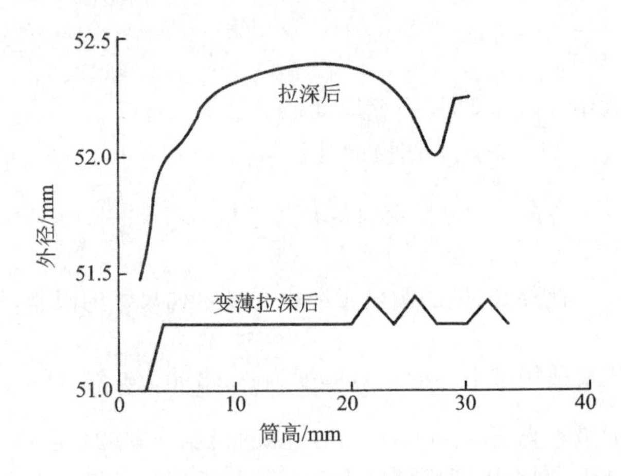

图 4.36 拉深和变薄拉深后外径精度的比较

$$m = \frac{A_n}{A_{n-1}}$$

由于在变薄拉深时拉深件直径的变化相对来说并不大。因而,为简便起见,用壁厚的变化来表示拉深系数不致引起太大的误差,因此

$$m = \frac{t_n}{t_{n-1}}$$

式中:t_{n-1}——拉深前工件的壁厚;

t_n——经变薄拉深后工件的壁厚。

各种材料在变薄拉深时的拉深系数的平均值如表 4.13 所列。

表 4.13 变薄拉深时的拉深系数

材料	第一次拉深	以后各次的拉深	材料	第一次拉深	以后各次的拉深
软钢	0.4～0.45	0.55～0.65	黄铜	0.3～0.4	0.4～0.5
中硬钢	0.6～0.65	0.7～0.75	铝	0.35～0.4	0.5～0.6

2. 盒形件拉深工序的计算

(1) 拉深系数

盒形件拉深时圆角部分的受力与变形都比直边大,起皱和拉深容易在圆角部分发生,因此毛坯的变形程度用圆角部分的拉深系数来表示。即

$$m = \frac{d_{角}}{D} \tag{4.23}$$

式中:$d_{角}$——与圆角部分相对应的圆筒形件直径,mm;

D——与圆角部分相对应的圆筒形件展开毛坯直径(mm)。

见式(4.6),当 $r_{角}=r_{底}=r$ 时,$D=2R=2\sqrt{2rH}$,则

$$m=\frac{d_{角}}{D}=\frac{2r}{2\sqrt{2rH}}=\frac{1}{\sqrt{2\frac{H}{r}}} \tag{4.24}$$

由式(4.24)可知,盒形件的变形程度可用盒形件拉深的最大比值 H/r 来表示。盒形件一次能拉深的最大(极限)比值见表 4.14。

比较表 4.14 与表 4.10 可知,盒形件初次拉深的极限高度比圆筒形件要大,这是因为盒形件在拉深时由于应力分布不均匀,其平均拉应力比圆筒形件要小,所以减小了危险截面拉裂的可能,允许有比圆筒形件大的变形。

如果盒形件拉深的最大比值 $H/r_{角}$ 小于表 4.14 中相应的极限值,盒形件可一次拉深成形。否则,要进行多次拉深。

表 4.14　盒形件第一次拉深许可的最大比值 $\frac{H_1}{r}$(材料:08 钢、10 钢)

$\frac{r}{B}$	方形件			盒形件		
	毛坯相对厚度 $\frac{t}{D}\times100$					
	0.3~0.6	0.6~1	1~2	0.3~0.6	0.6~1	1~2
0.4	2.2	2.5	2.8	2.5	2.8	3.1
0.3	2.8	3.2	3.5	3.2	3.5	3.8
0.2	3.5	3.8	4.2	3.8	4.2	4.6
0.1	4.5	5.0	5.5	4.5	5.0	5.5
0.05	5.0	5.5	6.0	5.0	5.5	6.0

(2) 拉深次数

表 4.15 为多次拉深所能达到的最大相对高度 H_n/B,用这个表可初步判断拉深的次数。

表 4.15　盒形件多次拉深所能达到的最大相对高度 H_n/B

拉深工序的总数	$t/D\times100$			
	2~1.3	1.3~0.8	0.8~0.5	0.5~0.3
1	0.75	0.65	0.58	0.5
2	1.2	1	0.8	0.7
3	2	1.6	1.3	1.2
4	3.5	2.6	2.2	2
5	5	4	3.4	3
6	6	5	4.5	4

(3) 拉深工序尺寸的计算

盒形件多次拉深的前几次拉深,往往用过渡形状(正方形用圆形过渡、矩形用长圆或椭圆形过渡),而最后一次工序才拉深成所需要的形状。图 4.37 是多次拉深的方形件、盒形件的过渡形状。

方形件多次拉深的过渡形状的确定有两种方法,如图 4.38 所示,工序尺寸计算方法及有

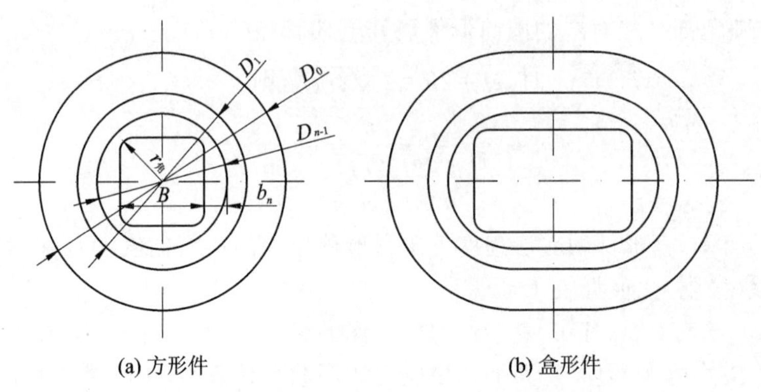

(a) 方形件　　(b) 盒形件

图 4.37　多次拉深的方、盒形件的过渡形状

关公式列于表 4.16。

盒形件多次拉深的过渡形状的确定有两种方法,如图 4.39 所示,工序尺寸计算方法及有关公式列于表 4.17。

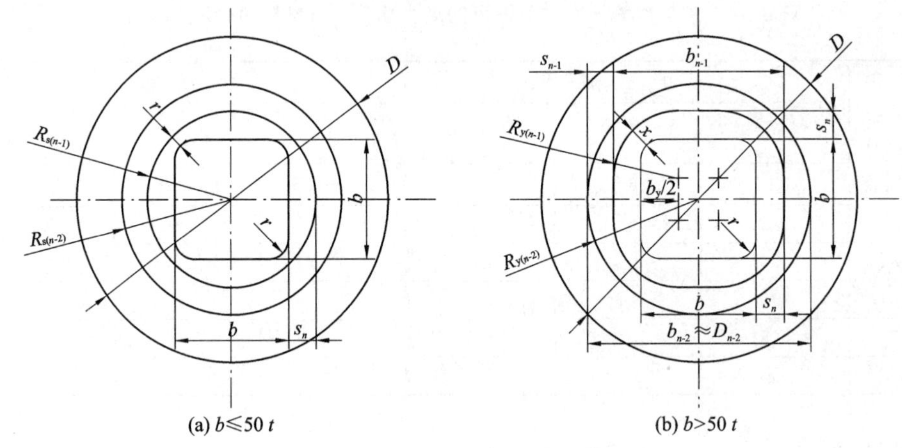

(a) $b\leqslant 50\,t$　　(b) $b>50\,t$

图 4.38　方形件多次拉深的各道工序

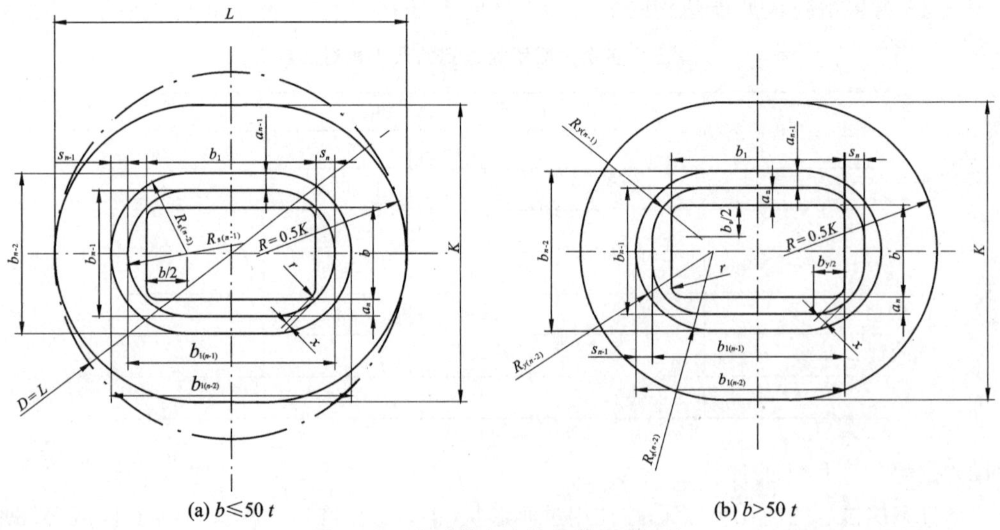

(a) $b\leqslant 50\,t$　　(b) $b>50\,t$

图 4.39　盒形件多次拉深的各道工序

表 4.16　方形件工序拉深的计算方法与计算公式

决定的数值		计算方法和计算公式	
		第一种方法　图 4.38(a)	第二方法　图 4.38(b)
相对厚度		$\frac{t}{b}\geqslant 2\%\quad b\leqslant 50t$	$\frac{t}{b}<2\%\quad b>50t$
毛坯直径	$r=r_{底}$	$D=1.13\sqrt{b^2+4b(H-0.43r)-1.72r(H+0.33r)}$	
	$r\neq r_{底}$	$D=1.13\sqrt{b^2+4b(H-0.43r_{底})-1.72r(H+0.5r)-4r_{底}(0.11r_{底}-0.18r)}$	
角部计算尺寸 $b_y<b$		—	$b_y\approx 50t$
工序间距离		$s_n\leqslant 10t$	
$(n-1)$次工序(倒数第二道)半径		$R_s(n-1)=0.5b+s_n$	$R_y(n-1)=0.5b_y+s_n$
$(n-1)$次工序宽度		—	$b_{n-1}=b+2s_n$
角部间隙(包括 t 在内)		$x=s_n+0.41r-0.207b$	$x=s_n+0.41r-0.207b_y$
$(n-2)$次工序半径		$R_{s(n-2)}=R_{s(n-1)}/m_2=0.5Dm_1$	$R_{y(n-2)}=R_{y(n-1)}/m_{n-1}$
工序间距离		—	$s_{n-1}=R_{y(n-2)}-R_{y(n-1)}$
$(n-2)$次工序宽度(当 $n=4$)		—	$b_{n-2}=b_{n-1}+2s_{n-1}$
$(n-2)$次工序直径(三道工序时)		—	$D_{n-2}=2[R_{y(n-1)}/m_{n-1}+0.7(b-b_y)]$
工件的高度		$H=(1.05\sim 1.10)H_0$	H_0——图样上的高度
$(n-1)$次工序(倒数第二道)高度		$H_{n-1}=0.88H_{n-2}$	$H_{n-1}\approx 0.88H_{n-2}$
第一次拉深[$(n-2)$或$(n-3)$道工序]高度		$H_1=H_{n-2}=0.25\left(\frac{D}{m_1}-D_1\right)+0.43\frac{r_1}{D_1}(D_1+0.32r)$	

注：1. 系数 m_1、m_2、m_{n-1} 根据筒形件拉深用的表列数值(表 4.8)。

2. 在作图时允许修正计算值。

3. 上述拉深方法，也适用于材料相对厚度大于表中数值的情况。

表 4.17　盒形件多工序拉深的计算方法与计算公式

决定的数值		计算方法和计算公式	
		第一种方法　图 4.39(a)	第二方法　图 4.39(b)
相对厚度		$\frac{t}{b}\geqslant 2\%\quad b\leqslant 50t$	$\frac{t}{b}<2\%\quad b>50t$
假想的毛坯直径	$r=r_{底}$	$D=1.13\sqrt{b^2+4b(H-0.43r)-1.72r(H+0.33r)}$	
	$r\neq r_{底}$	$D=1.13\sqrt{b^2+4b(H-0.43r_{底})-1.72r(H+0.5r)-4r_{底}(0.11r_{底}-0.18r)}$	
毛坯长度		$L=D+(b_1-b)$	
毛坯宽度		$K=D\frac{b-2r}{b_1-2r}+[b+2(H-0.43r)]\frac{b_1-b}{b_1-2r}$	
毛坯半径		$R=0.5K$	

续表 4.17

决定的数值	计算方法和计算公式	
	第一种方法　图 4.39(a)	第二方法　图 4.39(b)
工序比例系数	$x_1=(K-b)/(L-b_1)$	
工序间距离	$s_n=a_n\leqslant 10t$	
角部计算尺寸 $B_y<B$	—	$b_y\approx 50t$
$(n-1)$次工序半径	$R_{s(n-1)}=0.5b+s_n$	$R_{y(n-1)}=0.5b_y+s_n$
角部间隙(包括 t 在内)	$x=s_n+0.41r-0.207b$	$x=s_n+0.41r-0.207b_y$
$(n-1)$次工序尺寸	$b_{n-1}=2R_{s(n-1)}$;$b_{1(n-1)}=b_1+2s_n$	$b_{n-1}=b+2a_n$;$b_{1(n-1)}=b_1+2s_n$
$(n-2)$次工序半径	$R_{s(n-2)}=R_{s(n-1)}/m_{n-1}$	$R_{y(n-2)}=R_{y(n-1)}/m_{n-1}$ $R_{s(n-2)}=b_{n-2}/2$
工序间距离	$s_{n-1}=\dfrac{R_{s(n-2)}-R_{s(n-1)}}{x_1}$ $a_{n-1}=R_{s(n-2)}-R_{s(n-1)}$	$s_{n-1}=R_{y(n-2)}-R_{y(n-1)}$ $a_{n-1}=xs_{n-1}$
$(n-2)$次工序尺寸	$b_{n-2}=2R_{s(n-2)}$ $b_{1(n-1)}=b_1+2(s_n+s_{n-1})$	$b_{n-2}=b+2(a_n+a_{n-1})$ $b_{1(n-2)}=b_1+2(s_n+s_{n-1})$
盒形件高度	$H=(1.05\sim1.1)H_0$	H_0——图样上的高度
工序高度	$H_{n-1}\approx 0.88H_{n-2}$	$H_{n-1}\approx 0.86H_{n-2}$

注：参看表 4.16 注。

为了使最后一道工序拉深成形顺利,盒形件均将第$(n-1)$次工序拉深成具有与工件相同的平底尺寸,壁与底相接成45°斜面,并带有较大的圆角半径,如图 4.40 所示。

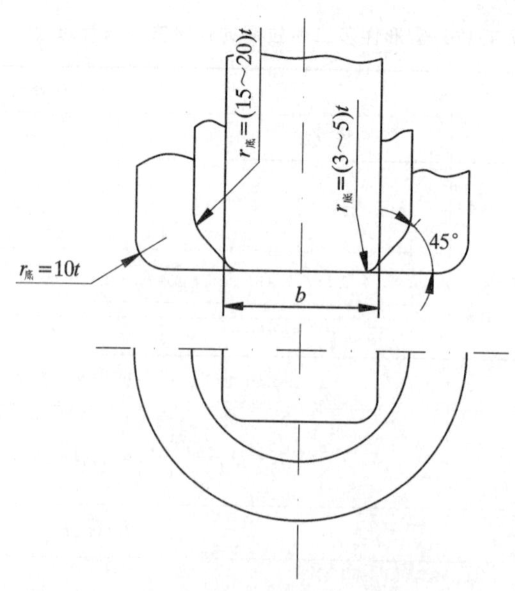

图 4.40　盒形件多次拉深直壁与底相接的形状

三、力和功的计算

1. 拉深力

在实际生产中拉深力可按表 4.18 中的经验公式计算求得。

表 4.18　计算拉深力的实用公式

拉深件形式	拉深工序	公　式	查系数 k 的表格编号
无凸缘圆筒形件	第 1 次 第 2 次及以后各次	$F_L=\pi d_1 t\sigma_b k_1$ $F_L=\pi d_2 t\sigma_b k_2$	表 4.19 表 4.20
宽凸缘圆筒形件	第 1 次	$F_L=\pi d_1 t\sigma_b k_3$	表 4.21
带凸缘锥形及球形件	第 1 次	$F_L=\pi d_k t\sigma_b k_3$	表 4.21
椭圆形盒形件	第 1 次 第 2 次及以后各次	$F_L=\pi d_{cp1} t\sigma_b k_1$ $F_L=\pi d_{cp2} t\sigma_b k_2$	表 4.19 表 4.20
低盒形件 （一次拉深）	—	$F_L=(2b_1+2b-1.72r)t\sigma_b k_4$	表 4.22
高方形件 （多次拉深）	第 1 次及 2 次以后各次 最后一次	与筒形件同 $F_L=(4b-1.72r)t\sigma_b k_5$	表 4.19、表 4.20 表 4.23
高盒形件 （多次拉深）	第 1 次及 2 次以后各次 最后一次	与椭圆盒形件同 $F_L=(2b_1+2b-1.72r)t\sigma_b k_5$	表 4.19、表 4.20 表 4.23
任意形状拉深件	—	$F_L=Lt\sigma_b k_6$	表 4.24
变薄拉深（圆筒形件）	—	$F_L=\pi d_n(t_{n-1}\sim t_n)\sigma_b k_7$	—

表 4.18 中公式符号意义如下：

F_L——拉深力，N；

d_1 和 d_2——圆筒形件的第一次及第二次工序直径，根据料厚中线计算，mm；

t——材料厚度，mm；

d_{cp1} 及 d_{cp2}——椭圆形件的第一次及第二次工序后的平均直径，mm；

d_n——n 次工序后的工件外径，mm；

b_1 及 b——盒形件的长与宽，mm；

r——盒形件的角部圆角半径，mm；

t_{n-1} 及 t_n——$(n-1)$次及 n 次拉深后的壁厚，mm；

σ_b——材料抗拉强度，MPa；

L——凸模周边长度，mm；

k_1、k_2、k_3、k_4、k_5、k_6——系数；

k_7——系数，黄铜为 1.6～1.8，钢为 1.8～2.25。

表 4.19　圆筒形件第一次拉深时的系数 k_1 值(08 钢、10 钢、15 钢)

相对厚度 $\frac{t}{D}$/%	第一次拉深系数 m_1									
	0.45	0.48	0.50	0.52	0.55	0.60	0.65	0.70	0.75	0.80
5.0	0.95	0.85	0.75	0.65	0.60	0.50	0.43	0.35	0.28	0.20
2.0	1.10	1.00	0.90	0.80	0.75	0.60	0.50	0.42	0.35	0.25
1.2		1.10	1.00	0.90	0.80	0.68	0.56	0.47	0.37	0.30
0.8			1.10	1.00	0.90	0.75	0.60	0.50	0.40	0.33
0.5				1.10	1.00	0.82	0.67	0.55	0.45	0.36
0.2					1.10	0.90	0.75	0.60	0.50	0.40
0.1						1.10	0.90	0.75	0.60	0.50

注：1. 当凸模圆角半径 $r_p=(4\sim6)t$ 时，系数 k_1 应按表中数值增加 5%。

2. 对于其他材料，根据材料塑性的变化，对查得值作修正(随塑性降低而增大)。

表 4.20　圆筒形件第二次拉深时的系数 k_2 值(08 钢、10 钢、15 钢)

相对厚度 $\frac{t}{D}$/%	第二次拉深系数 m_2									
	0.7	0.72	0.75	0.78	0.80	0.82	0.85	0.88	0.90	0.92
5.0	0.85	0.70	0.60	0.50	0.42	0.32	0.28	0.20	0.15	0.12
2.0	1.10	0.90	0.75	0.60	0.52	0.42	0.32	0.25	0.20	0.14
1.2		1.10	0.90	0.75	0.62	0.52	0.42	0.30	0.25	0.16
0.8			1.00	0.82	0.70	0.57	0.46	0.35	0.27	0.18
0.5			1.10	0.90	0.76	0.63	0.50	0.40	0.30	0.20
0.2				1.00	0.85	0.70	0.56	0.44	0.33	0.23
0.1				1.10	1.00	0.82	0.68	0.55	0.40	0.30

注：1. 当凸模圆角半径 $r_p=(4\sim6)t$，表中 k_2 值应加大 5%。

2. 对于第 3、4、5 次拉深的系数 k_2，由同一表格查出其相应的 m_n 及 $\frac{t}{D}$ 的数值，但需要根据是否有中间退火工序而取表中较大或较小的数值；

无中间退火时——k_2 取较大值(靠近下面的一个数值)；

有中间退火时——k_2 取较小值(靠近上面的一个数值)。

3. 对于其他材料，根据材料塑性的变化，对值作修正(随塑性降低而增大)。

表 4.21　宽凸缘圆筒形件第一次拉深时的系数 k_3 值(08 钢、10 钢、15 钢)

凸缘相对直径 $\frac{d_p}{d_1}$	第一次拉深系数 m_1										
	0.35	0.38	0.40	0.42	0.45	0.50	0.55	0.60	0.65	0.70	0.75
3.0	1.0	0.9	0.83	0.75	0.68	0.56	0.45	0.37	0.30	0.23	0.18
2.8	1.1	1.0	0.9	0.83	0.75	0.62	0.50	0.42	0.34	0.26	0.20
2.5		1.1	1.0	0.9	0.82	0.70	0.56	0.46	0.37	0.30	0.22
2.2			1.1	1.0	0.90	0.77	0.64	0.52	0.42	0.33	0.25
2.0				1.1	1.0	0.85	0.70	0.58	0.47	0.37	0.28
1.8					1.1	0.95	0.80	0.65	0.53	0.43	0.33
1.5						1.10	0.90	0.75	0.62	0.50	0.40
1.3							1.0	0.85	0.70	0.56	0.45

注：1. 本表适用于$\frac{t}{D}$=0.6%～2%。

2. 这些系数也可用于带凸缘的锥形及半球形件在无拉深筋模具上的拉深。当采用拉深筋时，k_3 值应增大10%～20%。

3. 对于其他材料，根据材料塑性的变化，对值作修正(随塑性降低而增大)。

表 4.22　一次拉深成的低盒形件的系数 k_4 值(08 钢、10 钢、15 钢)

毛坯相对厚度$\frac{t}{D}$/%				角部相对圆角半径$\frac{r}{B}$				
2～1.5	1.5～1.0	1.0～0.6	0.6～0.3	0.3	0.2	0.15	0.10	0.05
盒形件相对高度$\frac{H}{B}$				系数 k_4 值				
1.0	0.95	0.95	0.85	0.7	—	—	—	—
0.90	0.85	0.76	0.70	0.6	0.7	—	—	—
0.75	0.70	0.65	0.60	0.5	0.6	0.7	—	—
0.60	0.55	0.50	0.45	0.4	0.5	0.6	0.7	—
0.40	0.35	0.30	0.25	0.3	0.4	0.5	0.6	0.7

注：对于其他材料，根据材料塑性的变化，对查得值作修正(随塑性降低而增大)。

表 4.23 由空心的筒形或椭圆形毛坯拉深成高盒形件最后工序的系数 k_5 值(08 钢、10 钢、15 钢)

毛坯相对厚度/%			角部相对圆角半径 $\frac{r}{B}$				
$\frac{t}{D}$	$\frac{t}{d_1}$	$\frac{t}{d_2}$	0.3	0.2	0.15	0.1	0.05
			系数 k_5 值				
2.0	4.0	5.5	0.40	0.50	0.60	0.70	0.80
1.2	2.5	3.0	0.50	0.60	0.75	0.80	1.0
0.8	1.5	2.0	0.55	0.65	0.80	0.90	1.1
0.5	0.9	1.1	0.60	0.75	0.90	1.0	—

注:1. 对于盒形件,d_1、d_2 为第 1 及第 2 次工序椭圆形毛坯的直径。对于方形盒,d_1、d_2 为第 1 及第 2 次工序圆筒毛坯直径。

2. 对于其他材料,须根据材料塑性好或差(与 08 钢、15 钢相比较),查得的 k_5 值再作修正。

表 4.24 任意形状拉深件拉深时的系数 k_6 值

工件复杂程度	难加工件	普通加工件	易加工件
k_6 值	0.9	0.8	0.7

2. 压边力

在拉深过程中,压边圈的作用是用来防止工件边壁或凸缘起皱。随着拉深深度的增加而需要的压边力应减少。

(1) 采用压边圈的条件

用锥形凹模拉深时,不用压边圈的条件见式(4.25)、式(4.26)。

首次拉深

$$\frac{t}{D} \geqslant 0.03(1-m) \tag{4.25}$$

以后各次拉深

$$\frac{t}{d} \geqslant 0.03\left(\frac{1}{m}-1\right) \tag{4.26}$$

用普通平端面凹模拉深时,不用压边圈的条件见式(4.27)、式(4.28)。

首次拉深

$$\frac{t}{D} \geqslant 0.045(1-m) \tag{4.27}$$

以后各次拉深

$$\frac{t}{d} \geqslant 0.045\left(\frac{1}{m}-1\right) \tag{4.28}$$

如果不能满足上述公式的要求,则在拉深模设计时应考虑加压边装置。

(2) 压边力的大小

压边力的选择要适当,如果压边力过大,工件会被拉断;压边力过小,工件凸缘会起皱。压边力的计算公式见表 4.25~表 4.27。

表 4.25　压边力的计算公式

拉深情况	公　式
拉深任何形状的工件	$F_Q=Ap$
圆筒形件第一次拉深(用平板毛坯)	$F_Q=\frac{\pi}{4}[D^2-(d_1+2r_d+t)^2]p$
圆筒形件以后各次拉深(用筒形毛坯)	$F_Q=\frac{\pi}{4}[(d_{n-1}-t)^2-(d_n+t)^2]p$

注：式中A——在压边圈下的毛坯投影面积，mm^2；

p——单位压边力，MPa，参见表 4.26 和表 4.27；

D——平板毛坯直径，mm；

$d_1,\cdots,d_n$——第 1，…，n 次的拉深直径，mm；

r_d——拉深凹模圆角半径，mm。

在实际工作中，应根据所计算的压边力，在试模中加以调整，使工件既不起皱也不被拉裂。

表 4.26　在单动压力机上拉深时单位压边力的数值

材料名称	单位压边力 p	材料名称	单位压边力 p
铝	0.8～1.2	压轧青铜	2.0～2.5
紫铜、硬铝(退火的或刚淬好火的)	1.2～1.8	08 钢、20 钢、镀锡钢板	2.5～3.0
		软化状态的耐热钢	2.8～3.5
黄铜	1.5～2.0	高合金钢、高锰钢、不锈钢	3.0～4.5

表 4.27　在双动压力机上拉深时单位压边力的数值

工件复杂程度	单位压边力 p	工件复杂程度	单位压边力 p
难加工件	3.7	易加工件	2.5
普通加工件	3.0		

3. 拉深功

由于拉深成形的行程较长，消耗功较多，因此，对拉深成形还需校核压力机的电机功率。

如图 4.41 所示，图中曲线下的面积为实际拉深功。实际上用下式计算

$$W=\frac{CF_{max}h}{1\ 000} \tag{4.29}$$

式中：W——拉深功，J；

F_{max}——最大拉深力，N；

h——凸模工作行程，mm；

C——系数，$C=0.6\sim0.8$。

根据 W 计算压力机的电机功率

$$N=\frac{KWn}{60\times1\ 000\ \eta_1\eta_2} \tag{4.30}$$

式中：N——电机功率，kW；

K——不均衡系数，$K=1.2\sim1.4$；

η_1——压力机效率，$\eta_1=0.6\sim0.8$；

η_2——电机效率，$\eta_2=0.9\sim0.95$；

n——压力机每分钟行程数。

若选用的压力机的电机功率小于上述计算值，则应另选更大的压力机。

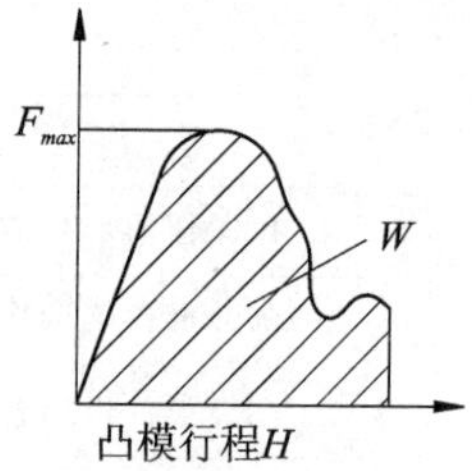

图 4.41　拉深力-行程关系曲线

4. 压力机公称压力的选择

压力机公称压力可按式(4.31)、式(4.32)选择。

浅拉深时，单动压力机 $F_{压}\geqslant(1.25\sim1.4)(F+F_Q)$ 双动压力机 $F_{压}\geqslant(1.25\sim1.4)F$　(4.31)

深拉深时，单动压力机 $F_{压}\geqslant(1.7\sim2)(F+F_Q)$ 双动压力机 $F_{压}\geqslant(1.7\sim2)F$　(4.32)

式中：$F_{压}$——压力机的公称压力，N；

F——拉深力，N；

F_Q——压边力，N。

4.1.4　拉深模设计中的有关计算

一、拉深模间隙

拉深模的间隙是指凸、凹模横向尺寸的差值，如图 4.42 所示。单边间隙用 $z/2$ 来表示。

间隙过小，工件质量较好，但拉深力大，工件易拉断，模具磨损严重，寿命低。

间隙过大，拉深力小，模具寿命虽然提高了，但工件易起皱、变厚，侧壁不直，口部边线不齐，有回弹，质量不能保证。

因此，确定间隙的原则是：既要考虑板料对公差的影响，又要考虑毛坯口部增厚的现象，故间隙值一般应比毛坯厚度略大一些，其值按下式计算

单面间隙　$z/2=t_{\max}+ct$　(4.33)

式中：$t_{\max}$——板料的最大厚度，mm，$t_{\max}=t+\Delta$；

t——板料的厚度，mm；

Δ——板料厚度的正偏差，mm；

C——间隙系数，考虑板料增厚现象，其值查表 4.28。

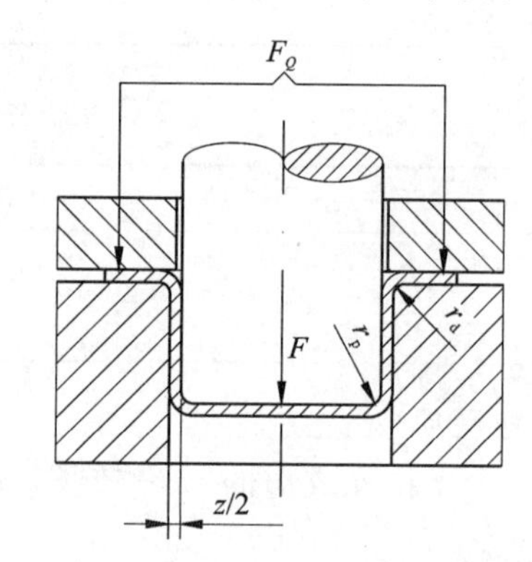

图 4.42　拉深模工作部分的参数

表 4.28　间隙系数 C

mm

拉深工序数		材料厚度 t		
		0.5～2	2～4	4～6
1	第一次	0.2(0)	0.1(0)	0.1(0)
2	第一次	0.3	0.25	0.2
	第二次	0.1(0)	0.1(0)	0.1(0)

续表 4.28

拉深工序数		材料厚度 t		
		0.5～2	2～4	4～6
3	第一次	0.5	0.1	0.35
	第二次	0.3	0.25	0.2
	第三次	0.1(0)	0.1(0)	0.1(0)
4	第一、二次	0.5	0.4	0.35
	第三次	0.3	0.25	0.2
	第四次	0.1(0)	0.1(0)	0.1(0)
5	第一、二、三次	0.5	0.4	0.35
	第四次	0.3	0.25	0.2
	第五次	0.1(0)	0.1(0)	0.1(0)

注：1. 表中数值适用于一般精度(未注公差尺寸的极限偏差)工件的拉深；
　　2. 末次工序括弧内的数字，适用于较精密拉深件(IT11～IT13 级)。

在实际生产中，不用压边圈拉深易起皱，单边间隙取板料厚度最大值的 1～1.1 倍。间隙较小值用于末次拉深或用于精密拉深件。较大值用于中间工序的拉深或不精密的拉深件。

有压边圈拉深时，单边间隙值可查表 4.29。

表 4.29　有压边圈拉深时单边间隙值

总拉深次数	拉深工序	单边间隙 $Z/2$	总拉深次数	拉深工序	单边间隙 $Z/2$
1	一次拉深	$(1\sim1.1)t$	4	第一、二次拉深	$1.2t$
2	第一次拉深	$1.1t$		第三次拉深	$1.1t$
	第二次拉深	$(1\sim1.05)t$		第四次拉深	$(1\sim1.05)t$
3	第一次拉深	$1.2t$	5	第一、二、三次拉深	$1.2t$
	第二次拉深	$1.1t$		第四次拉深	$1.1t$
	第三次拉深	$(1\sim1.05)t$		第五次拉深	$(1\sim1.05)t$

注：t 为材料厚度，取材料允许偏差的中间值。

当拉深精密工件时，最末一次拉深间隙取 $Z/2=t$。

对于精度要求高的工件，为了使拉深后回弹很小，表面质量好，常采用负间隙拉深，其间隙值取

$$Z/2=(0.9\sim0.95)t \tag{4.34}$$

盒形件间隙 $Z/2$ 根据工件尺寸精度要求选取：

当尺寸精度要求高时：$Z/2=(0.9\sim1.05)t$。

当尺寸精度要求不高时：$Z/2=(1.1\sim1.3)t$。

盒形件最后一次拉深的间隙最重要。这时间隙大小沿周边是不均匀的，因角部金属变形量最大，直边部分按弯曲工艺取小间隙；圆角部分按拉深工艺取大间隙，按上述决定间隙后，角部间隙要再比直边部分增大 $0.1t$。如果工件要求内径尺寸，则此增大值由修整凹模得到；如果工件要求外形尺寸，则由修整凸模得到。

二、凸、凹模工作部分尺寸

1. 凸、凹模径向尺寸

确定凸模和凹模径向尺寸时,应考虑模具的磨损和拉深件的回弹,尺寸公差只在最后一次工序考虑。对于中间和末次拉深的拉深模,其凸模、凹模的径向尺寸及其公差应按工件尺寸标注方式的不同,由表4.30所列公式进行计算。

对圆形凸、凹模的制造公差,根据工件的材料厚度与工件直径来选定,其数值列于表4.31。

表4.30　拉深模径向尺寸计算公式

尺寸标准方式	凹模尺寸	凸模尺寸
标注内形尺寸 $d_0^{+\Delta}$　$Z/2$　d_p　d_d	中间拉深 $d_d=(d_{min}+Z)_{0}^{+\delta_d}$ 末次拉深 $d_d=(d_{min}+0.4\Delta+Z)_{0}^{+\delta_d}$	中间拉深 $d_p=d_{min}{}_{-\delta_p}^{0}$ 末次拉深 $d_p=(d_{min}+0.4\Delta)_{-\delta_p}^{0}$
标注外形尺寸 $Z/2$　D_p　$D_{-\Delta}^{0}$　D_d	中间拉深 $D_d=D_{max}{}_{0}^{+\delta_d}$ 末次拉深 $D_d=(D_{max}-0.75\Delta)_{0}^{+\delta_d}$	中间拉深 $D_p=(D_{max}-Z)_{-\delta_p}^{0}$ 末次拉深 $D_p=(D_{max}-0.75\Delta-Z)_{-\delta_p}^{0}$

表4.30中公式符号意义如下:

D_d、d_d——凹模径向尺寸,mm;

D_p、d_p——凸模径向尺寸,mm;

D_{max}——拉深件外形最大尺寸,mm;

d_{min}——拉深件内形最小尺寸,mm;

δ_d、δ_p——凹模、凸模制造公差,mm,见表4.31。

表4.31　圆形拉深模凸、凹模的制造公差

mm

材料厚度	工件直径的基本尺寸							
	<10		10～50		50～200		200～500	
	δ_d	δ_p	δ_d	δ_p	δ_d	δ_p	δ_d	δ_p
0.25	0.015	0.010	0.02	0.010	0.03	0.015	0.03	0.015
0.35	0.020	0.010	0.03	0.020	0.04	0.020	0.04	0.025
0.5	0.030	0.015	0.04	0.030	0.05	0.030	0.05	0.035
0.80	0.040	0.025	0.06	0.035	0.06	0.040	0.06	0.040
1.00	0.045	0.030	0.07	0.040	0.08	0.050	0.08	0.060
1.20	0.055	0.040	0.08	0.050	0.09	0.060	0.10	0.070

续表 4.31

材料厚度	工件直径的基本尺寸							
	<10		10～50		50～200		200～500	
	δ_d	δ_p	δ_d	δ_p	δ_d	δ_p	δ_d	δ_p
1.50	0.065	0.050	0.09	0.060	0.10	0.070	0.12	0.080
2.00	0.080	0.055	0.11	0.070	0.12	0.080	0.14	0.090
2.50	0.095	0.060	0.13	0.085	0.15	0.100	0.17	0.120
3.50	—	—	0.15	0.100	0.18	0.120	0.20	0.140

注：1. 表列数值用于未精压的薄钢板。

2. 如用精压钢板，则凸模及凹模的制造公差，等于表列数值的 20%～25%。

3. 如用有色金属，则凸模及凹模的制造公差，等于表列数值的 50%。

2. 凸、凹模圆角半径

(1) 凸模圆角半径

凸模圆角半径 r_p 对拉深过程有影响。当 r_p 过小时，弯曲变形大，危险断面容易拉断。当 r_p 过大时，则毛坯底部的承压面积减小，悬空部分加大，容易产生底部的局部变薄和内皱。

除末次拉深，凸模的圆角半径应比凹模圆角半径略小，即 $r_p=(0.6\sim1)r_d$，末次拉深时，$r_p=r_{工件}\geqslant t$。如 $r_{工件}<t$，则要有整形工序来完成。

(2) 凹模圆角半径

凹模圆角半径 r_d 对拉深过程影响很大。当 r_d 过小时，毛坯被拉入凹模的阻力就大，拉深力增加，易使工件产生划痕、变薄甚至拉裂，还使模具寿命降低。当 r_d 过大时，会使压边圈下的毛坯悬空，使有效压边面积减小，易起皱。

在不产生起皱的前提下，凹模圆角半径越大越好。由经验公式可得 r_d 的最小值为

$$r_d=0.8\sqrt{(D-d)t} \tag{4.35}$$

式中：D——毛坯或上次工序的拉深直径，mm；

d——本次工序的拉深直径，mm；

t——材料厚度，mm。

首次拉深的 r_d 也可由表 4.32 查得。

表 4.32　首次拉深凹模的圆角半径

拉深件形式	毛坯相对厚度 $\frac{t}{D}\times100$		
	2.0～1.0	1.0～0.3	0.3～0.1
无凸缘	$(4\sim6)t$	$(6\sim8)t$	$(8\sim12)t$
有凸缘	$(8\sim12)t$	$(12\sim15)t$	$(15\sim20)t$

注：1. 当毛坯较薄时，取较大值，毛坯较厚时，取较小值。

2. 钢料取较大值，有色金属取较小值。

以后各次的拉深模 r_d 应按 $r_{dn}=(0.6\sim0.8)\ r_{dn-1}$ 逐步减小，但不应小于材料厚度的两倍。如有凸缘工件的凸缘圆角要求小于料厚，需加整形工序。

对于盒形件的拉深模具,圆角部分的间隙比直边大 0.1t,如图 4.43 所示。

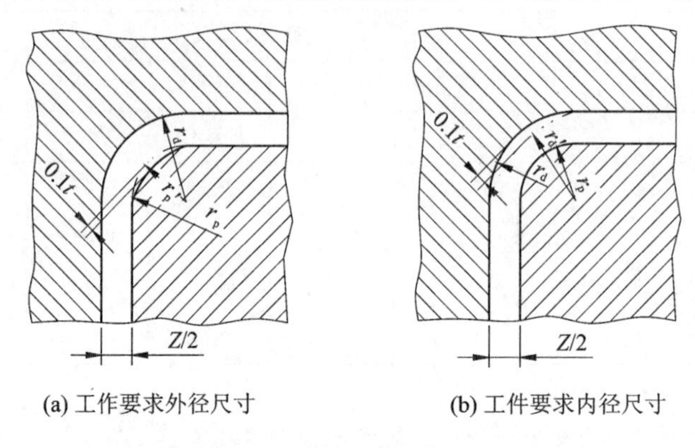

图 4.43　盒形件拉深圆角部分的间隙和模具尺寸

当工件要求外径尺寸时,凹模圆角半径按表 4.30 中末次拉深的公式来计算。由图 4.43 可推出,凸模圆角半径为

$$r_p = (r_d - 0.76t)_{-\delta_p}^{0} \tag{4.36}$$

当工件要求内径尺寸时,凸模圆角半径按表 4.30 中末次拉深的公式来计算。由图 4.43 可推出,凹模圆角半径为

$$r_d = (r_p + 0.76t)_{0}^{\delta_d} \tag{4.37}$$

3. 拉深凸模出气孔尺寸

凸模应钻通气孔,这样会使卸件容易,否则凸模与工件之间由于真空状态而无法卸料。通气孔尺寸及数量见表 4.33。

表 4.33　拉深凸模出气孔尺寸

凸模直径 d_p/mm	≤50	50～100	100～200	>200
出气孔直径 d/mm	5	6.5	8	9.5
数　量	按圆周直径 ϕ50～ϕ60 均布 4～7 个成一组			

4.2　拉深模的典型结构

一、典型的拉深模

1. 首次拉深模

图 4.44(a)所示为有压边装置的顺装式首次拉深模。由压边圈和弹性元件组成的压边装置位于上模,工作时既起压边作用,又起卸料作用。由于弹性元件的高度受到模具闭合高度的限制,这种结构形式的拉深模适用于拉深深度不大的零件。

图 4.44(b)为倒装式具有锥形压边圈的拉深模。压边装置的弹性元件在下模座下,拉深工作结束后,压边圈靠工作台下的弹顶器复位,将包在凸模上的工件顶出。这种形式的模具,工作行程较大,可用于拉深深度较高的工件。

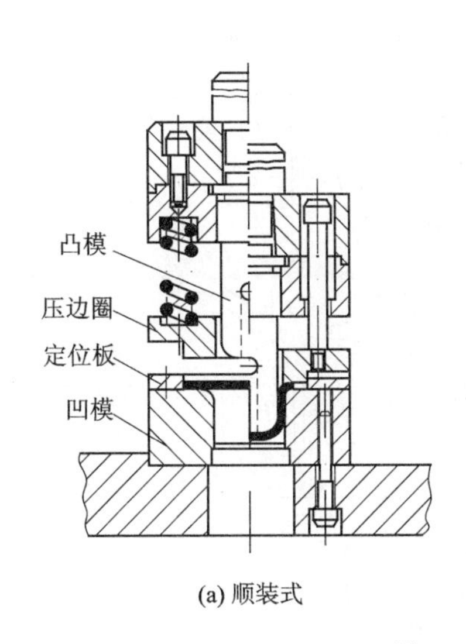

(a) 顺装式

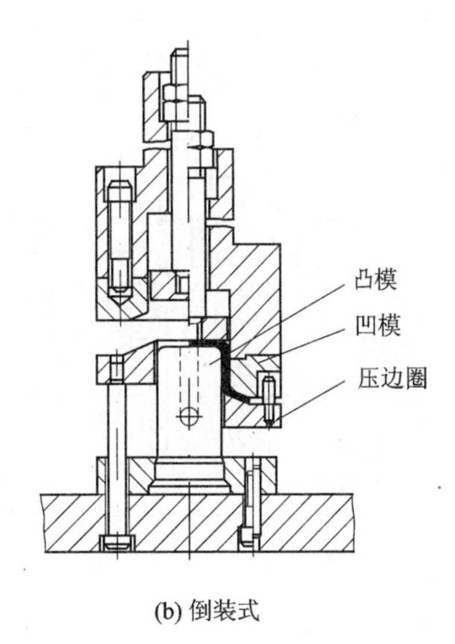

(b) 倒装式

图 4.44　首次拉深模

2. 以后各次拉深模

图 4.45 所示为以后各次拉深使用的模具。工件按内形在压边圈上定位。当采用弹性元件提供压边力时，为控制压边力，应在压边圈上设置三个等间隔分布的限位柱，使压边圈与凹模工作面间保持一定的距离。

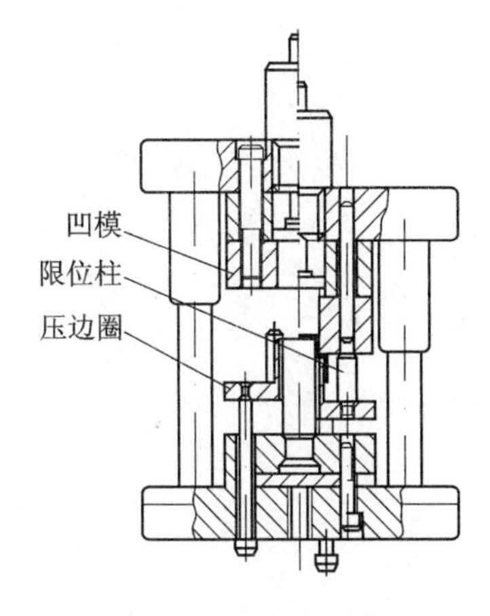

图 4.45　以后各次拉深使用的模具

3. 落料、拉深复合模

图 4.46 所示为在单动压力机上使用的落料拉深复合模。工作时，送入的毛坯放在凹模、压边圈和托料板上。依靠挡料销和导料销定好位置。上模下行时，由卸料板将毛坯压住，凸凹模开始落料。随后进行拉深。此时，压边圈通过顶杆靠弹簧的力紧紧地压住了毛坯，防止拉深时起皱。上模上升时，压边圈将工件从凸模上顶出，若工件卡在凸凹模内，直到推杆碰到冲床的打料横梁，推动推件块可将工件推出。

该模具采用的由压边圈、顶杆、弹簧及夹板等组成的弹性压边装置，直接装在模具内，用来防止拉深时的起皱。如果工件的拉深深度较深，需要的压边力又较大时，则应采用附设在冲床上的拉深气垫进行压边。

4. 双动压力机用拉深模

图 4.47 所示为双动压力机上拉深模的工作原理。拉深凸模固定在压力机内滑块上，而压边圈固定在外滑块上。在每次冲压行程开始时，外滑块带动压边圈下降，压在毛坯的外边缘上，并在此位置上停止不动，随后内滑块也带动凸模下降，并开始进行拉深变形。当冲压过程结束后，紧跟着内滑块的回升，外滑块带动压边圈回复到最上位置。这时压力机工作台下部的顶出装置将工件由模具里顶出。有时也利用外滑块完成拉深前的落料动作。

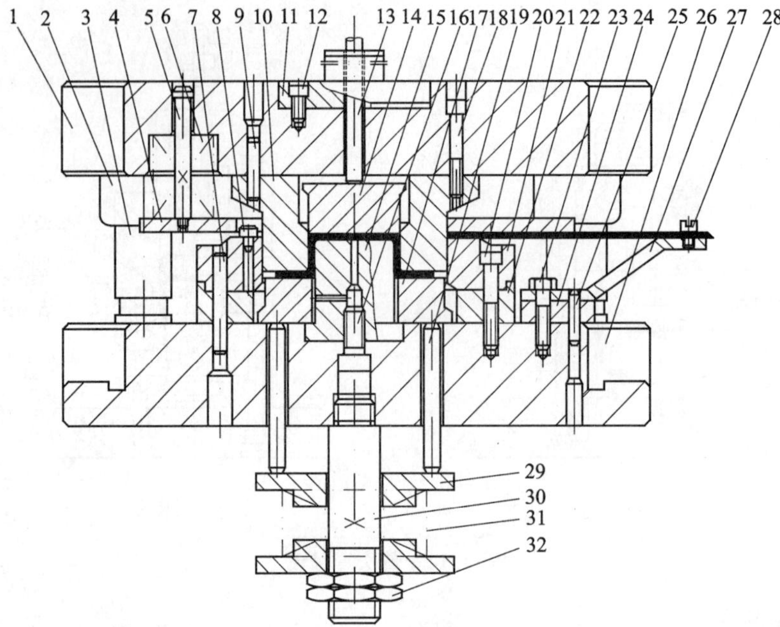

1—上模座；2—导套；3—导柱；4—卸料板；5—卸料板螺钉；6、31—弹簧；7、9、25—销钉；8—挡料销；10—凸凹模；11—模柄；12、16、18、20、23、30—螺钉；13—推杆；14—推件块；15—拉深凸模；17—压边圈(顶件块)；19—顶杆；21—落料凹模；22—凹模固定板；24—垫块；26—下模座；27—托料板；28—导料销；29—夹板；32—螺母

图 4.46　落料、拉深复合模

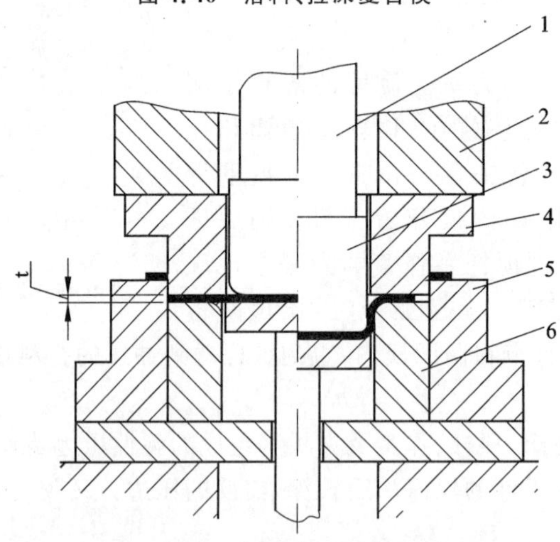

1—内滑块；2—外滑块；3—拉深凸模；4—落料凸模兼压边圈；5—落料凹模；6—拉深凹模

图 4.47　双动压力机用拉深模

二、拉深模结构设计要点

1. 凹模的结构形式

(1) 不用压边圈的拉深模

① 第一次拉深用的拉深模如图 4.48 所示。

锥形及渐开线形凹模与平端圆弧形凹模相比，可以拉出相对厚度较小的毛坯而不致起皱，

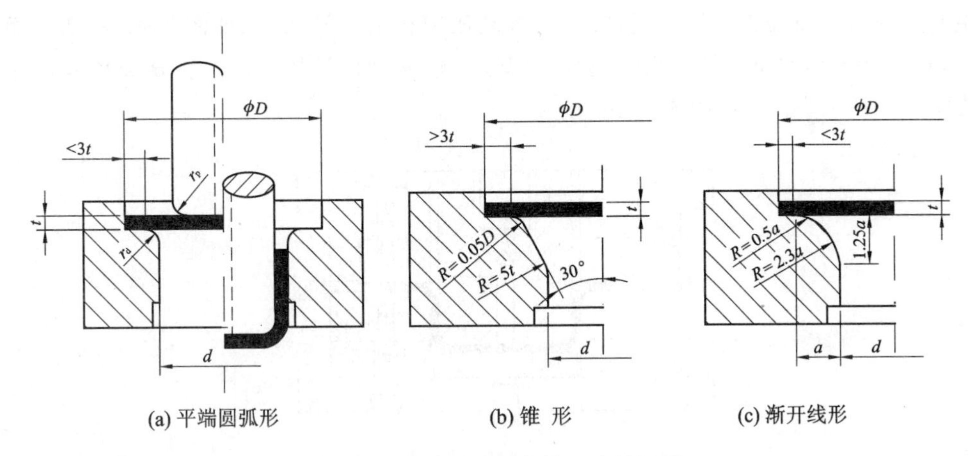

(a) 平端圆弧形　　(b) 锥 形　　(c) 渐开线形

图 4.48　不用压边圈的第一次拉深模

而且可以采用较小的拉深系数，但加工较复杂。

② 多次拉深用的拉深模如图 4.49 所示。

(2) 用压边圈的拉深模

如图 4.50 所示，(a)适用于拉深高度比较小的工件($d \leqslant 100$ mm)；(b)适用于拉深高度比较大的工件($d > 100$ mm)。

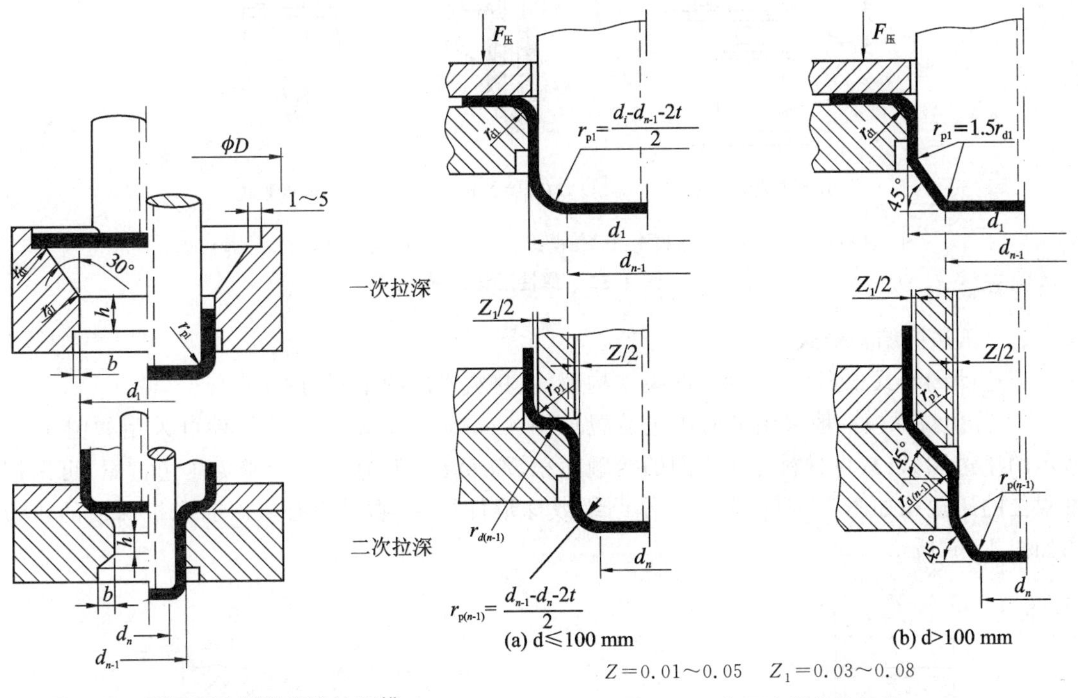

$Z=0.01 \sim 0.05$　　$Z_1=0.03 \sim 0.08$

图 4.49　不用压边圈的多次拉深模

图 4.50　有压边圈的拉深模

2. 压边装置

为防止毛坯凸缘在拉深过程中起皱，通常使用的拉深模带有压边装置。

(1) 压边装置的类型

压边装置一般采用压边圈。压边圈主要有两种类型：刚性压边圈和弹性压边圈。刚性压边圈主要用于大型覆盖件的拉深模,安装在双动压力机的外滑块上,如图 4.46 所示。而弹性压边圈多用于中、小型拉深件使用的模具。弹性压边圈利用气压、液压、弹簧或橡胶产生的力为压边圈提供压力,如图 4.52 所示。

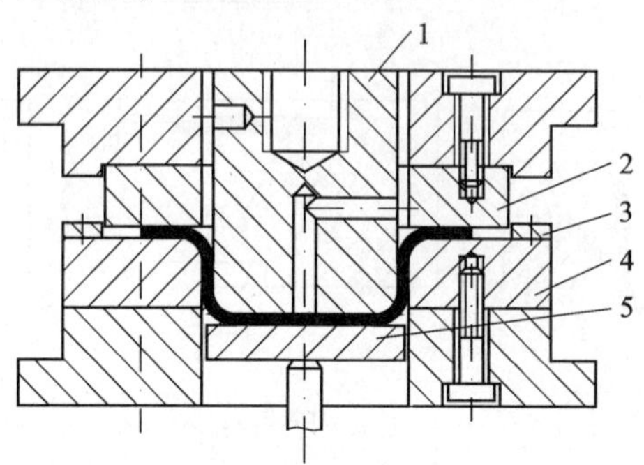

1—凸模;2—压边圈;3—定位板;4—凹模;5—顶件块

图 4.51　刚性压边装置

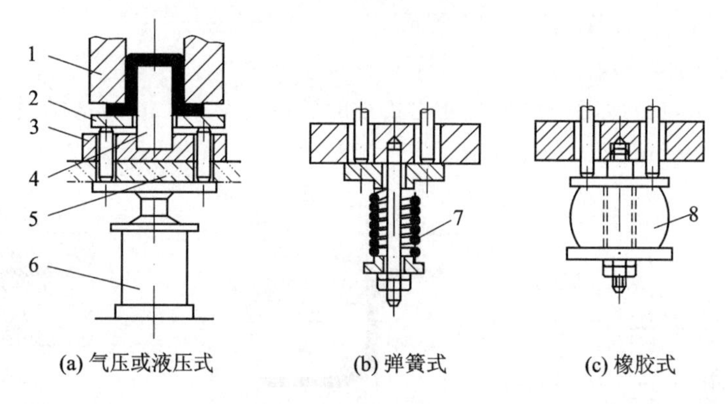

1—凹模;2—压边圈;3—下模座;4—凸模;5—工作台;6—气垫;7—弹簧;8—橡胶垫

图 4.52　弹性压边装置

(2) 压边圈结构形式

压边圈的形式根据拉深次数、凹模结构形式、材料厚度的不同而不同。

① 首次拉深模一般采用平面压边装置如图 4.53 所示。对于宽凸缘件可采用如图 4.54 所示的压边圈,以减少材料与压边圈的接触面积,增大单位压边力。为避免压边过紧,可采用带限位的压边圈如图 4.55(a)所示。小凸缘或球形件拉深,则采用有拉深筋或拉深梗的压边圈如图 4.56 所示。

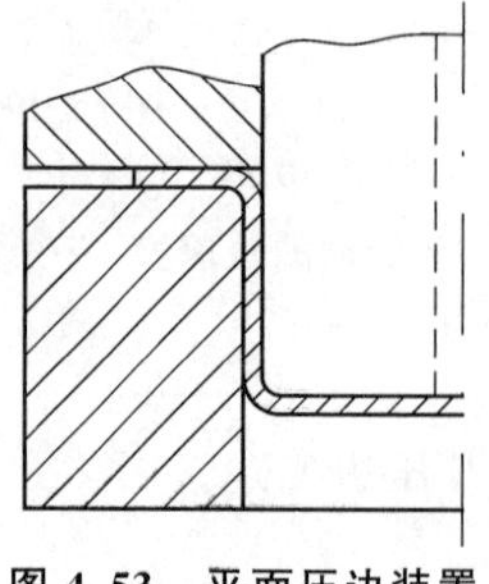

图 4.53　平面压边装置

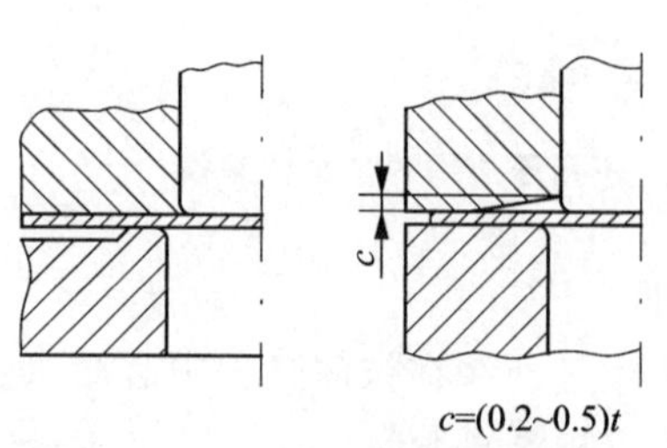

图 4.54　宽凸缘工件拉深用压边圈

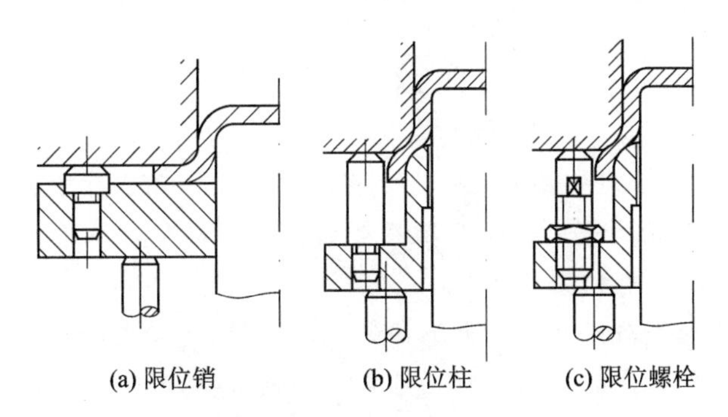

图 4.55　有限位装置的压边圈

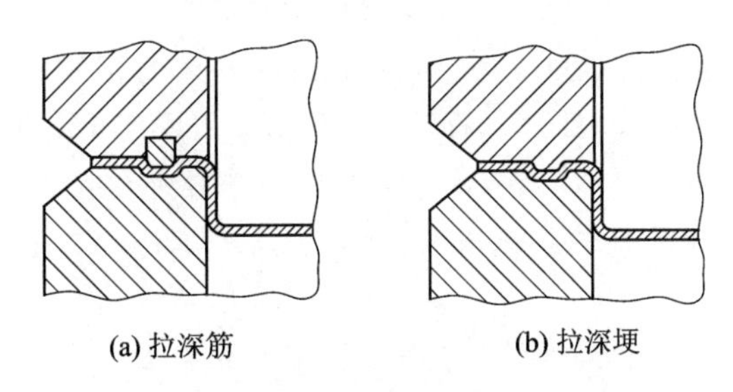

图 4.56　小凸缘或球形件拉深的压边装置

对于大型覆盖件，需要较大的压边力，多采用带拉延筋的压边圈，如图 4.57 所示。

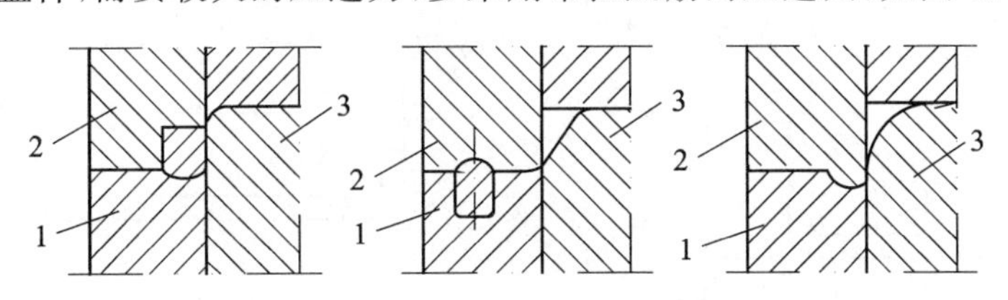

1—压边圈；2—凹模；3—凸模

图 4.57　带拉延筋的压边圈

② 再次拉深模，采用筒形压边圈，如图 4.55(b)、(c)所示。一般来说再次拉深模所需的压边力较小，而提供压边力的弹性力却随着行程而增加，所以要用限位装置。

③ 单动压力机进行拉深时，其压边力靠弹性元件产生，常用的有气垫、弹簧垫、橡胶垫等。双动压力机进行拉深时，将压边圈装在外滑块上，压边力保持不变。

(3) 压边圈尺寸及技术要求

压边圈主要是压边防皱，但对于许多中、小型工件，还起卸料作用。因此，压边圈与凸模的间隙不能太大。根据材料厚度的不同，一般压边圈与凸模的单边间隙在 0.2～0.5 mm 范围内。拉深薄材料时，间隙取小值，反之取大值。

压边圈的工作表面不允许开螺孔，应具有足够的刚度。设计尺寸较大的压边圈时尤应注意。顶杆分布应对称；在工作过程中能平稳地移动。压边圈与毛坯接触的一面，要保证毛坯顺利流入筒壁，除进行车、铣之外，还要在热处理后进行磨削加工，应保证粗糙度达到 $R_a0.8\ \mu m$。其余工作表面，达到 $R_a6.3 \sim 3.2\ \mu m$ 即可。

习　题

4.1　拉深工艺中,会出现哪些失效形式? 说明产生的原因和防止的措施。

4.2　什么是拉深系数? 什么是极限拉深系数? 影响极限拉深系数的因素有哪些? 拉深系数对拉深工艺有何意义?

4.3　有凸缘圆筒形件与无凸缘圆筒形件的拉深比较,有哪些特点? 工艺计算有何区别?

4.4　非直壁旋转体工件的拉深有哪些特点? 如何减小回弹和起皱问题?

4.5　阐述盒形件拉深变形特点和毛坯的确定方法。

4.6　拉深模压边圈有哪些结构形式? 适用哪些情况?

4.7　拉深凹模工作部分有哪些结构形式? 设计时应注意哪些问题?

4.8　图4.58(a)所示为电工器材上的罩,材料08F,料厚1 mm;图4.58(b)所示为手推车轴碗,材料10钢,料厚3 mm,试计算拉深模工作部分尺寸。

4.9　确定图4.59所示零件的拉深次数,计算各工序工件的工序尺寸,工件材料为08钢,料厚1 mm。

4.10　计算确定图4.60所示的拉深工件的拉深次数和各工序尺寸,绘制各工序草图并标注全部尺寸。

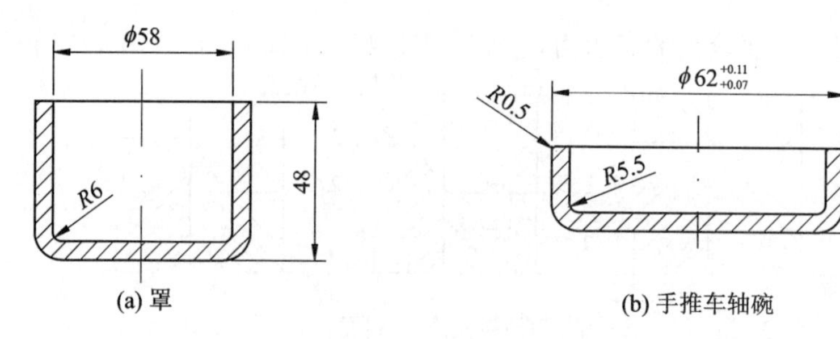

(a) 罩　　(b) 手推车轴碗

图4.58　无凸缘拉深件

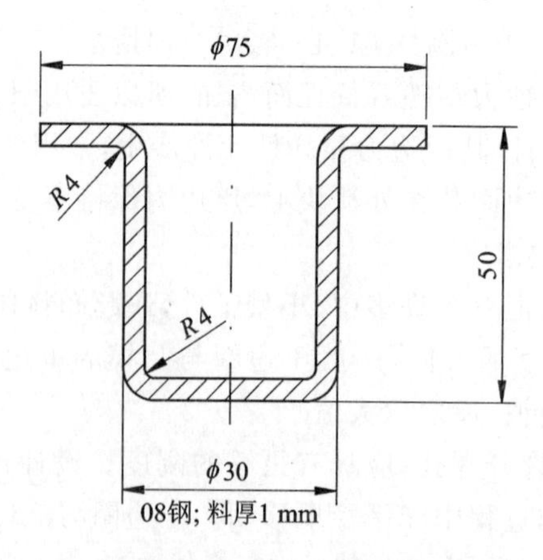

图4.59　带凸缘拉深件

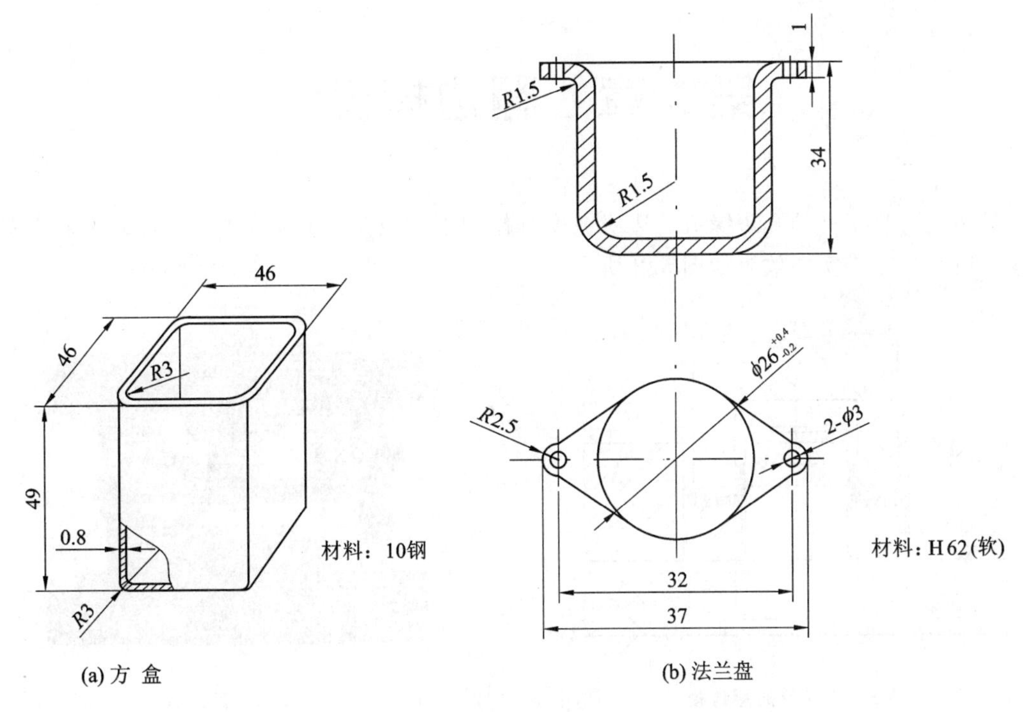

(a) 方 盒　(b) 法兰盘

图 4.60　拉深件

第5章　翻边模设计

翻边模是将工件的孔边缘或外边缘在模具作用下翻成竖立直边的模具，简单的翻边模如图 5.1 所示。三维实体效果如图 5.2 所示。

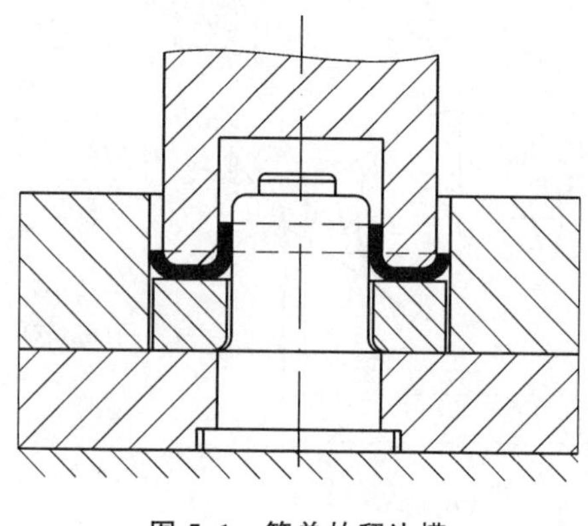
图 5.1　简单的翻边模

图 5.2　翻边模

用翻边模可以加工形状复杂、具有良好刚度和合理空间形状的工件，在实际生产中广为应用。尤其在汽车、拖拉机等工业部门的应用更普遍。

5.1　翻边模的设计基础

翻边工件具有良好的刚度和合理的空间形状，用翻边的方法可以加工形状复杂的工件。根据工件边缘的形状和应力应变状态不同，翻边可分为内孔翻边和外缘翻边，如图 5.3 所示。外缘翻边又分为内凹的外缘翻边[如图 5.3(b)上图]和外凸的外缘翻边[如图 5.3(b)下图]。

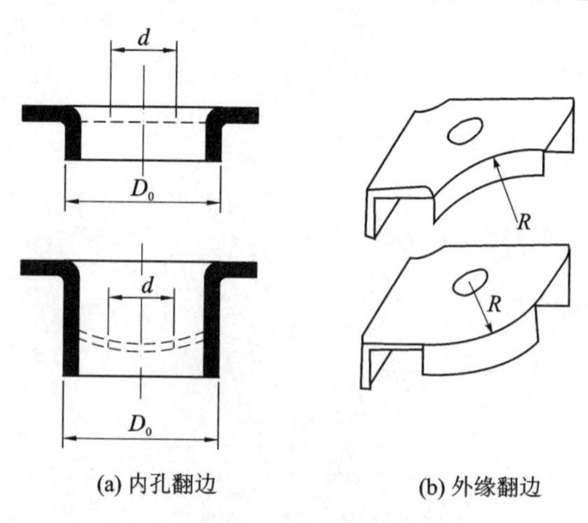

图 5.3　内孔和外缘翻边

5.1.1　翻边件的工艺性

一、翻边件的结构工艺性

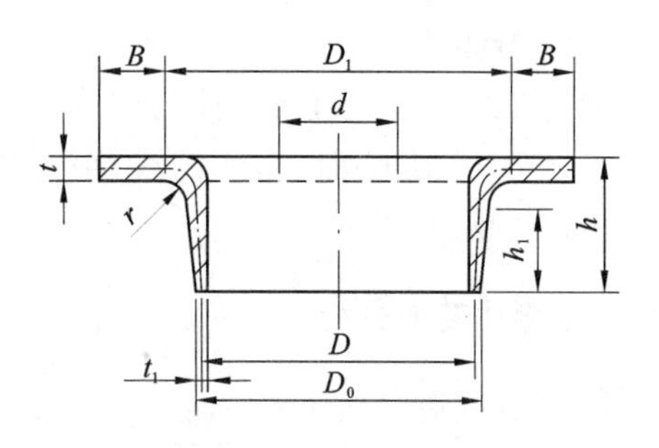

图5.4　翻边件的工艺性尺寸要素

(1) 翻边工件边缘与平面的圆角半径,如图5.4所示。

$r \geqslant 1.5t + 1$ mm,一般当

$t < 2$ mm　　$r = (4 \sim 5)t$

$t \geqslant 2$ mm　　$r = (2 \sim 3)t$

如要求小于以上数值,应增加整形工序。

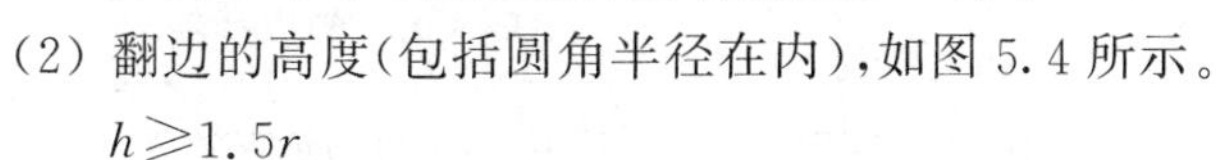

(2) 翻边的高度(包括圆角半径在内),如图5.4所示。

$h \geqslant 1.5r$

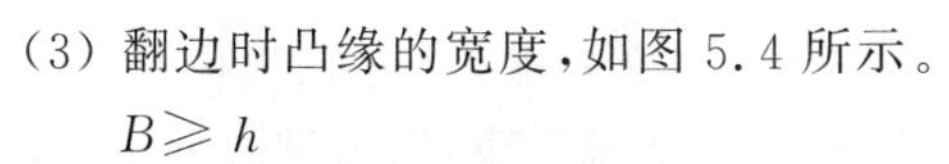

(3) 翻边时凸缘的宽度,如图5.4所示。

$B \geqslant h$

(4) 翻边的相对厚度,如图5.4所示。

当 $d/t > (1.7 \sim 2)$ 时,翻边能有良好的圆筒壁;

当 $d/t < (1.7 \sim 2)$ 时,翻边时边壁容易发生破裂。

(5) 翻边底孔的光洁度将直接影响工件质量,如孔边有毛刺则导致翻边口的破裂,一般情况毛刺面应与翻边方向相反,如图5.5所示。

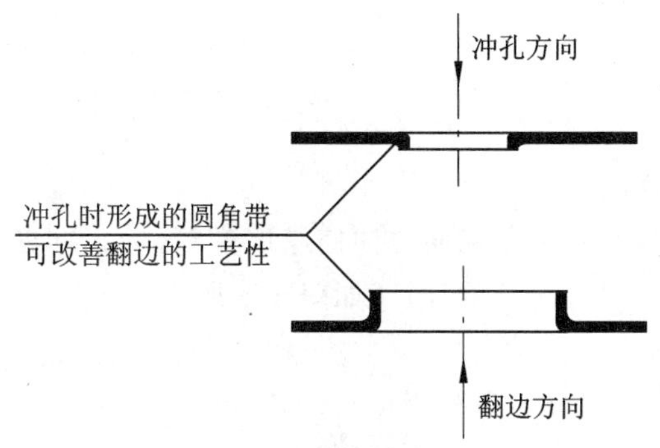

图5.5　翻边的方向

二、翻边件的尺寸精度

翻边件的径向尺寸精度可按IT9级,粗糙度应在 Ra 1.6 μm以上。

5.1.2　翻边过程及变形分析

一、翻边过程

1. 内孔翻边

内孔翻边如图5.6所示,翻边前毛坯孔径为 d,翻边变形区是内径为 d、外径为 D_0 的环形部分。在翻边过程中,变形区在冲头的作用下其内径 d 不断地增大,并向侧边转移,直到翻边

结束时,变形区内径尺寸等于冲头的直径 d_p,最后使平面环形变成竖直的边缘。

2. 外缘翻边

外缘翻边分为向外曲与向内曲翻边两种。向外曲的翻边,类似不用压边圈的浅拉深;向内曲的翻边与内孔翻边相似。

二、翻边变形分析

1. 内孔翻边

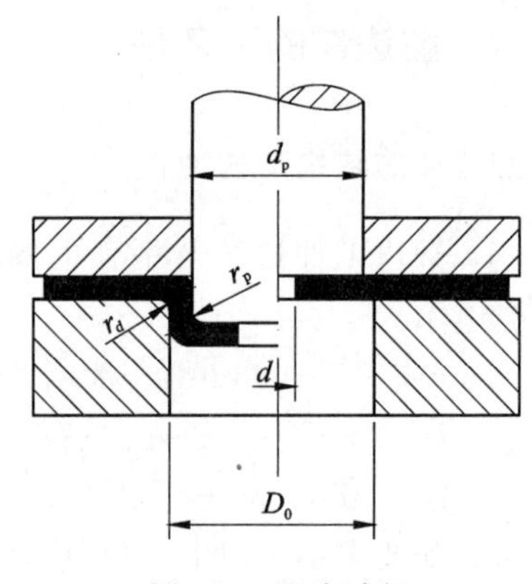

图 5.6 翻边过程

变形区的毛坯受切向拉应力 σ_θ 和径向拉应力 σ_r 的作用。其中切向拉应力 σ_θ 是最大主应力;而径向拉应力 σ_r 值较小,是由毛坯与模具的摩擦而产生的。在整个变形区内,应力、应变的大小是变化的。孔的外缘处于单向切向拉应力状态,且其值最大,该处的应变在变形区内也最大。边缘的厚度在翻边过程中不断变薄,使得翻边后竖边的边缘部位变薄最严重,成为危险部位,当变形超过许用变形程度时,此处就会开裂。

2. 外缘翻边

向外曲的翻边,其变形分析与不用压边圈的浅拉深相同;向内曲的翻边,其变形分析与内孔翻边相同。

5.1.3 翻边件的工艺计算

一、毛坯尺寸的确定

1. 圆孔翻边毛坯尺寸的确定

工件在翻边过程中,材料主要受切向拉伸使厚度变薄,而径向变形不大。因此,可以用简单弯曲的方法,近似地进行底孔尺寸的计算,如图 5.4 所示。

预冲孔直径按下式确定

$$d = D - 2(h - 0.43r - 0.72t) \tag{5.1}$$

翻边高度按下式计算

$$h = \frac{D-d}{2} + 0.43r + 0.72t \tag{5.2}$$

式中:D——翻边后孔的直径(中径),mm;

d——翻边前预冲孔的直径,mm;

h——翻边后工件的高度,mm;

r——凹模圆角半径,mm;

t——材料厚度,mm。

当翻边高度较高,一次不能成形时,可以采用先拉深,后在底部冲孔,再翻边的方法。在拉深件底部翻边时,应先决定翻边所能达到的最大高度 h,然后再根据翻边高度及工件总高 H 来确定拉深的高度 h',如图 5.7 所示。

翻边高度按下式确定

$$h=\frac{D-d}{2}+0.57r \qquad (5.3)$$

预冲孔直径按下式计算

$$d=D+1.14r-2h \qquad (5.4)$$

式中：d——预冲孔直径，mm；

D——翻边后孔的直径（中径），mm；

h——翻边高度，mm；

r——拉深件的底角半径，mm。

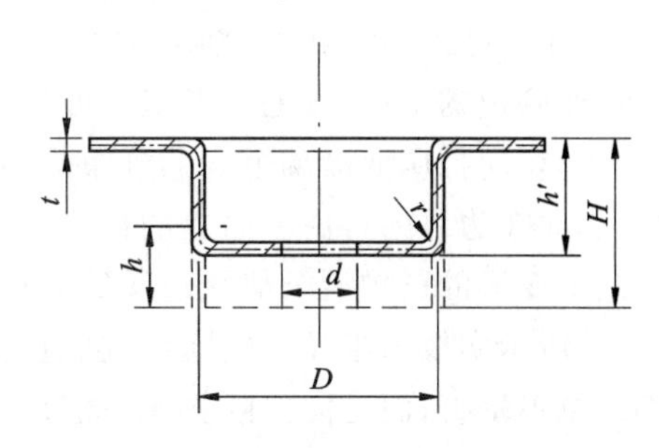

图 5.7　在拉深件底部翻边预冲孔尺寸

拉深高度按下式计算

$$h'=H-h+r+t \qquad (5.5)$$

实际上，由于在翻边时毛坯变形区内的切向拉应力引起的变形使翻边高度减小，而径向拉应力的作用又使翻边的高度加大，可能引起翻边高度变化的因素有几种：翻边时的变形程度，模具的几何形状和间隙、板料的性能等。一般的情况下，切向拉应力的作用比较显著，实际所得的翻边高度都略微地小于按弯曲变形展开计算所得的翻边高度值。当对翻边高度尺寸的精度要求比较高时，翻边前预冲孔直径需要通过翻边模的试冲结果最终确定。

2. 非圆孔翻边毛坯尺寸的确定

如图 5.8 所示，由内圆弧 a、外圆弧 b 和直线部分 c 组成的非圆孔的翻边。计算翻边前的孔形尺寸时，内圆弧 a 部分按拉深件计算；外圆弧 b 部分按圆孔翻边计算；直线 c 按弯曲件计算。各部分展开的形状，最后应加以修正，使其光滑过渡。

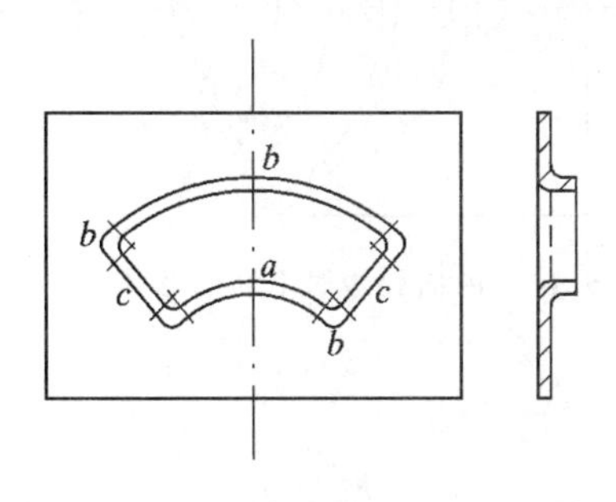

图 5.8　非圆孔翻边毛坯尺寸计算

为消除误差，圆角处的翻边高度，应比直线部分的边宽增大一些，其近似关系式为：

$$b_r=(1.05\sim1.1)b_e \qquad (5.6)$$

式中：b_r——圆角部分的边宽，mm；

b_e——直线部分的边宽，mm。

3. 外缘翻边毛坯尺寸的确定

（1）外曲翻边毛坯尺寸的确定

外曲翻边时，翻边线上切向压应力和径向拉应力的分布是不均匀的外曲翻边的工件，其毛坯形状按浅拉深方法计算。在曲率半径小或在中间圆弧部分的对角线上最大，而在两端最小。若采用由半径 R 构成的圆弧线为毛坯轮廓，如图 5.9 中实线，由于毛坯边缘的宽度相等而宽度方向上的变形不同，翻边后势必形成中间高，两端低的竖边，且两端的边缘线也不与工件平面垂直而向外倾斜。为得到翻边后的平齐高度和两端线垂直的工件，必须对毛坯的形状做必要的修正，采用图 5.9 中虚线表示的形状。翻边变形程度越大，角度 α 越小，修正值 $(R-r-b)$ 越大。毛坯端线修正角 β 之值，根据翻边变形程度和 α 之大小而不同，通常可取 25°～40°。若翻边的高度不高，而且翻边沿线的曲率半径很大时，也可以不做修正，按部分圆孔翻边的情况确定毛坯的形状。

(2) 内曲翻边毛坯尺寸的确定

内曲翻边的工件,其毛坯形状一般按孔的翻边方法计算。内曲翻边时,毛坯变形区内切向拉应力和切向拉应变沿翻边线的分布是不均匀的——在远离直线部分且曲率半径最小的部位上最大,而在边缘的自由表面上的径向拉应力和切向拉应变都为零。切向拉应变对工件在高度方向上变形的影响沿全部翻边线的分布也是不均匀的。若采用宽度 b 一致的毛坯形状,如图5.10所示实线为半径 r 的弧线,翻边后工件的高度变为两端高,中间低的竖边。另外,竖边的端线也不垂直,而是向内倾斜成一定角度。为得到平齐一致的翻边高度,应在毛坯的两端对毛坯的轮廓线做必要的修正,修正的方向恰好与外曲翻边相反。

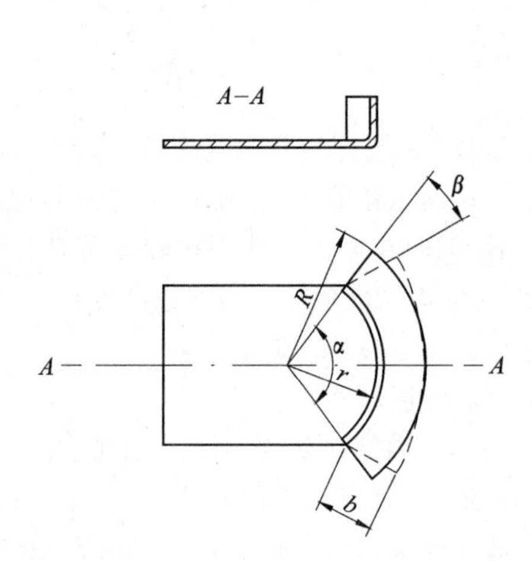

图 5.9　外曲翻边时毛坯的形状

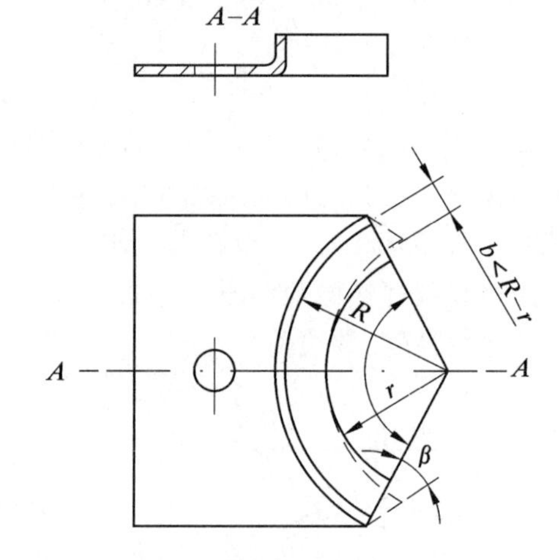

图 5.10　内曲翻边时毛坯的形状

二、翻边件翻边工序的计算

由于孔翻边时变形区内金属在切向拉应力的作用下产生切向的伸长变形,最大的伸长变形发生在毛坯孔的边缘,所以在翻边时应保证毛坯孔边缘部位上金属的伸长变形小于材料所允许的极限值。

1. 圆孔翻边

翻边的变形程度常以翻边前孔径 d 与翻边后孔径 D 的比值 K 来表示,该比值称为翻边系数,即

$$K=\frac{d}{D} \tag{5.7}$$

显然,K 值愈大变形程度愈小,K 值愈小变形程度愈大。当翻边时孔边不破裂所能达到的最大变形程度,即最小的 K 值,称为极限翻边系数,用 K_{min} 表示。试验证明,K_{min} 与下列因素有关。

(1) 孔边的加工性质及状态

采用钻的孔翻边时,可得较小的 K_{min},孔边表面质量高、无毛刺时有利于翻边。

(2) 预冲孔直径 d 与料厚 t 的比值。

比值愈小,即材料愈厚,在破裂前的绝对伸长越大,翻边时不易破裂,故 K_{min} 可取小一些。

(3) 材料的塑性

塑性指标 δ 和 ψ 愈高时，K_{min} 可取小一些。

$$\delta=\frac{\pi D-\pi d}{\pi d}=\frac{D-d}{d}=\frac{1-K}{K} \tag{5.8}$$

$$K=\frac{1}{1+\delta}=1-\psi \tag{5.9}$$

式中：δ——延伸率；

　ψ——截面收缩率。

（4）凸模工作部分形状

球形（抛物线形或锥形）凸模比平底凸模对翻边有利。

一次圆孔翻边工序的 K 值可查表 5.1，表 5.2。翻边高度较高，需多次翻边时，每次工序间要进行退火。

表 5.1　各种材料的翻边系数

材料名称	翻边系数	
	K	K_{min}
白铁皮	0.70	0.65
软钢　$t=0.25\sim2$ mm	0.72	0.68
软钢　$t=3\sim6$ mm	0.78	0.75
黄铜 H62　$t=0.5\sim6$ mm	0.68	0.62
铝　$t=0.5\sim5$ mm	0.70	0.64
硬铝合金	0.89	0.80

注：在翻边壁上允许有不大的裂痕时，可以用 K_{min} 数值。

表 5.2　低碳钢圆孔的极限翻边系数

翻边凸模的形状	孔的加工方法	相对厚度 d/t										
		100	50	35	20	15	10	8	6.5	5	3	1
球面凸模	钻后去毛刺	0.70	0.60	0.52	0.45	0.40	0.36	0.33	0.31	0.30	0.25	0.20
	冲　孔	0.75	0.65	0.57	0.52	0.48	0.45	0.44	0.43	0.42	0.42	—
圆柱体凸模	钻后去毛刺	0.80	0.70	0.60	0.50	0.45	0.42	0.40	0.37	0.35	0.30	0.25
	冲　孔	0.85	0.75	0.65	0.60	0.55	0.52	0.50	0.50	0.48	0.47	—

第二次以后圆孔翻边工序的翻边系数 K_n 为

$$K_n=(1.15\sim1.2)K \tag{5.10}$$

式中：K 为表 5.1 中查出的翻边系数。

由于多次翻边，每两道工序之间要进行退火，不经济且工件变薄较严重，故一般不予采用。

2. 非圆孔翻边

非圆孔翻边的变形特点及应力状态和圆孔翻边基本相同，区别仅仅在于变形区内沿翻边线应力与应变的分布不均匀，且随其曲率半径的变化而变化。当翻边高度相同时，曲率半径较小的部位上切向拉应力和切向拉应变都较大；相反，曲率半径较大的部位上切向拉应力和切向拉应变都较小;而在直线部分上仅在凹模圆角附近产生弯曲变形,在竖边上的切向拉应变为零。如图5.11所示,由于曲线部分和直线部分连接在一起,则不可避免地会使曲线部分上的翻边变形在一定程度上扩展到直边部分,使直边部分也产生一定的切向拉应变,同时,曲线部分的切向拉应变也因此而得到一定程度的减轻,因此,可以采用较圆孔翻边时更小一些的极限翻边系数。极限翻边系数降低多少,决定于直线部分和曲线部分的比例,在实际应用时,可以近似地按式(5.11)计算。

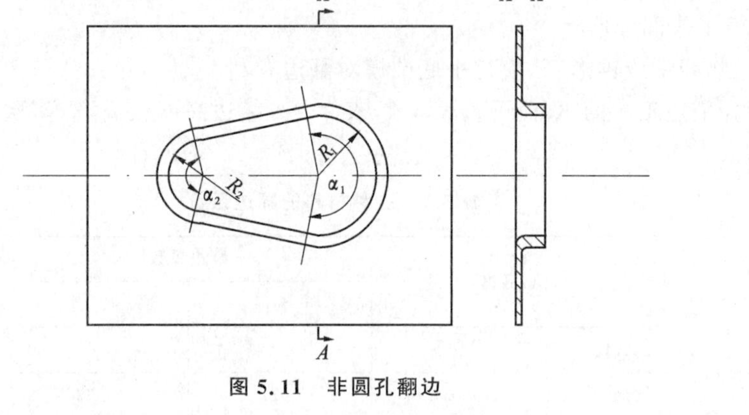

图5.11　非圆孔翻边

$$K'_{\min}=\frac{K_{\min}\alpha}{180^{\circ}} \tag{5.11}$$

式中:$K'_{\min}$——非圆孔翻边时的极限翻边系数;

$K_{\min}$——按表5.1、表5.2查得的圆孔极限翻边系数;

α——曲线部分的中心角(°),如图5.11所示。

上式适用于$\alpha\leqslant180^{\circ}$。当$\alpha>180^{\circ}$时,由于直边部分的影响已很不明显,以致必须按圆孔翻边确定极限翻边系数。当直边部分很短或者不存在直边部分时,极限翻边系数的数值应按圆孔翻边计算。

非圆孔翻边的翻边系数K'可以按下式近似取为

$$K'=(0.85\sim0.9)K \tag{5.12}$$

3. 外缘翻边

外缘翻边分为向外曲与向内曲翻边两种,如图5.12所示。

外缘翻边的变形程度用下式表示

外曲翻边
$$E_{外}=\frac{b}{R+b}\times100\% \tag{5.13}$$

内曲翻边
$$E_{内}=\frac{b}{R-b}\times100\% \tag{5.14}$$

允许变形程度可参考表5.3,表中数据适用于厚度在1 mm以上的材料。对于更薄的材料,特别是对于外曲翻边,应按表列数据稍微降低。在使用切口及采用专用的成形块以消除起皱、拱起现象时,用橡胶成形的外曲翻边,可以超过表中所列的数值。对于内曲翻边的工件,其极限翻边系数的数值还决定于t/d的相对值,角度从0°~150°每15°一个间隔,适用于低碳钢和软黄铜,可参考表5.4。对于塑性大的材料建议采用翻边系数减少5%~10%的数值,而塑性小的材料应该相应地增加。

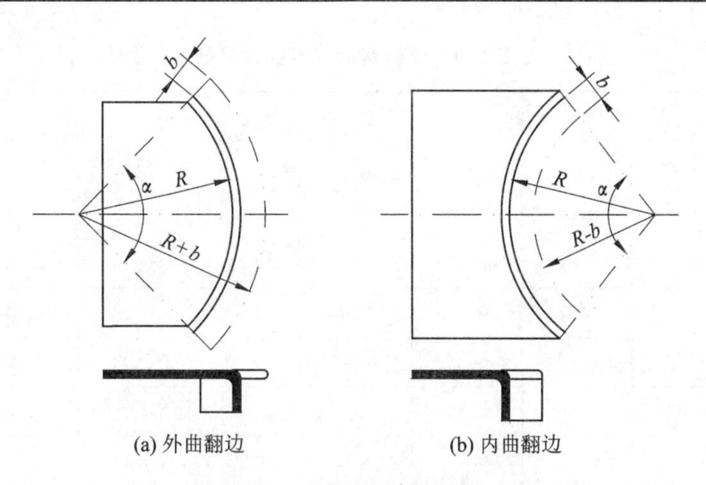

图 5.12　外缘翻边的两种形式

表 5.3　弧形翻边时材料的许用变形程度

金属和合金的名称	内曲翻边 $E_{内}$,%		外曲翻边 $E_{外}$,%		金属和合金的名称	内曲翻边 $E_{内}$,%		外曲翻边 $E_{外}$,%	
	橡胶成形	模具成形	橡胶成形	模具成形		橡胶成形	模具成形	橡胶成形	模具成形
铝合金：					黄铜：				
L4M	25	30	6	40	H62 软	30	40	8	45
L4Y1	5	8	3	12	H62 半硬	10	14	4	16
LF21M	23	30	6	40	H68 软	35	45	8	55
LF21Y1	5	8	3	12	H68 半硬	10	14	4	16
LF2M	20	25	6	35	钢：				
LF3Y1	5	8	3	12	10	—	38	—	10
LY12M	14	20	6	30	20	—	22	—	10
LY12Y	6	8	5	9	1Cr18Ni9 软	—	15	—	10
LY11M	14	20	4	30	1Cr18Ni9 硬	—	40	—	10
LY11Y	5	6	0	0	2Cr18Ni9	—	40	—	10

随着角度 α 的减少，翻边系数的数值相应地减少，由翻边的过程，逐步地转移到弯曲的过程。当 α 角度为零时，翻边变成了纯弯曲。

外缘翻边可用橡胶模成形或在模具上成形。

三、翻边力的计算

1. 圆孔翻边

用圆柱形冲头进行圆孔翻边时，翻边力

$$F=1.1\pi t(D-d)\sigma_s \tag{5.15}$$

式中：F——翻边力，N；

t——材料厚度，mm；

σ_s——材料的屈服强度，MPa；

D——翻边后孔的直径(中径)，mm；

d—预冲孔直径，mm。

表 5.4　低碳钢的极限翻边系数

a		相对厚度 $d/t\times100\%$						
角度	弧度	2	3	5	8～12	15	20	30
150°	2.60	0.67	0.50	0.43	0.42	0.40	0.38	0.38
135°	2.36	0.60	0.45	0.39	0.38	0.36	0.35	0.34
120°	2.09	0.57	0.40	0.35	0.33	0.32	0.31	0.30
105°	1.83	0.42	0.35	0.30	0.29	0.28	0.27	0.26
90°	1.57	0.40	0.30	0.26	0.25	0.24	0.23	0.23
75°	1.31	0.33	0.25	0.22	0.21	0.20	0.19	0.19
60°	1.045	0.27	0.20	0.17	0.17	0.16	0.15	0.15
45°	0.785	0.20	0.15	0.13	0.13	0.12	0.12	0.11
30°	0.52	0.14	0.10	0.09	0.08	0.08	0.08	0.08
15°	0.26	0.07	0.05	0.04	0.04	0.04	0.04	0.04
0	获得纯弯曲							

翻边凸模的圆角半径 r_p 对翻边变形、工件质量和所需的翻边力都有较大的影响。增大凸模圆角半径 r_p 时，可以大幅度地降低翻边力。见图 5.13。

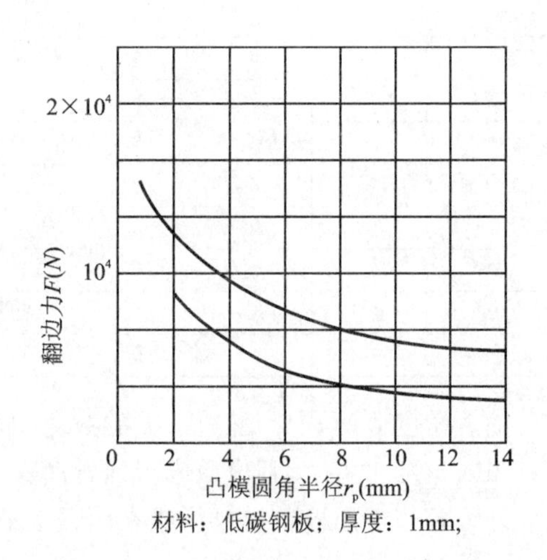

图 5.13　凸模圆角半径对翻边力的影响

用球形或锥形凸模进行圆孔翻边时，翻边力约低于上式计算所得值的 20%～30%。

2. 外缘翻边

外缘翻边可视为带有压边的单边弯曲，其翻边力可以按下式计算：

$$F = Lt\sigma_b k + F_{压} \approx 1.25Lt\sigma_b k \quad (5.16)$$

式中：L——弯曲线长度(mm)；

σ_b——材料的抗拉强度(MPa)；

k——系数，近似为 0.2～0.3；

$F_{压}$——压边力(N)，$F_{压}=(0.25\sim0.3)F$。

5.1.4　翻边模设计中的有关计算

一、翻边凸、凹模形状

图 5.14 为几种常见的圆孔翻边凸模形状。其中，(a)为带有定位销、竖边直径为 10 mm 以上的翻边凸模；(b)为没有定位销且工件处于固定位置上的翻边凸模；(c)为带有定位销，竖边直径为 10 mm 以下的翻边凸模；(d)为带有定位销，竖边直径<4 mm，可同时冲孔和翻边的

翻边凸模;(e)为无预制孔的精度不高的翻边凸模。凹模圆角半径对翻边成形影响不大,取值一般为工件的圆角半径。

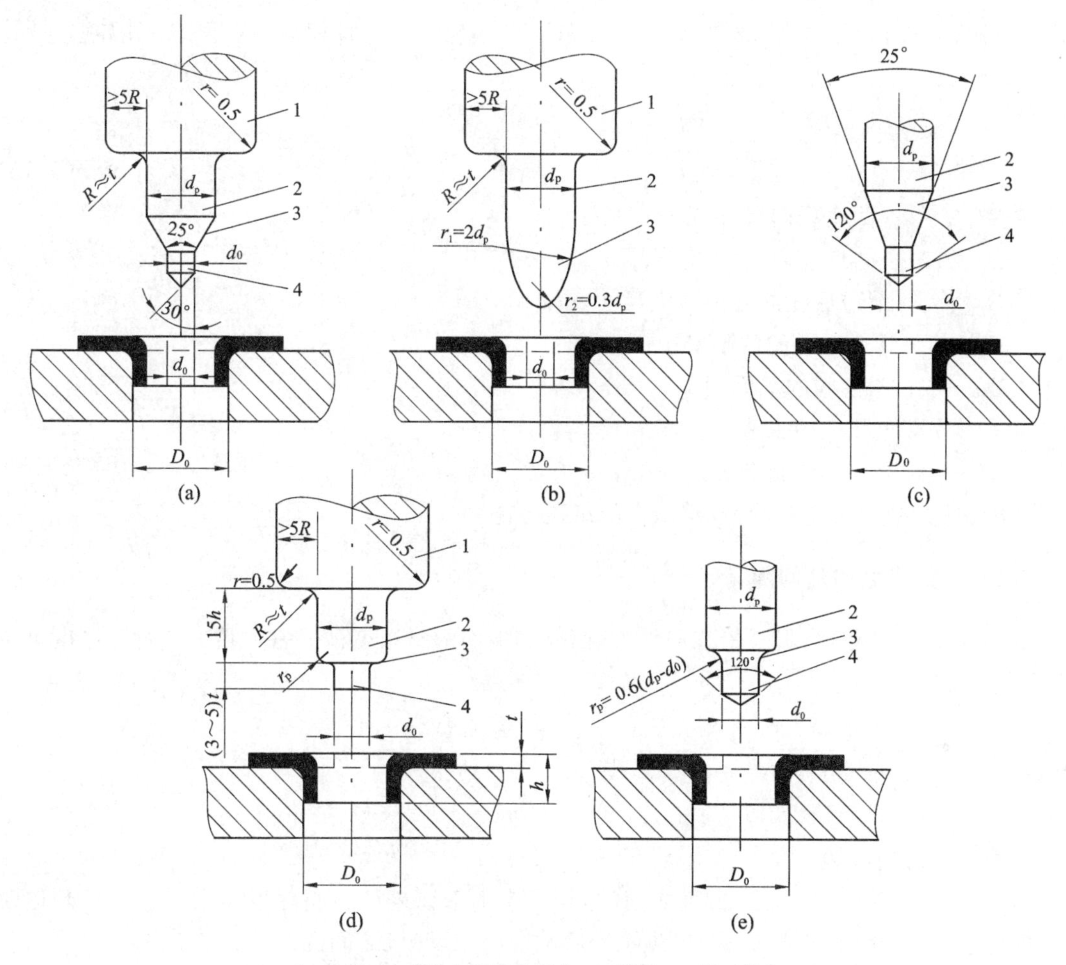

1—凸肩;2—翻边凸模工作部分;3—倒圆;4—导正部分

图 5.14　圆孔翻边凸模的形状和尺寸

凸模圆角半径对翻边变形影响很大,应尽量取大值,故最好采用抛物线形或球形。对于平端凸模其圆角半径最小应大于 4 t,否则应取较大的翻边系数。

翻边前进行预先拉深用的拉深凸模和同时冲孔及翻边的凸模,其半径 R 应尽可能用较大的数值,但不应超过下列公式的计算值

$$R=\frac{D-d-t}{2} \tag{5.17}$$

式中:D——翻边后孔的直径(中径)(mm);

d——预冲孔直径(mm)。

二、翻边凸、凹模径向尺寸

当翻边时内孔有尺寸精度要求时,尺寸精度由凸模保证。此时,按式(5.18)计算凸、凹模径向尺寸

$$d_{\mathrm{p}}=(d_{0\min}+\Delta)_{-\delta_{\mathrm{p}}}^{\ 0}$$

$$d_{\mathrm{d}}=(d_{0\min}+\Delta+Z)_{\ 0}^{+\delta_{\mathrm{d}}} \tag{5.18}$$

当翻边时外孔有尺寸精度要求时,尺寸精度由凹模保证。此时,按式(5.20)计算凸、凹模径向尺寸

$$D_{\mathrm{d}}=(D_{0\max}-\Delta)_{\ 0}^{+\delta_{\mathrm{d}}}$$

$$D_{\mathrm{p}}=(D_{0\max}-\Delta-z)_{-\delta_{\mathrm{p}}}^{\ 0} \tag{5.19}$$

式中:D_{d}、d_{d}——凹模径向尺寸,mm;

D_{p}、d_{p}——凸模径向尺寸,mm;

$D_{0\max}$——翻边后孔的外形最大尺寸,mm;

$d_{0\min}$——翻边后孔的内形最小尺寸,mm;

Z——凸、凹模间的双面间隙,mm;

δ_{p}——翻边凸模的制造公差,mm;

δ_{d}——翻边凹模的制造公差,mm;

δ_{p}、δ_{d} 的数值可参考冲裁凸、凹模的制造公差。

三、翻边凸、凹模之间的间隙

由于在翻边过程中,材料沿切向伸长,因此其端面的材料变薄非常严重。其近似厚度可按下式计算

$$t_1=t\sqrt{K} \tag{5.20}$$

式中:t——翻边前材料厚度,mm;

t_1——翻边后材料的厚度,mm;

K——翻边系数。

根据材料的变形情况,凸、凹模之间的间隙,应小于原来的材料厚度。用平板毛坯翻边时凸、凹模之间的间隙值见表5.5。预先拉深后翻边时凸、凹模之间的间隙见表5.6。

如果凸、凹模之间的间隙增加至$(8\sim10)t$,引起翻边高度和圆角半径的增加,如图5.15所示,翻边力显著减小30%~50%。

表5.5 平板毛坯翻边时凸、凹模之间的间隙

t/mm	$Z/2$/mm
0.3	0.25
0.5	0.45
0.7	0.60
0.8	0.70
1.0	0.85
1.2	1.00
1.5	1.30
2.0	1.70

小螺纹孔翻边的间隙采用$Z/2=0.65t$

表 5.6　预先拉深后翻边时凸、凹模之间的间隙

t/mm	$Z/2$/mm
0.8	0.60
1.0	0.75
1.2	0.90
1.5	1.10
2.0	1.50

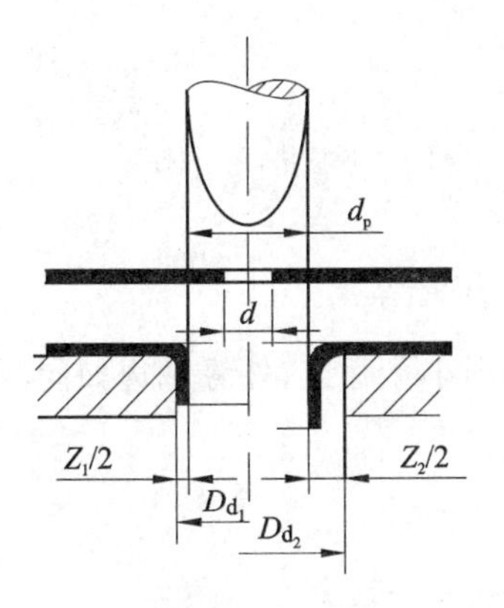

翻边情况的示意图

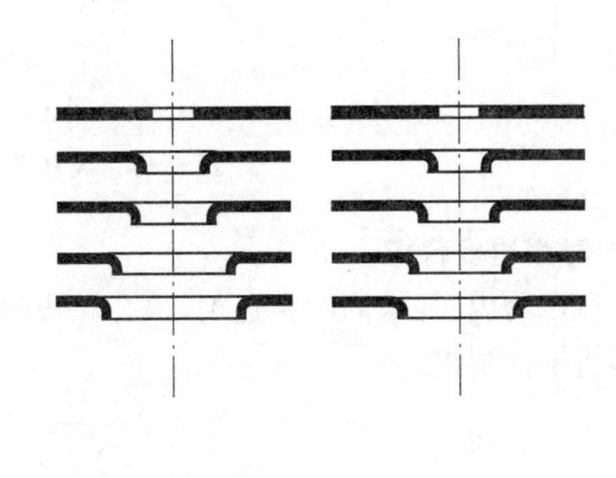

小间隙的翻边过程　　大间隙的翻边过程

图 5.15　翻　边

5.2　翻边模的典型结构

一、孔翻边模

1. 小孔翻边模

图 5.16 所示为小孔翻边模。当上模下行时，卸料板在弹簧的作用下与凹模将工件压住，然后进行翻边，翻边后，由推件块将工件推出。

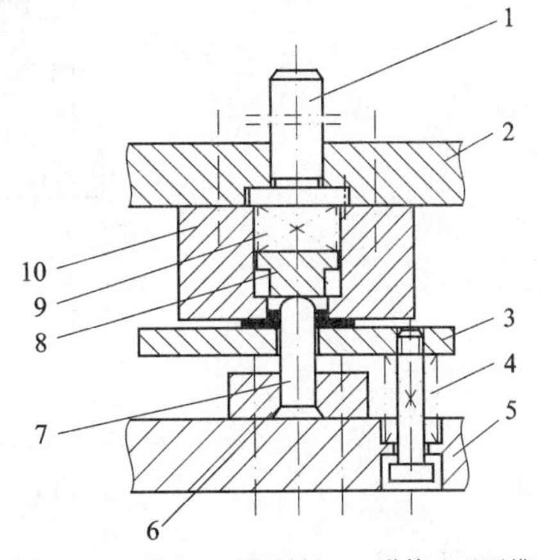

1—模柄；2—上模座；3—卸料板；4—弹簧；5—下模座；6—凸模固定板；7—凸模；8—推件块；9—弹簧；10—凹模

图 5.16　小孔翻边模

2. 大孔翻边模

图 5.17 所示为大孔翻边模。当上模下行时，压料板将工件压在凹模上，然后进行翻边；翻

边后,由顶件块将工件顶出凹模。顶件块由顶杆和冲床下面的弹顶装置相连(图上未画出)。顶件块除用作顶件之外,在翻边过程中将孔边压紧以防起皱。

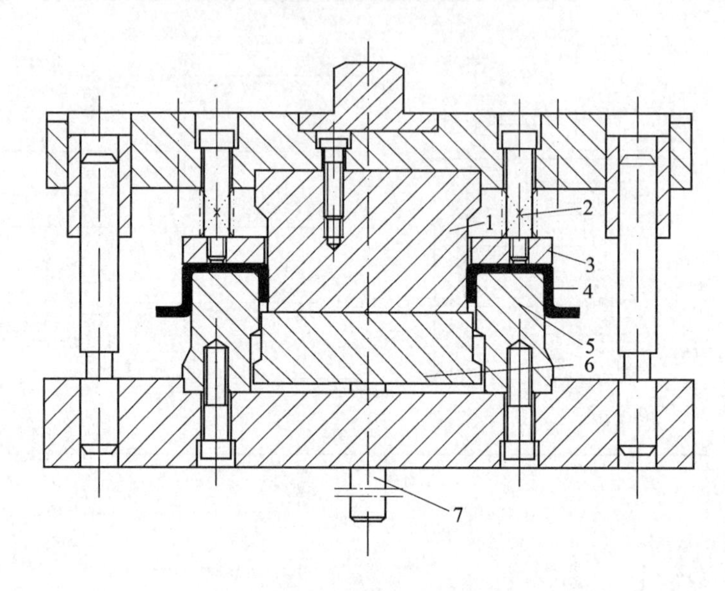

1—凸模;2—弹簧;3—压料板;4—工件;5—凹模;6—顶件块;7—顶杆

图 5.17　大孔翻边模

3. 内、外缘同时翻边复合模

图 5.18 所示为内、外缘同时翻边模,内孔翻边如同小孔翻边,外缘翻边如同浅拉深。翻边后,由顶件器将工件顶出。

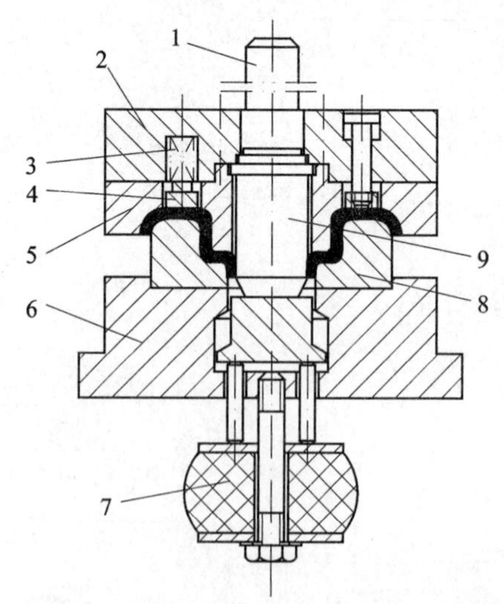

1—模柄;2—上模座;3—弹簧;4—压料板;5—凹模;6—下模座;7—顶件器;8—凸凹模;9—凸模

图 5.18　内、外缘同时翻边复合模

二、外缘翻边模

图 5.19 所示为客车中墙板外缘翻边模。

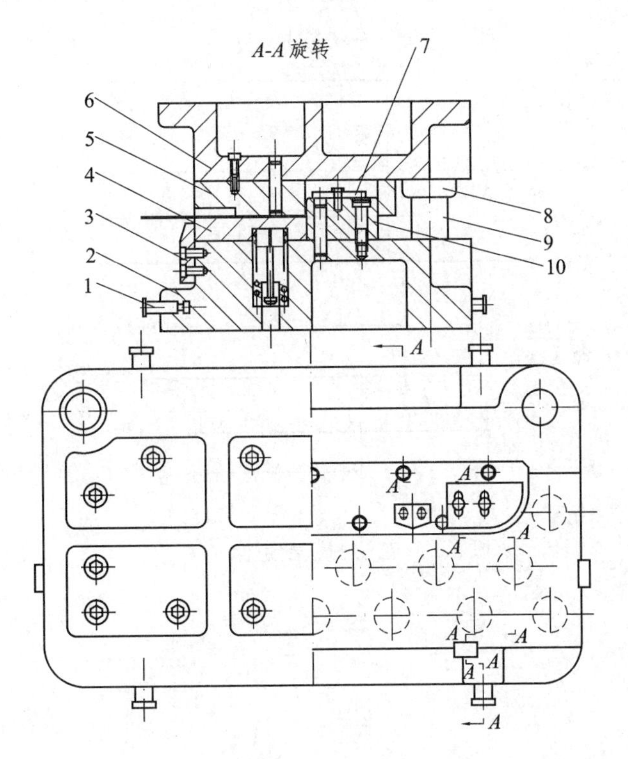

1—吊柱;2—下模座;3—导板;4—托料板;5—凹模;6—上模座;7—定位装置;8—导套;9—导柱;10—凸模

图5.19 客车中墙板外缘翻边模

习 题

5.1 在LYl2M的平板料上,翻孔得到翻边件如图5.20所示,板厚$t=1$ mm,设计翻边孔模具结构,计算凸、凹模工作部分尺寸。

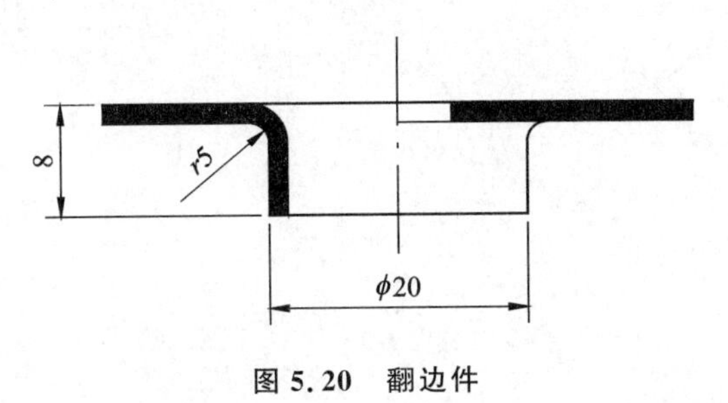

图5.20 翻边件

5.2 已知两个形状相似的翻边件如图5.21所示,其尺寸D、h见表5.7中数值,材料为08钢,厚度为1 mm。试通过分析计算,判断能否一次翻边成形。若能,试计算翻边力,设计凸模并确定凸、凹模间隙。若不能,则说明应采用什么方法成形?($\sigma_s=196$ MPa)。

表 5.7　翻边孔尺寸

件　号	尺寸/mm	
	D	h
零件 1	$\phi 40$	8
零件 2	$\phi 35$	2

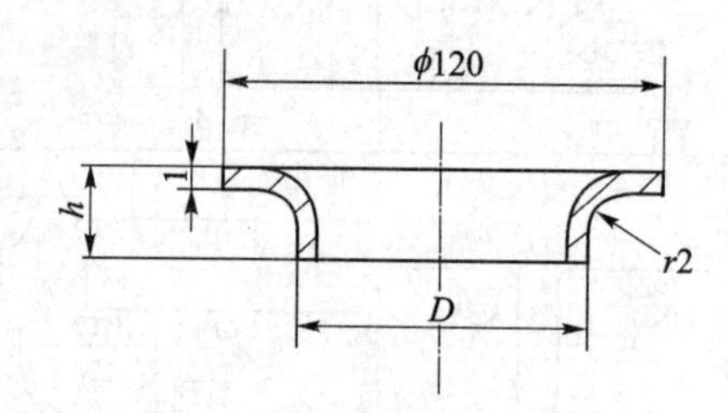

图 5.21　翻边件

第6章　冷冲压模具设计过程

6.1　冷冲压模具设计的一般步骤

一、取得必要的资料，并分析零件的冲压工艺性

(1) 取得注明具体技术要求的产品工件图纸(明确工件的大小、形状、精度要求、装配关系等)；

(2) 分析工件加工的工艺过程卡片(研究其前后工序间的相互关系和在各工序间必须相互保证的加工工艺要求)；

(3) 了解工件的生产批量(决定模具的型式、结构、材料等)；

(4) 了解工件原材料的规格与毛坯情况(如板料、条料、带料、废料等)；

(5) 分析冲压车间的设备资料或情况；

(6) 分析工具车间制造模具的技术能力和设备条件以及可采用的模具标准件情况；

(7) 研究上述资料，必要时可对既定的产品设计和工艺过程提出修改意见，使产品设计、工艺过程和工装设计与制造三者之间能有更好的结合，取得更完善的效果。

二、确定工艺方案及模具的结构形式

(1) 根据工件的形状、尺寸精度、表面质量要求，进行工艺分析，确定落料、冲孔、弯曲等基本工序。一般情况下可以从图纸要求直接确定。

(2) 根据工艺计算，确定工序数目，如拉深次数等。

(3) 根据各工序的变形特点和尺寸要求确定工序排列的顺序，如需要确定先冲孔后弯曲，还是先弯曲后冲孔等。

(4) 根据生产批量和条件，确定工序的组合，如复合冲压工序、连续冲压工序等。

确定工序的性质、顺序及工序的组合后，即确定了冲压的工艺方案，也就决定了各工序模具的结构形式。

三、进行必要的工艺计算

(1) 设计材料的排样，计算毛坯尺寸；

(2) 计算冲压力(包括冲裁力、弯曲力、拉深力、卸料力、压边力等)，必要时还要计算冲压功和功率；

(3) 计算模具的压力中心；

(4) 计算或估算模具各主要零件的厚度，如凹模和凸模固定板、垫板的厚度以及卸料橡胶或弹簧的自由高度等；

(5) 决定凸、凹模间隙，计算凸、凹模工作部分尺寸；

(6) 对于拉深工序，需要决定拉深方式(压边或不压边)，计算拉深次数及中间工序的半成品尺寸。

以上的计算可以通过随书配套使用的《冷冲压模具课程设计》教学软件来实现。

对于某些工艺，如带料连续拉深，须进行专门的工艺计算。

四、模具总体设计

在上述分析计算的基础上，进行模具结构的总体设计，勾画草图即可，并初算出模具的闭合高度，概略地定出模具的外形尺寸，如图6.1所示。

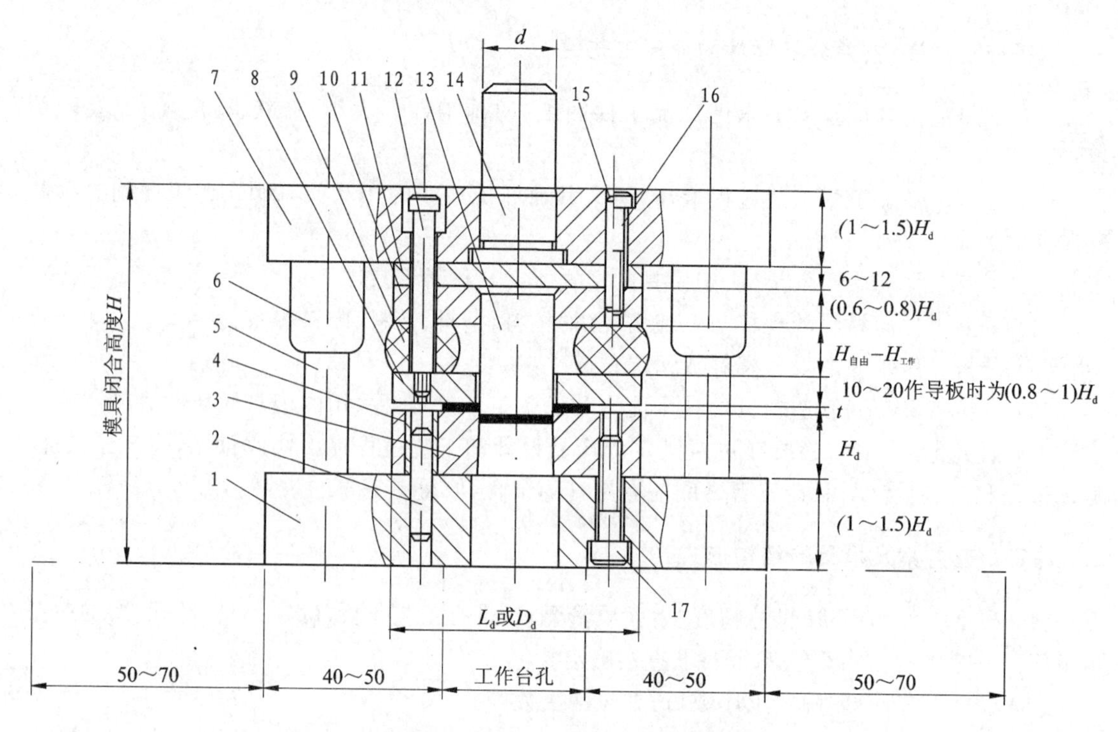

1—下模座；2，15—销钉；3—凹模；4—套；5—导柱；6—导套；7—上模座；8—卸料板；9—橡胶；10—凸模固定板；11—垫板；12—卸料板螺钉；13—凸模；14—模柄；16，17—螺钉

图6.1　模具总体设计尺寸关系图

五、模具主要零部件的结构设计

(1) 工作部分零件，如凸模、凹模、凸凹模等的结构形式的设计和固定形式的选择。

(2) 定位零件，在模具中常用的定位装置有很多形式，如可调定位板、固定挡料销、活动挡料销及定距侧刃等，需要根据具体情况进行选用和设计。在连续模中还要考虑是否采用初始挡料销。

(3) 卸料，顶件装置和推件装置，如选用刚性还是弹性的，弹簧和橡胶的选用与计算等。

(4) 导向零件，如选用导柱、导套导向还是导板导向等。

(5) 安装紧固零件，如模柄和上、下模座的结构形式的选择等。

六、选定冲压设备

冲压设备的选择是工序设计和模具设计的一项重要内容，合理选用设备对工件质量的保证、生产效率的提高、操作时的安全都有重大影响，也为模具设计带来方便，冲压设备的选择主要是类型和规格。

冲压设备类型的选定，主要取决于工艺要求和生产批量。

冲压设备规格的确定，主要取决于工艺参数及冲模结构尺寸。

在冲压生产中，为了适应不同的冲压工作需要，采用各种不同类型的压力机。压力机的种类很多，按传动方式的不同，主要有机械压力机和液压压力机两大类。其中机械压力机在冲压中应用最广。

常用的机械压力机有曲柄压力机与摩擦压力机等，但以曲柄压力机应用最广。

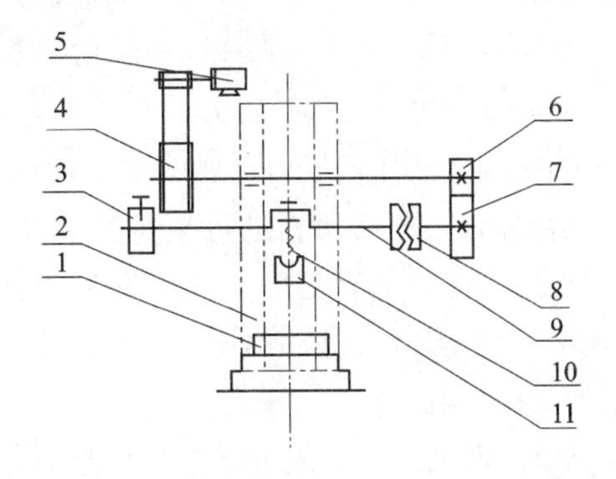

1—垫板；2—床身；3—制动器；4—皮带轮；5—电动机；6—齿轮；7—齿轮；8—离合器；9—曲轴；10—连杆；11—滑块

图 6.2　曲轴式曲柄压力机的结构简图

1. 曲柄压力机的基本组成

曲柄压力机通过曲柄滑块机构进行工作，电动机通过带轮及齿轮带动曲柄轴传动，经连杆使滑块作直线往复运动。曲柄压力机分为偏心压力机和曲轴压力机，二者区别主要是主轴，前者的主轴是偏心轴，可以调节滑块行程，后者的主轴是曲轴。偏心压力机一般是开式压力机，而曲轴压力机有开式和闭式之分。图 6.2 所示为曲轴式曲柄压力机的结构简图，它由下列各部分组成：

(1) 床　身

床身是压力机的骨架，承受全部冲压力，并将压力机所有的零件连接起来，保证压力机所要求的精度、强度和刚性。床身上固定有工作台，用于安装下模。

(2) 工作机构

工作机构即曲柄滑块机构。由曲轴、连杆、滑块组成。电动机通过皮带把能量传给带轮，通过传动轴经小齿轮、大齿轮传给曲轴，并经连杆把曲轴的旋转运动变成滑块的往复直线运动。上模通过模柄固定在滑块上。带轮兼起飞轮作用，使压力机在整个工作周期里负荷均匀，能量得以充分利用。压力机在工作时有固定的上、下极限位置(即上、下止点)。

(3) 传动系统

传动系统包括带轮传动、齿轮传动等机构。

(4) 操作系统

操作系统由制动器、离合器等组成。离合器是用来启动和停止压力机动作的机构。制动器在离合器分离时，用来使滑块停止在所需的位置上。离合器的离、合，即压力机的开、停通过操作系统来控制。

(5) 能源系统

能源系统由电动机、带轮等组成。

除上述基本系统外，还有多种辅助装置，如润滑系统、保险装置、计数装置等。

2. 曲轴式曲柄压力机的分类

目前曲轴式曲柄压力机主要依据床身结构分为开式和闭式。

(1) 曲轴式开式曲柄压力机

曲轴式开式曲柄压力机如图6.3所示,床身呈"C"形,床身的前面和左、右面敞开,便于模具安装调整和成形操作。通过在冲模的模柄上添加衬套将上模固定在压力机滑块上。开式压力机虽然操作简便,但机身刚度较差,受力变形后会影响工件精度和降低模具寿命,因此多用于1 000 kN以下的小型压力机。

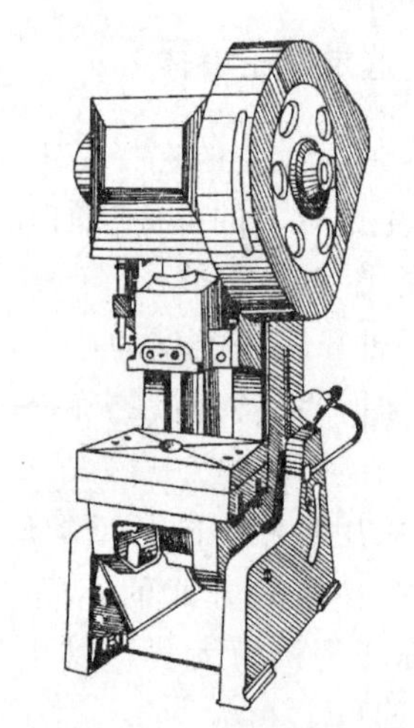

图6.3　JB23-63曲轴式开式曲柄压力机

(2) 曲轴式闭式曲柄压力机

曲轴式闭式曲柄压力机如图6.4所示,机身为框架结构,机身两侧封闭,在前后两面进行模具安装和成形操作。其机身受力变形后产生的垂直变形可以用模具闭合高度调节量消除,对工件精度和模具运行精度不产生影响,适用于1 000 kN以上的中、大型压力机。

此外,曲柄压力机还有其他几种分类方法。

① 按工艺用途分类,曲柄压力机可分为通用压力机、拉深压力机、高速压力机等。

② 按滑块数量分类,曲柄压力机可分为单动压力机、双动压力机。单动压力机有一个滑块;双动压力机有两个滑块,分内、外滑块,内滑块安装在外滑块内,各种机构分别驱动。这种结构适合于大型工件的拉深,多用于汽车覆盖件成形。

③ 按压力机连杆数量分类,曲柄压力机可分为单点压力机、双点压力机和四点压力机。这里的"点"数是指压力机工作机构中连杆的数目。对较大台面的通用压力机,为提高滑块运动平稳性和抗偏载能力应设置多个连杆。

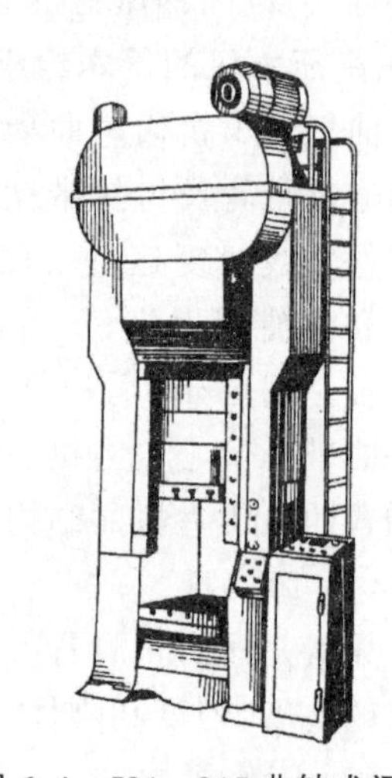

图6.4　J31-315曲轴式闭式曲柄压力机

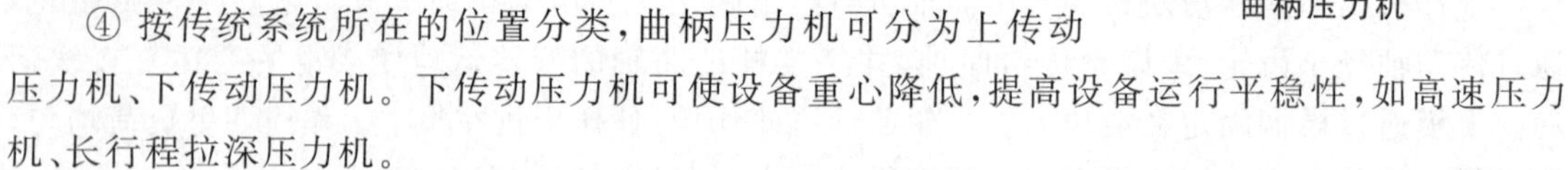

④ 按传统系统所在的位置分类,曲柄压力机可分为上传动压力机、下传动压力机。下传动压力机可使设备重心降低,提高设备运行平稳性,如高速压力机、长行程拉深压力机。

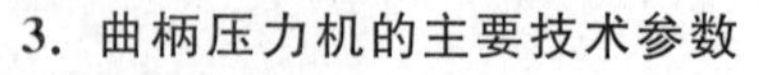

3. 曲柄压力机的主要技术参数

曲柄压力机的主要技术参数反映其工艺能力,也是冲模设计中选用冲压设备,确定冲模结构的重要依据。

(1) 公称压力

压力机滑块下压时的冲击力就是压力机的公称压力,公称压力必须大于冲压工艺所需的冲压工艺力的总和,即

$$F_{压} > F_{\Sigma} \tag{6.1}$$

对于拉深件还须计算拉深功。

我国压力机的公称压力已经系列化了。如 63,100,160,250,400,630,800,1 000,1 250,1 600,…,6 300 kN 等。

(2) 滑块行程

滑块从上止点到下止点所经过的距离称为滑块行程。

(3) 滑块每分钟行程次数

滑块每分钟行程次数的多少,关系到生产率的高低。随着科学技术的发展,压力机向着自动化、高速化、人性化方向发展,由于自动化水平的不断提高和成捆卷料供应的推广,压力机的速度高达 2 400 次/min,如美国明斯特公司生产的 2 000 次/min 的超高速压力机,日本久保田、千代田、京利等生产的 800～1 500 次/min 的高速、超高速压力机,德国魏因加腾生产的 700 次/min 的高速压力机等。我国生产的大多为 120 次/min 以下的低速压力机,但近年来,国内已生产出 300～600 次/min 的高速压力机。

(4) 压力机的装模高度

压力机的装模高度是指滑块在下止点时,滑块底平面到工作台上的垫板上平面的高度。调节压力机连杆的长度,可以调节装模高度的大小。模具的闭合高度应在压力机的最大与最小装模高度之间,符合下面的关系式:

$$H_{最大} - H_1 - 5\ \text{mm} \geqslant H_{模} \geqslant H_{最小} - H_1 + 10\ \text{mm} \tag{6.2}$$

式中:$H_{最大}$、$H_{最小}$——压力机的最大和最小装模高度,mm;

$H_{模}$——模具的闭合高度,mm;

H_1——压力机上的垫板厚度,mm。

(5) 压力机工作台面尺寸

压力机工作台面尺寸应大于冲模下模座的尺寸,一般每边最少应超出下模座 50～70 mm,便于安装固定下模用的压板和螺栓。

(6) 压力机的工作行程

压力机的工作行程要满足工件成形的要求,如对拉深工序所用的压力机,其行程必须为该工序中工件高度的 2～2.5 倍,方便放入毛坯和取出工件。

(7) 漏料孔尺寸

当工件或废料需要下落,或冲模下模座上需要安装弹顶装置时,它们的尺寸必须小于工作台中间的漏料孔尺寸。

(8) 模柄孔尺寸

1 000 kN 以下的压力机多带有模柄孔,冲模的模柄尺寸大多小于模柄孔尺寸,一般采用加衬套把上模固定在压力机滑块上。

(9) 压力机电动机功率

必须保证压力机的电动机功率大于冲压时所需的功率。

4. 曲柄压力机的型号表示

根据 JB/T9965—1999 的规定,曲柄压力机的型号由汉语拼音、英文字母和数字表示,如下所示:

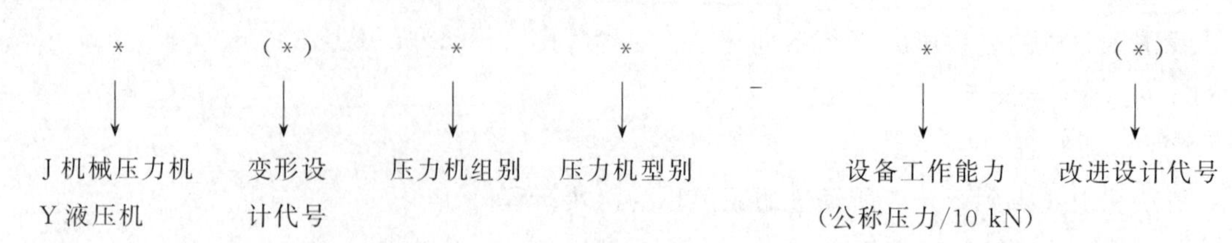

部分压力机型谱表如表6.1所示,其中组别和型别中空出的为待开发备用。具体型号及其含义如:J31-315为闭式单点机械压力机,公称压力为3 150 kN;JB23-63为经第二次改进的开式可倾机械压力机,公称压力为630 kN。

表6.1 部分压力机型谱表(JB/T9965—1999)

组	型	名称	组	型	名称	组	型	名称	组	型	名称
1(单柱压力机)	1	单柱固定台压力机	2(开式压力机)	1	开式固定台压力机	3(闭式压力机)	1	闭式单点压力机	4(拉深压力机)	1	闭式单点单动拉深压力机
	2	单柱活动台压力机		2	开式活动台压力机		2	闭式单点切边压力机		2	闭式双点单动拉深压力机
	3	单柱柱形台压力机		3	开式可倾压力机		3	闭式侧滑块压力机		3	开式双动拉深压力机
										4	底传动双动拉深压力机
				5	开式单点压力机					5	闭式单点双动拉深压力机
							6	闭式双点压力机		6	闭式双点双动拉深压力机
							7	闭式双点切边压力机		7	闭式四点双动拉深压力机
										8	闭式三动拉深压力机

七、绘制模具总图

模具总图包括以下几部分。

(1) 主视图:绘制模具在工作位置的剖面图。

(2) 俯视图:对于对称工件,俯视图的左半部分为模具下半部分的投影,右半部分为模具上半部分的投影;对于非对称工件,俯视图只画出模具下半部分的投影。

(3) 侧视图、仰视图及局部剖视等:必要时应绘制模具工作位置的侧视图、模具上半部分的仰视图以及局部剖视图等。

(4) 工件图:一般工件图画在右上角,对于由数套模具完成的工件,除了绘出本工序的工件图外,还要绘出上一道工序的工件图。

(5) 排样图:对于连续模最好画出工序图。

(6) 零件明细表:注明材料及数量,凡标准件都要选定规格,具体内容见表6.2。

表6.2 明细表填写规则

序号	名称	数量	规格	材料	热处理	标准号
Δ	Δ	Δ	Δ			Δ
○	○	○		○	○	

注:Δ为标准件需要填写的内容,○为非标准件需要填写的内容。

(7) 技术要求。

GB/T14662—2006 标准规定的冲模装配要求如下：

1. 装配时应保证凸、凹模之间的间隙均匀一致；

2. 推料、卸料机构必须灵活，卸料板或推件器在模具开启状态时，一般应突出凸、凹模表面 0.5～1.0mm；

3. 模具所有活动部分的移动应平稳灵活，无阻滞现象，滑块、斜楔在固定滑块面上移动时，其最小接触面积应大于其面积的 75%；

4. 紧固用的螺钉、销钉装配后不得松动，并保证螺钉和销钉的端面不突出上、下模座的安装平面；

5. 凸模装配后的垂直度应符合表 6.3 规定；

6. 凸模、凸凹模等与固定板的配合一般按 GB/T1800.4—1999 中的 H7/n6 或 H7/m6选取；

7. 质量超过 20kg 的模具应设吊环螺钉或起吊孔，确保安全吊装。起吊时模具应平稳，便于装模。吊环螺钉应符合 GB/T825—1988 的规定。

表 6.3　凸模装配后的垂直度要求

间隙值/mm	垂直度公差等级(GB/T1184—1996)	
	单凸模	多凸模
≤0.02	5	6
0.02～0.06	6	7
>0.06	7	8

模具总图布局格式如图 6.5 所示。

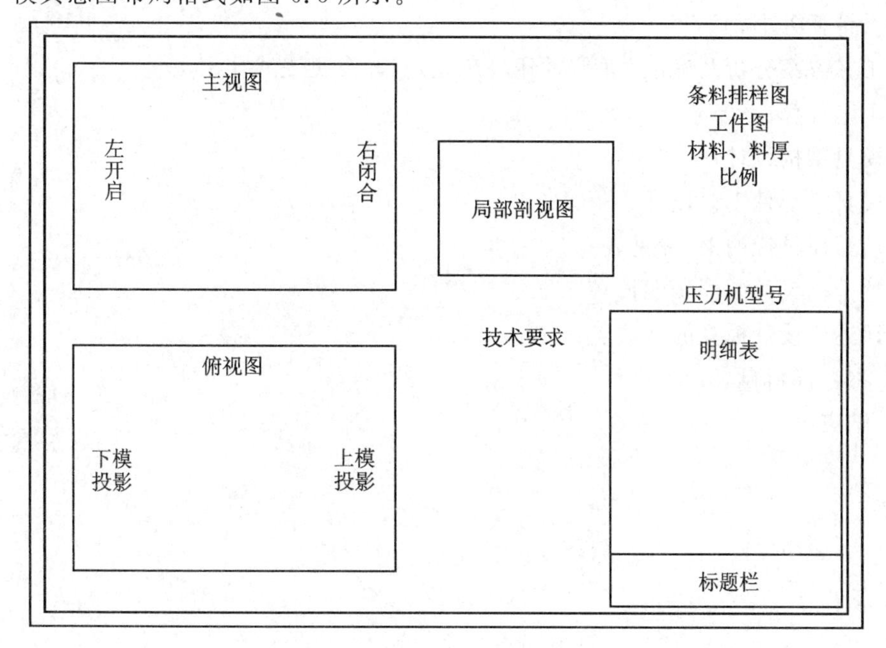

图 6.5　模具总图布局

八、绘制各非标准零件图

单独绘制各非标准零件的零件图。零件图上应注明全部尺寸、公差与配合、形位公差、表面粗糙度、材料、热处理要求以及其他各项技术要求。

九、编写设计计算说明书

设计计算说明书是整个设计计算过程的整理总结，也是图样设计的理论依据，同时还是审核设计能否满足生产和使用要求的技术文件之一。因此，设计计算说明书应能反映所设计的模具是否可靠和经济。

设计计算说明书应以计算内容为主，要求写明整个设计的主要计算及简要的说明。

对于计算过程的书写，要求写出的公式并注明来源，同时代入相关数据，直接得出运算结果。

在设计计算说明书中，还应附有与计算有关的必要简图，如计算压力中心时应绘制工件的排样图；确定工艺方案时，需画出多种工艺方案的结构简图，以便进行分析比较。

设计计算说明书应在全部计算及全部图样完成之后整理编写，主要内容有冲压件的工艺性分析，毛坯的展开尺寸计算，排样方式及经济性分析，工艺过程的确定，半成品过渡形状的尺寸计算，工艺方案的技术和经济分析比较，模具结构形式的合理性分析，模具主要零件的结构形式、材料选择、公差配合和技术要求的说明，凸、凹模工作部分尺寸与公差的计算，冲压力的计算，模具主要零件的强度计算、压力中心的确定，弹性元件的选用与核算，冲压设备的选用依据，整个模具的装配步骤等。具体概括如下：

(1) 目录（至少二级标题及其页码）；

(2) 设计任务书；

(3) 工艺方案分析及确定（填写冲压件工艺规程，参见表6.4）；

(4) 工艺计算；

(5) 模具结构设计；

(6) 模具零部件工艺设计；

(7) 填写模具说明书，参见表6.5；

(8) 整个模具的装配步骤；

(9) 评述所设计模具的优缺点；

(10) 参考资料目录；

(11) 结束语。

表 6.4　冲压件工艺规程

工件名称：		工件图：	数量：
材料：			图号：
工序号	工序内容	工序草图	使用设备

表6.5　模具说明书

模具名称：	冲压件名称：
工序草图	模具草图
模具特性	
要求冲压力/kN：	
外轮廓尺寸/mm：	
开启高度/mm：	
闭合高度/mm：	
使用时特殊要求：	
模具所用冲床的主要技术参数	
冲床型号：	
压力/kN：	
台面孔径/mm：	
滑块行程/mm：	
最大封闭高度/mm：	
连杆调节量/mm：	

6.2　冷冲压模具设计实例

6.2.1　冷冲压模具结构设计

以大批量生产,厚度为1.0 mm,材料为LY12M制成的盒形拉深件为例,其简图如图6.6所示:

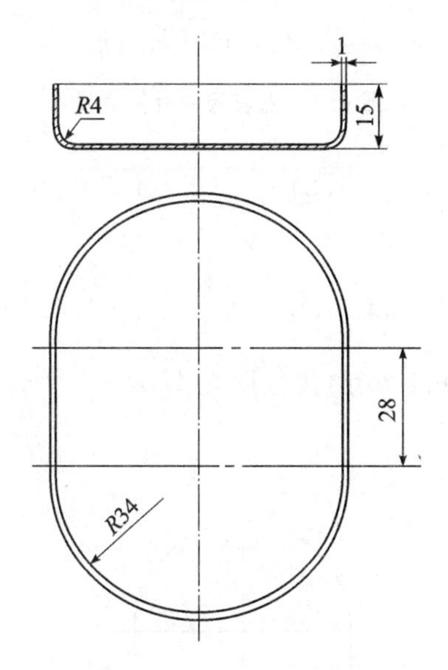

图6.6　盒形拉深件简图

1. 零件的工艺分析

零件为无凸缘低盒形拉深件,要求内形尺寸,没有厚度不变的要求。尺寸为自由公差,取IT14级。底部圆角半径4 mm>t,材料LY12M的拉深性能较好。此零件的形状、自由公差、圆角半径、材料及批量皆满足拉深工艺要求。

(1) 计算毛坯尺寸

如图6.6所示,圆弧部分按拉深件计算得R,直线部分按弯曲件计算得L/2,则毛坯半径$R'=\dfrac{R+L/2}{2}$,如图6.7所示。

① R的计算如下:

由表4.2中

$$R=\frac{1}{2}D=\frac{1}{2}\sqrt{d^2+4d(H+\delta)-1.72rd-0.56r^2} \tag{6.3}$$

式中:$d=34\times2+1=69$ mm, $H=15-0.5=14.5$ mm, $r=4+0.5=4.5$ mm,根据相对高度$H/d=14.5/69=0.21$,在表4.3中查的修边余量$\delta=1.2$ mm。

将上述值代入公式6.3,

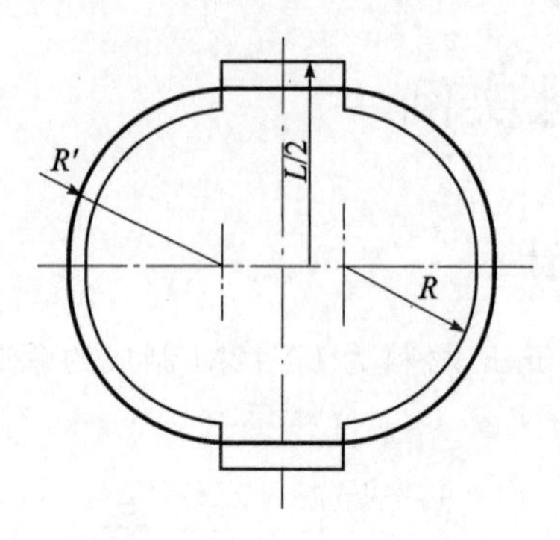

图 6.7　毛坯尺寸计算简图

$$R=\frac{1}{2}\sqrt{69^2+4\times69\times(14.5+1.2)-1.72\times4.5\times69-0.56\times4.5^2}=46.23\ \text{mm}$$

② L 的计算如下：

$$L=2\times[(34-4)+(15-4.5)]+\pi\times4.5=95.14\ \text{mm}$$

所以 $R'=\frac{46.23+95.14/2}{2}=46.9\ \text{mm}$，化整取为 47 mm。

毛坯尺寸如图 6.8 所示。

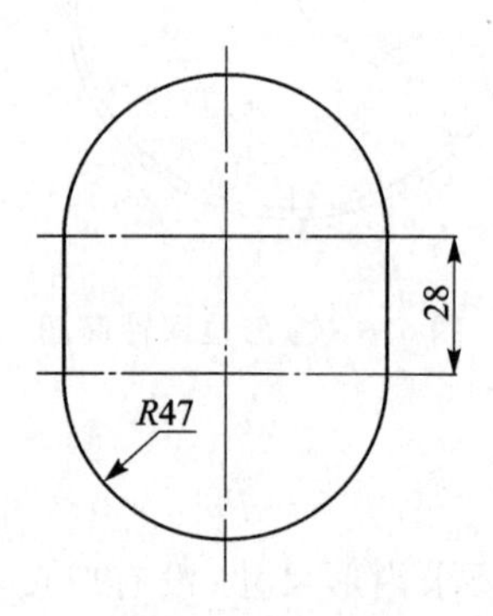

图 6.8　毛坯尺寸

(2) 判断拉深次数

零件的拉深系数 $m=\frac{d}{D}=\frac{d}{2R'}=\frac{69}{94}=0.73$

毛坯的相对厚度 $\frac{t}{D}=\frac{t}{2R'}=\frac{1}{2\times47}=0.0106$

用式 4.27 判断拉深时是否需要压边圈，

因 $0.045(1-m)=0.045\times(1-0.73)=0.01215>0.0106$，故需加压边圈。

由表 4.8 中查得首次拉深的极限拉深系数 $m_1=0.50-0.53$。

因 $m>m_1$，故零件只需一次拉深。

2. 确定工艺方案

本零件首先需要落料，制成半径 $R=47$ mm，直线长度为 28 的长圆形坯料，然后以其为毛坯进行拉深，拉深成内半径为 34 mm、直线长度为 28 mm、内圆角为 4 mm 的无凸缘盒形件，最后按高度为 15 mm 进行修边，其工艺规程如表 6.6 所示。

表 6.6　盒形拉深件的工艺规程

零件名称：盒形拉深件		零件图：R4，15，1，28，R34 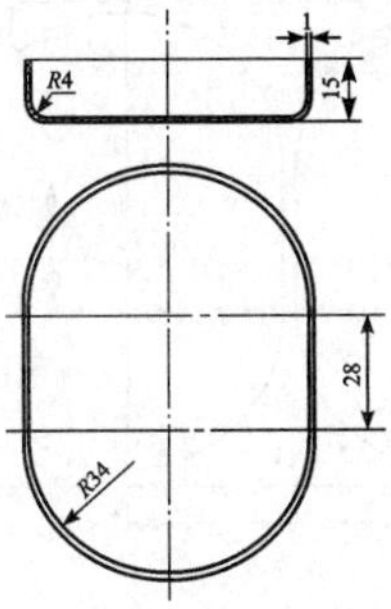	数量：大批量
材料：LY12M 厚度：1.0 mm			图号：
工序号	工序内容	工序草图	使用设备
1	下料	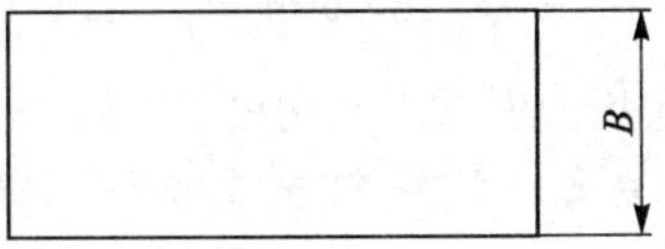 B	剪板机
2	落料拉深	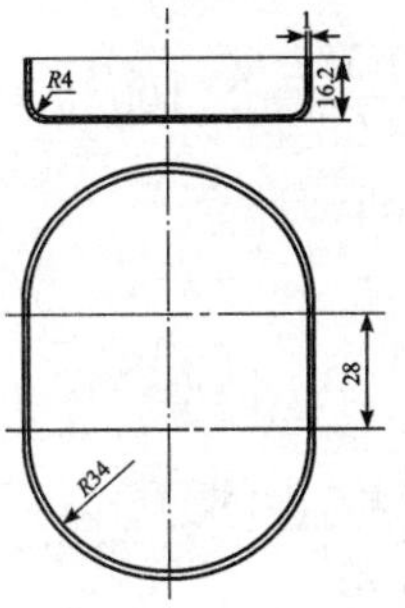 R4，16.2，1，28，R34	J23－16B
3	切边	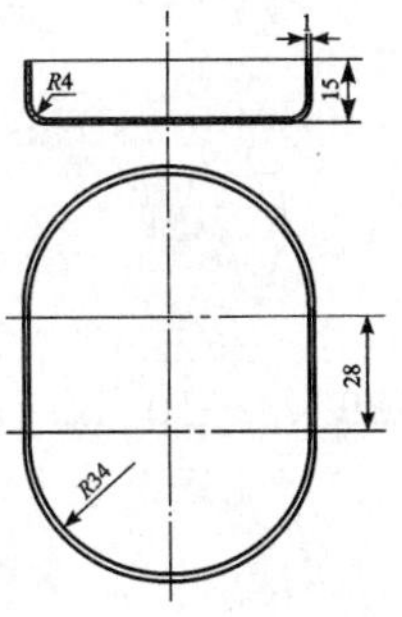 R4，15，1，28，R34	J23－16B

3. 工艺设计过程中必要的计算

(1) 排　样

采用零件毛坯长度为垂直方向的直排有废料的排样方式,如图6.9所示。

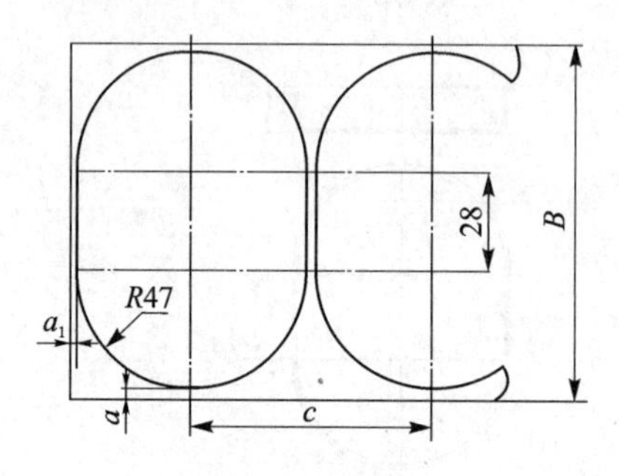

图6.9　排样图

计算毛坯的面积A:

$$A=(\pi\times47^2+94\times28)\ \text{mm}^2=9\ 572\ \text{mm}^2$$

按表2.8查得最小搭边值:$a=2$ mm,$a_1=1.5$ mm

条料宽度:$B=2R+28+2\times a=2\times47+28+2\times2=126$ mm

进距:$c=2R+a_1=2\times47+1.5=95.5$ mm

一个进距的材料利用率:

$$\eta=\frac{nA}{Bc}=\frac{1\times9572}{126\times95.5}\times100\%=79.5\%$$

(2) 冲压力的计算

① 冲裁力

由表7.2查得:$\sigma_b=84$ MPa

$$F=Lt\sigma_b$$

其中$L=(\pi\times94+2\times28)\text{mm}=351$ mm

　$t=1.0$ mm

故$F=351\times1.0\times84=29.48\times10^3$ N

② 卸料力

$$F_{卸}=K_{卸}F$$

由表2.10查得$K_{卸}=0.025$

$$F_{卸}=0.025\times29.48\times10^3\ \text{N}=737\ \text{N}$$

③ 顶出力

$$F_{顶}=K_{顶}F$$

由表2.10查得$K_{顶}=0.03$

$$F_{顶}=0.03\times29.48\times10^3\ \text{N}=884\ \text{N}$$

④ 推件力

$$F_{推}=K_{推}F$$

由表 2.10 查得 $K_{推}=0.03$

$$F_{推}=0.03\times29.48\times10^3\ \text{N}=884\ \text{N}$$

⑤ 压边力

$$F_{压}=\left[\frac{\pi[D^2-(d+t+2r_d)^2]}{4}+28\times[D-(d+t+2r_d)]\right]p$$

式中：$r_d=4$ mm，由表 4.26. 查得 $p=1.8$ MPa。

$$F_{压}=\left[\frac{\pi\times[94^2-(69+1+2\times4)^2]}{4}+28\times[94-(69+1+2\times4)]\right]\times1.8\text{N}$$

$$=4697\text{N}=4.697\times10^3\ \text{N}$$

⑥ 拉深力

$$F_{拉}=K_1\pi \mathrm{d}_{cp1}t\sigma_b$$

已知 m=0.73，由表 4.19 查得 $K_1=0.37$。考虑到凸模圆角半径 $r_p=4t$，K_1 应按表中数值增加 5%，所以 $K_1=0.37(1+0.05)=0.39$。

$$F_{拉}=0.39\times\pi\times69\times1\times84=7\ 101\ \text{N}=7.101\times10^3\ \text{N}$$

⑦ 拉深功：

$$W=\frac{CF_{拉\max}h}{1\ 000}$$

式中：c=0.6～0.8，取 0.8；h 为凸模工作行程，其值为 h=15+1(板料厚度)+1.2(修边余量)mm+4(凹模圆角半径)=21.2 mm

$$W=\frac{0.8\times7\ 101\times21.2}{1\ 000}=120.4\ \text{J}$$

选择冲床时的总冲压力：

$$F_{总1}=F+F_{卸}+F_{顶}=(29.48+0.737+0.884)\times10^3=31.1\ \text{kN}$$

$$F_{总2}\geqslant1.4(F_{拉}+F_{压})=1.4\times(7.101+4.697)\times10^3=16.5\ \text{kN}$$

故压力机的公称压力要大于 31.1 kN。

(3) 确定模具的压力中心

由零件的形状可知，模具的压力中心为零件的几何中心。

(4) 模具工作部分尺寸的计算

① 模具间隙

由表 2.12 查得落料凸、凹模之间的间隙值：

$$Z_{\min}=0.065\ \text{mm},Z_{\max}=0.095\ \text{mm}$$

由表 4.29 查得拉深凸、凹模之间的单边间隙为：

$$Z/2=1.1t=1.1\ \text{mm}$$

则拉深凸、凹模之间的间隙为

$$Z=2\times1.1\ \text{mm}=2.2\ \text{mm}$$

② 落料凹模、拉深凸模、落料拉深凸凹模工作部分尺寸的计算

• 落料凹模刃口尺寸的计算：

落料件图中未注公差的尺寸，查表7.14中的IT14级，$R47^{0}_{-0.62}$ mm，$28^{+0.26}_{-0.26}$ mm 如图6.10所示。

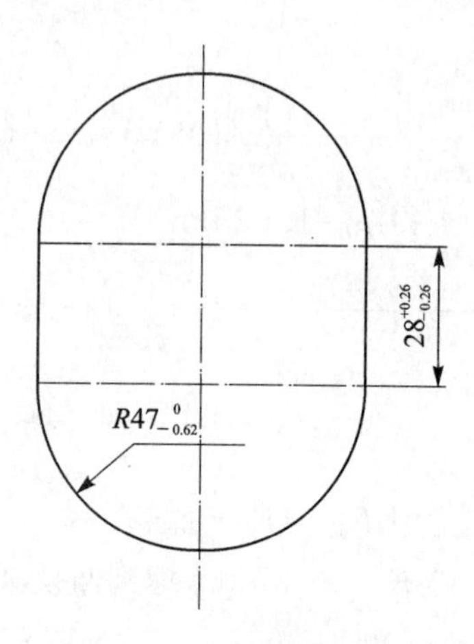

图 6.10　落料件图

考虑落料件的形状不是规则的简单形状，采用凸、凹模配合加工方法。以凹模为基准件，凹模磨损后，$R47$ 尺寸增大属于A类尺寸，28尺寸不变属于C类尺寸。

由表2.18查得　　$A_d = (A - x\Delta)^{+0.25\Delta}_{0}$

$C_d = C \pm 0.125\Delta$

查表2.17得磨损系数为：

$$R47^{0}_{-0.62}\,\text{mm} \quad x = 0.5$$

$$R_d = (R - x\Delta)^{0.25\Delta}_{0} = (47 - 0.5 \times 0.62)^{0.16}_{0} = 46.69^{0.16}_{0}\ \text{mm}$$

$$28_d = 28 \pm 0.125\Delta = 28 \pm 0.125 \times 0.52 = 28 \pm 0.07\ \text{mm}$$

• 拉深凸模刃口尺寸的计算：

拉深件图中未注公差的尺寸，查表7.14中的IT14级，$R34^{0.62}_{0}$ mm，$R4^{0.3}_{0}$ mm 和 $28^{+0.26}_{-0.26}$ mm，如图6.11所示。

考虑拉深件的形状不是规则的简单形状，采用拉深凸、凹模配合加工方法。由于拉深件要求内形尺寸，则以拉深凸模为设计基准，凸模磨损后，$R34$ 尺寸和 $r4$ 尺寸减小属于B类尺寸，28尺寸不变属于C类尺寸。依据表4.30，并参照表2.18冲孔凸模刃口尺寸的计算，

$$B_p = (B + 0.4\Delta)^{0}_{-0.25\Delta}$$

$$C_p = C \pm 0.125\Delta$$

所以

$$34_p = (34 + 0.4\Delta)^{0}_{-0.25\Delta} = (34 + 0.4 \times 0.62)^{0}_{-0.16} = 34.25^{0}_{-0.16}$$

$$4_p = (4 + 0.4\Delta)^{0}_{-0.25\Delta} = (4 + 0.4 \times 0.3)^{0}_{-0.08} = 4.12^{0}_{-0.08}$$

$$28_p = 28 \pm 0.125\Delta = 28 \pm 0.125 \times 0.52 = 28 \pm 0.07\ \text{mm}$$

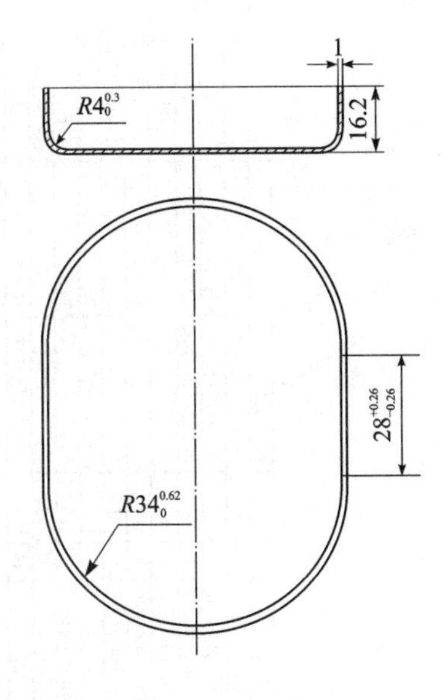

图 6.11　拉深件图

• 落料拉深凸凹模刃口尺寸的计算：

外形按落料凹模尺寸配制，其双面间隙为 0.065－0.095 mm；内形按拉深凸模尺寸配制，其双面间隙为 2.2 mm。

• 拉深模圆角半径的计算

拉深凹模的圆角半径 r_d 按公式 4.35 计算如下：

$r_d=0.8\sqrt{(D-d)t}=0.8\times\sqrt{(94-69)\times1}=4$ mm。

凸模的圆角半径 r_p 等于拉深件的内圆角半径，即 $r_p=\mathrm{r}=4$ mm。

(5) 确定凸模的通气孔

由表 4.33 查得，凸模的通气孔直径为 6.5 mm。

4. 模具的总体设计

根据上述各步计算所得的数据及确定的工艺方案，本模具的总图如图 6.12 所示。条料沿两个导料销送进，由固定挡料销控制其进距。采用弹性卸料装置，将条料从凸模上卸下。拉深时压边圈压住坯料，拉深完了由装在模座之下的顶出装置通过顶杆、顶件块(压边圈)将拉深件从下模中顶出或由装在上模中的推出装置通过推杆、推件块将拉深件从上模中推出。

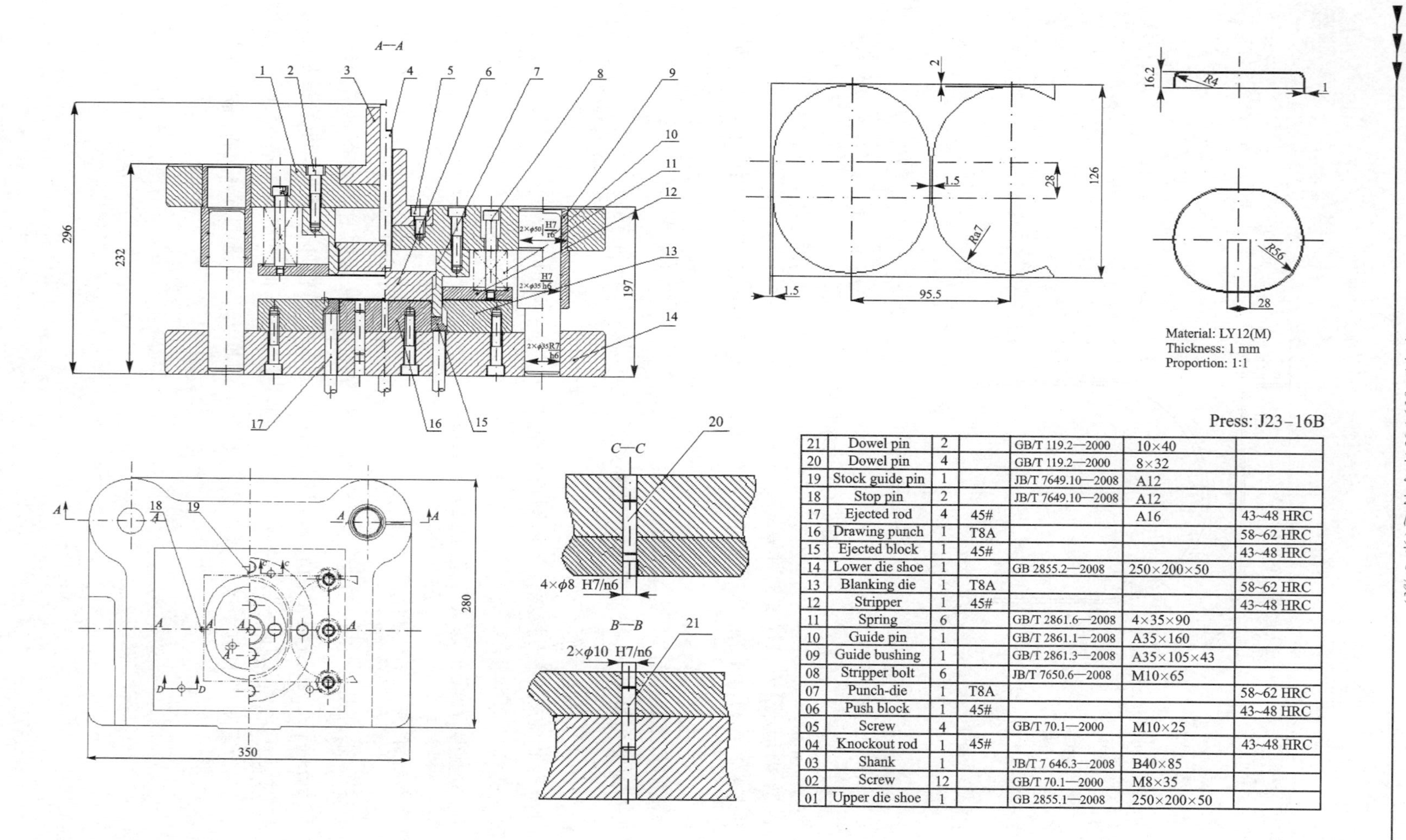

21	Dowel pin	2		GB/T 119.2—2000	10×40	
20	Dowel pin	4		GB/T 119.2—2000	8×32	
19	Stock guide pin	1		JB/T 7649.10—2008	A12	
18	Stop pin	2		JB/T 7649.10—2008	A12	
17	Ejected rod	4	45#		A16	43~48 HRC
16	Drawing punch	1	T8A			58~62 HRC
15	Ejected block	1	45#			43~48 HRC
14	Lower die shoe	1		GB 2855.2—2008	250×200×50	
13	Blanking die	1	T8A			58~62 HRC
12	Stripper	1	45#			43~48 HRC
11	Spring	6		GB/T 2861.6—2008	4×35×90	
10	Guide pin	1		GB/T 2861.1—2008	A35×160	
09	Guide bushing	1		GB/T 2861.3—2008	A35×105×43	
08	Stripper bolt	6		JB/T 7650.6—2008	M10×65	
07	Punch-die	1	T8A			58~62 HRC
06	Push block	1	45#			43~48 HRC
05	Screw	4		GB/T 70.1—2000	M10×25	
04	Knockout rod	1	45#			43~48 HRC
03	Shank	1		JB/T 7 646.3—2008	B40×85	
02	Screw	12		GB/T 70.1—2000	M8×35	
01	Upper die shoe	1		GB 2855.1—2008	250×200×50	

图6.12 落料拉深复合模装配总图

其中卸料弹簧的设计计算如下：

$F_{卸}=737\text{N}$

根据结构要求选取 6 根弹簧，每根弹簧卸料力为 $\frac{F_{卸}}{6}=123\ \text{N}$

查表 7.52，预选弹簧 $4\times35\times90$　$F_J=461\ \text{N}$　$h_j=58\ \text{mm}$

弹簧的预压缩量 $h_{预}=(123/461)\times58\ \text{mm}=15.48\ \text{mm}$

弹簧的剩余压缩量 $h_{余}=h_j-h_{预}=58\ \text{mm}-15.48\ \text{mm}=42.52\ \text{mm}>h_{工作}=21.2\ \text{mm}$

弹簧总的压缩量 $h_{总}=h_{预}+h_{工作}+h_{修模}=15.48+21.2+6=42.68\ \text{mm}$

校核 $h_j=58\ \text{mm}>h_{总}$

在卸料力作用下弹簧未压死，所选取的弹簧尺寸合适。

弹簧的安装长度 $h_{安}=h_{自由}-h_{预}=90-15.48=74.52\ \text{mm}$（取小化整取 74 mm）

模架选用后侧导柱标准模架：

上模座：$L/\text{mm}\times B/\text{mm}\times H/\text{mm}=250\times250\times50$

下模座：$L/\text{mm}\times B/\text{mm}\times H/\text{mm}=250\times250\times50$

导　柱：$d/\text{mm}\times L/\text{mm}=35\times160$

导　套：$d/\text{mm}\times L/\text{mm}\times D/\text{mm}=35\times105\times43$

5. 选定设备

选用 J23－160B 开式双柱可倾压力机

公称压力　160 KN　　　滑块行程 70 mm

最大封闭高度　220 mm

封闭高度调节量 60 mm

滑块中心线至床身距离 160 mm

工作台尺寸 300 mm×450 mm

垫板厚度 60 mm

模柄孔尺寸 40 mm×60 mm

6.2.2　冷冲压模具三维 CAD 设计

随着计算机软件、硬件的迅速发展，极大地推动了模具工业的发展。三维 CAD 技术的出现，使零件设计及模具结构设计可以直接在非常直观的三维环境下进行，模具设计完成后，可直接根据投影关系自动生成工程图，彻底解决了传统二维设计的弊端。目前，三维 CAD 技术已广泛地应用于模具的设计，缩短了新产品的开发周期和产品的更新周期，使得开发的新产品达到“高质量、低成本、上市快”的目标成为可能。

冷冲压模具三维 CAD 设计流程如图 6.13 所示。

目前常用的冷冲压模具三维 CAD 软件主要有 CATIA、Unigraphics NX、Topsolid、Inventor、Pro/Engineer、Solidworks 和 CAXA。

下面应用 Solidworks 软件对图 6.12 所示的落料拉深复合模进行三维 CAD 设计，如图 6.14 所示。

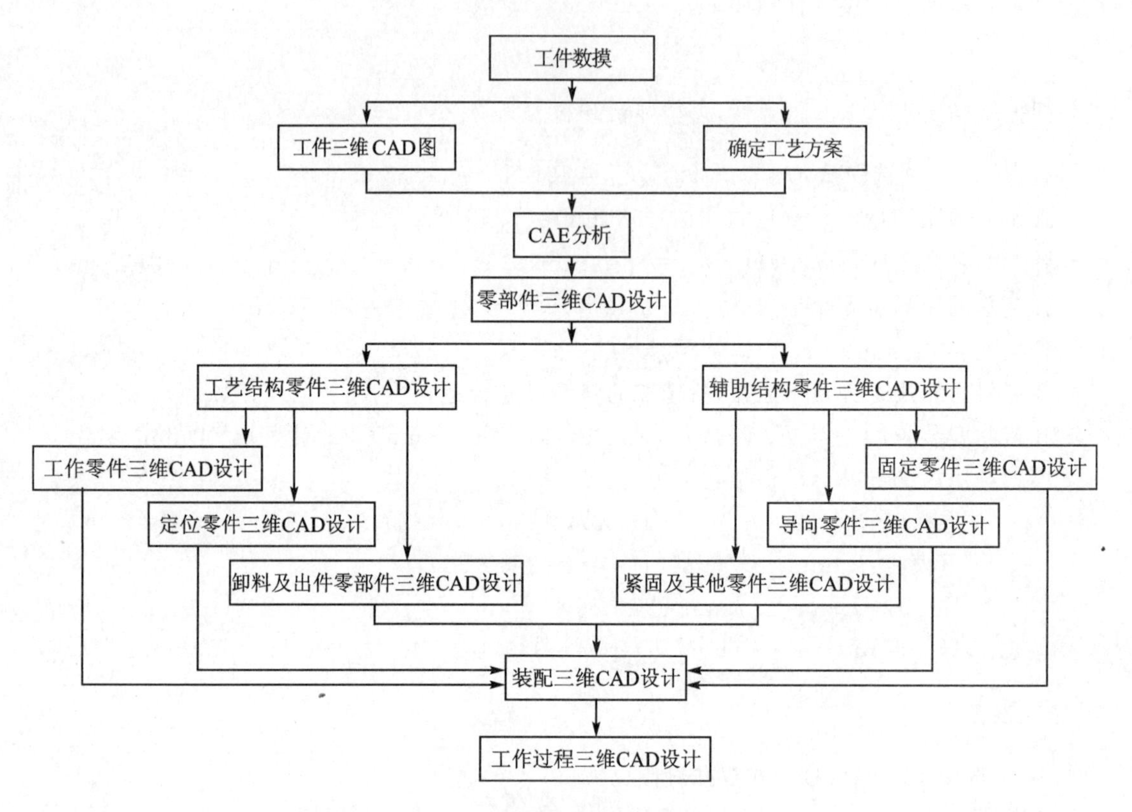

图 6.13　冷冲压模具三维 CAD 设计流程

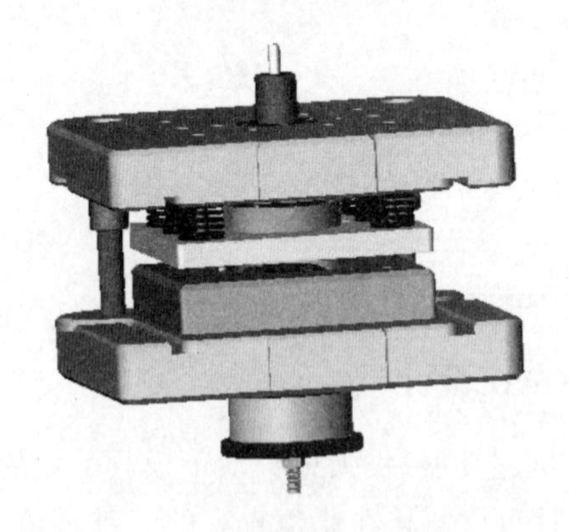

图 6.14　落料拉深复合模具的装配图

1. 工件的三维 CAD 设计

盒形拉深件二维工程图如图 6.15 所示,它的实体如图 6.16 所示。

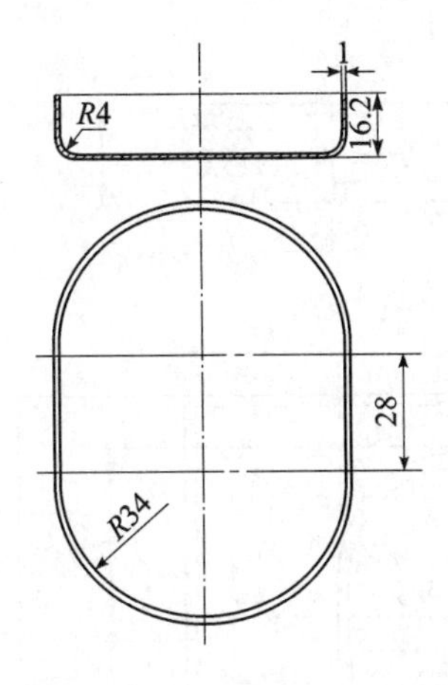

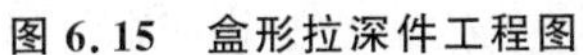

图 6.15　盒形拉深件工程图

图 6.16　盒形拉深件

2. 工艺结构零件的三维 CAD 设计

(1) 工作零件的三维 CAD 设计

工作零件包括拉深凸模、落料凹模、落料拉深凸凹模。它们的零件二维工程图如图 6.17 所示，它们的实体如图 6.18 所示。

(2) 定位零件的三维 CAD 设计

定位零件包括控制条料送进距离的挡料销和保证条料送进方向的导料销。选择一个固定式挡料销，两个固定式导料销，形状及尺寸一样，是标准零件 JB/T7649.10—2008，标准件号为：A10。其零件实体如图 6.19 所示。

(3) 压料、卸料及推/顶件零部件的三维 CAD 设计

· 压料零部件的三维 CAD 设计

压料零部件是压边圈，以保证板料在拉深过程中凸缘不起皱，其二维工程图如图 6.20 所

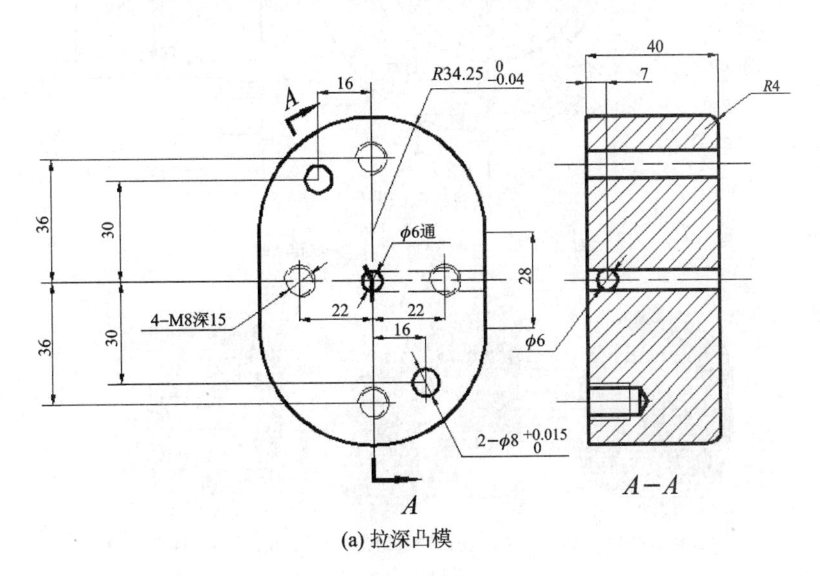

(a) 拉深凸模

图 6.17　工作零件二维工程图

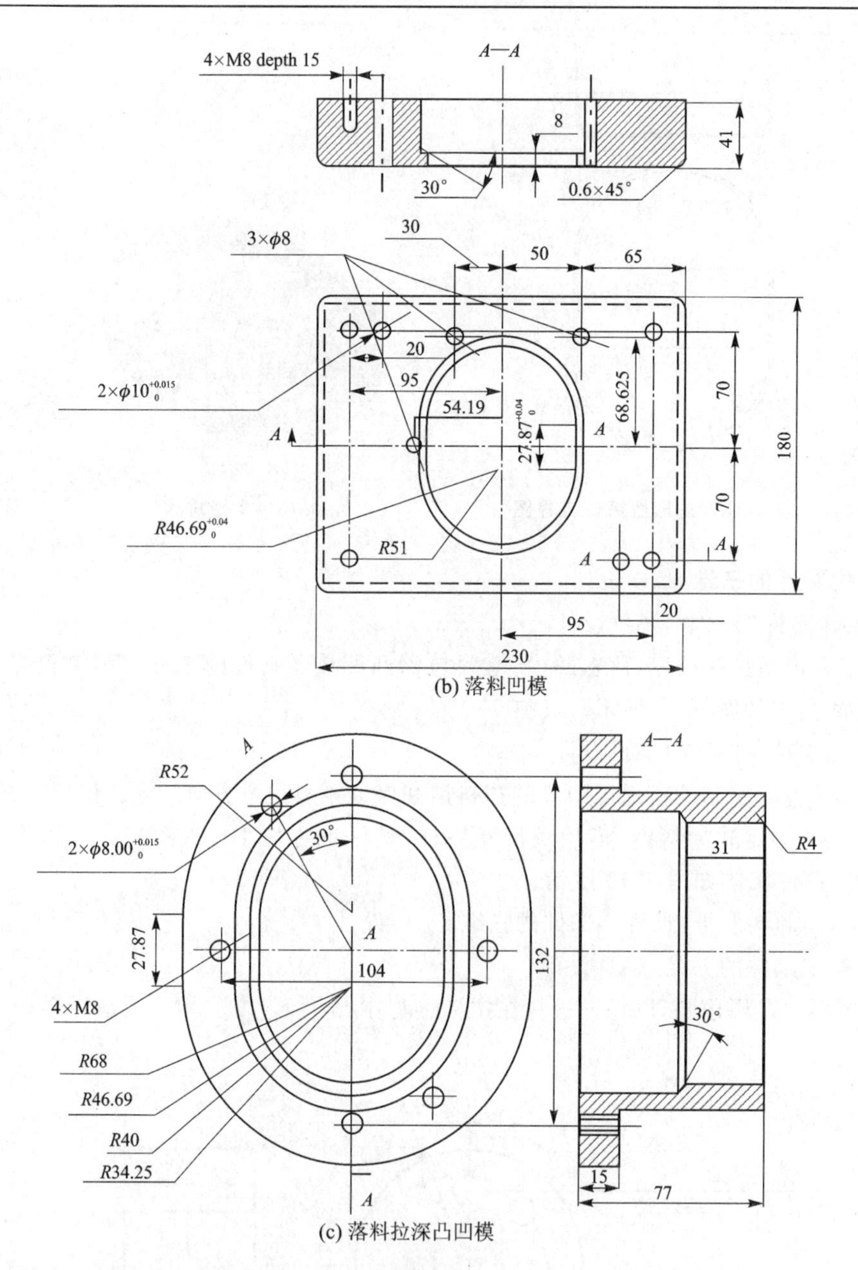

(b) 落料凹模

(c) 落料拉深凸凹模

图 6.17　工作零件二维工程图(续)

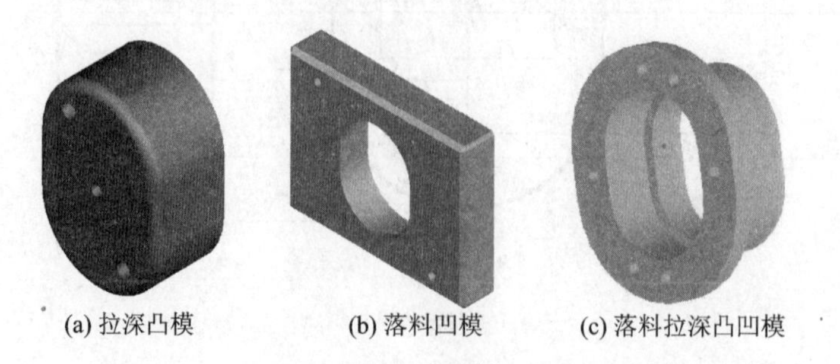
(a) 拉深凸模　(b) 落料凹模　(c) 落料拉深凸凹模

图 6.18　工作零件实体

示，零件实体如图 6.21 所示。

· 卸料零部件的三维 CAD 设计

卸料板具有卸料和压料的双重作用，多用于冲制薄料，使工件的平面度提高。卸料零部件包括弹压卸料板和弹簧。弹簧是标准零件 GB/T2861.6—2008，标准件号为：4×35×90。卸料板二维工程图如图 6.22 所示，卸料零部件实体如图 6.23 所示。

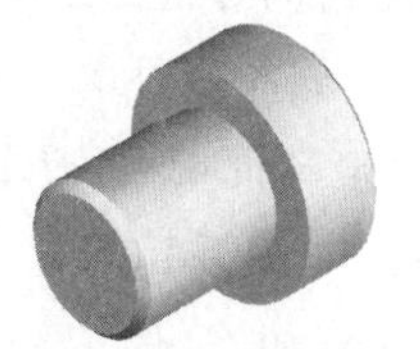

图 6.19　挡料销/导料销实体图

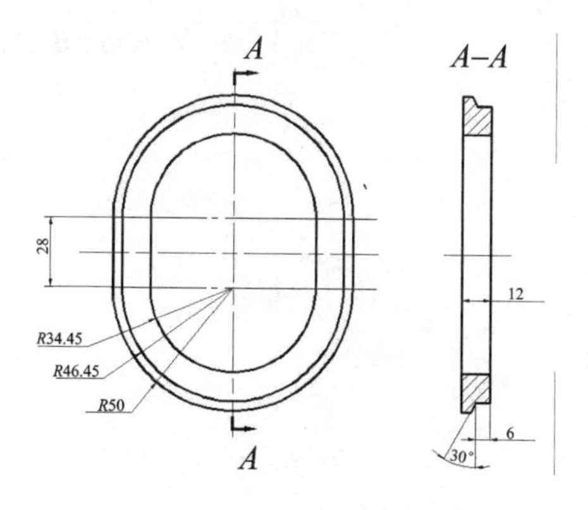

图 6.20　压边圈二维工程图

图 6.21　压边圈实体

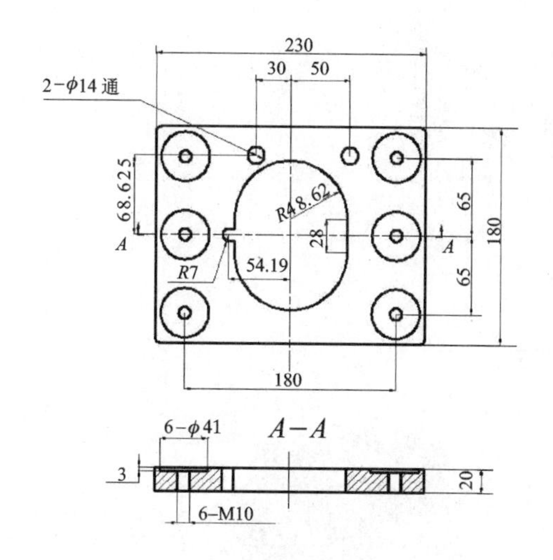

图 6.22　卸料板工程图

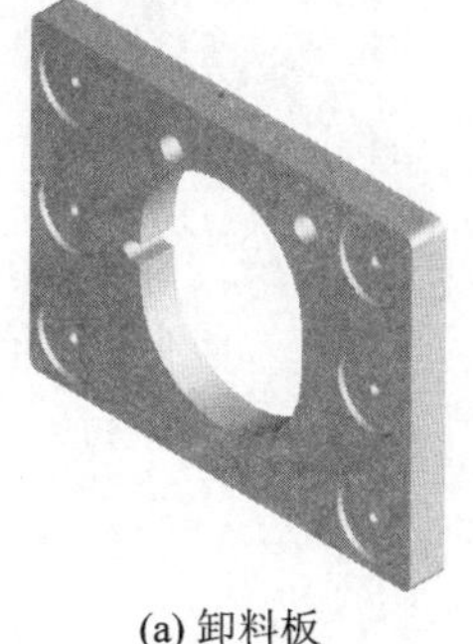

(a) 卸料板

(b) 弹 簧

图 6.23　卸料零部件实体

· 推/顶件零部件的三维 CAD 设计

模具完成压制过程后，需要从模具中将零件取出。如果零件被带入上模，就必须设计推件零部件将零件从上模中推出；如果零件被卡在下模，就必须设计顶件零部件将零件从下模中顶出。推件零部件包括推杆和推件块，推杆可参考标准零件 JB/T7650.3—2008 进行设计，尺寸为 16×180。推件块的二维工程图如图 6.24所示，它和推杆实体如图 6.25 所示。顶件零部件包括顶件块和顶杆，本模具中的压边圈也称为顶件块。顶杆是标准零件 JB/T7650.3－2008，标准件号为 8×90，其实体如图 6.26 所示。

3. 辅助结构零件的三维 CAD 设计

(1) 导向零件的三维 CAD 设计

对生产批量大,要求模具寿命高,工件精度较高的冷冲压模具,一般采用导柱、导套来保证上、下模的精确导向。它们是标准零件,导柱 GB/T2861.1－2008、导套 GB/T2861.3－2008。标准件号为:导柱 A35×160,导套 A35×105×43。它们的实体如图 6.27 所示。

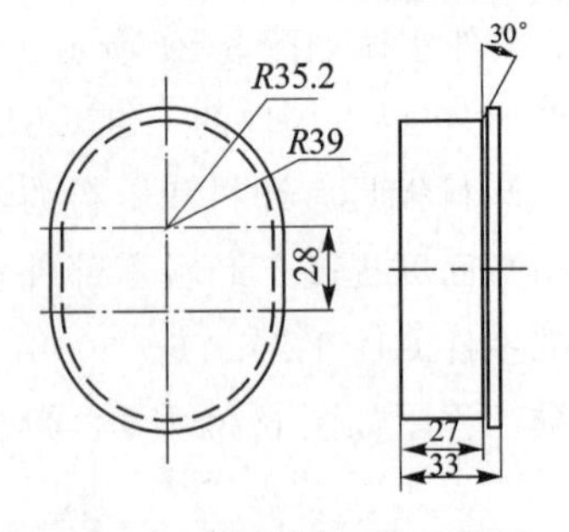

图 6.24　推件块二维工程图

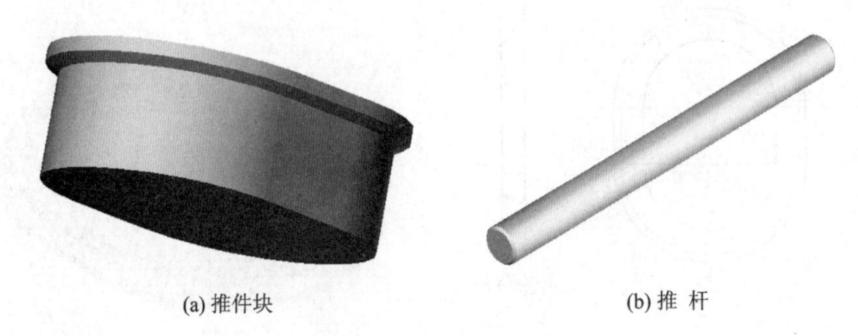

(a) 推件块　　(b) 推 杆

图 6.25　推件零部件实体

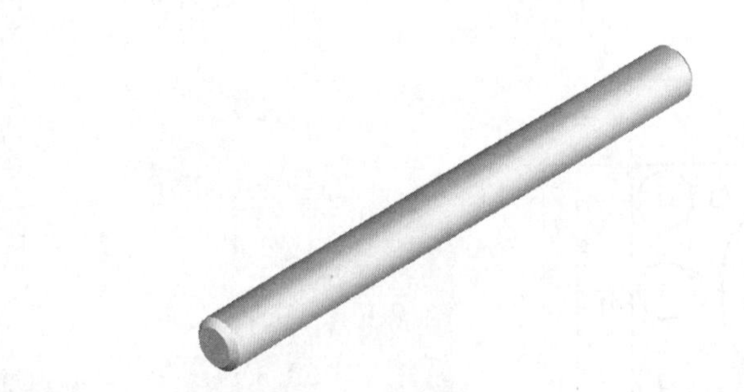

图 6.26　顶杆实体

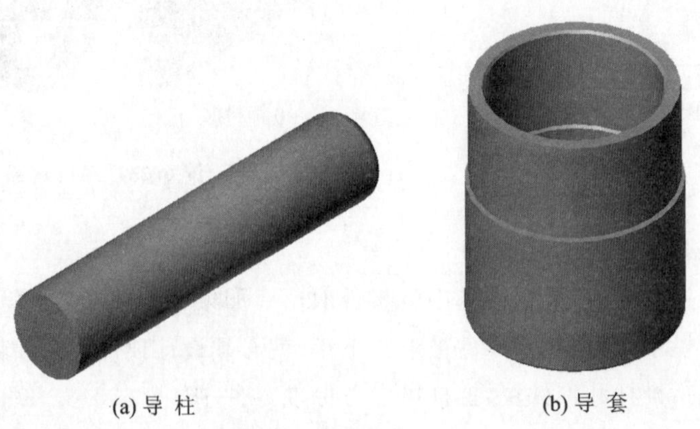

(a) 导 柱　　(b) 导 套

图 6.27　导向零件实体

(2) 固定零件的三维 CAD 设计

· 上、下模座三维 CAD 设计

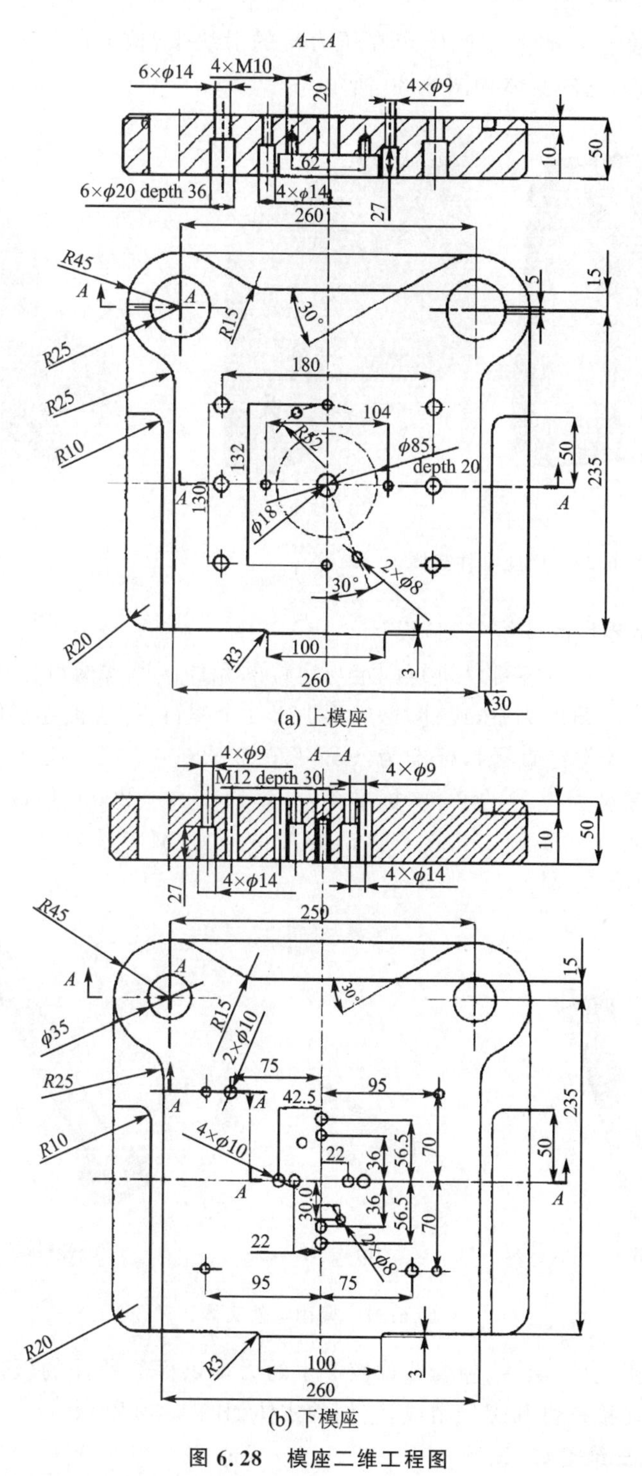

(a) 上模座

(b) 下模座

图 6.28　模座二维工程图

上、下模座已有国家标准，分别为 GB/T2855.1－2008、GB/T2855.2－2008。标准件号为：上模座 250×200×50、下模座 250×200×50。它们的二维工程图如图 6.28 所示，实体如图 6.28 所示。

· 模柄三维 CAD 设计

模柄的作用是将模具的上模座固定在压力机的滑块上,按 GB/T7646.3－2008 标准选取。标准件号为:B40,它的实体如图 6.30 所示。

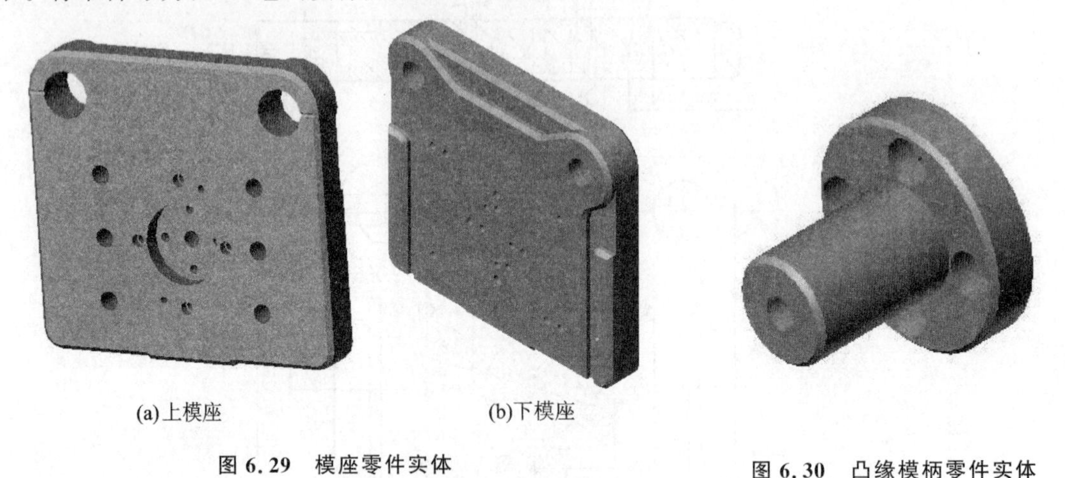

(a)上模座　　(b)下模座

图 6.29　模座零件实体

图 6.30　凸缘模柄零件实体

(3) 紧固及其他零件的三维 CAD 设计

螺钉与销钉是用于模具零部件进行固定与定位的元件。通常两者选用相同的直径,按标准选取。螺钉选用内六角形为宜,设计时,应不少于 3 个螺钉,拧入被连接件的最小深度:铸铁为 $2d$;钢为 $1.5d$(d 为螺钉直径),标准为:GB/T70.1－2000。销钉设计为 2 个,压入连接件与被连接件的最小深度为直径的 2 倍,标准为:GB/T119.2－2000,连接件的销钉孔应同时钻、铰;卸料螺钉标准为:GB/T7650.6－2008,标准件号为:M10×65。它们的实体如图 6.31 所示。

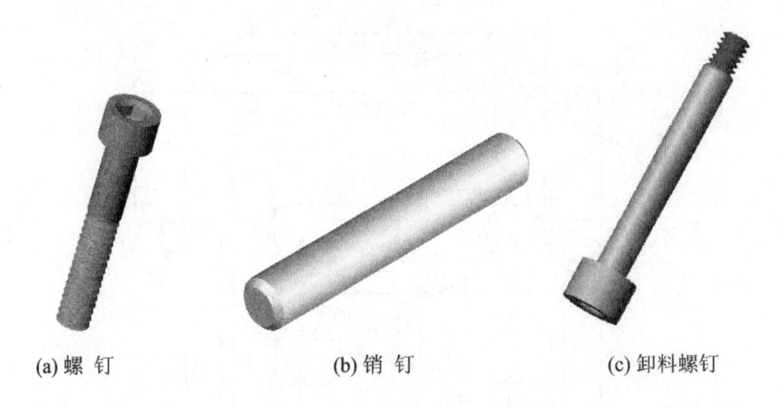

(a) 螺　钉　　(b) 销　钉　　(c) 卸料螺钉

图 6.31　紧固零件实体

弹顶装置是利用气压、液压、弹簧或橡胶产生的力提供模具所需的压边力或顶出力,通常由底板、弹性元件、连接螺钉和螺母组成,它们的实体如图 6.32 所示。

4. 模具装配过程的三维 CAD 设计

落料拉深复合模的装配过程三维 CAD 设计如图 6.33 所示。

5. 模具工作过程的三维 CAD 设计

落料拉深复合模的工作过程三维 CAD 设计如图 6.34 所示。

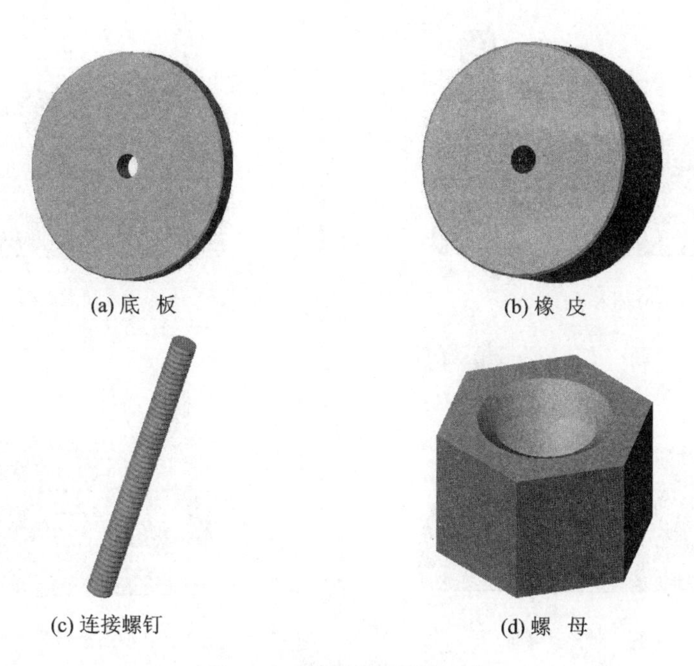

(a) 底　板　　(b) 橡 皮

(c) 连接螺钉　　(d) 螺　母

图 6.32　弹顶装置零件实体

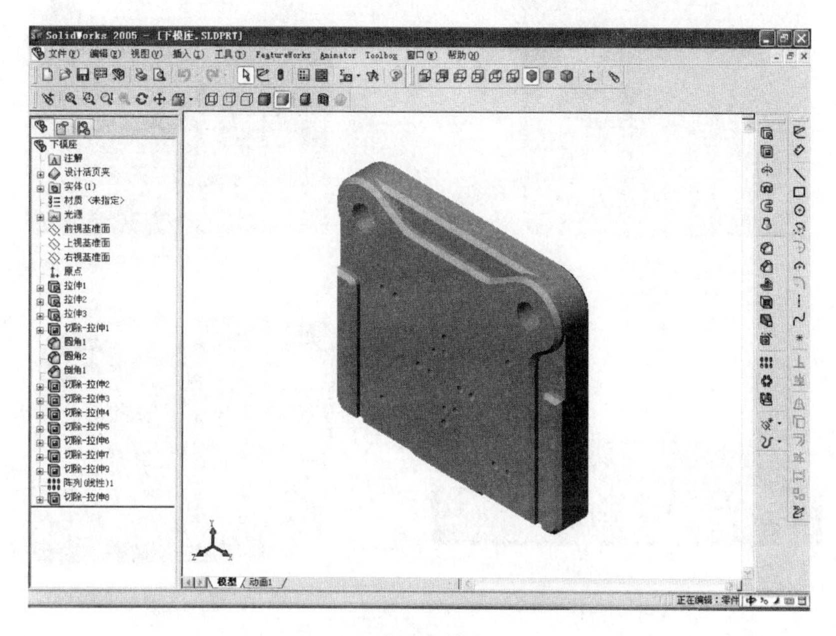

(a) 插入下模座

图 6.33　落料拉深复合模的装配过程

(b) 插入导柱

(c) 插入拉深凸模和螺钉

(d) 插入压边圈

(e) 插入落料凹模和螺钉

(f) 插入销钉

(g) 插入挡料销和导料销

(h) 插入顶杆

(i) 插入上模座

图 6.33 落料拉深复合模的装配过程(续)

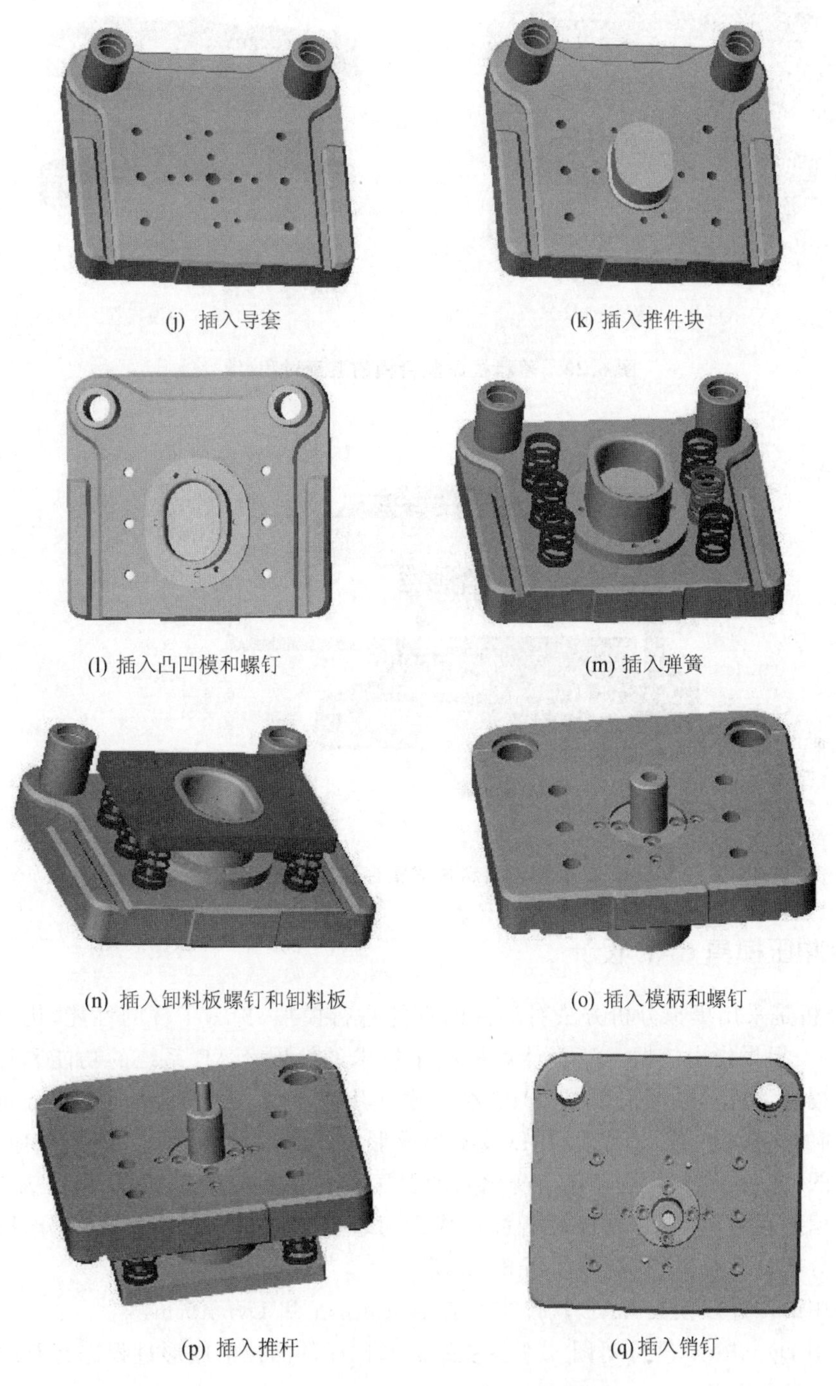

(j) 插入导套

(k) 插入推件块

(l) 插入凸凹模和螺钉

(m) 插入弹簧

(n) 插入卸料板螺钉和卸料板

(o) 插入模柄和螺钉

(p) 插入推杆

(q) 插入销钉

图 6.33　落料拉深复合模的装配过程(续)

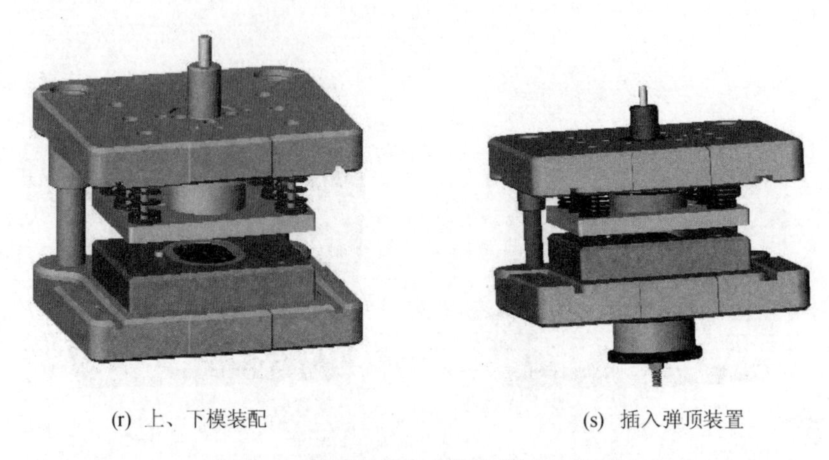

(r) 上、下模装配　　(s) 插入弹顶装置

图 6.33　落料拉深复合模的装配过程(续)

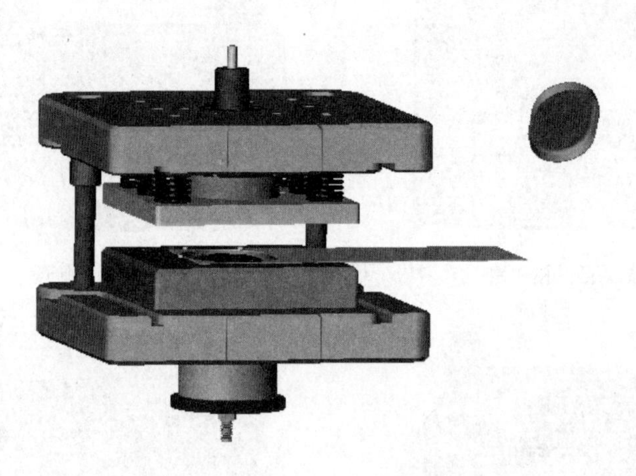

图 6.34　落料拉深复合模工作过程

6.2.3　冷冲压模具 CAE 设计

CAE 分析是采用虚拟分析方法对工件的性能进行模拟,预测工件的性能,优化工件的设计,为产品研发提供指南依据。随着计算机应用技术的发展,CAE 系统的功能和计算精度也随之有很大提高。计算时可采用 CAD 技术来建立几何模型,通过前处理完成分析数据的输入,求解得到的计算结果可以通过 CAD 技术生成形象的图形输出,如生成位移、应力、应变分布的等值线图、彩色云图,以及随载荷变化的动态显示图等,用于产品质量分析,为工程应用提供实用的依据。在应用 CAE 软件分析板料成形过程时主要包括三个基本部分,即建立计算模型、求解、分析计算结果,其流程如图 6.35 所示。

目前常用的冷冲压模具 CAE 软件主要有 Autoform 和 Dynaform。

下面应用 Dynaform 软件对图 6.6 所示的盒形拉深件的拉深成形过程进行有限元分析。

(1) 创建三维模型

利用 CATIA、Pro/ENGINEER、SolidWorks 或者 Unigraphics 等 CAD 软件建立盒形拉深件和下模 DIE(实际为凹模 DIE 和压边圈 BINDER 的集合体)没有厚度的面模型,如图 6.36 和图 6.37 所示。将所建立面模型的文件以"＊.igs"格式进行保存。

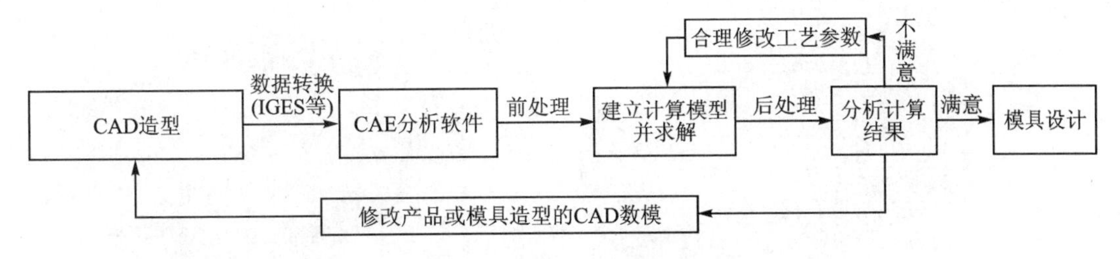

图 6.35　板料成形过程分析的流程

图 6.36　盒形拉深件面模型

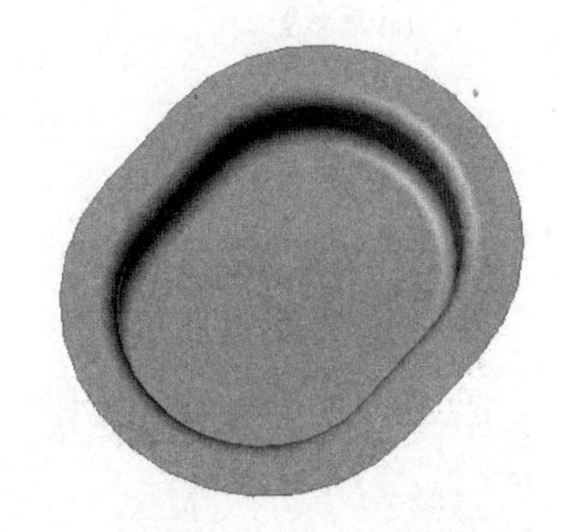

图 6.37　下模面模型

图 6.36 的盒形拉深件面选为盒形拉深件的中面，因为拉深件的毛坯尺寸是以拉深件的中性层的尺寸为基准进行的计算；图 6.37 下模面的几何尺寸与盒形拉深件的外表面尺寸相一致，因为下模在成形过程中与盒形拉深件的外表面接触。

(2) 导入模型

将上面所建立的“ *.igs”模型文件导入到 Dynaform 软件中，如图 6.38 所示。

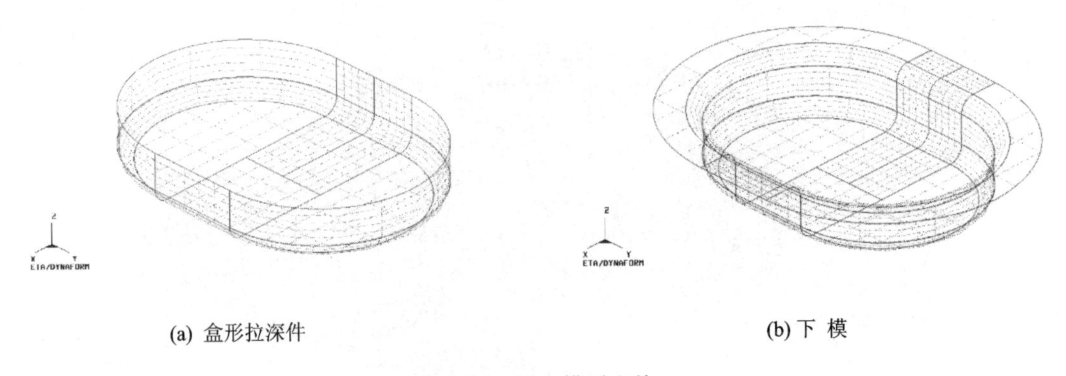

(a) 盒形拉深件　　(b) 下 模

图 6.38　导入模型文件

(3) 网格划分

网格划分如图 6.39 所示。

(4) 毛坯尺寸估算

针对网格划分的盒形拉深件，运用 Dynaform 软件中 BSE 的毛坯尺寸估算功能，通过输入 LY12M 的材料性能参数和零件厚度，进行零件的毛坯尺寸估算，计算所得的毛坯轮廓如图 6.40(a)所示的线框，具体尺寸如图 6.40(b)所示。

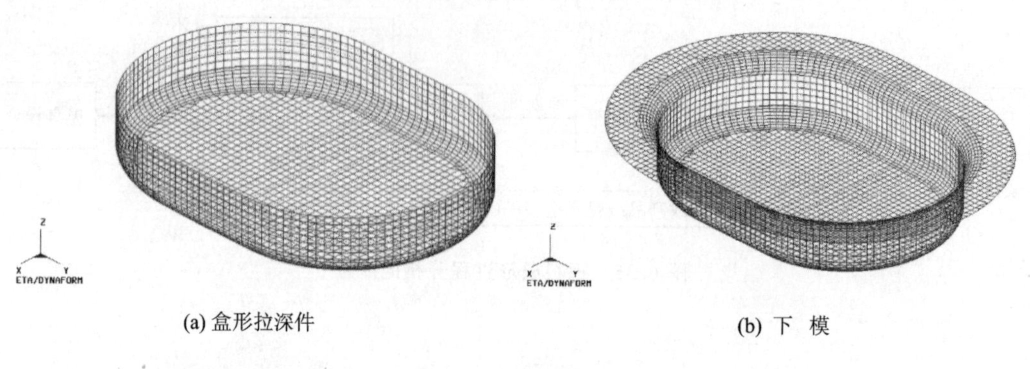

(a) 盒形拉深件　　　　(b) 下　模

图 6.39　网格划分

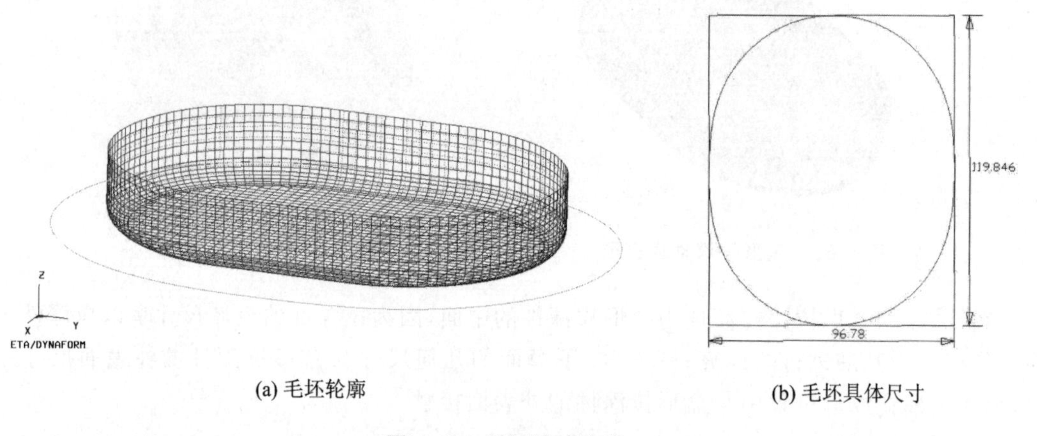

(a) 毛坯轮廓　　　　(b) 毛坯具体尺寸

图 6.40　毛坯尺寸估算

然后将零件的毛坯进行网格划分,如图 6.41 所示。

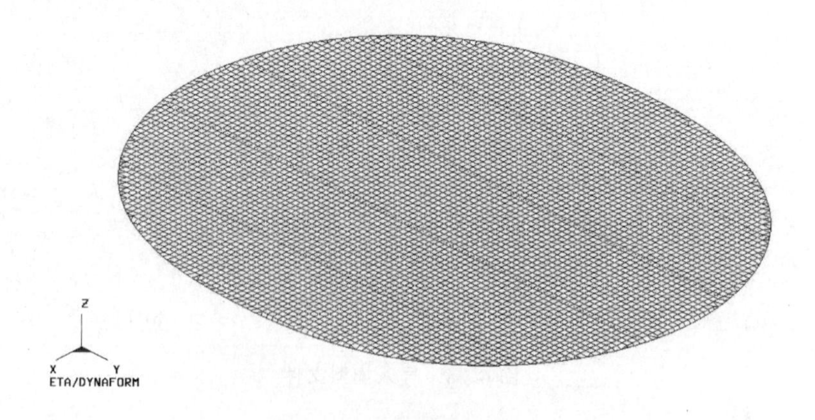

图 6.41　毛坯网格划分

(5) 快速设置

针对网格划分的下模,运用 Dynaform 软件将其分离成凹模 DIE 和 BINDER,通过快速界面设置定义各工具.定义毛坯材料,设置工具控制参数,如图 6.42 所示。

(6) 分析求解

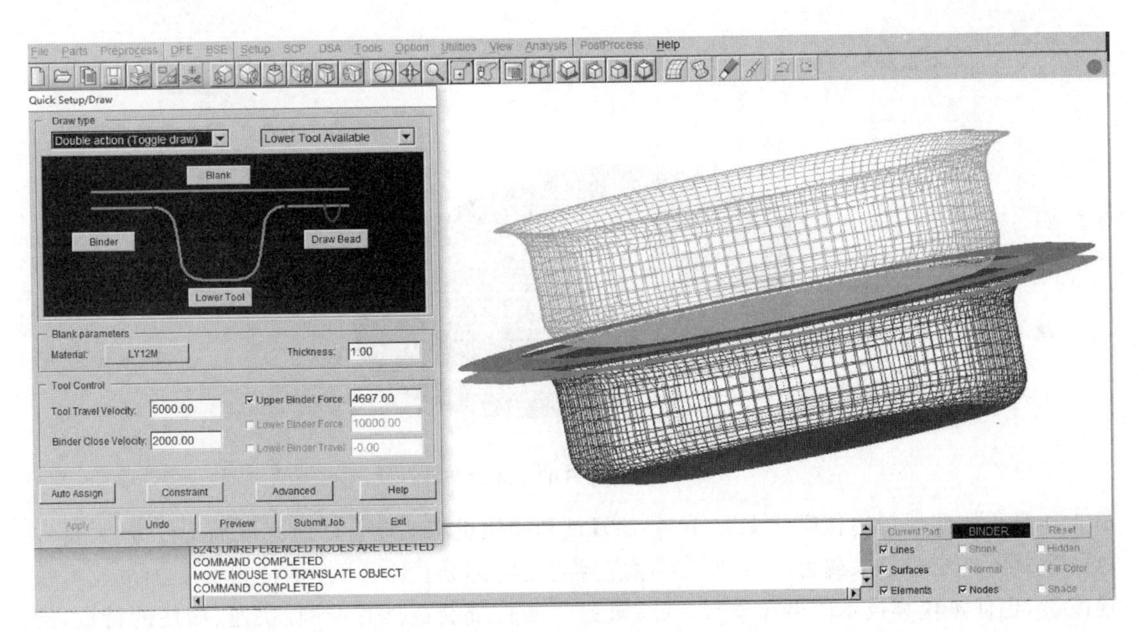

图 6.42　快速界面设置

通过快速界面设置中 Submit. job 按钮提交计算。求解器将在后台运行,以 DOS 窗口显示计算运行状况,并给出了大概完成时间。

(7) 分析结果

零件成形极限如图 6.43 所示,零件的壁厚分布如图 6.44 所示,根据计算数据分析,成形结果有起皱,可以通过调整压边力,减少起皱以满足工艺要求。

图 6.43　零件成形极限图

详细的分析过程请参见参考文献[27]。

6.2.4　冷冲压模具 CAM 设计

随着多轴联动数控机床、模具雕刻机、电火花加工、数控精密磨床、三坐标测量机等先进现代设备在工厂中的广泛使用,现代模具制造中的机械加工要尽可能多地取代人工操作。由于现在这些设备大部分所用的程序基本上都是应用 CAD/CAE/CAM 系统产生的,所以操作人

图 6.44　零件的壁厚分布

员工作只需按照规定的程序装夹工件、配备刀具和操作机床就能自动地完成加工任务,并将理想的模具零件制造出来或为下一加工工序完成规定的部分。CAM 技术使得数控加工技术快速发展,也促进模具技术的迅速发展。CAM 技术较传统制造具有准确、快速、简便的特点,给人们带来了极大的方便,省去了需要记忆的很多功能代码去编辑、调试等繁琐的工作,让大脑减少了工作量。其加工制造流程如图 6.45 所示。

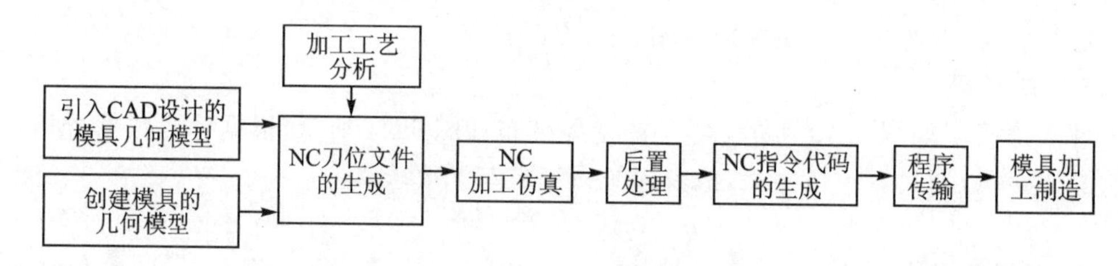

图 6.45　冷冲压模具 CAM 加工制造流程

目前常用的冷冲压模具 CAM 软件主要有 MasterCAM、Cimatron、CAXA－ME、CATIA、Unigraphics NX、Pro/Engineer、Topsolid。

以图 6.17(b)所示的落料凹模为例,运用 MasterCAM 软件生成刀具路径、加工仿真、后置处理等模具零件 CAM 过程。

1. 工艺分析

在运用 MasterCAM 软件对零件进行数控加工自动编程前,首先对零件进行加工工艺分析,确定合理的加工顺序,在保证零件的表面粗糙度和加工精度的同时,要尽量减少换刀次数,提高加工效率。

根据落料凹模的实际结构特点,可通过铣、钻、铰削和攻丝便可完成零件所有粗、精加工。选用数控铣床或镗铣加工中心作为加工设备。加工过程中需采用盘铣刀、立铣刀、麻花钻及丝锥等多把刀具。

本道工序需对被加工零件装夹三次,分别以上底平面和右侧面、下底平面和中心长圆孔、下底平面和右侧面作为定位基准,分别选用平口钳和专用夹具装夹工件。根据先面后孔的原则,结合零件的实际结构和要求,本工序中工步的顺序依次为:

(1) 铣削下底平面;

(2) 铣削半径 $R51$ 长圆孔;
(3) 粗铣半径 $R46.69$ 长圆孔;
(4) 精铣半径 $R46.69$ 长圆孔;
(5) 钻削 2 个 $\phi10$ 定位销孔;
(6) 铰削 2 个 $\phi10$ 定位销孔;
(7) 钻削 3 个 $\phi8$ 通孔;
(8) 钻削 4 个 $\phi6.5$ 螺纹底孔;
(9) 攻 4 个 $M8$ 螺纹,深 15;
(10) 铣削半径 $R51$ 长圆孔的 30°倒角;
(11) 铣削外侧面;
(12) 铣削上底平面;
(13) 铣削 0.5×45°倒角。

2. 刀具路径及加工仿真

落料凹模的模型确定后,根据加工工艺分析,利用 MasterCAM 软件选择加工毛坯,选用相应工序所使用的刀具,同时建立工件坐标系,确定工件坐标系与机床坐标系的相对尺寸,并进行各种工艺参数设定,从而得到零件加工的刀具路径,生成了相应的刀具路径工艺数据文件 NCI。

设置好刀具加工路径后,利用 MasterCAM 软件提供的加工仿真功能,模拟零件的加工过程,检测工艺参数的设置是否合理,零件在实际数控加工中是否存在干涉,设备的运行动作是否正确,零件是否符合设计要求等。同时在数控模拟加工中,系统会给出有关加工过程的报告。

(1) 铣削下底平面

铣削落料凹模下底平面的刀具路径如图 6.46 所示,采用 $\phi30$ 的盘铣刀。其加工模拟如图 6.47 所示。

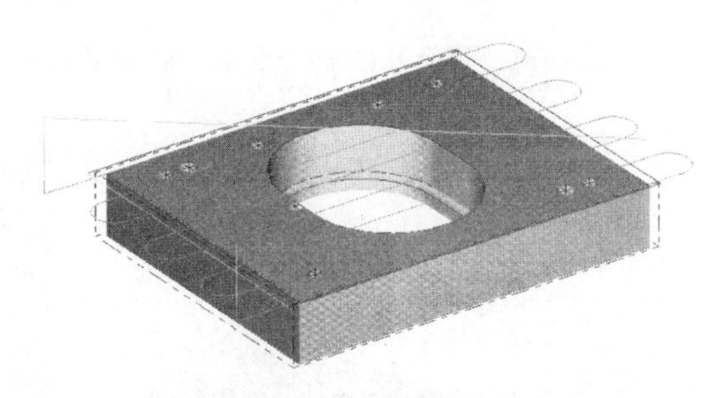

图 6.46　铣削落料凹模下底平面的刀具路径

图 6.47　落料凹模下表面的加工模拟

(2) 铣削半径 $R51$ 长圆孔

铣削半径 $R51$ 长圆孔的刀具路径如图 6.48 所示,采用 $\phi10$ 的键槽铣刀。其加工模拟如图 6.49 所示。

(3) 粗铣半径 $R46.69$ 长圆孔

粗铣半径 $R46.69$ 长圆孔的刀具路径如图 6.50 所示,仍然采用 $\phi10$ 的键槽铣刀。其加工模拟如图 6.51 所示。

(4) 精铣半径 $R46.69$ 长圆孔

精铣半径 $R46.69$ 长圆孔的刀具路径如图 6.52 所示,采用 $\phi10$ 的键槽铣刀。其加工模拟如图 6.53 所示。

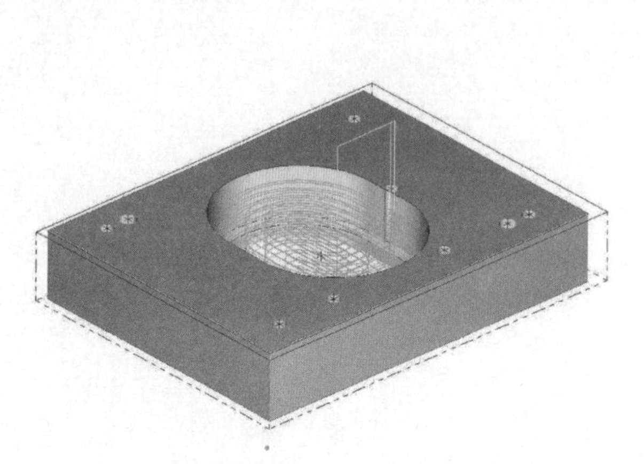

图 6.48　铣削半径 ***R*51** 长圆孔的刀具路径

图 6.49　半径 ***R*51** 长圆孔的加工模拟

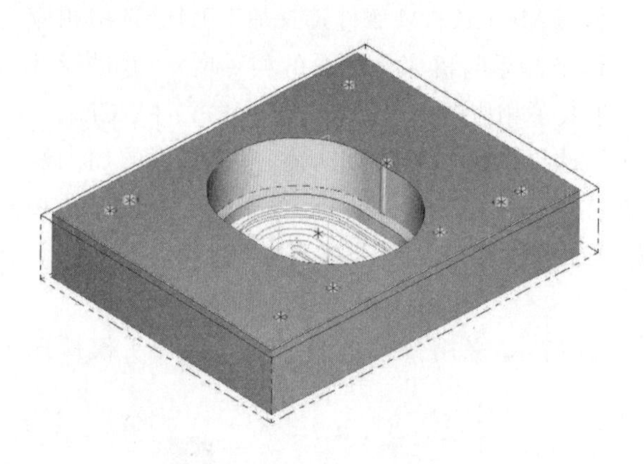

图 6.50　粗铣半径 ***R*46.69** 长圆孔的刀具路径

图 6.51　半径 ***R*46.69** 长圆孔的粗加工模拟

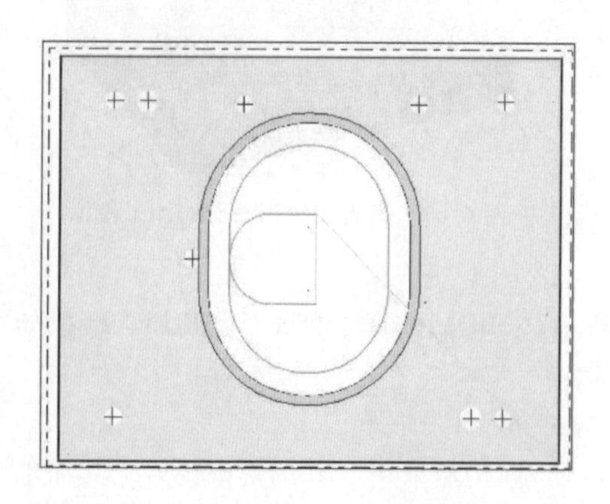

图 6.52　精铣半径 ***R*46.69** 长圆孔的刀具路径

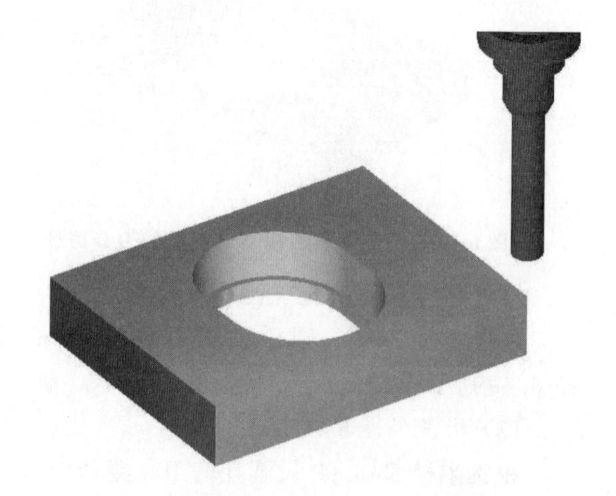

图 6.53　半径 ***R*46.69** 长圆孔的精加工模拟

（5）钻削 ϕ10 两个定位销孔

钻削 ϕ10 定位销孔的刀具路径如图 6.54 所示，采用 ϕ9.8 的麻花钻。其加工模拟如图 6.55 所示。

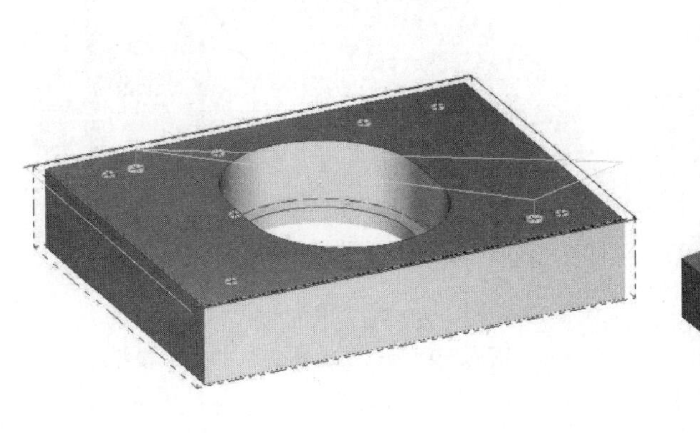

图 6.54　钻削 ϕ10 定位销孔的刀具路径

图 6.55　ϕ10 定位销孔的加工模拟

（6）铰削 ϕ10 两个定位销孔

铰削 ϕ10 定位销孔采用 ϕ10 的铰刀，其加工轨迹与钻削该孔基本相同，刀具路径和加工模拟可参见图 6.54 和图 6.55。

（7）钻削 ϕ8 三个通孔

钻削 ϕ8 通孔的刀具路径如图 6.56 所示，采用 ϕ8 的麻花钻。其加工模拟如图 6.57所示。

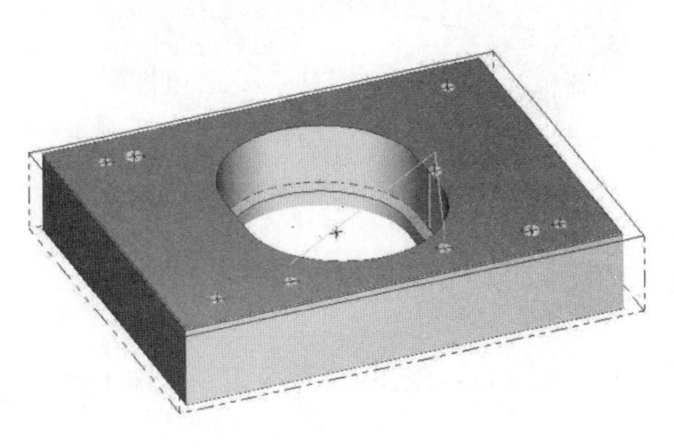

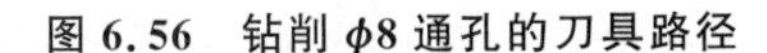

图 6.56　钻削 ϕ8 通孔的刀具路径

图 6.57　ϕ8 通孔的加工模拟

（8）钻削 ϕ6.5 的 4 个螺纹底孔

钻削 ϕ6.5 螺纹底孔的刀具路径如图 6.58 所示，采用 ϕ6.5 的麻花钻。其加工模拟如图 6.59 所示。

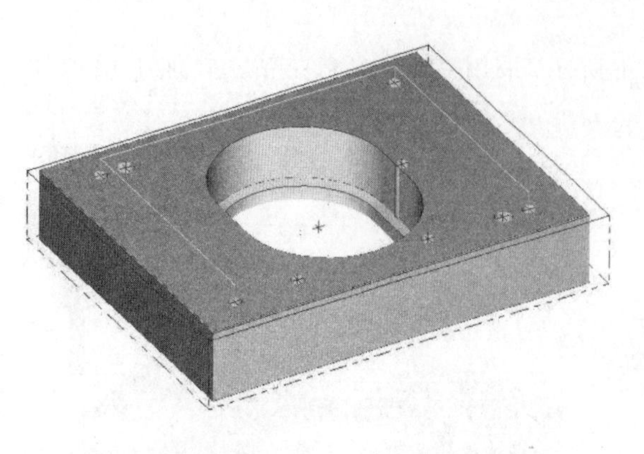

图 6.58 钻削 ϕ6.5 螺纹底孔的刀具路径

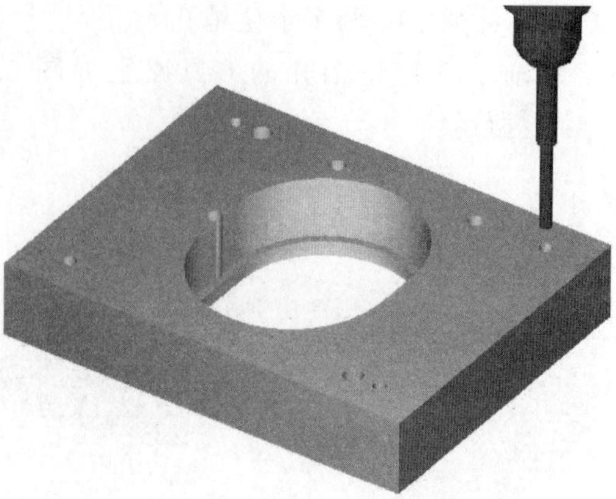

图 6.59 ϕ6.5 螺纹底孔的加工模拟

(9) 攻 4 个 $M8$ 螺纹

攻螺纹 $M8$ 的刀具路径如图 6.60 所示,采用 $M8$ 的丝锥。其加工模拟如图 6.61 所示。

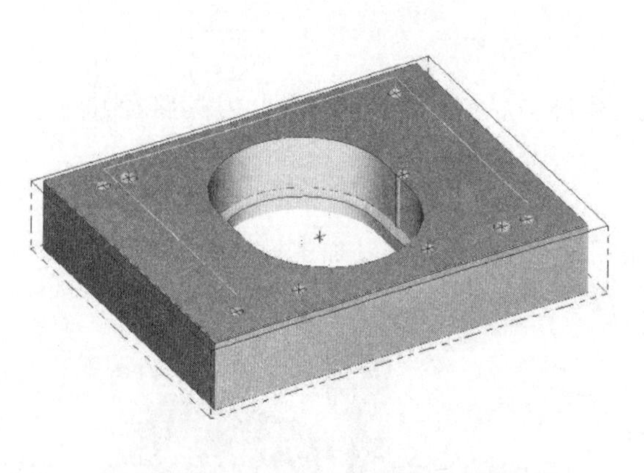

图 6.60 攻螺纹 $M8$ 的刀具路径

图 6.61 螺纹 $M8$ 的加工模拟

(10) 铣削半径 $R51$ 长圆孔的 30°倒角

铣削半径 $R51$ 长圆孔 30°倒角的刀具路径如图 6.62 所示,采用 30°倒角刀。其加工模拟如图 6.63 所示。

(11) 铣削外侧面

本工步是将零件翻过来加工,采用专用夹具进行第二次装夹。铣削外侧面的刀具路径如图 6.64 所示,采用 ϕ16 的立铣刀。其加工模拟如图 6.65 所示。

(12) 铣削上底平面

本工步完成上底面的加工,需进行第三次装夹。铣削上底平面的刀具路径如图 6.66 所示,采用 ϕ30 的盘铣刀。其加工模拟如图 6.67。

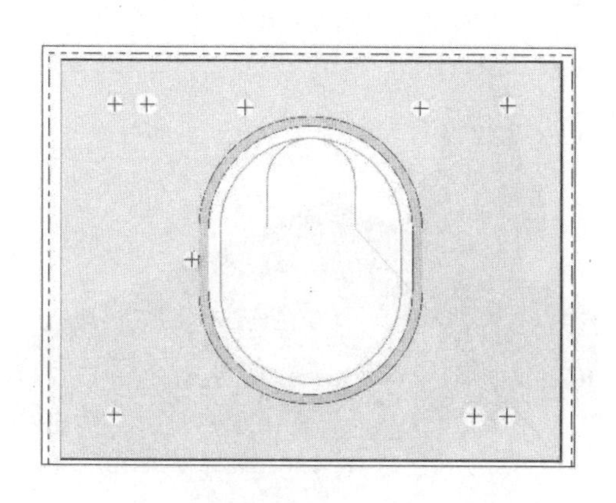

图 6.62　铣削 30°倒角的刀具路径

图 6.63　30°倒角的加工模拟

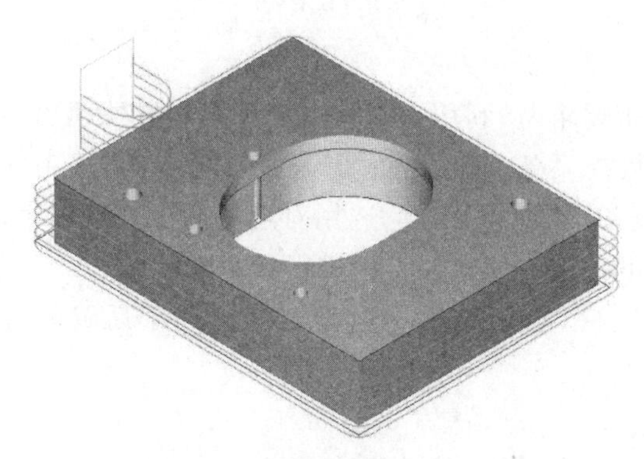

图 6.64　铣削外侧面的刀具路径

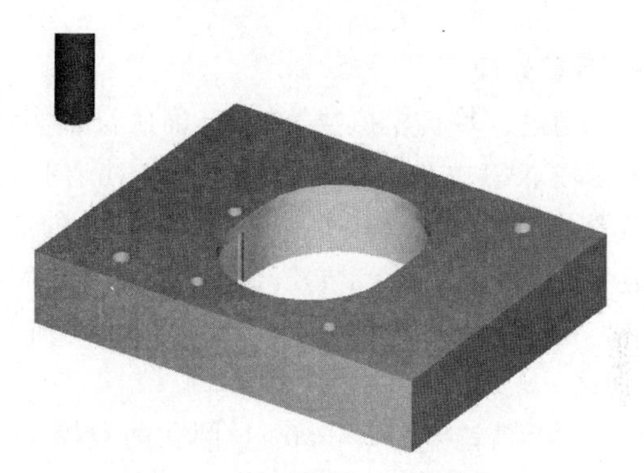

图 6.65　外侧面的加工模拟

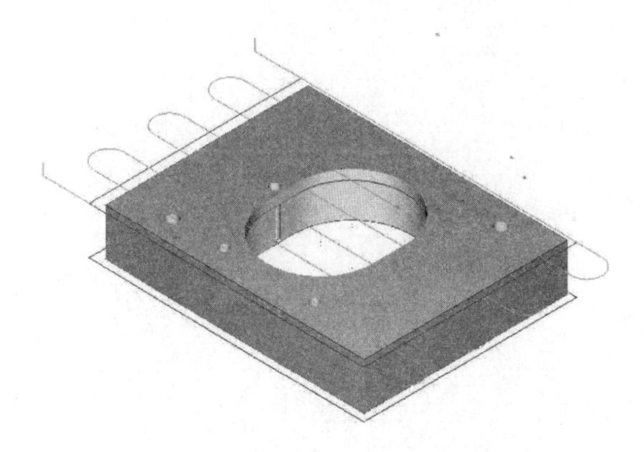

图 6.66　铣削上底面的刀具路径

图 6.67　上底面的加工模拟

(13) 铣削0.5×45°倒角

铣削0.5×45°倒角的刀具路径如图6.68所示，采用45°倒角刀。其加工模拟如图6.69所示。

图6.68　铣削0.5×45°倒角的刀具路径

图6.69　0.5×45°倒角的加工模拟

3. 后置处理

通过计算机模拟数控加工，确认符合实际加工要求时，利用MasterCAM的后置处理功能来生成NCI文件或NC数控代码。对于不同的数控设备，其数控系统可能不尽相同，选用的后置处理程序也就有所不同。对于具体的数控设备及数控系统，应选用对应的后置处理程序，后置处理生成的NC数控代码经适当修改后，就可以输出到数控设备进行数控加工。

由于落料凹模的每一个加工表面均有加工程序，篇幅有限。这里仅列出两个后置处理程序。

(1) 精铣半径 R46.69长圆孔的数控代码程序

```
O0000
N100 G21
N110 G0 G17 G40 G49 G80 G90
N120 G91G28 Z0
N130 T2 M6
N140 G0 G90 G54 X-10 Y35.625 S1000 M3
N150 Z50
N160 Z-20
N170 G1 Z-42 F40
N180 Y45.625 F100
N190 G2 X0 Y55.625 R10
N200 X41.69 Y13.935 R41.69
N210 G1 Y-13.935
N220 G2 X-41.69 R41.69
N230 G1 Y13.935
N240 G2 X0 Y55.625 R41.69
```

```
N250 X10 Y45.625 R10
N260 G1 Y35.625
N270 Z-32 F40
N280 G0 Z50
N290 G91 G28 Z0
N300 G28 X0 Y0
N310 M5
N320 M30
%
```

(2) 钻削 ϕ10 两个定位销孔的数控代码程序

```
O0000
N100 G21
N110 G0 G17 G40 G49 G80 G90
N120 T5 M6
N130 G0 G90 G54 X115 Y-90 S500 M3
N140 G43 H05 Z30
N150 G99 G81 X-75 Y70 Z-42 R10 F40
N160 X75 Y-70
N170 G80
N180 Z30
N190 X115 Y-90
N200 G91 G28 Z0
N210 G28 X0 Y0
N220 M5
N230 M30
%
```

6.3　典型冷冲压模具结构图

一、冲侧孔模

冲侧孔模如图 6.70 所示。

凹模采用镶块结构,便于更换。零件 2 起定位和卸料作用,为提高冲孔质量,在上模增加了一块卸料橡胶。

二、斜楔式侧孔冲模

如图 6.71 所示。

工件套在零件 6 上用零件 9 上的台阶定位,而零件 9 用零件 18 防转并且起到圆周方向定位的作用,当上模下行时,零件 5 先将工件压牢,上模继续下行时,由斜楔推动零件 11 和装在零件11上的零件8完成冲孔工作。当上模上升时件11在零件4的作用下退回,按下零件16,工件由与零件16相连的零件9顶出。

三、落料、拉深、冲孔复合模

如图6.72所示。

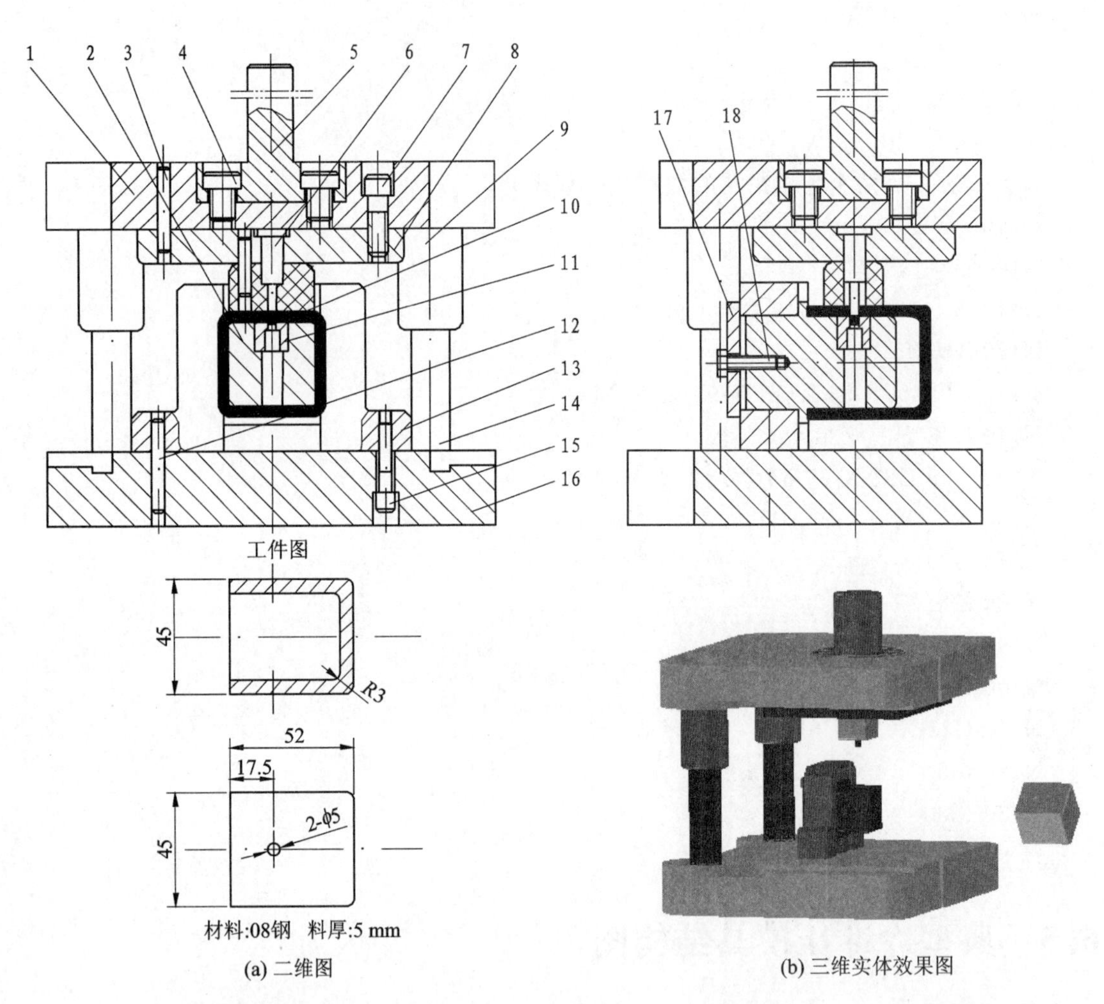

(a) 二维图　　(b) 三维实体效果图

1—上模座；2—凹模支架；3,12—圆柱销；4,7,15—内六角螺钉；5—凸缘模柄；6—凸模；8—凸模固定板；9—导套；10—橡胶；11—凹模；13—支座；14—导柱；16—下模座；17—垫圈；18—外六角螺钉

图6.70　冲侧孔模

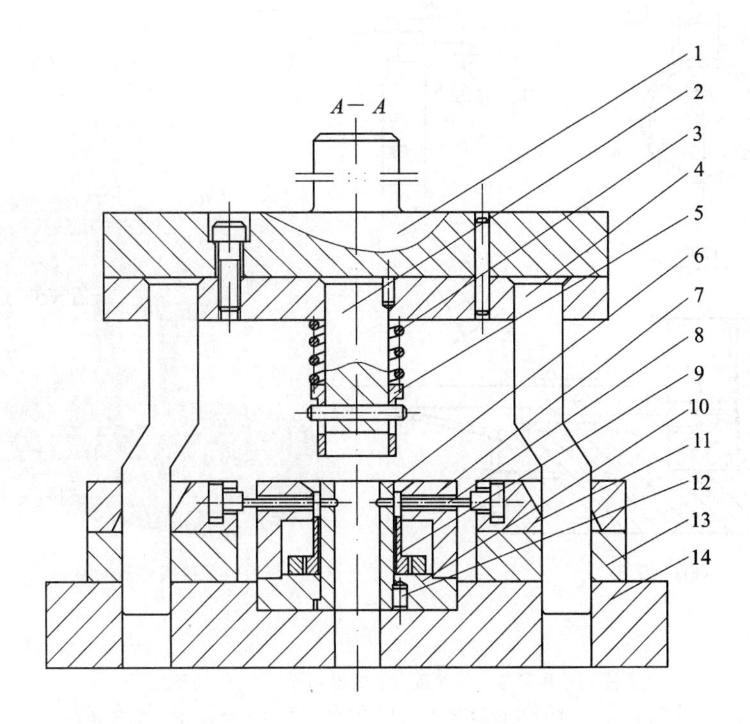

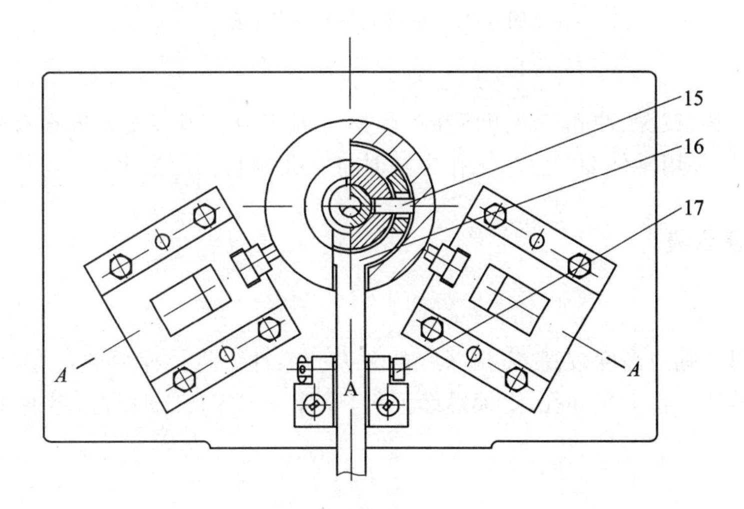

图 6.71　斜楔式侧孔冲模

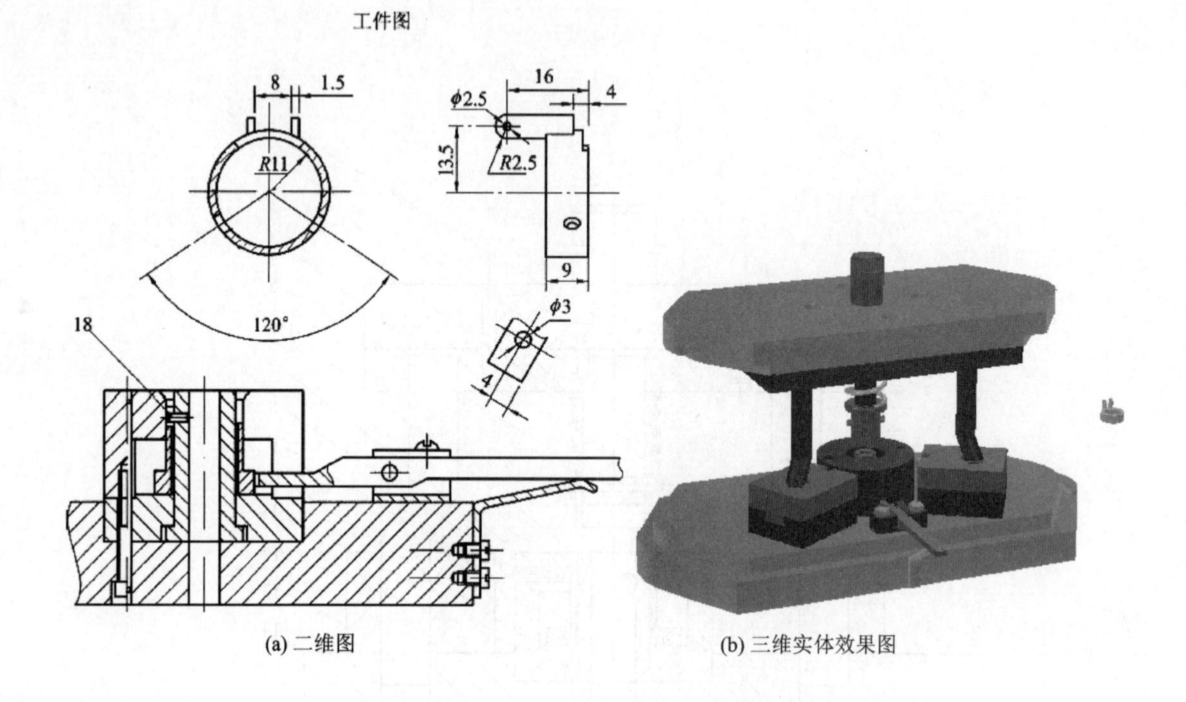

(a) 二维图　　(b) 三维实体效果图

1—上模座;2—压圈芯;3—弹簧;4—斜楔;5—压圈;6—凹模;7—导板;
8—凸模;9—工件定位顶圈;10—凹模固定板;11—滑块;12—防转销;
13—导轨;14—下模座;15—销钉;16—手柄;17—手柄轴;18—止转销钉

图 6.71　斜楔式侧孔冲模(续)

本模具将落料、拉深、冲孔三道工序在一套模具内完成。因模架下方设有弹顶器,故在模架下开有纵向槽,并用零件 20 封口,工作中随时将冲孔废料向后捅出。

四、冲孔、翻边复合模

如图 6.73 所示。

该模具适用于翻边高度较高,需拉深后再翻边的零件。将拉深后的毛坯套在零件 3 上定位。零件 3 和零件 6 将毛坯冲孔,上模继续下行,零件 4 与零件 19 压边,零件 3 和零件 4 完成工件上部的翻边。

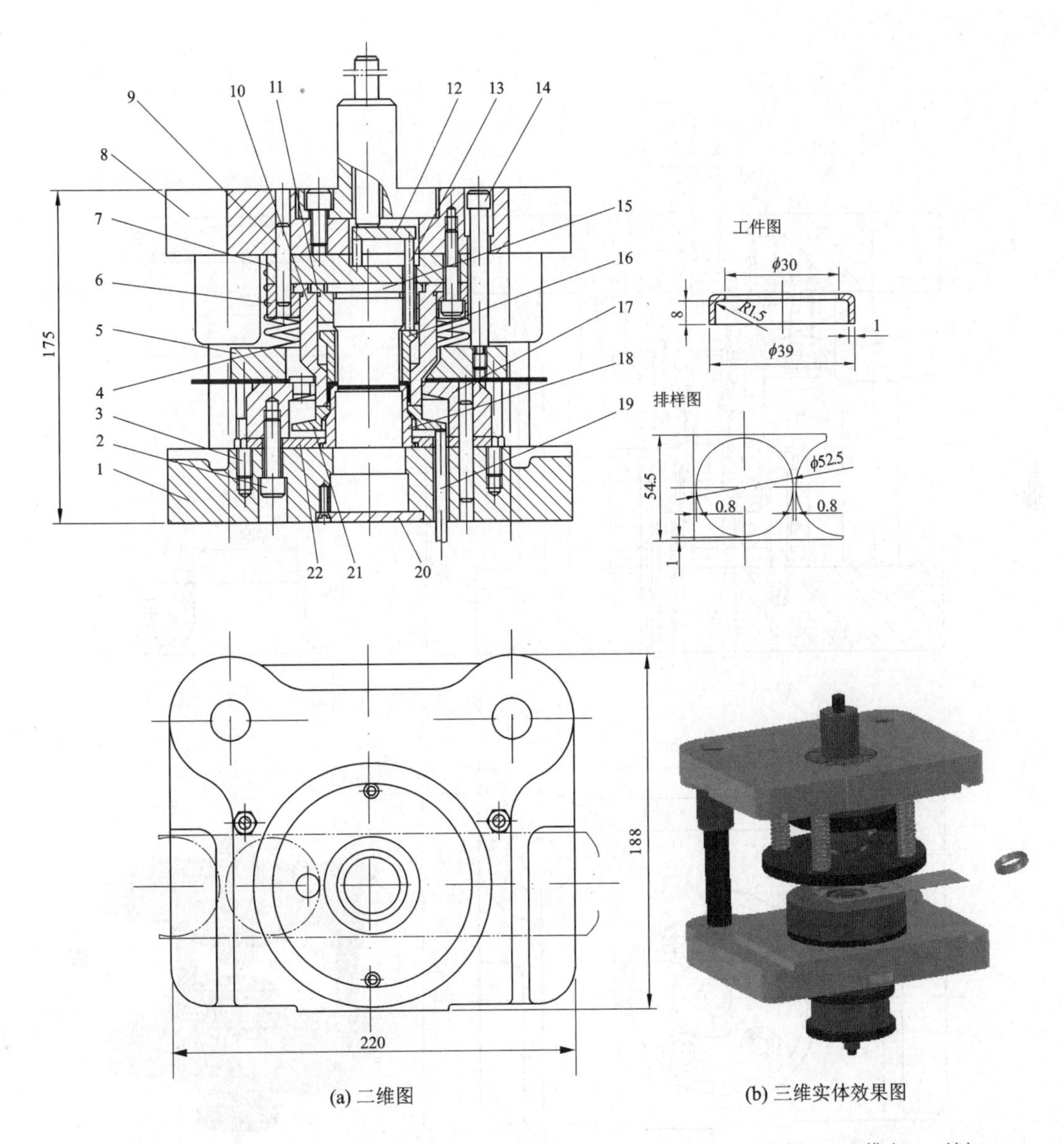

(a) 二维图　(b) 三维实体效果图

1—下模座；2—螺钉；3—挡料螺栓；4—弹簧；5—卸料板；6—凸凹模固定板；7—垫板；8—上模座；9—销钉；10—凸凹模；11—凸模固定板；12—推板；13—推销；14—卸料板螺钉；15—冲孔凸模；16—推件块；17—落料凹模；18—凸凹模；19—顶杆；20—盖板；21—压边圈；22—凸凹模固定板

图 6.72　落料、拉深、冲孔复合模

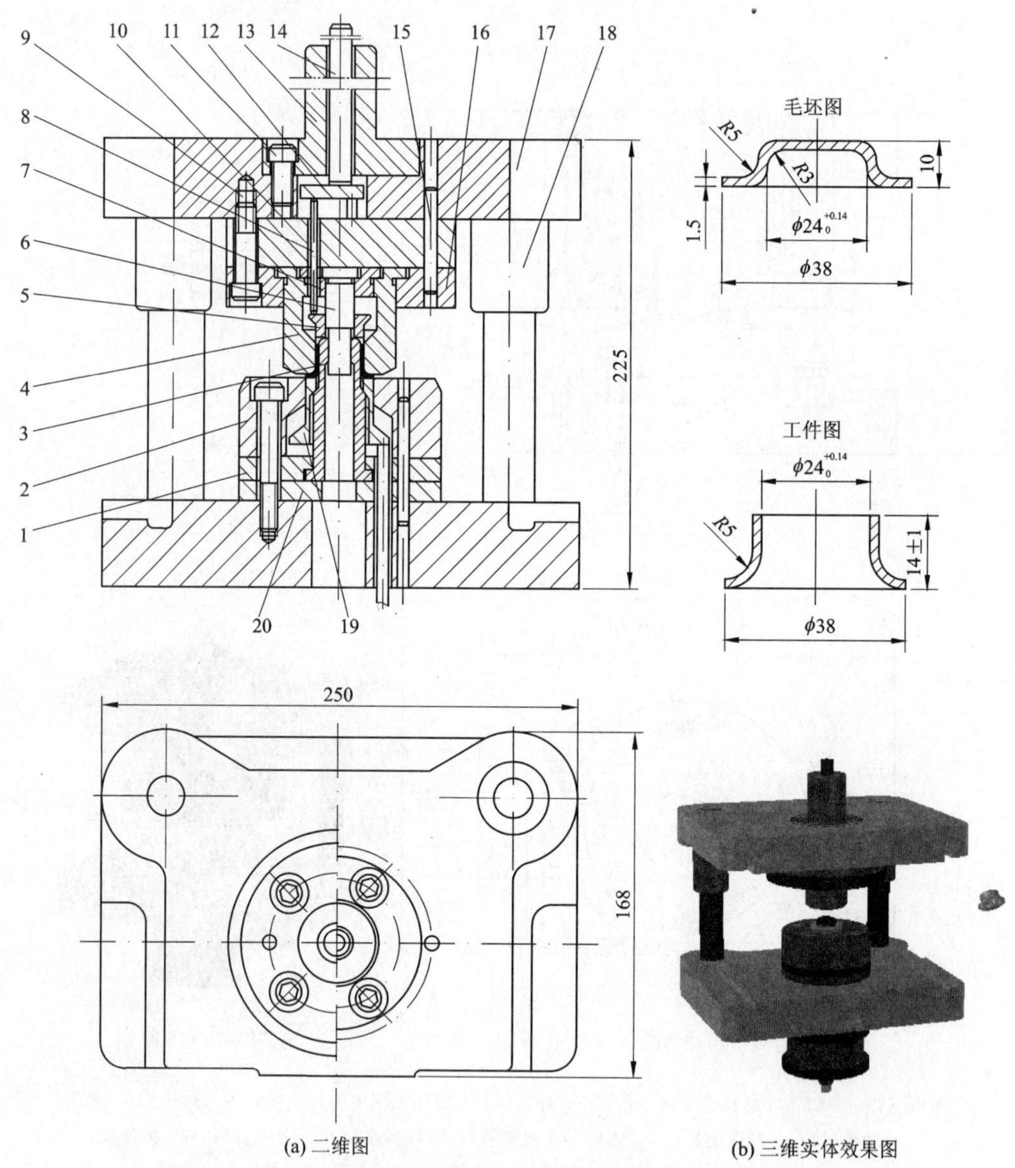

(a) 二维图　　(b) 三维实体效果图

1—凸凹模固定板；2—导板；3—凸凹模；4—翻边凹模；5—带肩推件块；6—冲孔凸模；7—凸模固定板；8—推销；9,11—螺钉；10—垫板；12—推板；13—模柄；14—推杆；15—销钉；16—翻边凹模固定板；17—上模座；18—导套；19—压边圈；20—垫板

图 6.73　冲孔、翻边复合模

五、落料、拉深复合模

如图 6.74 所示。

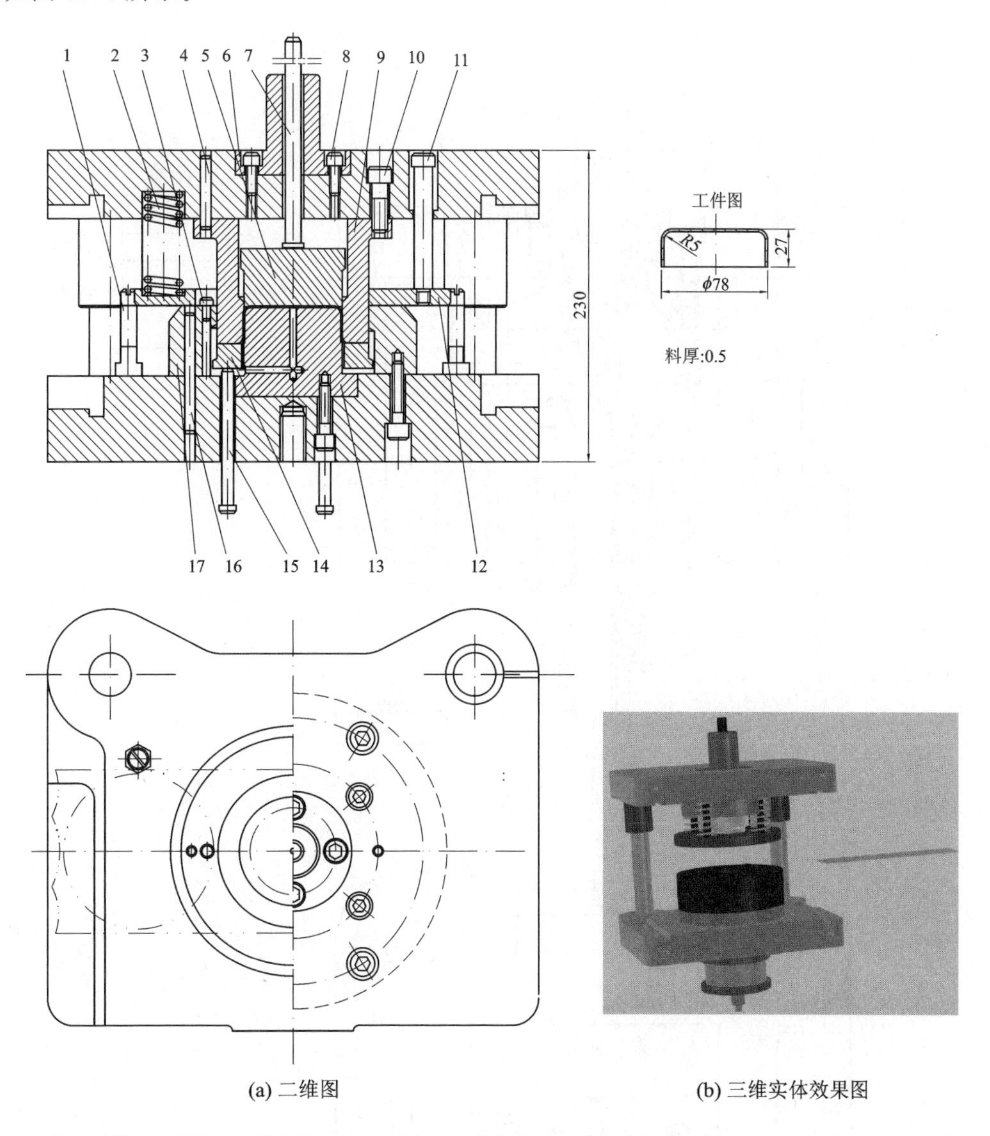

(a) 二维图　　(b) 三维实体效果图

1—挡料螺栓；2—弹簧；3—挡料销；4，16—销钉；5—推件块；6—凸缘模柄；7—推杆；8，10—螺钉；9—凸凹模；11—卸料板螺钉；12—卸料板；13—凸模；14—压边圈；15—顶杆；17—凹模

图 6.74　落料、拉深复合模

本模具是带有弹性卸料装置的落料拉深复合模。毛坯用零件 1、3 定位，上模下降，零件 9、17 落料后零件 9、13 进行拉深，零件 14 用于压边和卸料，零件 15 下接弹顶器。

六、落料、冲孔、翻边复合模

如图6.75所示。

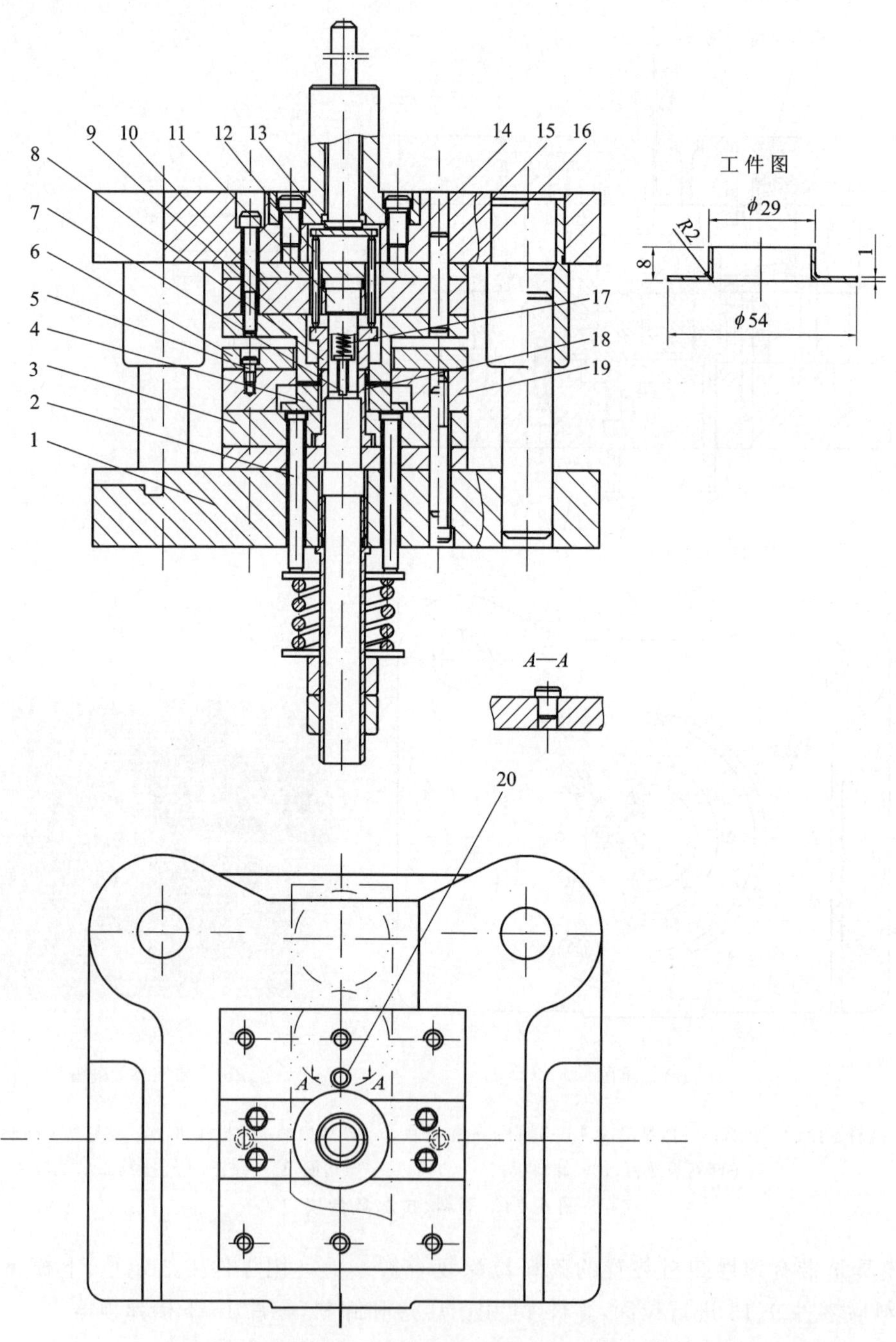

1—下模座;2—顶杆;3—凸凹模固定板;4—顶件块;5—螺钉;6—固定卸料板;7—推杆;8—推件块;9—落料、翻边凸凹模;10—凸模固定板;11—冲孔凸模;12—推杆;13—推板;14—上模座;15—销钉;16—垫板;17—弹簧;18—翻边,冲孔凸凹模;19—落料凹模;20—挡料销

图6.75　落料、冲孔、翻边复合模

本模具适用于可以一次翻成的翻边件。工作时，零件 9、零件 19 落料；零件 11，零件 18 冲底孔。上模继续下降，零件 9、零件 18 进行翻边成形。零件 7 将冲孔废料顶入凹模孔中，避免粘附在零件 11 上。

七、切断、压弯、冲孔连续模

如图 6.76 所示。

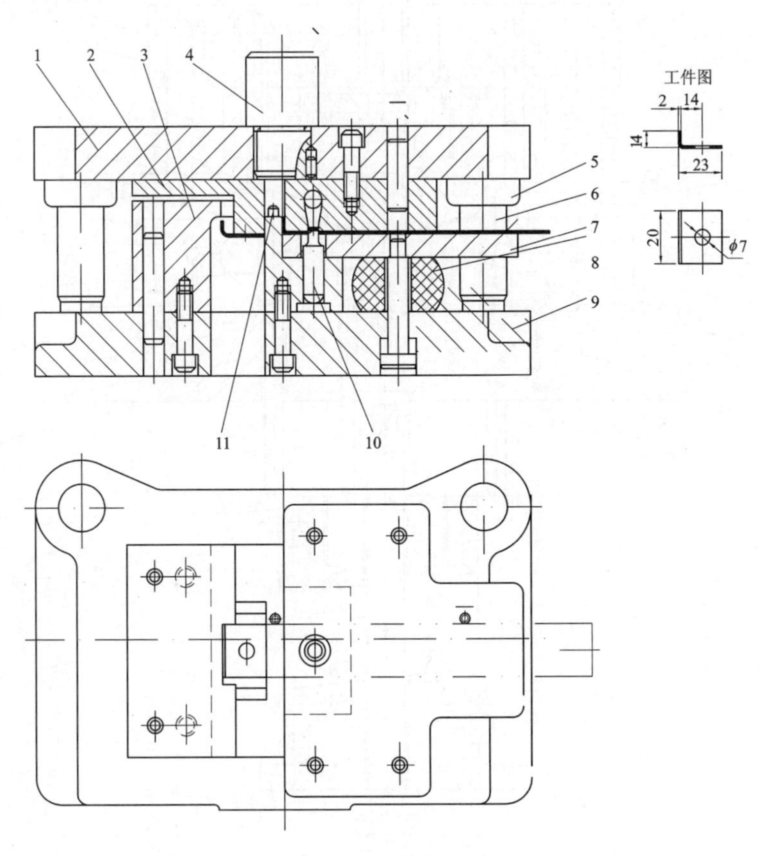

1—上模座；2—凸凹模；3—凹模；4—模柄；5—导套；6—导柱；7—卸料板；8—卸料橡胶；9—下模座；10—凸模；11—定位销

图 6.76　切断、压弯、冲孔连续模

八、落料、拉深、冲孔、翻边复合模

如图 6.77 所示，将条料送进凹模口部定位；卸料板压料，落料、拉深凸凹模与落料凹模落下圆片；上模继续下行时，冲孔、翻边凹凸模与冲孔凸模冲出内孔；上模再继续下降到最低极限时，落料、拉深凸凹模与拉深、翻边凸凹模，拉深、翻边凸凹模与冲孔、翻边凹凸模分别完成拉深和翻边。上模上升时，由弹压卸料装置卸下条料，刚性推件（料）装置和弹压顶件装置（弹顶器）卸下工件和冲孔废料。由于板料在拉深，翻边前需涂油，冲孔废料易贴在推件块上，故在推件块上加推料钉。由于上、下模座无导向装置，为便于模具校正间隙，故本模具采用易装拆卸料板装置。

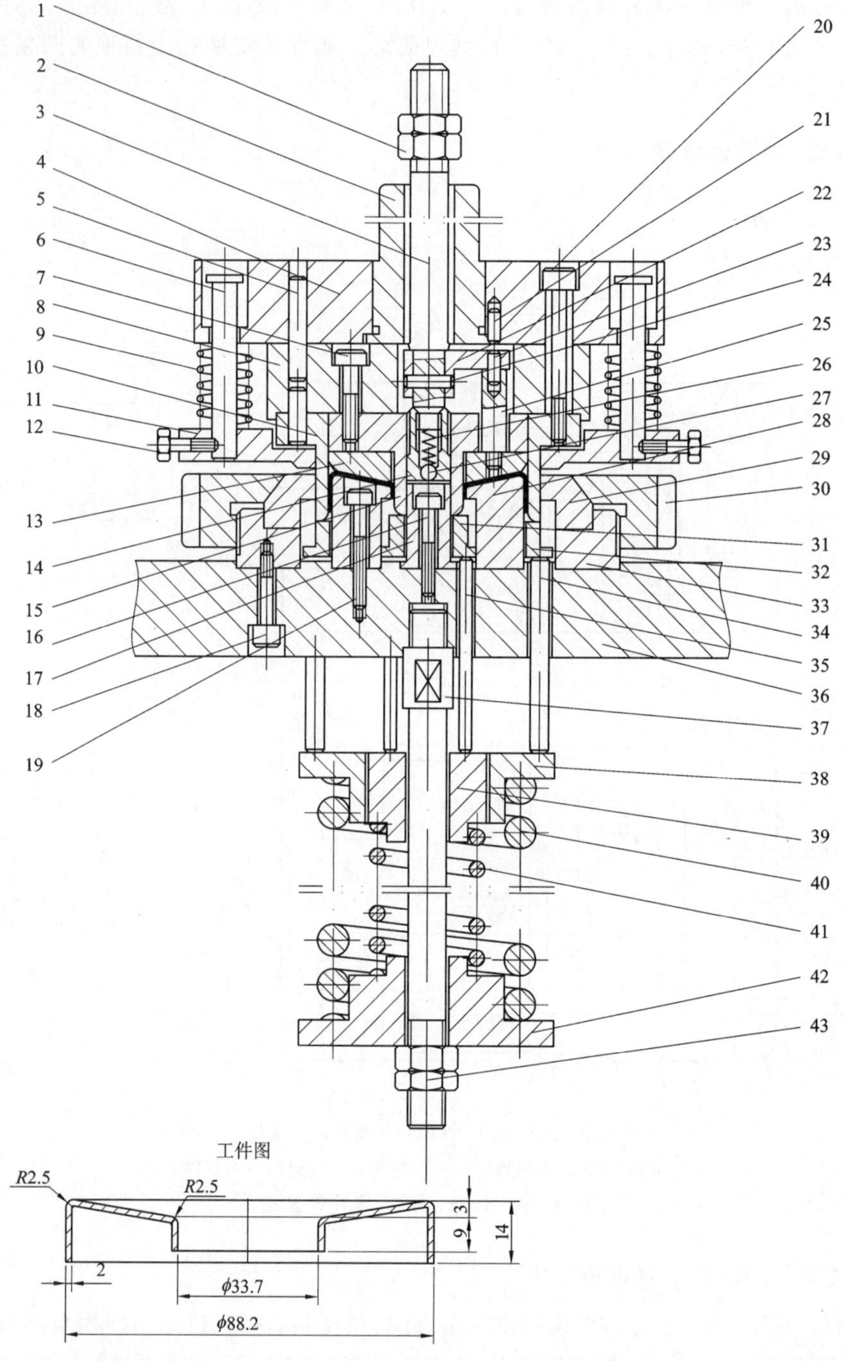

1—螺母;2—模柄;3—推杆;4—上模座;5,23,24—销钉;6—卸料板螺钉;7,12,16,18,19,20—螺钉;
8—垫板;9,40,41—弹簧;10—落料、拉深凸凹模;11—卸料板;13—推件块;14—推块;
15—冲孔、翻边凹凸模;17—冲孔凸模;21—防转销钉;22—推板;25—推销;26—弹簧;
27—钢球;28—拉深、翻边凸凹模;29—落料凹模;30—托料块;31,32,39—顶件块;
33—凹模固定板;34,35—顶杆;36—下模座;37,43—螺栓;38—顶件板;42—垫块

图 6.77　落料、拉深、冲孔、翻边复合模

第7章 冷冲压模具设计中的常用标准和规范

7.1 冷冲压工艺基础资料

冷冲压模具设计中常用到金属和非金属材料。金属材料又分黑色金属和有色金属。

1. 材料的力学性能

(1) 黑色金属材料的力学性能见表7.1。

表7.1 黑色金属材料的力学性能

材料名称	牌号	材料的状态	力学性能				
			抗剪强度 τ/MPa	抗拉强度 σ_b/MPa	屈服强度 σ_s/MPa	伸长率 δ_{10}/%	弹性模量E /GPa
电工用工业纯铁 W_c<0.025	DT1,DT2,DT3	已退火	177	225		26	
电工硅钢	D11,D12,D21 D31,D32 D310～D340 D370,D41～D48	已退火	186	225		26	
普通碳素钢	Q195	未退火	255～314	314～392		28～33	
	Q215		265～333	333～412	216	26～31	
	Q235		304～373	432～461	235	21～25	
	Q255		333～412	481～511	255	19～23	
	Q275		392～490	569～608	275	15～19	
碳素结构钢	08F	已退火	216～304	275～383	177	32	
	08		255～353	324～441	196	32	186
	10F		216～333	275～412	186	30	
	10		255～333	294～432	206	29	194
	15F		245～363	314～451		28	
	15		265～373	333～471	225	26	198
	20F		275～383	333～471	225	26	196
	20		275～392	353～500	245	25	206
	25		314～432	392～539	275	24	198
	30		353～471	441～588	294	22	197
	35		392～511	490～637	314	20	197

续表 7.1

材料名称	牌　号	材料的状态	力　学　性　能				
			抗剪强度 τ/MPa	抗拉强度 σ_b/MPa	屈服强度 σ_s/MPa	伸长率 δ_{10}/%	弹性模量 E /GPa
碳素结构钢	40	已退火	412～530	511～657	333	18	209
	45		432～549	539～686	353	16	200
	50		432～569	539～716	373	14	216
	55	已正火	539	≥657	383	14	
	60		539	≥686	402	13	204
	65		588	≥716	412	12	
	70		588	≥745	422	11	206
碳素工具钢	T7～T12 T7A～T12A	已退火	588	736			
	T13,T13A		706	883			
	T8A,T9A	冷作硬化	588～932	736～1177			
优质碳素钢	10Mn2	已退火	314～451	392～569	225	22	207
	65Mn		588	736	392	12	207
合金结构钢	25CrMnSiA 25CrMnSi	已低温退火	392～549	490～686		18	
	30CrMnSiA 30CrMnSi		432～588	539～736		16	
优质弹簧钢	60Si2Mn 60Si2MnA 65Si2WA	已低温退火	706	883		10	196
		冷作硬化	628～941	785～1177		10	
不锈钢	1Cr13	已退火	314～373	392～461	412	21	206
	2Cr13		314～392	392～490	441	20	206
	3Cr13		392～471	490～588	471	18	206
	4Cr13		392～471	490～588	490	15	206
	1Cr18Ni9Ti	经热处理	451～511	569～628	196	35	196

(2) 有色金属材料的力学性能见表 7.2。

表 7.2　有色金属材料的力学性能

材料名称	牌　号	材料的状态	力　学　性　能				
			抗剪强度 τ/MPa	抗拉强度 σ_b/MPa	屈服强度 σ_s/MPa	伸长率 δ_{10}/%	弹性模量 E/GPa
铝	L2,L13 L5,L7	已退火	78	74～108	49～78	25	71
		冷作硬化	98	118～147		4	

续表 7.2

材料名称	牌　号	材料的状态	力　学　性　能				
			抗剪强度 τ/MPa	抗拉强度 σ_b/MPa	屈服强度 σ_s/MPa	伸长率 δ_{10}/%	弹性模量 E/GPa
铝锰合金	LF21	已退火	69～98	108～142	49	19	70
		半冷作硬化	98～137	152～196	127	13	
铝镁合金 铝铜镁合金	LF2	已退火	127～158	177～225	98		69
		半冷作硬化	158～196	225～275	206		
高强度的 铝镁铜合金	LC4	已退火	167	245			
		淬硬并经 人工时效	343	490	451		69
镁锰合金	MB1	已退火	118～235	167～186	96	3～5	43
	MB8	已退火	167～186	216～225	137	12～14	39
		冷作硬化	186～196	235～245	157	8～10	
硬铝(杜拉铝)	LY12	已退火	103～147	147～211	84	12	
		淬硬并经 自然时效	275～304	392～432	361	15	71
		淬硬后 冷作硬化	275～314	392～451	333	10	
紫　铜	T1,T2,T3	软	157	196	69	30	106
		硬	235	294		3	127
黄　铜	H62	软	255	294		35	98
		半　硬	294	373	196	20	
		硬	412	412		10	
	H68	软	235	294	98	40	108
		半　硬	275	343		25	
		硬	392	392	245	15	113
铅黄铜	HPb59-1	软	294	343	142	25	91
		硬	392	441	412	5	103
锰黄铜	HMn58-2	软	333	383	167	25	98
		半　硬	392	441		15	
		硬	511	588		5	
锡磷青铜 锡锌青铜	QSn4-4-2.5 QSn4-3	软	255	294	137	38	93
		硬	471	539		3～5	
		特　硬	490	637	535	1～2	122

续表 7.2

材料名称	牌　号	材料的状态	力　学　性　能				
			抗剪强度 τ/MPa	抗拉强度 σ_b/MPa	屈服强度 σ_s/MPa	伸长率 δ_{10}/%	弹性模量 E/GPa
铝青铜	QA17	已退火	511	588	182	10	
		不退火	549	637	245	5	113～127
铝锰青铜	QA19-2	软	353	441	294	18	90
		硬	471	588	490	5	
硅锰青铜	QSi3-1	软	275～294	343～373	234	40～45	118
		硬	471～511	588～637	530	3～5	
		特　硬	549～588	686～736		1～2	
铍青铜	QBe2	软	235～471	294～588	245～343	30	115
		硬	511	647		2	129～138
钛合金	TA2	已退火	353～471	441～588		25～30	
	TA3		432～588	539～736		20～25	
	TA5		628～667	785～834		15	102
镁锰合金	MB1	冷　态	118～137	167～186	118	3～5	39
	MB8		147～177	225～235	216	14～15	40
	MB1	预　热 300 ℃	29～49	29～49		50～52	39
	MB8		49～69	49～69		58～62	40

(3) 非金属材料的主要力学性能见表7.3。

表 7.3　非金属材料的抗剪强度 τ

MPa

材料名称	凸模刃口型式		材料名称	凸模刃口型式	
	尖　刃	平　刃		尖　刃	平　刃
纸胶板、布胶板	90～130	120～200	桦木胶合板	200	
玻璃布胶板	120～140	160～220	松木胶合板	100	
玻璃纤维丝胶板	100～110	140～160	马粪纸	20～34	30～60
石棉纤维塑料	80～90	120～180	硬马粪纸	70	60～100
有机玻璃	70～80	90～100	绝缘纸板	40～70	60～100
石棉橡胶	40		红纸板		140～200
石棉板	40～50		纸	20～50	20～40
硬橡胶	40～80		漆布	30～60	
云母	50～80	60～100			

2. 常用材料及工艺参数

冷冲压中经常用到金属材料和非金属材料。其中，有的材料被作为加工材料，有的被作为模具材料。作为被加工材料的，要了解它的规格和性能；作为模具材料的，要考虑它的选用原则。

(1) 冲压加工用金属材料规格见表 7.4～表 7.7。

表 7.4　轧制薄钢板规格

mm

厚　度	厚度允许偏差			宽　度												
	较高精度	普通精度														
	普通和优质钢板			500	600	710	750	800	850	900	950	1 000	1 100	1 250	1 400	1 500
	冷轧和热轧	热　轧														
	全部宽度	宽度<1 000	宽度≥1 000	长　度												
0.2～0.40	±0.04	±0.06	±0.06	—	1 200	—	1 000	—								
0.45～0.50	±0.05	±0.07	±0.07	1 000	1 500	1 000	1 500	1 500	1 500	1 500						
0.55～0.60	±0.06	±0.08	±0.08	1 500	1 800	1 420	1 800	1 800	1 700	1 800	1 500		—	—	—	—
0.65～0.70	±0.07	±0.09	±0.09	—	2 000	1 800	2 000	2 000	1 800	2 000	1 900	1 500				
0.80～0.90	±0.08	±0.10	±0.10	—	—	2 000	—	—	2 000		2 000	2 000				
1.0～1.1	±0.09	±0.12	±0.12													
1.2～1.25	±0.11	±0.13	±0.13	1 000	1 200	1 000	1 000	1 500	1 500	1 000						
1.4	±0.12	±0.15	±0.15	1 500	1 420	1 420	1 500	1 800	1 700	1 500	1 500	1 500	2 000	2 000	—	—
1.5	±0.12	±0.15	±0.15	2 000	1 800	1 800	1 800	2 000	1 800	1 800	1 900	2 000	2 200	2 500		
1.6～1.8	±0.14	±0.16	±0.16		2 000	2 000	2 000		2 000	2 000	2 000					
2.0	±0.15	+0.15 −0.18	±0.18		600	1 000			1 500	1 000						
2.2	±0.16	+0.15 −0.19	±0.19	500 1 000	1 200 1 500	1 420 1 800	1 500 1 800	1 500 1 800	1 700 1 800	1 500 1 800	1 500 1 900	1 500 2 000	2 200 3 000	2 500 3 000	2 800 3 000	3 000
2.5	±0.17	+0.16 −0.20	±0.20	1 500	1 800 2 000	2 000	2 000	2 000	2 000	2 000	2 000	3 000	4 000	4 000	4 000	4 000
2.8～3.0	±0.18	+0.17 −0.22	±0.22		600		1 000		1 500	1 000					2 800	
3.2～3.5	±0.20	+0.18 −0.25	±0.25	500 1 000	1 200 1 800	1 420 1 800	1 500 1 800	1 500 1 800	1 700 1 800	1 500 1 800	1 500 1 900	2 000 3 000	2 200 3 000	2 500 3 000	3 000 3 500	3 000 3 500
3.8～4.0	±0.22	+2.0 −0.3	±0.30		2 000	2 000	2 000	2 000	2 000	2 000	2 000	4 000	4 000	4 000	4 000	4 000

表 7.5　低碳钢冷轧钢带的宽度及允许偏差

mm

公称宽度	允许偏差					
	厚度 0.05～0.50		厚度 0.50～1.00		厚度＞1.00	
	普通精度	较高精度	普通精度	较高精度	普通精度	较高精度
4、5、6、7、8、9、10、11、12、13、14、15、16、17、18、19、20、22、24、26、28、30、32、34、36、38、40、43、46、50、53、56、60、63、66、70、73、76、80、83、86、90、93、96、100	－0.30	－0.15	－0.40	－0.25	－0.50	－0.30
105、110、115、120、125、130、135、140、145、150、155、160、165、170、175、180、185、190、195、200、205、210、215、220、225、230、235、240、245、250、260、270、280、290、300	－0.5	－0.25	－0.60	－0.35	－0.70	－0.50

表 7.6　电工用热轧硅钢板规格及允许偏差

mm

分　类	钢　号	厚　度	厚度及偏差	宽度×长度及其偏差
低硅钢板	D11	1.0、0.5	1.0±0.10 0.5±0.05 0.35±0.04	600×1 200 670×1 340 750×1 500 860×1 720 900×1 800 1 000×2 000 宽度≤750＋8 宽度＞750＋10 长度≤1 500＋25 长度＞1 500＋30
	D12	0.5		
	D21	1.0、0.5、0.35		
	D22	0.5		
	D23	0.5		
	D24	0.5		
高硅钢板	D31	0.5、0.35		
	D32	0.5、0.35		
	D41	0.5、0.35		
	D42	0.5、0.35		
	D43	0.5、0.35		
	D44	0.5、0.35		
	DH41	0.35、0.2、0.1	0.2±0.02 0.1±0.02	
	DR41	0.35、0.2、0.1		
	DG41	0.35、0.2、0.1		

表 7.7　电信用冷轧硅钢带的规格

mm

牌　号	厚　度	厚度偏差		宽　度	宽度偏差			
		宽　度 ＜200	宽　度 ≥200		宽度 5～10	宽度 12.5～40	宽度 50～80	宽度 ＞80
DG1、DG2 DG3、DG4	0.5	±0.005		5、6.5、8、10、12.5、15、16、20、25、32、40、50、64、80、100	−0.20	−0.25	−0.30	
	0.8 1.0	±0.010		5、6.5、8、10、12.5、15、16、20、25、32、40、50、64、80、100、110	−0.20	−0.25	−0.03	+1% （宽度）
	0.20	±0.015	±0.02	80～300			−0.30	
DQ1、DQ2、 DQ3、DQ4、 DQ5、DQ6	0.35	±0.020	±0.03	80～600			−0.30	

（2）常用冲压模具材料的选取。

冷冲压模具零件材料的选用，主要是根据模具零件的工作情况来确定，另外还要考虑冷冲压零件的材料性质、尺寸精度、几何形状的复杂性以及生产批量等因素。

模具材料选取的一般原则有如下几方面。

- 考虑被加工材料的性质。如冲制硅钢片应选用可获得高硬度、高韧性和高耐磨性的材料，如 Cr12 或 Cr12MoV。
- 考虑凸、凹模的尺寸精度及几何形状的复杂性。如尺寸精度高、形状复杂，则应选热处理变形小、尺寸稳定性好的材料如 9SiCr、CrWMn、Cr12MoV 等。
- 考虑生产批量。
- 考虑模具零件的作用。一般原则是在保证零件的使用条件下，应尽量节约贵重钢材。

模具主要零件常用材料见表 7.8 和表 7.9。

表 7.8　凸、凹模材料选用与热处理

模具种类	工件与冲压工艺情况		材　料	硬　度	
				凸模	凹模
冲裁模	Ⅰ	形状简单，精度低，材料厚度小于或等于 3 mm，中小批量	T10A、9Mn2V	HRC56～60	HRC58～62
	Ⅱ	形状复杂，材料厚度小于或等于 3 mm，材料厚度大于3 mm	9CrSi、CrWMn、Cr12、Cr12MoV、W6Mo5Cr4V2	HRC58～62	HRC60～64
	Ⅲ	大批量	Cr12MoV、Cr4W2MoV	HRC58～62	HRC60～64
			YG15、YG20	≥HRA86	≥HRA84
			超细硬质合金	—	—

续表 7.8

模具种类	工件与冲压工艺情况		材　料	硬　度	
				凸模	凹模
弯曲模	Ⅰ	形状简单,中小批量	T10A	HRC56～62	
	Ⅱ	形状复杂	CrWMn、Cr12、Cr12MoV	HRC60～64	
	Ⅲ	大批量	YG15、YG20	≥HRA86	≥HRA84
	Ⅳ	加热弯曲	5CrNiMo、5CrNiTi、5CrMnMo	HRC52～56	
			4Cr5MoSiV1	HRC40～45 表面渗碳≥HV900	
拉深模	Ⅰ	一般拉深	T10A	HRC56～60	HRC58～62
	Ⅱ	形状复杂	Cr12、Cr12MoV	HRC58～62	HRC60～64
	Ⅲ	大批量	Cr12MoV、Cr4W2MoV	HRC58～62	HRC60～64
			YG10、YG15	≥HRA86	≥HRA84
			超细硬质合金	—	
	Ⅳ	变薄拉深	Cr12MoV	HRC58～62	—
			W18Cr4V、W6Mo5Cr4V2、Cr12MoV	—	HRC60～64
			YG10、YG15	≥HRA86	≥HRA84
	Ⅴ	加热拉深	5CrNiTi、5CrNiMo	HRC52～56	
			4Cr5MoSiV1	HRC40～45 表面渗碳≥HV900	
大型拉延模	Ⅰ	中小批量	HT250、HT300	HB170～260	
			QT600-20	HB197～269	
	Ⅱ	大批量	镍铬铸铁	火焰淬硬 HRC40～45	
			钼铬铸铁、钼钒铸铁	火焰淬硬 HRC50～55	

表 7.9　冷冲模常用零件选用材料与热处理

零件名称	材　料	硬　度
上、下模座	HT200 45	HB170～220 HRC24～28
导柱	20Cr GCr15	HRC60～64(渗碳) HRC60～64
导套	20Cr GCr15	HRC58～62(渗碳) HRC58～62
凸模固定板、凹模固定板、螺母、垫圈、螺塞	45	HRC28～32
模柄、承料板	Q235A	—
卸料板、导料板	45 Q235A	HRC28～32 —

续表 7.9

零件名称	材　料	硬　度
导正销	T10A 9Mn2V	HRC50～54 HRC56～60
垫板	45 T10A	HRC43～48 HRC50～54
螺钉	45	头部 HRC43～48
销钉	T10A、GCr15	HRC56～60
挡料销、抬料销、推杆、顶杆	65Mn、GCr15	HRC52～56
推板	45	HRC43～48
压边圈	45 T10A	HRC54～58 HRC43～48
定距侧刃、废料切断刀	T10A	HRC58～62
侧刃挡块	T10A	HRC56～60
斜楔与滑块	T10A	HRC54～58
弹簧	50CrVA、55CrSi、65Mn	HRC44～48

3. 压力机主要技术规格

常用压力机的规格见表 7.10～表 7.13。

表 7.10　开式双柱可倾压力机技术规格

型　号		J23-3.15	J23-6.3	J23-10	J23-16	J23-16B	J23-25	JC23-35	JH23-40	JG23-40	JB23-63	J23-80	J23-100	JA23-100	J23-100A	J23-125
公称压力/kN		31.5	63	100	160	160	250	350	400	400	630	800	1 000	1 000	1 000	1 250
滑块行程/mm		25	35	45	55	70	65	80	80	100	100	130	130	150	16～140	145
滑块行程次数/(次·min^{-1})		200	170	145	120	120	55	50	55	80	40	45	38	38	45	38
最大封闭高度/mm		120	150	180	220	220	270	280	330	300	400	380	480	480	400	480
封闭高度调节量/mm		25	30	35	45	60	55	60	65	80	80	90	100	120	100	110
滑块中心线至床身距离/mm		90	110	130	160	160	200	205	250	220	310	290	380	380	320	380
立柱距离/mm		120	150	180	220	220	270	300	340	300	420	380	530	530	420	530
工作台尺寸/mm	前后	160	200	240	300	300	370	380	460	420	570	540	710	710	600	710
	左右	250	310	370	450	450	560	610	700	630	860	800	1080	1080	900	1080
工作台孔尺寸/mm	前后	90	110	130	160	110	200	200	250	150	310	230	380	405	250	340
	左右	120	160	200	240	210	290	290	360	300	450	360	560	500	420	500
	直径	110	140	170	210	160	260	260	320	200	400	280	500	470	320	450
垫板尺寸/mm	厚度	30	30	35	40	60	50	60	65	80	80	100	100	100	110	100
	直径							150				200		150		250

续表 7.10

型号		J23-3.15	J23-6.3	J23-10	J23-16	J23-16B	J23-25	JC23-35	JH23-40	JG23-40	JB23-63	J23-80	J23-100	JA23-100	J23-100A	J23-125
模柄孔尺寸/mm	直径	25	30	30	40	40	40	50	50	50	50	60	60	76	60	60
	深度	40	55	55	60	60	60	70	70	70	70	80	75	76	80	80
滑块底面尺寸/mm	前后	90	120	150	180	180	220	190	260	270	360	350	360	360	350	340
	左右	100	140	170	200	200	250	210	300	300	400	370	430	430	540	440
床身最大可倾角/(°)		45	45	35	35	35	30	20	30	30	25	30	30	20	30	25

表 7.11 闭式单点压力机技术规格

型号		JA31-160A	J31-250	J31-315
公称压力/kN		1 600	2 500	3 150
滑块行程/mm		160	315	315
滑块行程次数/(次·min^{-1})		32	20	20
最大封闭高度/mm		375	490	490
封闭高度调节量/mm		120	200	200
工作台尺寸/mm	前后	790	950	1 100
	左右	710	1 000	1 100
导轨距离/mm		590	900	930
滑块底面尺寸/mm	前后	560	980	960
	左右	570	850	1 070
气垫行程/mm			150	160
气垫压力/kN	压紧		400	500
	顶出		70	76
垫板厚度/mm		105	140	140

表 7.12 单柱固定台压力机技术规格

型号		J11-3	J11-5	J11-16	J11-50	J11-100
公称压力/kN		30	50	160	500	1 000
滑块行程/mm		0～40	0～40	6～70	10～90	20～100
滑块行程次数/(次·min^{-1})		110	150	120	65	65
最大封闭高度/mm			170	226	270	320
封闭高度调节量/mm		30	30	45	75	85
滑块中心线至床身距离/mm		95	100	160	235	325
工作台尺寸/mm	前后	165	180	320	440	600
	左右	300	320	450	650	800

续表 7.12

型　号		J11-3	J11-5	J11-16	J11-50	J11-100
垫板厚度/mm		20	30	50	70	100
模柄孔尺寸/mm	直径	25	25	40	50	60
	深度	30	40	55	80	80

表 7.13　开式固定台压力机技术规格

型　号		JA21-35	JD21-100	JA21-160	J21-400A
公称压力/kN		350	1 000	1 600	4 000
滑块行程/mm		130	可调 10～120	160	200
滑块行程次数/(次 · min^{-1})		50	75	40	25
最大封闭高度/mm		280	400	450	550
封闭高度调节量/mm		60	85	130	150
滑块中心线至床身距离/mm		205	325	380	480
立柱距离/mm		428	480	530	896
工作台尺寸/mm	前后	380	600	710	900
	左右	610	1 000	1 120	1 400
工作台孔尺寸/mm	前后	200	300	—	480
	左右	290	420	—	750
	直径	—	—	460	—
垫板尺寸/mm	厚度	60	100	130	170
模柄孔尺寸/mm	直径	50	60	70	100
	深度	70	80	80	120
滑块底面尺寸/mm	前后	210	380	460	600
	左右	270	500	650	800

7.2　常用的公差配合、形位公差与表面粗糙度资料

1. 常用公差及其偏差

(1) 各种公差等级的公差数值见表 7.14。

(2) 常用公差配合及其偏差见表 7.15、表 7.16。

表 7.14　标准公差数值

基本尺寸/mm	公差等级															
	IT1	IT2	IT3	IT4	IT5	IT6	IT7	IT8	IT9	IT10	IT11	IT12	IT13	IT14	IT15	IT16
	公差/μm															
≤3	0.8	1.2	2	3	4	6	10	14	25	40	60	100	140	250	400	600
3～6	1	1.5	2.5	4	5	8	12	18	30	48	75	120	180	300	480	750
6～10	1	1.5	2.5	4	6	9	15	22	36	58	90	150	220	360	580	900
10～18	1.2	2	3	5	8	11	18	27	43	70	110	180	270	430	700	1 100
18～30	1.5	2.5	4	6	9	13	21	33	52	84	130	210	330	520	840	1 300
30～50	1.5	2.5	4	7	11	16	25	39	62	100	160	250	390	620	1 000	1 600
50～80	2	3	5	8	13	19	30	46	74	120	190	300	460	740	1 200	1 900
80～120	2.5	4	6	10	15	22	35	54	87	140	220	350	540	870	1 400	2 200
120～180	3.5	5	8	12	18	25	40	63	100	160	250	400	630	1 000	1 600	2 500
180～250	4.5	7	10	14	20	29	46	72	115	185	290	460	720	1 150	1 850	2 900
250～315	6	8	12	16	23	32	52	81	130	210	320	520	810	1 300	2 100	3 200
315～400	7	9	13	18	25	36	57	89	140	230	360	570	890	1 400	2 300	3 600
400～500	8	10	15	20	27	40	63	97	155	250	400	630	970	1 550	2 500	4 000

表 7.15　模具设计中常用的配合特性与应用

常用配合	配合特性及应用举例
H6/h5、H7/h6、H8/h7	间隙定位配合，如导柱与导套的配合，凸模与导板的配合，套式浮顶器与凹模的配合等
H6/m5、H6/n5、H7/k6、H7/m6、H7/n6、H8/k7	过渡配合，用于要求较高的定位，如凸模与固定板的配合，导套与模座，导套与固定板，模柄与模座的配合等
H7/p6、H7/r6、H7/s6、H7/u6、H6/r5	过盈配合，能以最好的定位精度满足零件的刚性和定位要求。如圆凸模的固定、导套与模座的固定、导柱与固定板的固定、斜楔与上模的固定等

2. 冲压件公差等级及偏差

(1) 模具精度与冲压件精度的关系见表 7.17。

(2) 冲压件未注尺寸公差的极限偏差。

凡产品图样上未注公差的尺寸，在计算凸模和凹模尺寸时，均按公差 IT14 级(GB180—79)处理。表 7.18 为冲裁和拉深件未注公差尺寸的偏差。

表 7.16　常用配合的极限偏差

μm

基本尺寸/mm		孔公差带				轴公差带																
		H				h				k		m		n		p		r		s		u
大于	至	6	7	8	9	5	6	7	8	6	7	6	7	6	7	6	7	6	7	6	7	6
–	3	+6 0	+10 0	+14 0	+25 0	0 -4	0 -6	0 -10	0 -14	+6 0	+10 0	+8 +2	+12 +2	+10 +4	+14 +4	+12 +6	+16 +6	+16 +10	+20 +10	+20 +14	+24 +24	+28 +18
3	6	+8 0	+12 0	+18 0	+30 0	0 -5	0 -8	0 -12	0 -18	+9 +1	+13 +1	+12 +4	+16 +4	+16 +8	+20 +8	+20 +12	+24 +12	+23 +15	+27 +15	+27 +19	+31 +19	+31 +19
6	10	+9 0	+15 0	+22 0	+36 0	0 -6	0 -9	0 -15	0 -22	+10 +1	+16 +1	+15 +6	+21 +6	+19 +10	+25 +10	+24 +15	+30 +15	+28 +19	+34 +19	+32 +23	+36 +23	+38 +23
10	14	+11 0	+18 0	+27 0	+43 0	0 -8	0 -11	0 -18	0 -27	+12 +1	+19 +1	+18 +7	+25 +7	+23 +12	+30 +12	+29 +18	+36 +18	+34 +23	+41 +23	+39 +28	+46 +28	+46 +28
14	18																					
18	24	+13 0	+21 0	+32 0	+52 0	0 -9	0 -13	0 -27	0 -33	+15 +2	+23 +2	+21 +8	+29 +8	+28 +15	+36 +15	+35 +22	+43 +22	+41 +28	+49 +28	+48 +35	+56 +35	+62 +41
24	30																					+62 +41
30	40	+16 0	+26 0	+39 0	+62 0	0 -11	0 -16	0 -25	0 -39	+18 +2	+27 +2	+25 +9	+34 +9	+33 +17	+42 +17	+42 +26	+51 +26	+50 +34	+59 +34	+59 +43	+68 +43	+73 +48
40	50																					+79 +54
50	65	+19 0	+30 0	+46 0	+74 0	0 -13	0 -19	0 -30	0 -46	+21 +2	+32 +2	+30 +11	+41 +11	+39 +20	+50 +20	+51 +32	+62 +32	+60 +41	+71 +41	+72 +53	+83 +53	+106 +87
65	80																	+62 +43	+73 +43	+78 +59	+89 +59	+121 +102
80	100	+22 0	+35 0	+54 0	+87 0	0 -15	0 -22	0 -35	0 -54	+25 +3	+38 +3	+35 +13	+48 +13	+45 +23	+58 +23	+59 +37	+72 +37	+73 +51	+86 +51	+93 +71	+106 +71	+146 +124
100	120																	+76 +54	+89 +54	+101 +79	+114 +79	+159 +144

续表 7.16

基本尺寸/mm		孔公差带				轴公差带																
		H				h				k		m		n		p		r		s		u
大于	至	6	7	8	9	5	6	7	8	6	7	6	7	6	7	6	7	6	7	6	7	6
120	140																	+88 +63	+103 +63	+117 +92	+132 +92	+188 +170
140	160	+25 0	+40 0	+63 0	+100 0	0 -18	0 -25	0 -40	0 -63	+28 +3	+43 +3	+40 +15	+55 +15	+52 +27	+67 +27	+68 +43	+83 +43	+90 +65	+105 +65	+12 +100	+140 +100	+215 +190
160	180																	+93 +68	+108 +68	+133 +108	+148 +108	+228 +210
180	200																	+106 +77	+123 +77	+151 +122	+168 +122	+265 +236
200	225	+29 0	+46 0	+72 0	+115 0	0 -20	0 -29	0 -46	0 -72	+33 +4	+50 +4	+46 +17	+63 +17	+60 +31	+77 +31	+79 +50	+96 +50	+109 +80	+126 +80	+159 +130	+176 +130	+287 +258
225	250																	+113 +84	+130 +84	+169 +140	+186 +140	+304 +284
250	280	+32 0	+52 0	+81 0	+130 0	0 -23	0 -32	0 -52	0 -81	+36 +4	+56 +4	+52 +20	+72 +20	+66 +34	+86 +34	+88 +56	+108 +62	+126 +94	+146 +94	+180 +158	+210 +158	+338 +315
280	315																	+130 +98	+150 +98	+202 +170	+220 +170	+382 +350
315	355	+36 0	+57 0	+89 0	+140 0	0 -25	0 -35	0 -57	0 -89	+40 +4	+61 +4	+57 +21	+78 +21	+73 +37	+94 +37	+108 +62	+131 62	+144 +108	+165 +108	+226 +190	+247 +190	+415 +390
355	400																	+150 +114	+171 +114	+224 +208	+265 +208	+460 +435
400	450	+40 0	+63 0	+97 0	+155 0	0 -27	0 -40	0 -63	0 -97	+45 +5	+68 +5	+63 +23	+86 +23	+80 +40	+103 +40	+108 +68	+131 +68	+166 +126	+189 +126	+272 +232	+295 +232	+517 +490
450	500																	+172 +132	+195 +132	+292 +252	+319 +252	+567 +540

表 7.17 模具精度与冲压精度的关系

			模具的精度等级																	
精度类别			精密模具(ZM)						普通精度模具(PT)						低精度模具(DZ)					
精度组别			A			B			C			D			E			F		
精度等级序号			1	2	3	4	5	6	7	8	9	10	11	12	13	14	15	16	17	18
精度等级			IT01	IT0	IT1	IT2	IT3	IT4	IT5	IT6	IT7	IT8	IT9	IT10	IT11	IT12	IT13	IT14	IT15	IT16
精度系数 Z_c			20	12	8.0	5.0	3.0	2.0	1.5	1.2	1.0	0.85	0.80	0.75	0.70	0.65	0.60	0.55	0.50	0.50
年产量/件		工件形状	冲压件的精度等级																	
小批	≤1 000	简	IT0	IT1	IT2	IT3	IT4	IT5	IT6	IT7	IT9	IT11	IT12	IT13	IT14	IT15	IT16	IT17	IT18	
		中										IT10	IT11	IT12	IT13	IT14	IT15	IT16	IT17	IT18
		复									IT8	IT9	IT10	IT11	IT12	IT13	IT14	IT15	IT16	IT17
	1 000~1 万	简	IT0	IT1	IT2	IT3	IT4	IT5	IT6	IT7	IT9	IT11	IT12	IT13	IT14	IT15	IT16	IT17	IT18	
		中										IT10	IT11	IT12	IT13	IT14	IT15	IT16	IT16	IT18
		复									IT8	IT9	IT10	IT11	IT12	IT13	IT14	IT15	IT16	IT17
中批	1 万~10 万	简	IT1	IT2	IT3	IT4	IT5	IT6	IT8	IT9	IT11	IT12	IT13	IT14	IT15	IT16	IT17	IT18		
		中	IT0	IT1	IT2	IT3	IT4	IT5	IT7	IT8	IT10	IT11	IT12	IT13	IT14	IT15	IT16	IT17	IT18	
		复							IT6	IT7	IT9	IT10	IT11	IT12	IT13	IT14	IT15	IT16	IT17	IT18
	10 万~50 万	简	IT1	IT2	IT3	IT4	IT5	IT6	IT8	IT9	IT11	IT12	IT13	IT14	IT15	IT16	IT17	IT18		
		中	IT1	IT1	IT2	IT3	IT4	IT5	IT8	IT9	IT11	IT12	IT13	IT14	IT15	IT16	IT17	IT18		
		复							IT6	IT7	IT9	IT10	IT11	IT12	IT13	IT14	IT15	IT16	IT17	IT18
大批	50 万~100 万	简	IT1	IT2	IT3	IT4	IT5	IT6	IT8	IT10	IT12	IT13	IT14	IT15	IT16	IT17	IT18			
		中	IT0	IT1	IT2	IT3	IT4	IT5	IT7	IT9	IT11	IT12	IT13	IT14	IT15	IT16	IT17	IT18		
		复							IT6	IT8	IT10	IT11	IT12	IT13	IT14	IT15	IT16	IT17	IT18	
	>100 万	简	IT1	IT2	IT3	IT4	IT5	IT6	IT8	IT10	IT12	IT13	IT14	IT15	IT16	IT17	IT18			
		中	IT0	IT1	IT2	IT3	IT4	IT5	IT7	IT9	IT11	IT12	IT13	IT14	IT15	IT16	IT17	IT18		
		复							IT6	IT8	IT10	IT11	IT12	IT13	IT14	IT15	IT16	IT17	IT18	

表 7.18 冲裁和拉深件未注公差尺寸的偏差

mm

基本尺寸	尺寸的类型		
	包容表面	被包容表面	暴露表面及孔中心距
≤3	+0.25	−0.25	±0.15
3～6	+0.30	−0.30	±0.15
6～10	+0.36	−0.36	±0.215
10～18	+0.43	−0.43	±0.215
18～30	+0.52	−0.52	±0.31
30～50	+0.62	−0.62	±0.31
50～80	+0.74	−0.75	±0.435
80～120	+0.87	−0.87	±0.435
120～180	+1.00	−1.00	±0.575
180～250	+1.15	−1.15	±0.575
250～315	+1.30	−1.30	±0.70
315～400	+1.40	−1.40	±0.70
400～500	+1.55	−1.55	±0.875
500～630	+1.75	−1.75	±0.875
630～800	+2.00	−2.00	±1.15
800～1 000	+2.30	−2.30	±1.15
1 000～1 250	+2.60	−2.60	±1.55
1 250～1 600	+3.10	−3.10	±1.55
1 600～2 000	+3.70	−3.70	2.20
2 000～2 500	+4.40	−4.40	2.20

注：包容尺寸——当测量时包容量具的表面尺寸称为包容尺寸，如孔径或槽宽；

被包容尺寸——当测量时被量具包容的表面尺寸称被包容尺寸，如圆柱体直径和板厚等；

暴露表面尺寸——不属于包容尺寸和被包容尺寸的表面尺寸称为暴露尺寸，如凸台高度、不通孔的深度等。

(3) 常见冲压工艺的冲压等级

见表 7.19～表 7.21。

表 7.19 冲裁件尺寸公差等级

材料厚度 t/mm	内孔与外形		孔中心距、孔边距	
	普 级	精 级	普 级	精 级
≤1	IT13	IT10	IT13	IT11
1～4	IT14	IT11	IT14	IT13

表 7.20　精冲件公差等级

材料厚度 t/mm	普　级	精　级	孔距、孔边距
≤4	IT10	IT9	IT10
4～10	IT11	IT10	IT11

表 7.21　弯曲件、拉深件、成形件的公差等级

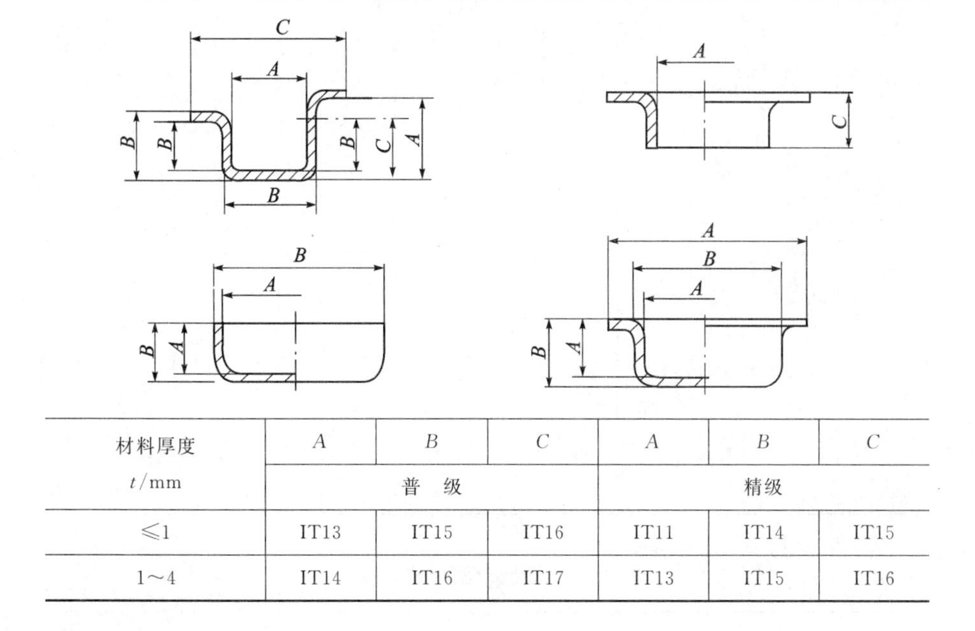

材料厚度 t/mm	A	B	C	A	B	C
	普　级			精级		
≤1	IT13	IT15	IT16	IT11	IT14	IT15
1～4	IT14	IT16	IT17	IT13	IT15	IT16

(4) 常用角度公差

见表 7.22、表 7.23。

表 7.22　弯曲件角度偏差 $\Delta\alpha$

比值 $\frac{R}{t}$	材料性质					
	软	中	硬	软	中	硬
	普　级			精　级		
≤1	±30′	±1°	±2°	±15′	±30′	±1°
1～2	±1°	±2°	±4°	±30′	±1°	±2°
2～4	±2°	±4°	±8°	±1°	±2°	±4°

表 7.23　未注角度公差的极限偏差

公差等级	短边长度/mm				
	≤10	10～50	50～120	120～400	>400
精　密	±1°	±30′	±20′	±10′	±5′
普　通	±1°30′	±1°	±30′	±15′	±10′
粗　级	±3°	±2°	±1°	±30′	±20′

3. 冲压常用的形位公差

直线度和平面度公差值见表7.24。圆度和圆柱度公差值见表7.25。平行度、垂直度和倾斜度公差值见表7.26。

表7.24　直线度和平面度公差值

主参数 L/mm	公差等级											
	1	2	3	4	5	6	7	8	9	10	11	12
	公差值/μm											
≤10	0.2	0.4	0.8	1.2	2	3	5	8	12	20	30	60
10～16	0.25	0.5	1	1.5	2.5	4	6	10	15	25	40	80
16～25	0.3	0.6	1.2	2	3	5	8	12	20	30	50	100
25～40	0.4	0.8	1.5	2.5	4	6	10	15	25	40	60	120
40～63	0.5	1	2	3	5	8	12	20	30	50	80	150
63～100	0.6	1.2	2.5	4	6	10	15	25	40	60	100	200
100～160	0.8	1.5	3	5	8	12	20	30	50	80	120	250
160～250	1	2	4	6	10	15	25	40	60	100	150	300
250～400	1.2	2.5	5	8	12	20	30	50	80	120	200	400
400～630	1.5	3	6	10	15	25	40	60	100	150	250	500
630～1 000	2	4	8	12	20	30	50	80	120	200	300	600
1 000～1 600	2.5	5	10	15	25	40	60	100	150	250	400	800

表7.25　圆度和圆柱度公差值

主参数 $d(D)$/mm	公差等级												
	0	1	2	3	4	5	6	7	8	9	10	11	12
	公差值/μm												
≤3	0.1	0.2	0.3	0.5	0.8	1.2	2	3	4	6	10	14	25
3～6	0.1	0.2	0.4	0.6	1	1.5	2.5	4	5	8	12	18	30
6～10	0.12	0.25	0.4	0.6	1	1.5	2.5	4	6	9	15	22	36
10～18	0.15	0.25	0.5	0.8	1.2	2	3	5	8	11	18	27	43
18～30	0.2	0.3	0.6	1	1.5	2.5	4	6	9	13	21	33	52
30～50	0.25	0.4	0.6	1	1.5	2.5	4	7	11	16	25	39	62
50～80	0.3	0.5	0.8	1.2	3	3	5	8	13	19	30	46	74
80～120	0.4	0.6	1	1.5	2.5	4	6	10	15	22	35	54	87
120～180	0.6	1	1.2	2	3.5	5	8	12	18	25	40	63	100
180～250	0.8	1.2	2	3	4.5	7	10	14	20	29	46	72	115

表 7.26 平行度、垂直度、倾斜度公差值

主参数 L,$d(D)$/mm	公差等级											
	1	2	3	4	5	6	7	8	9	10	11	12
	公差值/μm											
≤10	0.4	0.8	1.5	3	5	8	12	20	30	50	80	120
10～16	0.5	1	2	4	6	10	15	25	40	60	100	150
16～25	0.6	1.2	2.5	5	8	12	20	30	50	80	120	200
25～40	0.8	1.5	3	6	10	15	25	40	60	100	150	250
40～63	1	2	4	8	12	20	30	50	80	120	200	300
63～100	1.2	2.5	5	10	15	25	40	60	100	150	250	400
100～160	1.5	3	6	12	20	30	50	80	120	200	300	500
160～250	2	4	8	15	25	40	60	100	150	250	400	600
250～400	2.5	5	10	20	30	50	80	120	200	300	500	800
400～630	3	6	12	25	40	60	100	150	250	400	600	1 000
630～1 000	4	8	15	30	50	80	120	200	300	500	800	1 200
1 000～1 600	5	10	20	40	60	100	150	250	400	600	1 000	1 500

同轴度、对称度、圆跳动和全跳动公差值见表 7.27。

表 7.27 同轴度、对称度、圆跳动和全跳动公差值

主参数 $d(D)$,B,L/mm	公差等级											
	1	2	3	4	5	6	7	8	9	10	11	12
	公差值/μm											
≤1	0.4	0.6	1.0	1.5	2.5	4	6	10	15	25	40	60
1～3	0.4	0.6	1.0	1.5	2.5	4	6	10	20	40	60	120
3～6	0.5	0.8	1.2	2	3	5	8	12	25	50	80	150
6～10	0.6	1	1.5	2.5	4	6	10	15	30	60	100	200
10～18	0.8	1.2	2	3	5	8	12	20	40	80	120	250
18～30	1	1.5	2.5	4	6	10	15	25	50	100	150	300
30～50	1.2	2	3	5	8	12	20	30	60	120	200	400
50～120	1.5	2.5	4	6	10	15	25	40	80	150	250	500
120～250	2	3	5	8	12	20	30	50	100	200	300	600
250～500	2.5	4	6	10	15	25	40	60	120	250	400	800
500～800	3	5	8	12	20	30	50	80	150	300	500	1 000
800～1 250	4	6	10	15	25	40	60	100	200	400	600	1 200

4. 表面粗糙度

冲模零件常用的表面粗糙度见表 7.28。

表 7.28　冲模零件表面粗糙度对照表

GB1031—83(新标准)		使　用　范　围
粗糙度数值 μm	标准示例	
0.1	0.1	抛光的转动体表面
0.2	0.2	抛光的成形面及平面
0.4	0.4	1. 压弯、拉深、成形的凸模和凹模工作表面 2. 圆柱表面和平面的刃口 3. 滑动和精确导向的表面
0.8	0.8	1. 成形的凸模和凹模刃口,凸模、凹模模块的接合面 2. 过盈配合和过渡配合的表面——用于热处理零件 3. 支承定位和紧固表面——用于热处理零件 4. 磨加工的基准面,要求准确的工艺基准表面
1.6	1.6	
3.2	3.2	1. 内孔表面——在非热处理零件上配合用 2. 模座平面
6.3	6.3	1. 不磨加工的支承、定位和紧固表面——用于非热处理的零件 2. 模座平面
12.5	12.5	不与冲压工件及冲模零件接触的表面
25	25	粗糙的不重要表面
(不加工符号)		不需机械加工的表面

7.3　间隙常用资料

凸模和卸料板、顶件器之间的间隙见图 7.1 及表 7.29。

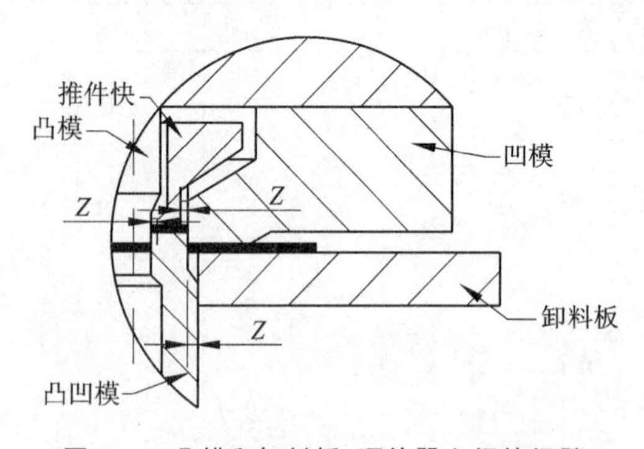

图 7.1　凸模和卸料板、顶件器之间的间隙

表 7.29　凸模和卸料板、推件块之间的间隙　　mm

料厚 t	间隙 Z
0～0.2	滑配
0.2～0.5	0.05
0.5～1	0.1
1～2	0.2
>2	0.3

7.4　冲模滑动导向模架标准

1. 后侧导柱模架标准

后侧导柱模架(GB/T2851—2008) 见图 7.2 及表 7.30。

标记示例:L=200mm、B=125mm、H=170～205mm、Ⅰ级精度的冲模滑动导向后侧导柱模架标记为

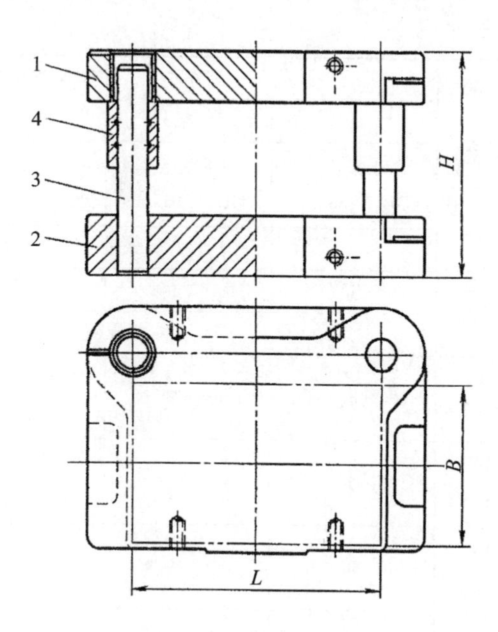

1—上模座；2—下模座；3—导柱；4—导套

图 7.2　后侧导柱模架

滑动导向模架　后侧导柱 200×125×170～205　Ⅰ　GB/T2851—2008

表 7.30　后侧导柱模架尺寸

凹模周界		闭合高度(参考) *H*		零件件号、名称及标准编号			
				1	2	3	4
				上模座 (GB/T2855.1)	下模座 (GB/T2855.2)	导柱 (GB/T2861.1)	导套 (GB/T2861.3)
				数量/件			
L	*B*	最小	最大	1	1	2	2
				规格			
63	50	100	115	63×50×20	63×50×25	16×90	16×60×18
		110	125			16×100	
		110	130	63×50×25	63×50×30	16×100	16×65×23
		120	140			16×110	
63	63	100	115	63×63×20	63×63×25	16×90	16×60×18
		110	125			16×100	
		110	130	63×63×25	63×63×30	16×100	16×65×23
		120	140			16×110	
80		110	130	80×63×25	80×63×30	18×100	16×65×23
		130	150			18×120	
		120	145	80×63×30	80×63×40	18×110	18×70×28
		140	165			18×130	

续表 7.30

凹模周界		闭合高度(参考)H		零件件号、名称及标准编号			
				1	2	3	4
				上模座(GB/T2855.1)	下模座(GB/T2855.2)	导柱(GB/T2861.1)	导套(GB/T2861.3)
				数量/件			
				1	1	2	2
L	B	最小	最大	规格			
100	63	110	130	100×63×25	100×63×30	18×100	18×65×23
		130	150			18×120	
		120	145	100×63×30	100×63×40	18×110	18×70×28
		140	165			18×130	
80	80	110	130	80×80×25	80×80×30	20×100	20×65×23
		130	150			20×120	
		120	145	80×80×30	80×80×40	20×110	20×70×28
		140	165			20×130	
100		110	130	100×80×25	100×80×30	20×100	20×65×23
		130	150			20×120	
		120	145	100×80×30	100×80×40	20×110	20×70×28
		140	165			20×130	
125		110	130	125×80×25	125×80×30	20×100	20×65×23
		130	150			20×120	
		120	145	125×80×30	125×80×40	20×110	20×70×28
		140	165			20×130	
100	100	110	130	100×100×25	100×100×30	20×100	20×65×23
		130	150			20×120	
		120	145	100×100×30	100×100×40	20×110	20×70×28
		140	165			20×130	
125		120	150	125×100×30	125×100×35	22×110	22×80×28
		140	165			22×130	
		140	170	125×100×35	125×100×45	22×130	22×80×33
		160	190			22×150	
160		140	170	160×100×35	160×100×40	25×130	25×85×33
		160	190			25×150	
		160	195	160×100×40	160×100×50	25×150	25×90×38
		190	225			25×180	
200		140	170	200×100×35	200×100×40	25×130	25×85×33
		160	190			25×150	

续表 7.30

凹模周界		闭合高度(参考) H		零件件号、名称及标准编号			
				1	2	3	4
				上模座 (GB/T2855.1)	下模座 (GB/T2855.2)	导柱 (GB/T2861.1)	导套 (GB/T2861.3)
				数量/件			
L	B	最小	最大	1	1	2	2
				规格			
200	100	160	195	200×100×40	200×100×50	25×150	25×90×38
		190	225			25×180	
125	125	120	150	125×125×30	125×125×35	22×110	22×80×28
		140	165			22×130	
		140	170	125×125×35	125×125×45	22×130	22×85×33
		160	190			22×150	
160		140	170	160×125×35	160×125×40	25×130	25×85×33
		160	190			25×150	
		170	205	160×125×40	160×125×50	25×160	25×95×38
		190	225			25×180	
200		140	170	200×125×35	200×125×40	25×130	25×85×33
		160	190			25×150	
		170	205	200×125×40	200×125×50	25×160	25×95×38
		190	225			25×180	
250		160	200	250×125×40	250×125×45	28×150	28×100×38
		180	220			28×170	
		190	235	250×125×45	250×125×55	28×180	28×110×43
		210	255			28×200	
160	160	160	200	160×160×40	160×160×45	28×150	28×100×38
		180	220			28×170	
		190	235	160×160×45	160×160×55	28×180	28×110×43
		210	255			28×200	
200		160	200	200×160×40	200×160×45	28×150	28×100×38
		180	220			28×170	
		190	235	200×160×45	200×160×55	28×180	28×110×43
		210	255			28×200	
250		170	210	250×160×45	250×160×50	32×160	32×105×43
		200	240			32×190	
		200	245	250×160×50	250×160×60	32×190	32×115×48
		220	265			32×210	

续表 7.30

凹模周界		闭合高度(参考) H		零件件号、名称及标准编号			
				1	2	3	4
				上模座 (GB/T2855.1)	下模座 (GB/T2855.2)	导柱 (GB/T2861.1)	导套 (GB/T2861.3)
				数量/件			
L	B	最小	最大	1	1	2	2
				规格			
200	200	170	210	200×200×45	200×200×50	32×160	32×105×43
		200	240			32×190	
		200	245	200×200×50	200×200×60	32×190	32×115×48
		220	265			32×210	
250		170	210	250×200×45	250×200×50	32×160	32×105×43
		200	240			32×190	
		200	245	250×200×50	250×200×60	32×190	32×115×48
		220	265			32×210	
315		190	230	315×200×45	315×200×55	35×180	35×115×43
		220	260			35×210	
		210	255	315×200×50	315×200×65	35×200	35×125×48
		240	285			35×230	
250	250	190	230	250×250×45	250×250×55	35×180	35×115×43
		220	260			35×210	
		210	255	250×250×50	250×250×65	35×200	35×125×48
		240	285			35×230	
315		215	250	315×250×50	315×250×60	40×200	40×125×48
		245	280			40×230	
		245	290	315×250×55	315×250×70	40×230	40×140×53
		275	320			40×260	
400		215	250	400×250×50	400×250×60	40×200	40×125×48
		245	280			40×230	
		245	280	400×250×55	400×250×70	40×230	40×140×53
		275	320			40×260	

注:1. 应符合 JB/T8050 的规定。

2. 标记应包括以下内容:①滑动导向模架;②结构形式为后侧导柱;③凹模周界尺寸 L、B,以毫米为单位;④模架闭合高度 H,以毫米为单位;⑤模架精度等级为Ⅰ级、Ⅱ级;⑥本标准代号,即 GB/T2851—2008。

2. 中间导柱模架标准

中间导柱模架(GB/T2851—2008)见图 7.3 及表 7.31。

标记示例:L=200 mm、B=125 mm、H=170～205 mm、Ⅰ级精度的冲模滑动导向中间导柱模架标记为

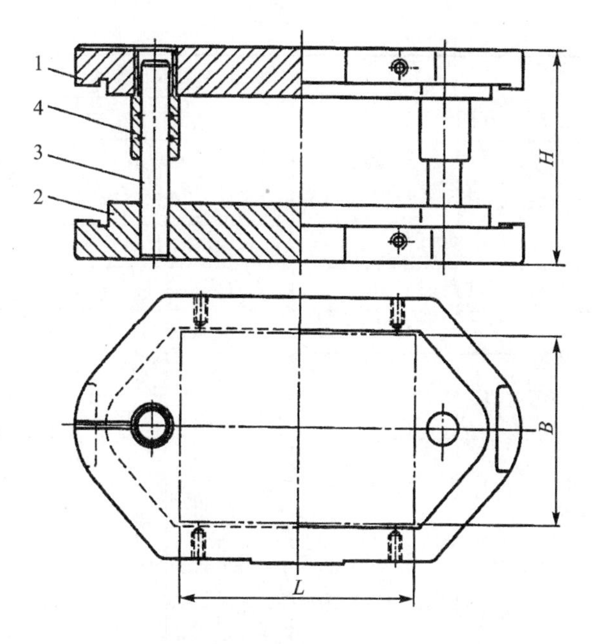

1—上模座；2—下模座；3—导柱；4—导套

图 7.3　中间导柱模架

滑动导向模架　中间导柱 200×125×170～205　Ⅰ　GB/T2851—2008

表 7.31　中间导柱模架尺寸

凹模周界		闭合高度（参考）H		零件件号、名称及标准编号					
				1	2	3		4	
				上模座（GB/T2855.1）	下模座（GB/T2855.2）	导柱（GB/T2861.1）		导套（GB/T2861.3）	
				数量/件					
L	B	最小	最大	1	1	1	1	1	1
				规格					
63	50	100	115	63×50×20	63×50×25	16×90	18×90	16×60×18	18×60×18
		110	125			16×100	18×100		
		110	130	63×50×25	63×50×30	16×100	18×100	16×65×23	18×65×23
		120	140			16×110	18×110		
63	63	100	115	63×63×20	63×63×25	16×90	18×90	16×60×18	18×60×18
		110	125			16×100	18×100		
		110	130	63×63×25	63×63×30	16×100	18×100	16×65×23	18×65×23
		120	140			16×110	18×110		
80		110	130	80×63×25	80×63×30	18×100	20×100	18×65×23	20×65×23
		130	150			18×120	20×120		
		120	145	80×63×30	80×63×40	18×110	20×110	18×70×28	20×70×28
		140	165			18×130	20×130		

续表 7.31

凹模周界		闭合高度(参考)H		零件件号、名称及标准编号					
				1	2	3		4	
				上模座(GB/T2855.1)	下模座(GB/T2855.2)	导柱(GB/T2861.1)		导套(GB/T2861.3)	
				数量/件					
				1	1	1	1	1	1
L	B	最小	最大	规格					
100	63	110	130	100×63×25	100×63×30	18×100	20×100	18×65×23	20×65×23
		130	150			18×120	20×120		
		120	145	100×63×30	100×63×40	18×110	20×110	18×70×28	20×70×28
		140	165			18×130	20×130		
80	80	110	130	80×80×25	80×80×30	20×100	22×100	20×65×23	22×65×23
		130	150			20×120	22×120		
		120	145	80×80×30	80×80×40	20×110	22×110	20×70×28	22×70×28
		140	165			20×130	22×130		
100		110	130	100×80×25	100×80×30	20×100	22×100	20×65×23	22×65×23
		130	150			20×120	22×120		
		120	145	100×80×30	100×80×40	20×110	22×110	20×70×28	22×70×28
		140	165			20×130	22×130		
125		110	130	125×80×25	125×80×30	20×100	22×100	20×65×23	22×65×23
		130	150			20×120	22×120		
		120	145	125×80×30	125×80×40	20×110	22×110	20×70×28	22×70×28
		140	165			20×130	22×130		
140		120	150	140×80×30	140×80×35	22×110	25×110	22×80×28	25×80×28
		140	165			22×130	25×130		
		140	170	140×80×35	140×80×45	22×130	25×130	22×80×33	25×80×33
		160	190			22×150	25×150		
100	100	110	130	100×100×25	100×100×30	20×100	22×100	20×65×23	22×65×23
		130	150			20×120	22×120		
		120	145	100×100×30	100×100×40	20×110	22×110	20×70×28	22×70×28
		140	165			20×130	22×130		
125		120	150	125×100×30	125×100×35	22×110	25×110	22×80×28	25×80×28
		140	165			22×130	25×130		
		140	170	125×100×35	125×100×45	22×130	25×130	22×80×33	25×80×33
		160	190			22×150	25×150		
140		120	150	140×100×30	140×100×35	22×110	25×110	22×80×28	25×80×28
		140	165			22×130	25×130		

续表 7.31

凹模周界		闭合高度（参考）H		零件件号、名称及标准编号					
				1	2	3		4	
				上模座（GB/T2855.1）	下模座（GB/T2855.2）	导柱（GB/T2861.1）		导套（GB/T2861.3）	
				数量/件					
L	B	最小	最大	1	1	1	1	1	1
				规格					
140	100	140	170	140×100×35	140×100×45	22×130	25×130	22×80×33	25×80×33
		160	190			22×150	25×150		
160		140	170	160×100×35	160×100×40	25×130	28×130	25×85×33	28×85×33
		160	190			25×150	28×150		
		160	195	160×100×40	160×100×50	25×150	28×150	25×90×38	28×90×38
		190	225			25×180	28×180		
200		140	170	200×100×35	200×100×40	25×130	28×130	25×85×33	28×85×33
		160	190			25×150	28×150		
		160	195	200×100×40	200×100×50	25×150	28×150	25×90×38	28×90×38
		190	225			25×180	28×180		
125	125	120	150	125×125×30	125×125×35	22×110	25×110	22×80×28	25×80×28
		140	165			22×130	25×130		
		140	170	125×125×35	125×125×45	22×130	25×130	22×85×33	22×85×33
		160	190			22×150	25×150		
140		140	170	140×125×35	140×125×40	25×130	28×130	25×85×33	28×85×33
		160	190			25×150	28×150		
		160	195	140×125×40	140×125×50	25×150	28×150	25×90×38	28×90×38
		190	225			25×180	28×180		
160		140	170	160×125×35	160×125×40	25×130	28×130	25×85×33	28×85×33
		160	190			25×150	28×150		
		170	205	160×125×40	160×125×50	25×160	28×160	25×95×38	28×95×38
		190	225			25×180	28×180		
200		140	170	200×125×35	200×125×40	25×130	28×130	25×85×33	28×85×33
		160	190			25×150	28×150		
		170	205	200×125×40	200×125×50	25×160	28×160	25×95×38	28×95×38
		190	225			25×180	28×180		
250		160	200	250×125×40	250×125×45	28×150	32×150	28×100×38	32×100×38
		180	220			28×170	32×170		
		190	235	250×125×45	250×125×55	28×180	32×180	28×110×43	32×110×43
		210	255			28×200	32×200		

续表 7.31

凹模周界		闭合高度(参考) *H*		零件件号、名称及标准编号					
				1	2	3		4	
				上模座 (GB/T2855.1)	下模座 (GB/T2855.2)	导柱 (GB/T2861.1)		导套 (GB/T2861.3)	
				数量/件					
L	*B*	最小	最大	1	1	1	1	1	1
				规格					
250	200	170	210	250×200×45	250×200×50	32×160	35×160	32×105×43	35×105×43
		200	240			32×190	35×190		
		200	245	250×200×50	250×200×60	32×190	35×190	32×115×48	35×115×48
		220	265			32×210	35×210		
280		190	230	280×200×45	280×200×55	35×180	40×180	35×115×43	40×115×43
		220	260			35×210	40×210		
		210	255	280×200×50	280×200×65	35×200	40×200	35×125×48	40×125×48
		240	285			35×230	40×230		
315		190	230	315×200×45	315×200×55	35×180	40×180	35×115×43	40×115×43
		220	260			35×210	40×210		
		210	255	315×200×50	315×200×65	35×200	40×200	35×125×48	40×125×48
		240	285			35×230	40×230		
250	250	190	233	250×250×45	250×250×55	35×180	40×180	35×115×43	40×115×43
		220	260			35×210	40×210		
		210	255	250×250×50	250×250×65	35×200	40×200	35×125×48	40×125×48
		240	285			35×230	40×230		
280		190	223	280×250×45	280×250×55	35×180	40×180	35×115×43	40×115×43
		220	260			35×210	40×210		
		210	255	280×250×50	280×250×65	35×200	40×200	35×125×48	40×125×48
		240	285			35×230	40×230		
315		215	250	315×250×50	315×250×60	40×200	45×200	40×125×48	45×125×48
		245	280			40×230	45×230		
		245	290	315×250×55	315×250×70	40×230	45×230	40×140×53	45×140×53
		275	320			40×260	45×260		
400		215	250	400×250×50	400×250×60	40×200	45×200	40×125×48	45×125×48
		245	280			40×230	45×230		
		245	280	400×250×55	400×250×70	40×230	45×260	40×140×53	45×140×53
		275	320			40×260	45×260		

续表 7.31

凹模周界		闭合高度（参考）*H*		零件件号、名称及标准编号					
				1	2	3		4	
				上模座（GB/T2855.1）	下模座（GB/T2855.2）	导柱（GB/T2861.1）		导套（GB/T2861.3）	
				数量/件					
L	*B*	最小	最大	1	1	1	1	1	1
				规格					
280	280	215	250	280×250×50	280×250×60	45×200	50×200	45×125×48	50×125×48
		245	280			45×230	50×230		
		245	290	280×250×55	280×280×60	45×230	50×230	45×140×53	50×140×53
		275	320			45×260	50×260		
315		215	250	315×280×50	315×280×60	40×200	45×200	40×125×48	45×125×48
		245	280			40×230	45×230		
		245	290	315×280×55	315×280×70	40×230	45×230	40×140×53	45×140×53
		275	320			40×260	45×260		
400		215	250	400×280×50	400×280×60	40×200	45×200	40×125×48	45×125×48
		245	280			40×230	45×230		
		245	290	400×280×55	400×280×70	40×230	45×230	40×140×53	45×140×53
		275	320			40×260	45×260		
315	315	215	250	315×315×50	315×315×60	45×200	50×200	45×125×48	50×125×48
		245	280			45×230	50×230		
		245	290	315×315×55	315×315×70	45×230	50×230	45×140×53	50×140×53
		275	320			45×260	50×260		
400		240	280	400×315×55	400×315×65	45×230	50×230	45×140×53	50×140×53
		270	305			45×260	50×260		
		270	310	400×315×60	400×315×75	45×260	50×260	45×150×58	50×150×58
		305	350			45×290	50×290		
500		240	280	500×315×55	500×315×65	45×230	50×230	45×140×53	50×140×53
		270	305			45×260	50×260		
		270	310	500×315×60	500×315×75	45×260	50×260	45×150×58	50×150×58
		305	350			45×290	50×290		
400	400	240	280	400×400×55	400×400×65	45×230	50×230	45×140×53	50×140×53
		270	305			45×260	50×260		
		270	310	400×400×60	400×400×75	45×260	50×260	45×150×58	50×150×58
		305	350			45×290	50×290		

续表 7.31

凹模周界		闭合高度(参考) H		零件件号、名称及标准编号					
				1	2	3		4	
				上模座 (GB/T2855.1)	下模座 (GB/T2855.2)	导柱 (GB/T2861.1)		导套 (GB/T2861.3)	
				数量/件					
L	B	最小	最大	1	1	1	1	1	1
				规格					
630	400	240	280	630×400×55	630×400×65	50×220	55×220	50×150×53	55×150×53
		270	305			50×250	55×250		
		270	310	630×400×65	630×400×80	50×250	55×250	50×160×63	55×160×63
		305	350			50×280	55×280		
500	500	260	300	500×500×55	500×500×65	50×240	55×240	50×150×53	55×150×53
		290	325			50×270	55×270		
		290	330	500×500×65	500×500×80	50×270	55×270	50×160×63	55×160×63
		320	360			50×300	55×300		

注:1. 应符合 JB/T8050 的规定。

2. 标记应包括以下内容:①滑动导向模架;②结构形式为中间导柱;③凹模周界尺寸 L、B,以毫米为单位;④模架闭合高度 H,以毫米为单位;⑤模架精度等级为Ⅰ级、Ⅱ级;⑥本标准代号,即 GB/T2851—2008。

7.5　常用零件标准

1. 模　座

(1) 后侧导柱模座(上模座 GB/T2855.1—2008,下模座 GB/T2855.2—2008)见图 7.4 及表 7.32。

标记示例:

凹模周界 $L=200$ mm,$B=160$ mm,厚度 $H=45$ mm

材料为 HT200 的后侧导柱上(下)模座:

上(下)模座 200×160×45 GB/T2855.1—2008(GB/T2855.2—2008)

(2) 中间导柱模座(上模座 GB/T2855.1—2008,下模座 GB/T2855.2—2008)见图 7.5 及表 7.33。

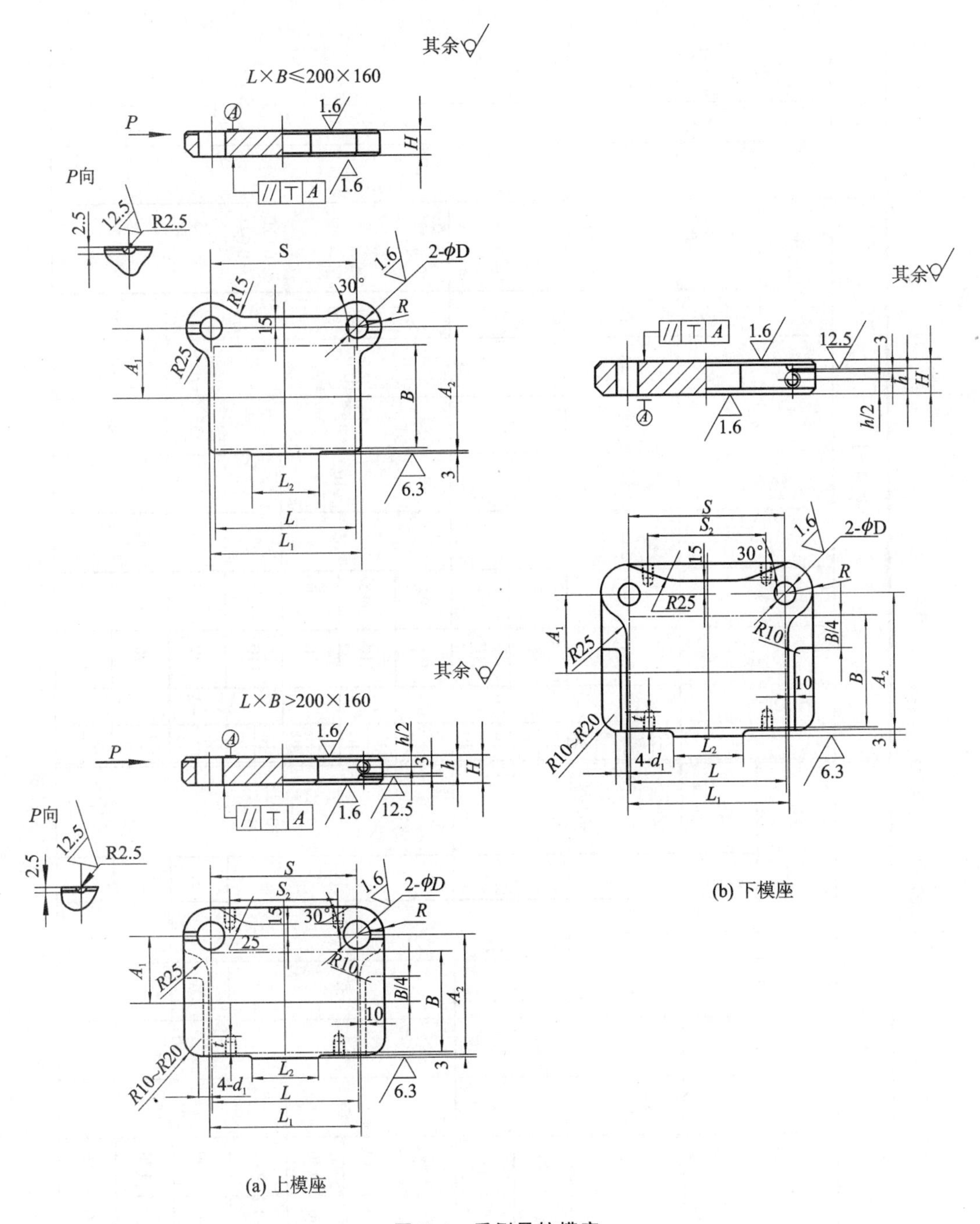

其余
L×B≤200×160
P
P向
1.6
H
//
⊥
A
12.5
2.5
R2.5
S
2-φD
R15
30°
R
15
A₁
R25
B
A₂
3
6.3
L₂
L
L₁
L×B>200×160
h/2
h
S₂
25
R10
B/4
10
t
R10~R20
4-d₁
(a) 上模座
(b) 下模座

图 7.4　后侧导柱模座

表7.32　后侧导柱模座尺寸

mm

凹模周界		上模座尺寸										下模座尺寸										起重孔尺寸		
										D(H7)										D(R7)				
L	B	H	h	L_1	S	A_1	A_2	R	L_2	基本尺寸	偏差	H	h	L_1	S	A_1	A_2	R	L_2	基本尺寸	偏差	d_1	t	S_2
63	50	20	—	70	70	45	75	25	40	25	+0.021 0	25	20	70	70	45	75	25	40	16	−0.016 −0.034			
		25										30												
63	63	20				50	85					25				50	85							
		25										30												
80		25		90	94			28	60	28		30		90	94			28	60	18				
		30										40												
100		25		110	116							30		110	116									
		30										40												
80	80	25		90	94	65	110	32		32	+0.025 0	30		90	94	65	110	32		20	−0.020 −0.041			
		30										40												
100		25		110	116							30		110	116									
		30										40												
125		25		130	130							30	25	130	130									
		30										40												
100	100	25		110	116	75	130					30		110	116	75	130							
		30										40												
125		30		130	130			35		35		35		130	130			35		22				
		35										45												
160		35		170	170			38		38		40	35	170	170			38	80	25				
		40										50												
200		35		210	210				80			40		210	210									
		40										50												

续表7.32

凹模周界		上模座尺寸										下模座尺寸										起重孔尺寸		
L	B	H	h	L_1	S	A_1	A_2	R	L_2	D(H7) 基本尺寸	D(H7) 偏差	H	h	L_1	S	A_1	A_2	R	L_2	D(R7) 基本尺寸	D(R7) 偏差	d_1	t	S_2
125		30		130	130	85	150	35	60	35	+0.025 0	35	25	130	130	85	150	35	60	22	−0.020 −0.041	—	—	—
		35										45												
160	125	35		170	170			38	80	38		40	30	170	170			38	80	25				
		40										50												
200		35		210	210							40		210	210									
		40										50												
250		40		260	250			42	100	42		45	35	260	250			42	100	28				
		45										55												
160	160	40		170	170	110	195		80			45		170	170	110	195		80					
		45										55												
200		40		210	210							45		210	210									
		45										55												
250		45		260	250			45	100	45		50	40	260	250			45	100	32	−0.025 −0.050	M14	28	150
		50										80												
200	200	45	30	210	210	130	235		80			50		210	210	130	235		80					120
		50										60												
250		45		260	250				100			50		260	250				100					150
		50										60												
315		45		325	305			50		50		55		325	305			50		35				200
		50										65												
250	250	45		260	250	160	290					55		260	250	160	290					M16	32	140
		50										65												
315		50	35	325	305			55		55	+0.030 0	60	45	325	305			55		40				200
		55										70												
400		50		410	390							60		410	390									280
		55										70												

表7.33　中间

凹模周界		上模座尺寸													
L	B	H	h	L_1	B_1	B_2	S	R	R_1	l_1	l_2	D(H7)		D_1(H7)	
												基本尺寸	偏 差	基本尺寸	偏 差
63	50	20	—	70	60	—	100	28	—	—	40	25	$^{+0.021}_{0}$	28	$^{+0.021}_{0}$
		25													
63	63	20		70	70										
		25													
80		25		90			120	32			60	28		32	$^{+0.025}_{0}$
		30													
100		25		110			140								
		30													
80	80	25		90	90		125	35				32	$^{+0.025}_{0}$	35	
		30													
100		25		110			145								
		30													
125		25		130			170								
		30													
100	100	25		110	110		145								
		30													
125		30		130			170	38				35		38	
		35													
160		35		170			210	42			80	38		42	
		40													
200		35		210			250								
		40													
125	125	30		130	130		170	38			60	35		38	
		35													
160		35		170			210	42			80	38		42	
		40													
200		40		210			250								
		45													
250		40		260			305	45			100	42		45	
		45													

导柱模座尺寸　　mm

<table>
<tr><th colspan="14">下模座尺寸</th><th colspan="3">起重孔尺寸</th></tr>
<tr><th rowspan="2">H</th><th rowspan="2">h</th><th rowspan="2">L_1</th><th rowspan="2">B_1</th><th rowspan="2">B_2</th><th rowspan="2">S</th><th rowspan="2">R</th><th rowspan="2">R_1</th><th rowspan="2">l_1</th><th rowspan="2">l_2</th><th colspan="2">D(R7)</th><th colspan="2">D_1(R7)</th><th rowspan="2">d_1</th><th rowspan="2">t</th><th rowspan="2">S_2</th></tr>
<tr><th>基本尺寸</th><th>偏 差</th><th>基本尺寸</th><th>偏 差</th></tr>
<tr><td>25</td><td rowspan="6">20</td><td rowspan="4">70</td><td rowspan="2">60</td><td rowspan="2">92</td><td rowspan="4">100</td><td rowspan="4">28</td><td rowspan="4">44</td><td rowspan="4">30</td><td rowspan="4">40</td><td rowspan="4">16</td><td rowspan="8">−0.016
−0.034</td><td rowspan="4">18</td><td rowspan="4">−0.016
−0.034</td><td rowspan="30">—</td><td rowspan="30">—</td><td rowspan="30">—</td></tr>
<tr><td>30</td></tr>
<tr><td>25</td><td rowspan="6">70</td><td rowspan="2">102</td></tr>
<tr><td>30</td></tr>
<tr><td>30</td><td rowspan="2">90</td><td rowspan="4">116</td><td rowspan="2">120</td><td rowspan="4">32</td><td rowspan="4">55</td><td rowspan="14">50</td><td rowspan="14">60</td><td rowspan="4">18</td><td rowspan="4">20</td><td rowspan="24">−0.020
−0.041</td></tr>
<tr><td>40</td></tr>
<tr><td>30</td><td rowspan="10">25</td><td rowspan="2">110</td><td rowspan="2">140</td></tr>
<tr><td>40</td></tr>
<tr><td>30</td><td rowspan="2">90</td><td rowspan="6">90</td><td rowspan="6">140</td><td rowspan="2">125</td><td rowspan="8">35</td><td rowspan="6">60</td><td rowspan="8">20</td><td rowspan="22">−0.020
−0.041</td><td rowspan="6">22</td></tr>
<tr><td>40</td></tr>
<tr><td>30</td><td rowspan="2">110</td><td rowspan="2">145</td></tr>
<tr><td>40</td></tr>
<tr><td>30</td><td rowspan="2">130</td><td rowspan="2">170</td></tr>
<tr><td>40</td></tr>
<tr><td>30</td><td rowspan="2">110</td><td rowspan="8">110</td><td rowspan="2">160</td><td rowspan="2">145</td><td rowspan="2">60</td><td rowspan="2">22</td></tr>
<tr><td>40</td></tr>
<tr><td>35</td><td rowspan="2">30</td><td rowspan="2">130</td><td rowspan="2">170</td><td rowspan="2">170</td><td rowspan="2">38</td><td rowspan="2">68</td><td rowspan="2">22</td><td rowspan="2">25</td></tr>
<tr><td>45</td></tr>
<tr><td>40</td><td rowspan="4">35</td><td rowspan="2">170</td><td rowspan="4">176</td><td rowspan="2">210</td><td rowspan="4">42</td><td rowspan="4">75</td><td rowspan="4">70</td><td rowspan="4">80</td><td rowspan="4">25</td><td rowspan="4">28</td></tr>
<tr><td>50</td></tr>
<tr><td>40</td><td rowspan="2">210</td><td rowspan="2">250</td></tr>
<tr><td>50</td></tr>
<tr><td>35</td><td rowspan="2">30</td><td rowspan="2">130</td><td rowspan="2"></td><td rowspan="2">190</td><td rowspan="2">170</td><td rowspan="2">38</td><td rowspan="2">68</td><td rowspan="2">50</td><td rowspan="2">60</td><td rowspan="2">22</td><td rowspan="2">25</td></tr>
<tr><td>45</td></tr>
<tr><td>40</td><td rowspan="6">35</td><td rowspan="2">170</td><td rowspan="6">130</td><td rowspan="4">196</td><td rowspan="2">210</td><td rowspan="4">42</td><td rowspan="4">75</td><td rowspan="4">70</td><td rowspan="4">80</td><td rowspan="4">25</td><td rowspan="4">28</td></tr>
<tr><td>50</td></tr>
<tr><td>40</td><td rowspan="2">210</td><td rowspan="2">250</td></tr>
<tr><td>50</td></tr>
<tr><td>45</td><td rowspan="2">260</td><td rowspan="2">200</td><td rowspan="2">305</td><td rowspan="2">45</td><td rowspan="2">80</td><td rowspan="2">90</td><td rowspan="2">100</td><td rowspan="2">28</td><td rowspan="2">32</td><td rowspan="2">−0.025
−0.050</td></tr>
<tr><td>55</td></tr>
</table>

续表7.33

凹模周界		上模座尺寸													
L	B	H	h	L_1	B_1	B_2	S	R	R_1	l_1	l_2	D(H7)		D_1(H7)	
												基本尺寸	偏 差	基本尺寸	偏 差
160	160	40 45	–	170	170	–	215	45	–	–	80	42	+0.025 0	45	+0.025 0
200		40 45		210			255								
250		50	40	260		240	310	50	85	90	100	45		50	
200	200	45 50		210	210	280	260			70	80				
250		45 50		260			310			90	100				
315		45 50		325		290	380	55	95			50		55	+0.030 0
250	250	45 50		260	260	340	315								
315		55	45	325		350	385	60	105			55	+0.030 0	60	
400		50 55		410			470			110	120				
315	315	50 55		325	325	425	390	65	115	90	100	60		65	
400		60		410			475			170	120				
500		55 60		510			575			130	140				
400	400	55 60		410	410	510	475			110	120				
630		55 65		640		520	710	70	125	150	160	65		70	
500	500			510	510	620	580			130	140				

mm

下模座尺寸														起重孔尺寸		
H	h	L_1	B_1	B_2	S	R	R_1	l_1	l_2	d(R7)		d_1(R7)		d_2	t	S_2
										基本尺寸	偏差	基本尺寸	偏差			
45	35	170	170	240	215	45	80	70	80	28	−0.030 −0.041	32	−0.025 −0.050	–	–	–
55																
45		210			255											
55																
50		280			310	50	85	90	100	32	−0.025 −0.050	35		M14	28	210
60																
60	40	210	210	280	260			70	80							170
80																
50		260			310			90	100							210
60																
55		325		290	380	55	95			35		40				290
65																
55		260	260	340	315									M16	32	210
65																
60		325		350	385	60	105			40		45				260
70																
60		410			470			110	120							340
70																
60	45	325	325	425	390	65	115	90	100	45		50		M20	40	260
70																
65		410			475			110	120							340
75																
65		510			575			130	140							440
75																
65		410	410	510	475			110	120							360
75																
65		640		520	710	70	125	150	160	50		55	−0.030 −0.060			570
80																
65		510	510	620	580			130	140							440
80																

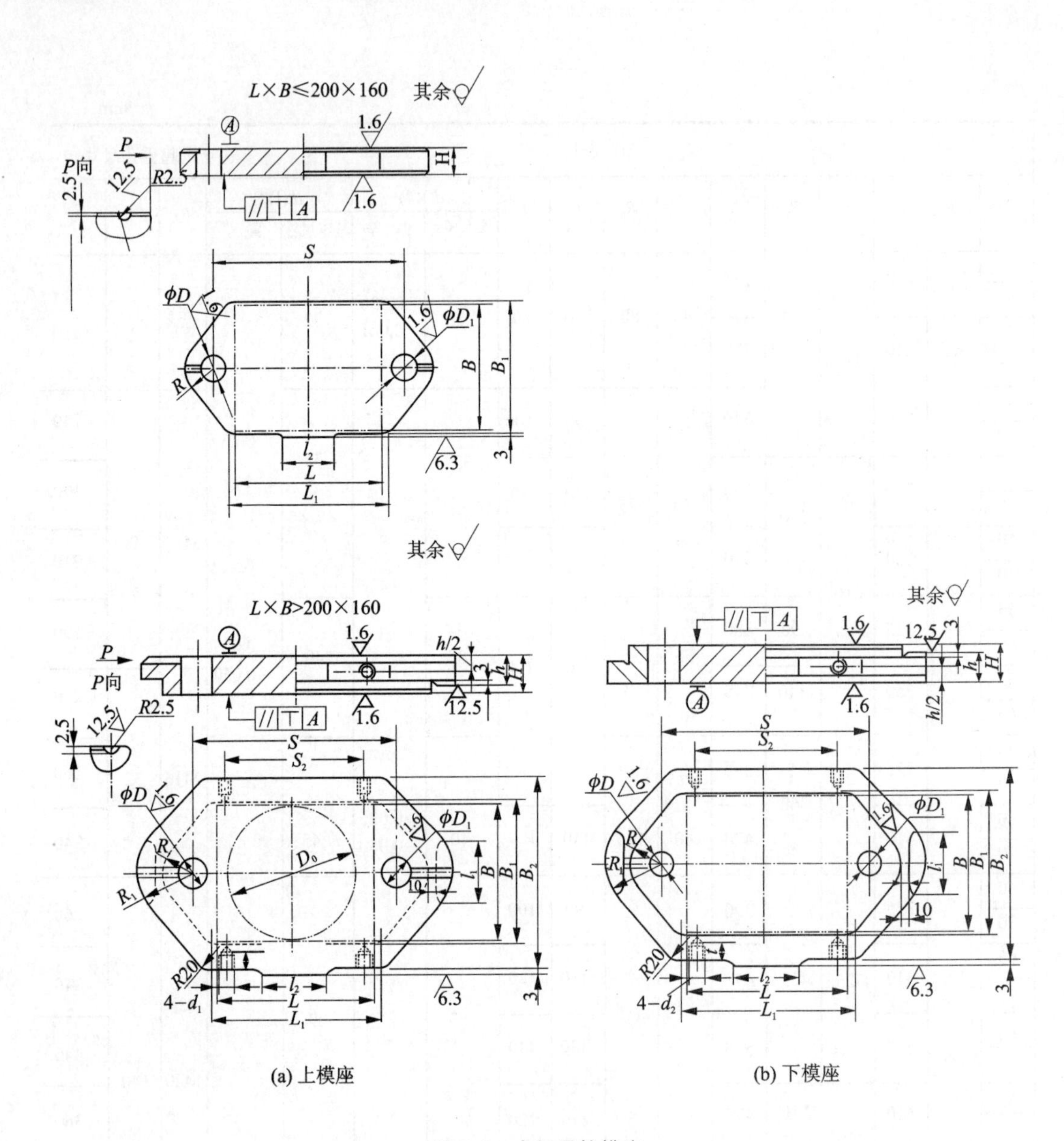

图 7.5　中间导柱模座

标记示例：凹模周界 $L=200$ mm，$B=160$ mm，厚度 $H=45$ mm，材料为 HT200 的中间导柱上(下)模座：上(下)模座 200×160×45 GB/T2855.1—2008(GB/T2855.2—2008)。

2. 滑动导向导柱

（1）A 型导柱（GB/T2861.1—2008）见图 7.6 及表 7.34。

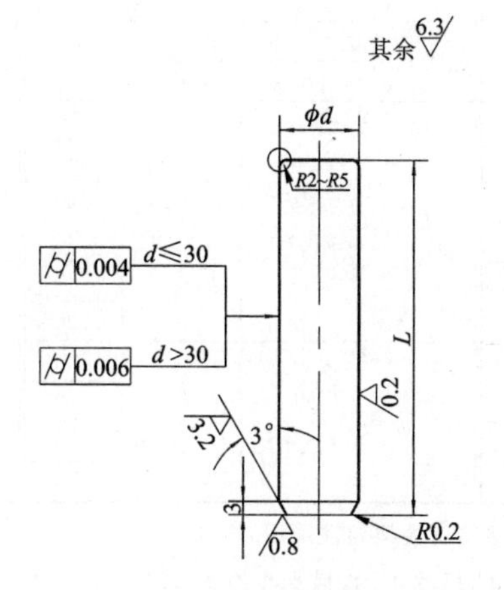

图 7.6　A 型导柱

标记示例：直径 $d=20$ mm，长度 $L=120$ mm 的 A 型导柱：

导柱 A20×120　GB/T2861.1—2008

表 7.34　A 型导柱尺寸

mm

d 基本尺寸	d 偏差 (h5)	d 偏差 (h6)	L	d 基本尺寸	d 偏差 (h5)	d 偏差 (h6)	L	d 基本尺寸	d 偏差 (h5)	d 偏差 (h6)	L
16	0 −0.008	0 −0.011	90	22	0 −0.009	0 −0.013	120	32	0 −0.011	0 −0.016	150
			100				130				160
			110				150				170
18			90				160				180
			100				180				190
			110	25			110				200
			120				130				210
			130				150	35			160
			150				160				180
			160				170				190
20	0 −0.009	0 −0.013	100				180				200
			110	28			130				210
			120				150				230
			130				160	40			180
			150				170				190
			160				180				200
22			100				190				210
			110				200				230

续表 7.34

d			L	d			L	d			L
基本尺寸	偏差			基本尺寸	偏差			基本尺寸	偏差		
	(h5)	(h6)			(h5)	(h6)			(h5)	(h6)	
40	0 −0.011	0 −0.016	260	50	0 −0.011	0 −0.016	250	55	0 −0.013	0 −0.019	280
45			190				260				290
			200				270				300
			230				280				320
			260				290	60			250
			290				300				280
50			200	55	0 −0.013	0 −0.019	220				290
			220				240				300
			230				250				320
			240				270				

注：1. Ⅰ级精度模架导柱采用 $d\ h5$，Ⅱ级精度模架导柱采用 $d\ h6$；

2. 材料由制造者选定，推荐采用 20Cr，GCr15，20Cr 渗碳深度 0.8～1.2 mm，硬度 HRC58～62；GCr15 硬度 HRC58～62；

3. 技术条件：按 GB/T2861.1—2008 规定。

(2) B 型导柱(GB/T2861.1—2008)见图 7.7 及表 7.35。

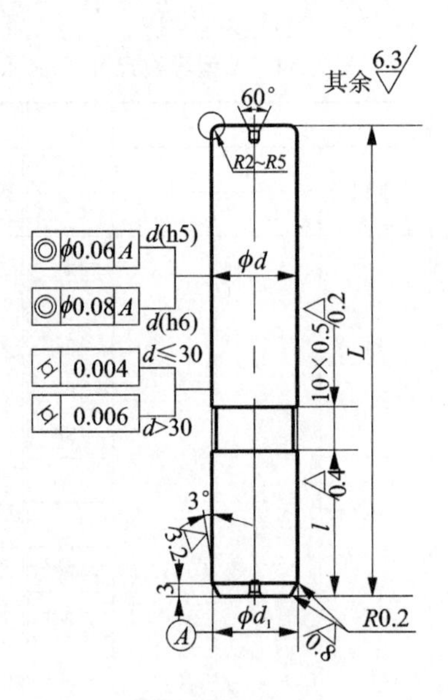

图 7.7　B 型导柱

标记示例：直径 $d=20$ mm，长度 $L=120$ mm，$l=30$ mm 的 B 型导柱：

导柱 B20×120×30　GB/T2861.1—2008

表 7.35　B 型导柱尺寸

mm

d			d_1(r6)		L	l	d			d_1(r6)		L	l
基本尺寸	偏差		基本尺寸	偏差			基本尺寸	偏差		基本尺寸	偏差		
	(h5)	(h6)						(h5)	(h6)				
16	0 −0.008	0 −0.011	16	+0.034 +0.023	90	25	16	0 −0.008	0 −0.011	16	+0.034 +0.023	100	30
					100							110	

续表 7.35

d			d_1(r6)		L	l
基本尺寸	偏　差		基本尺寸	偏　差		
	(h5)	(h6)				
18	0 −0.008	0 −0.011	18	+0.034 +0.023	90	25
					100	
					100	30
					110	
					120	
					110	40
					130	
20	0 −0.009	0 −0.013	20	+0.041 +0.028	100	30
					120	
					120	35
					110	40
					130	
22			22		100	30
					120	
					110	35
					120	
					130	
					110	40
					130	
					130	45
					150	
25			25		110	35
					130	
					130	40
					150	
					130	45
					150	
					150	50
					160	
					180	
28			28		130	40
					150	
					150	45
					170	
					150	50
					160	
					180	
					180	55
					200	
32	0 −0.011	0 −0.016	32	+0.050 +0.034	150	45
					170	

d			d_1(r6)		L	l
基本尺寸	偏　差		基本尺寸	偏　差		
	(h5)	(h6)				
32	0 −0.011	0 −0.016	32	+0.050 +0.034	160	50
					190	
					180	55
					210	
					180	60
					210	
35			35		160	50
					190	
					180	55
					190	
					210	
					190	60
					210	
					200	65
					230	
40			40		180	55
					210	
					190	60
					200	
					210	
					230	
					200	65
					230	
					230	70
					260	
45			45		200	60
					230	
					200	65
					230	
					260	
					230	70
					260	
					260	75
					290	
50			50		200	60
					230	
					220	65
					230	
					240	
					250	
					260	

续表 7.35

d			d_1(r6)		L	l	d			d_1(r6)		L	l
基本尺寸	偏差		基本尺寸	偏差			基本尺寸	偏差		基本尺寸	偏差		
	(h5)	(h6)						(h5)	(h6)				
50	0 −0.011	0 −0.016	50	+0.050 +0.034	270	65	55	0 −0.013	0 −0.019	55	+0.060 +0.041	280	70
					230	70						250	75
					260							280	
					260	75						250	80
					290							270	
					250	80						280	
					270							300	
					280							290	90
					300							320	
55	0 −0.013	0 −0.019	55	+0.060 +0.041	220	65	60			60		250	70
					240							280	
					250							290	90
					270							320	
					250	70							

注:同 A 型导柱

3. 滑动导向导套

(1) A 型导套(GB/T2861.3—2008)见图 7.8 及表 7.36。其中油槽数量及尺寸由制造者确定。

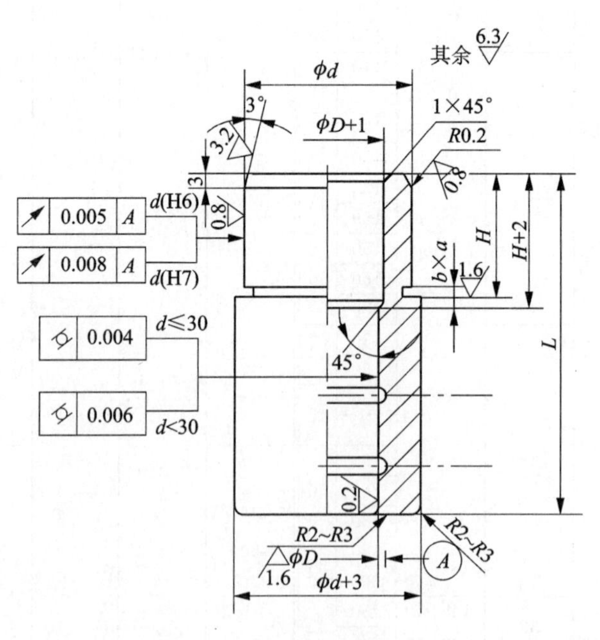

图 7.8 A 型导套

标记示例:直径 d=20 mm,长度 L=70mm,H=28 mm 的 A 型导套:

导套 A20×70×28 GB/T2861.3—2008

表 7.36　A 型导套尺寸

mm

D			*d*(r6)		*L*	*H*
基本尺寸	偏差 (H6)	偏差 (H7)	基本尺寸	偏差		
16	$^{+0.011}_{0}$	$^{+0.018}_{0}$	25	$^{+0.041}_{+0.028}$	60	18
					65	23
18			28		60	18
					65	23
					70	28
20	$^{+0.013}_{0}$	$^{+0.021}_{0}$	32	$^{+0.050}_{+0.034}$	65	23
					70	28
22			35		65	23
					70	28
					80	
					80	33
					85	
25			38		80	28
					80	33
					85	
					90	38
					95	
28			42		85	33
					90	38
					95	
					100	
					110	43
32	$^{+0.016}_{0}$	$^{+0.025}_{0}$	45	$^{+0.050}_{+0.034}$	100	38
					105	43
					110	
					115	48
35			50		105	43
					115	
					115	48
					125	
40			55	$^{+0.060}_{+0.041}$	115	43
					125	48
					140	53
			60		125	48
					140	53
45			60		140	53
					150	58

续表 7.36

D			d(r6)		L	H
基本尺寸	偏　差		基本尺寸	偏　差		
	(H6)	(H7)				
45	+0.016 0	+0.025 0	65	+0.060 +0.041	125	48
50			65		140	53
					150	
					150	58
					160	63
55	+0.019 0	+0.030 0	70	+0.062 +0.043	150	53
					160	58
					160	63
					170	73
60			76		160	58
					170	73

注：1. Ⅰ级精度模架导套采用 DH6，Ⅱ级精度模架导套采用 DH7。

2. 材料由制造者选定，推荐采用 20Cr，GCr15。20Cr 渗碳深度 0.8～1.2mm，硬度 HRC58～62；GCr15 硬度 HRC58～62。

3. 技术条件：按 GB/T2851.3—2008 规定。

(2) B 型导套(GB/T2861.3—2008)见图 7.9 及表 7.37。

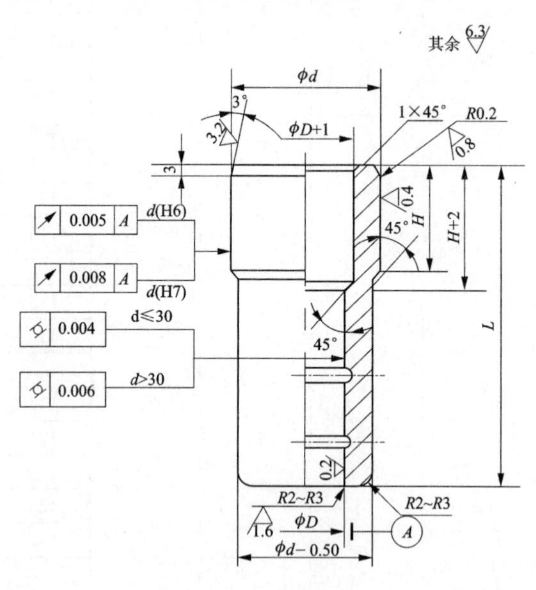

图 7.9　B 型导套

标记示例：直径 d=20 mm，长度 L=70 mm，H=28 mm 的 B 型导套：导套 B20×70×28 GB/T2861.3—2008

表 7.37　B 型导套尺寸

mm

D			*d*(r6)		*L*	*H*
基本尺寸	偏　差		基本尺寸	偏　差		
	(H6)	(H7)				
16	+0.011 0	+0.018 0	25	+0.041 +0.028	40	18
					60	18
					65	23
18			28		40	18
					45	23
					60	18
					66	23
					70	28
20	+0.013 0	+0.021 0	32	+0.050 +0.034	45	23
					50	25
					65	23
					70	28
22			35		50	25
					55	28
					65	23
					70	28
					80	33
					85	38
25			38		55	28
					60	30
					80	33
					85	
					90	38
					95	
28			42		60	30
					65	
					85	33
					90	38
					95	
					100	
					110	43
32	0.016 0	+0.025 0	45		65	30

续表 7.37

D			d(r6)		L	H
基本尺寸	偏　差		基本尺寸	偏　差		
	(H6)	(H7)				
32	+0.016 0	+0.025 0	45	+0.050 +0.034	70	33
					100	38
					105	43
					110	
					115	48
35			50		70	33
					105	43
					115	48
					125	
40			55	+0.060 +0.041	115	43
					125	48
					140	53
45			60		125	48
					140	53
					150	58
50			65		125	48
					140	53
					150	58
					160	63
55	+0.019 0	+0.030 0	70	+0.062 +0.043	150	53
					160	63
					170	73
60			76		160	58
					170	73

注：同A型导套

4. 模　柄

(1) 压入式模柄(JB/T7646.1—2008)见图7.10及表7.38。

标记示例：直径 d=32 mm，长度 L=80 mm的A型压入式模柄：

模柄A　32×80　JB/T7646.1—2008

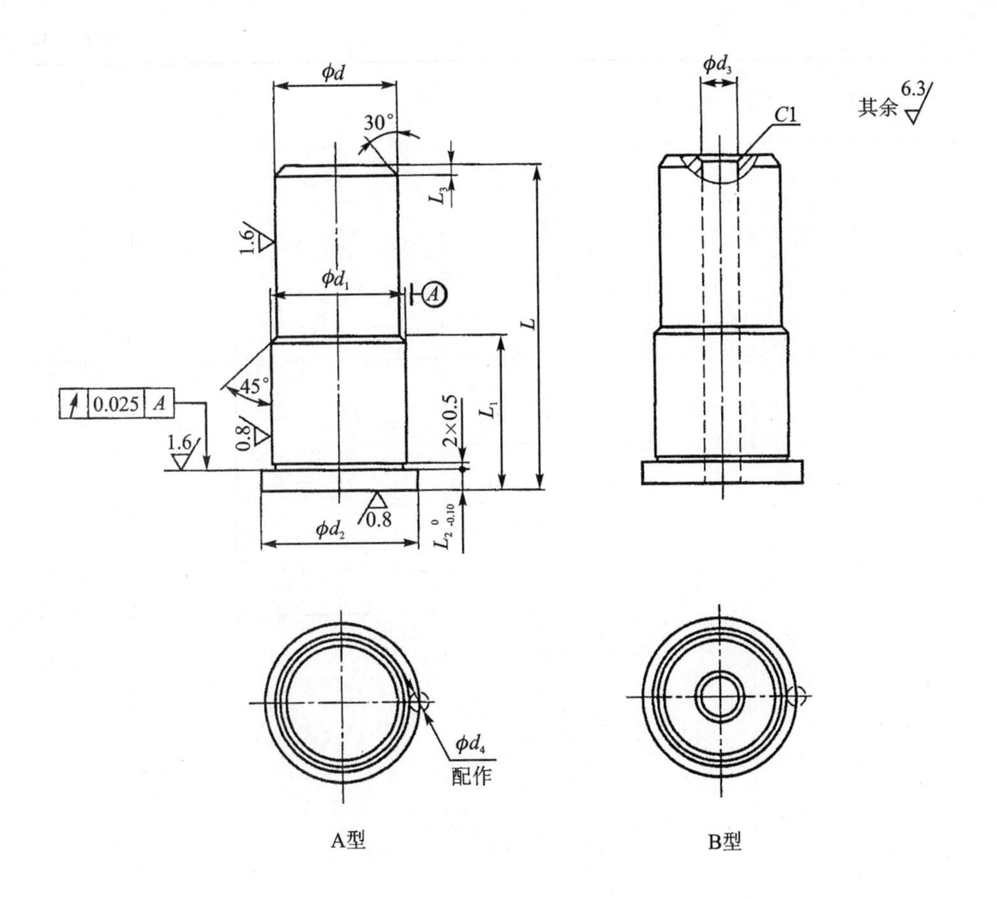

图 7.10　压入式模柄

表 7.38　压入式模柄尺寸

mm

<table>
<tr><th>d
Js10</th><th>d_1
m6</th><th>d_2</th><th>L</th><th>L_1</th><th>L_2</th><th>L_3</th><th>d_3</th><th>d_4
H7</th></tr>
<tr><td rowspan="3">20</td><td rowspan="3">22</td><td rowspan="3">6</td><td>60</td><td>20</td><td rowspan="7">4</td><td rowspan="3">2</td><td rowspan="7">7</td><td rowspan="11">6</td></tr>
<tr><td>65</td><td>25</td></tr>
<tr><td>70</td><td>30</td></tr>
<tr><td rowspan="4">25</td><td rowspan="4">26</td><td rowspan="4">33</td><td>65</td><td>20</td><td rowspan="4">2.5</td></tr>
<tr><td>70</td><td>25</td></tr>
<tr><td>75</td><td>30</td></tr>
<tr><td>80</td><td>35</td></tr>
<tr><td rowspan="4">32</td><td rowspan="4">34</td><td rowspan="4">42</td><td>80</td><td>25</td><td rowspan="4">5</td><td rowspan="4">3</td><td rowspan="4">11</td></tr>
<tr><td>85</td><td>30</td></tr>
<tr><td>90</td><td>35</td></tr>
<tr><td>95</td><td>40</td></tr>
</table>

续表 7.38

d Js10	d_1 m6	d_2	L	L_1	L_2	L_3	d_3	d_4 H7
40	42	50	100	30	6	4	11	6
			105	35				
			110	40				
			115	45				
			120	50				
50	52	61	105	35	8	5	15	8
			110	40				
			115	45				
			120	50				
			125	55				
			130	60				
60	62	71	115	40	8	5	15	8
			120	45				
			125	50				
			130	55				
			135	60				
			140	65				
			145	70				

注:1. 材料由制造者选定,推荐采用 Q235、45 钢。

2. 应符合 JB/T7653 的规定。

(2) 旋入式模柄(GB2862.2—81)见图 7.11 及表 7.39。

标记示例:直径 d=32 mm 的 A 型旋入式模柄:

模柄 A　32　JB/T 7646.2—2008

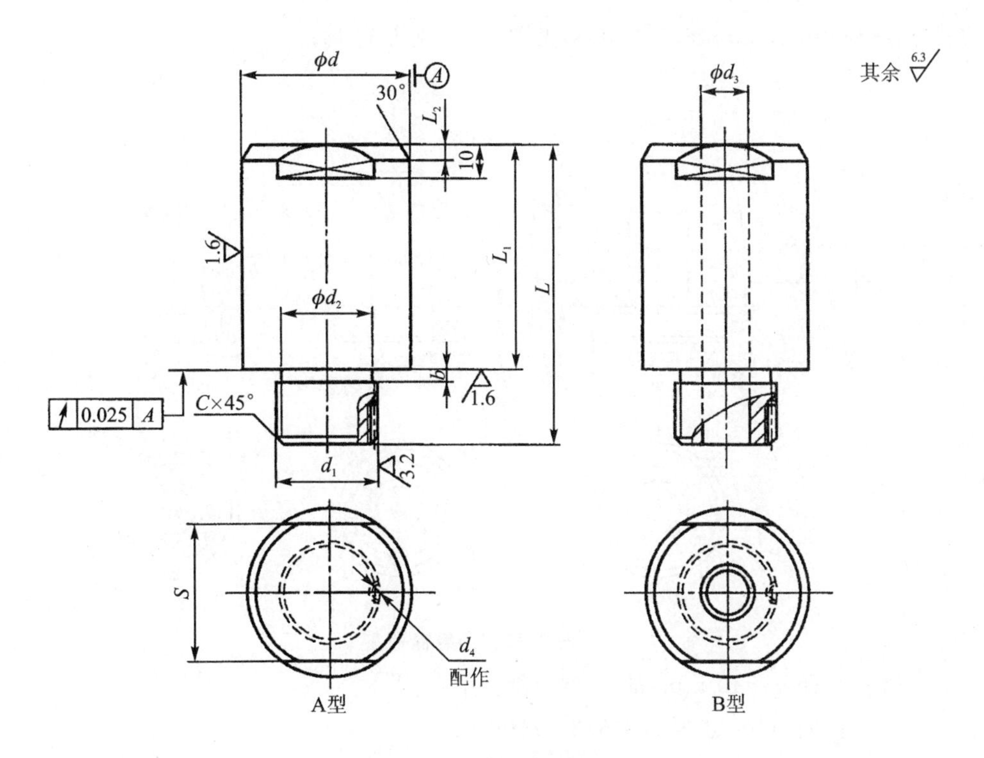

图 7.11　旋入式模柄

表 7.39　旋入式模柄尺寸

mm

<table>
<tr><th>d
js10</th><th>d_1</th><th>L</th><th>L_1</th><th>L_2</th><th>S</th><th>d_2</th><th>d_3</th><th>d_4</th><th>b</th><th>C</th></tr>
<tr><td>20</td><td>M16×1.5</td><td>58</td><td>40</td><td>2</td><td>17</td><td>14.5</td><td rowspan="4">11</td><td rowspan="4">M6</td><td rowspan="2">2.5</td><td rowspan="2">1</td></tr>
<tr><td>25</td><td>M16×1.5</td><td>68</td><td>45</td><td>2.5</td><td>21</td><td>14.5</td></tr>
<tr><td>32</td><td>M20×1.5</td><td>79</td><td>56</td><td>3</td><td>27</td><td>18.0</td><td rowspan="2">3.5</td><td rowspan="2">1.5</td></tr>
<tr><td>40</td><td>M24×1.5</td><td rowspan="2">91</td><td rowspan="2">68</td><td>4</td><td>36</td><td>21.5</td></tr>
<tr><td>50</td><td>M30×1.5</td><td rowspan="2">5</td><td>41</td><td>27.5</td><td rowspan="2">15</td><td rowspan="2">M8</td><td rowspan="2">4.5</td><td rowspan="2">2</td></tr>
<tr><td>60</td><td>M36×1.5</td><td>100</td><td>73</td><td>50</td><td>33.5</td></tr>
</table>

注：1. 材料由制造者选定，推荐采用 Q235、45 钢。

2. 应符合 JB/T7653 的规定。

(3) 凸缘模柄(JB/T7646.3—2008)见图 7.12 及表 7.40。

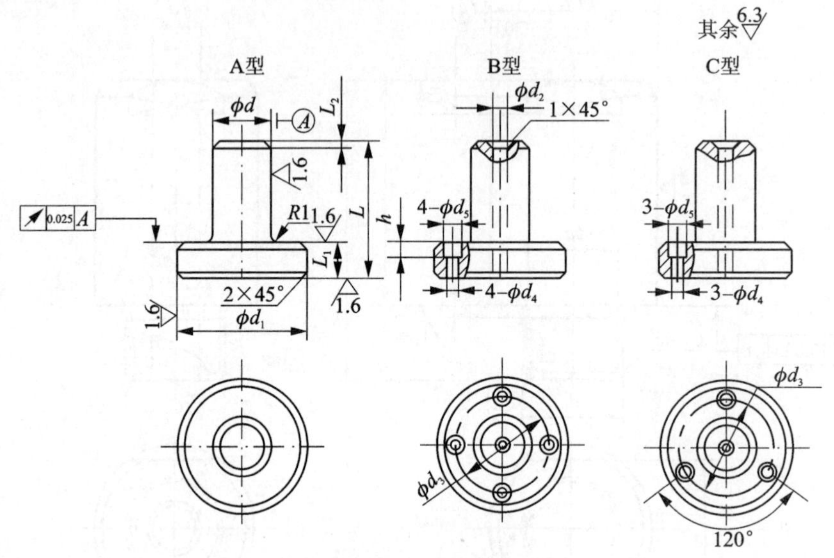

图 7.12　凸缘模柄

标记示例:直径 $d=40$ mm,的 A 型凸缘模柄:

模柄 A40　JB/T7646.3—2008

表 7.40　凸缘模柄尺寸

mm

d js10	d_1	L	L_1	L_2	d_2	d_3	d_4	d_5	h
20	67	58	18	2	11	44	9	14	9
25	82	63		2.5		54			
32	97	79	23	3		65			
40	122	91		4		81			
50	132			5	15	91	11	17	11
60	142	96				101	13	20	13
70	152	100				110			

注:1. 材料由制造者选定,推荐采用 Q235、45 钢。

2. 应符合 JB/T 7653 的规定。

5. 圆凸模

圆柱头缩杆圆凸模(JB/T5826—2008)见图 7.13 及表 7.41。

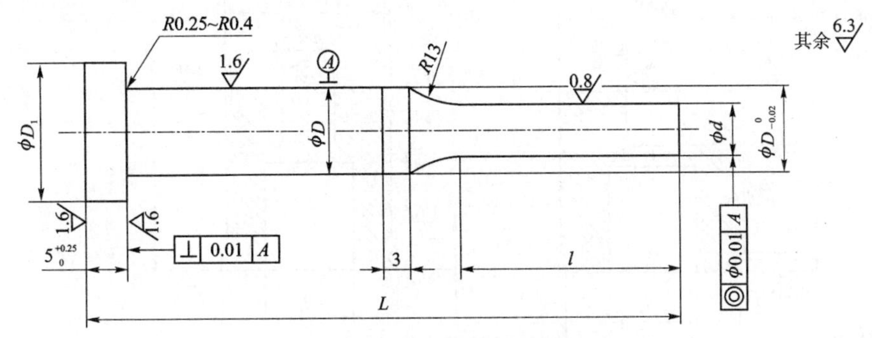

图 7.13　圆柱头缩杆圆凸模

标记示例:直径 D=5 mm、直径 d=2 mm、长度 L=56 mm 的圆柱头缩杆圆凸模:

圆凸模　5×80×56　JB/T5826—2008

表 7.41　圆柱头缩杆圆凸模尺寸

mm

D m5	d		D_1	L
	下限	上限		
5	1	4.9	8	45,50,56,63,71,80,90,100
6	1.6	5.9	9	
8	2.5	7.9	11	
10	4	9.9	13	
13	5	12.9	16	
16	8	15.9	19	
20	12	19.9	24	
25	16.5	24.9	29	
32	20	31.9	36	
36	25	35.9	40	

注:1. 刃口长度 l 由制造者自行选定。

2. 材料由制造者选定,推荐采用 Cr12MoV、Cr12、Cr6WV、CrWMn。

3. 硬度要求:Cr12MoV、Cr12、CrWMn 刃口 HRC58～62,头部固定部分 HRC40～50;Cr6WV 刃口 HRC56～60,头部固定部分 HRC40～50。

4. 其他应符合 JB/T7653 的规定。

6. 圆凹模

圆凹模(JB/T5830—2008)见图 7.14 及表 7.42。

标记示例:直径 D=5 mm、直径 d=1 mm、高度 L=16 mm、刃口高度 l=2 mm 的 A 型圆凹模:

圆凹模 A　5×1×16×2　JB/T5830—2008

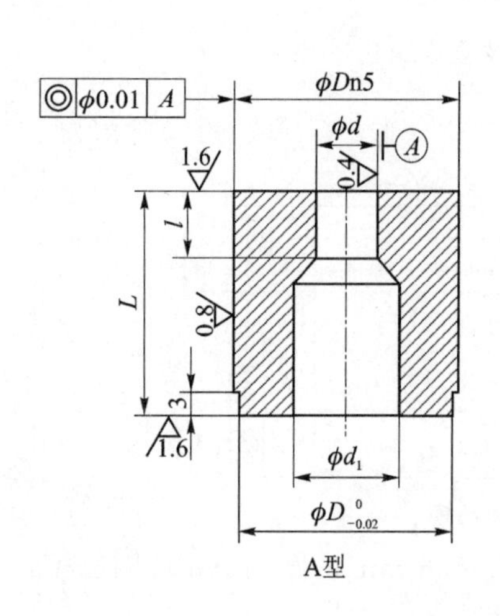

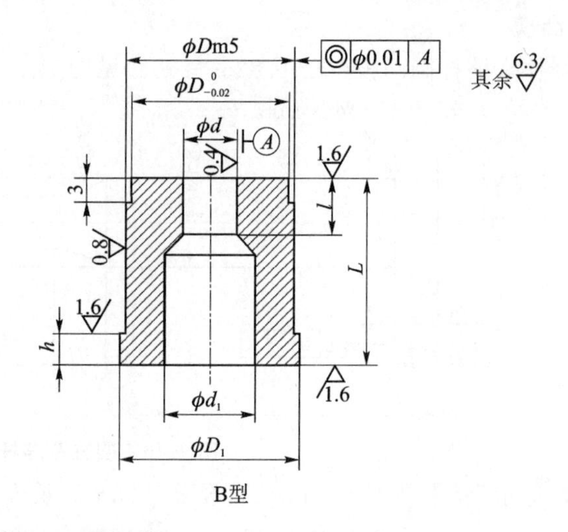

图 7.14　圆凹模

表 7.42　圆凹模尺寸

mm

D	d H8	$L_{0}^{+0.5}$						$D_{1-0.25}^{0}$	$h_{0}^{+0.25}$	l 选择			d_1 max
		12	16	20	25	32	40			min	标准值	max	
5	1,1.1,1.2,…,2.4	×	×	×	×	—	—	8	3	—	2	4	2.8
6	1.6,1.7,1.8,…,3	×	×	×	×	—	—	9	3	—	3	4	3.5
8	2,2.1,2.2,…,3.5	—	—	×	×	×	×	11	3	—	4	5	4.0
10	3,3.1,3.2,…,5	—	—	×	×	×	×	13	3	—	4	8	5.8
13	4,4.1,4.2,…,7.2	—	—	×	×	×	×	16	5	5	5	8	8.0
16	6,6.1,6.2,…,8.8	—	—	×	×	×	×	19	5	5	5	12	9.5
20	7.5,7.6,7.7,…,11.3	—	—	×	×	×	×	24	5	5	8	12	12.0
25	11,11.1,11.2,…,16.6	—	—	×	×	×	×	29	5	5	8	12	17.3
32	15,15.1,15.2,…,20	—	—	×	×	×	×	36	5	5	8	12	20.7
40	18,18.1,18.2,…,27	—	—	×	×	×	×	44	5	5	8	12	27.7
50	26,26.1,26.2,…,36	—	—	×	×	×	×	44	5	5	8	12	37.0

注:1. d 的增量为 0.1 mm。

2. 作为专用的凹模,工作部分可以在 d 的公差范围内加工成锥孔,而上表面具有最小直径。

3. 材料由制造者选定,推荐采用 Cr12MoV、Cr12、Cr6WV、CrWMn。

4. 硬度 HRC58~62。

5. 其他应符合 JB/T7653 的规定。

7. 挡料销

（1）固定挡料销(JB/T7649.10—2008)见图7.15及表7.43。

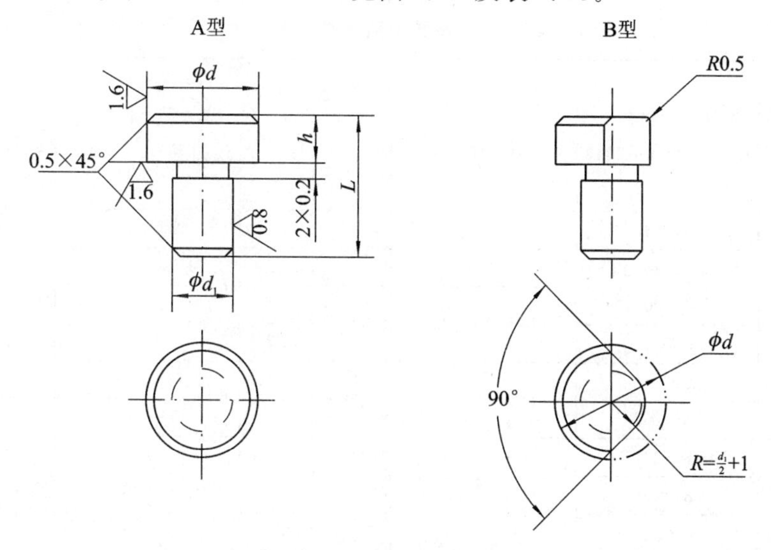

图7.15　固定挡料销

标记示例：直径 $d=8$ mm 的A型固定挡料销：

挡料销　A8　JB/T7649.10—2008

表7.43　固定挡料销尺寸

mm

d(h11)		d_1(m6)		h	L	d(h11)		d_1(m6)		h	L
基本尺寸	极限偏差	基本尺寸	极限偏差			基本尺寸	极限偏差	基本尺寸	极限偏差		
6	0 −0.075	3	+0.012 +0.004	3	8	16	0 −0.110	8	+0.015 +0.006	3	13
8	0 −0.090	4		2	10	20	0 −0.130	10	+0.015 +0.006	4	16
10				3	13	25		12	+0.018 +0.007		20

注：1. 材料：45钢；热处理：硬度HRC 43～48。

2. 技术条件：按JB/T7649.10—2008的规定。

（2）弹簧弹顶挡料装置(JB/T7649.5—2008)见图7.16至图7.17及表7.44至表7.45。

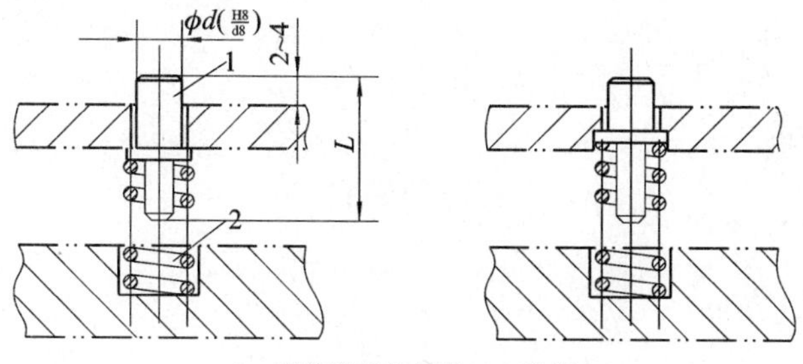

1—弹簧弹顶挡料销；2—弹簧

图7.16　弹簧弹顶挡料装置

标记示例:直径 $d=6$ mm,长度 $L=22$ mm 的弹簧弹顶挡料装置:

　　挡料装置 6×22　JB/T7649.5—2008

表 7.44　弹簧弹顶挡料装置尺寸

mm

基本尺寸		弹簧弹顶挡料销 JB/T7649.5—2008	弹　簧 GB/T2089
d	*L*		
4	18	4×18	0.5×6×20
	20	4×20	
6	20	6×20	0.8×8×20
	22	6×22	
	24	6×24	0.8×8×30
	26	6×26	
8	24	8×24	1×10×30
	26	8×26	
	28	8×28	
	30	8×30	
10	26	10×26	1.6×12×30
	28	10×28	
10	30	10×30	1.6×12×30
	32	10×32	
12	34	12×34	1.6×16×40
	36	12×36	
	40	12×40	
16	36	16×36	2×20×40
	40	16×40	
	50	16×50	
20	50	20×50	
	55	20×55	2×20×50
	60	20×60	

弹簧弹顶挡料销
(规格d×L)

其余 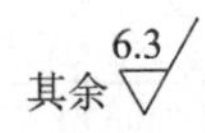

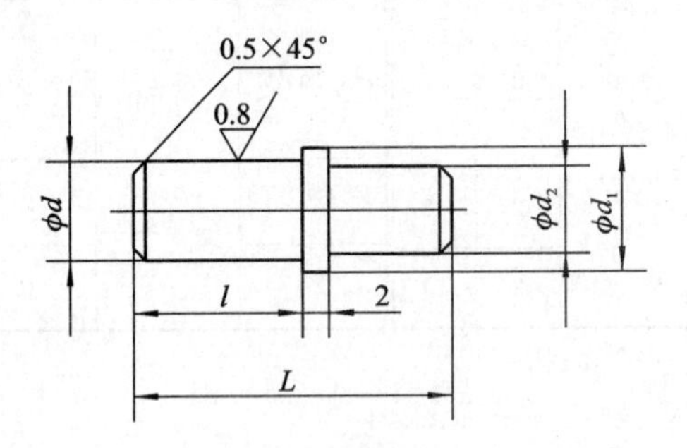

图 7.17　弹簧弹顶挡料销

表 7.45　弹簧弹顶挡料销尺寸

mm

d(d9)		d_1	d_2	l	L
基本尺寸	极限偏差				
4	−0.030 −0.060	6	3.5	10、12	18、20
6		8	5.5	10、12、14、16	20、22、24、26
8	−0.040 −0.076	10	7	12、14、16、18	24、16、28、30
10		12	8	14、16、18、20	26、28、30、32
12	−0.050 −0.093	14	10	22、24、28	34、36、40
16		18	14	24、28、35	36、40、50
20	−0.065 −0.117	23	15	35、40、45	50、55、60

注：1. 材料：45 钢；热处理：硬度 HRC 43～48。

2. 技术条件：按 JB/T 7649.5—2008 的规定。

8. 导正销

(1) A 型导正销(JB/T7647.1—2008)见图 7.18 及表 7.46。

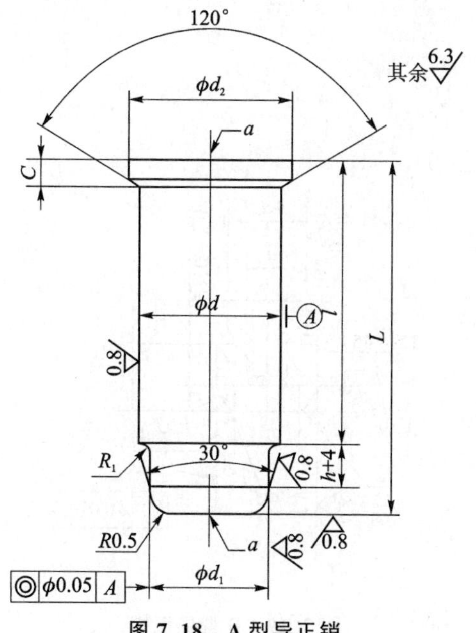

图 7.18　A 型导正销

允许保留中心孔。

标记示例：直径 d=6 mm，直径 d_1=2 mm，长度 L=32 mm 的 A 型导正销：

A 型导正销　6×2×32　JB/T7647.1—2008

表 7.46　A型导正销

mm

<table>
<tr><th>d　h6</th><th>d₁　h6</th><th>d₂</th><th>C</th><th>L</th><th>l</th></tr>
<tr><td>5</td><td>0.99～4.9</td><td>8</td><td rowspan="2">2</td><td>25</td><td>16</td></tr>
<tr><td>6</td><td>1.5～5.9</td><td>9</td><td rowspan="2">32</td><td rowspan="2">20</td></tr>
<tr><td>8</td><td>2.4～7.9</td><td>11</td><td rowspan="4">3</td></tr>
<tr><td>10</td><td>3.9～9.9</td><td>13</td><td rowspan="2">36</td><td rowspan="2">25</td></tr>
<tr><td>13</td><td>4.9～11.9</td><td>16</td></tr>
<tr><td>16</td><td>7.9～15.9</td><td>19</td><td>40</td><td>32</td></tr>
</table>

注:1. h尺寸由设计者决定。

2. 材料由制造者选定,推荐采用45钢。硬度43～48HRC。

3. 应符合JB/T7653的规定。

(2) D型导正销(JB/T7647.4—2008)见图7.19及表7.47。

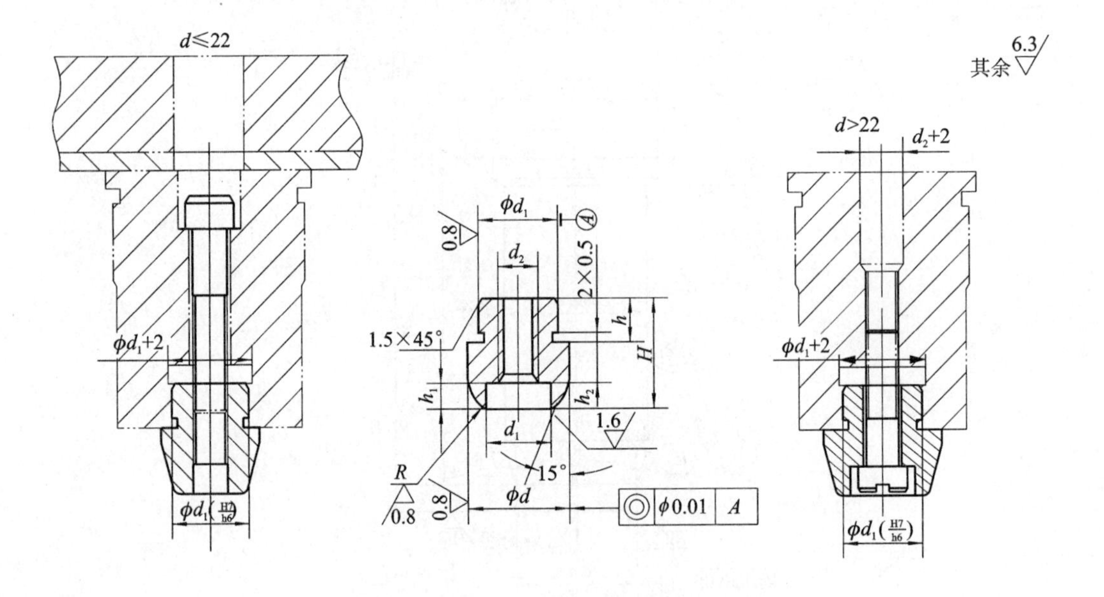

图 7.19　D型导正销

标记示例:直径 d=20 mm,高度 H=16 mm的D型导正销:

导正销　20×16　JB/T7647.4—2008

表 7.47　D 型导正销尺寸

mm

<table>
<tr><td>d(h6)</td><td>d_1(h6)</td><td rowspan="2">d_2</td><td rowspan="2">d_3</td><td rowspan="2">H</td><td rowspan="2">h</td><td rowspan="2">h_1</td><td rowspan="2">R</td></tr>
<tr><td>基本尺寸</td><td>基本尺寸</td></tr>
<tr><td>12～14</td><td>10</td><td>M6</td><td>7</td><td rowspan="2">14</td><td rowspan="3">8</td><td>4</td><td rowspan="4">2</td></tr>
<tr><td>14～18</td><td>12</td><td rowspan="2">M8</td><td rowspan="2">9</td><td rowspan="2">6</td></tr>
<tr><td>18～22</td><td>14</td><td>16</td></tr>
<tr><td>22～26</td><td>16</td><td>M10</td><td>16</td><td>20</td><td rowspan="2">10</td><td>7</td></tr>
<tr><td>26～30</td><td>18</td><td rowspan="3">M12</td><td rowspan="3">19</td><td>22</td><td rowspan="3">8</td><td rowspan="3">3</td></tr>
<tr><td>30～40</td><td>22</td><td>26</td><td rowspan="2">12</td></tr>
<tr><td>40～50</td><td>26</td><td>28</td></tr>
</table>

注：1. h_2 尺寸设计时确定。

2. 材料由制造者选定，推荐采用 9Mn2V。硬度 HRC52～56。

3. 应符合 JB/T7653 的规定。

9. 限位柱

限位柱(JB/T7652.2—2008)见图 7.20 及表 7.48。

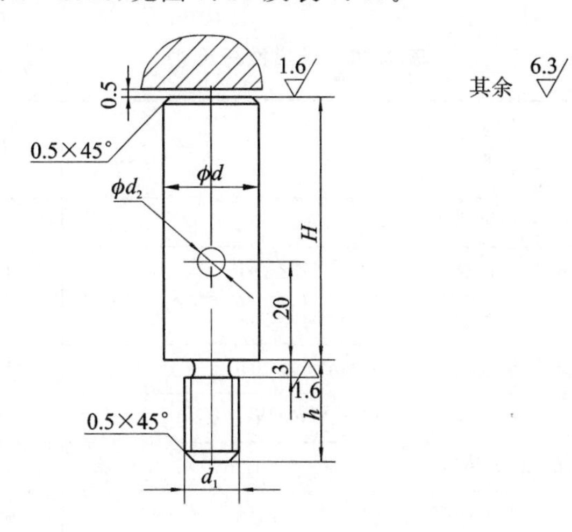

图 7.20　限位柱

标记示例：d=16 mm，H=45 mm 的限位柱：限位柱　16×45　JB/T7652.2—2008

表 7.48　限位柱尺寸

mm

<table>
<tr><td>d</td><td>12</td><td>16</td><td>20</td><td>25</td><td>32</td><td>40</td></tr>
<tr><td>d_1</td><td>M6</td><td>M8</td><td>M10</td><td>M12</td><td>M14</td><td>M18</td></tr>
<tr><td>h</td><td>8</td><td>10</td><td>12</td><td>14</td><td>16</td><td>22</td></tr>
<tr><td>d_2</td><td>5</td><td colspan="5">8</td></tr>
<tr><td>H</td><td colspan="6">按闭合高度确定</td></tr>
</table>

注：1. 材料：45 钢，硬度 HRC43～48。

2. 技术条件：按 JB/T7652.2—2008 的规定。

10. 带肩推杆

带肩推杆(JB/T7650.1—2008)见图7.21及表7.49。

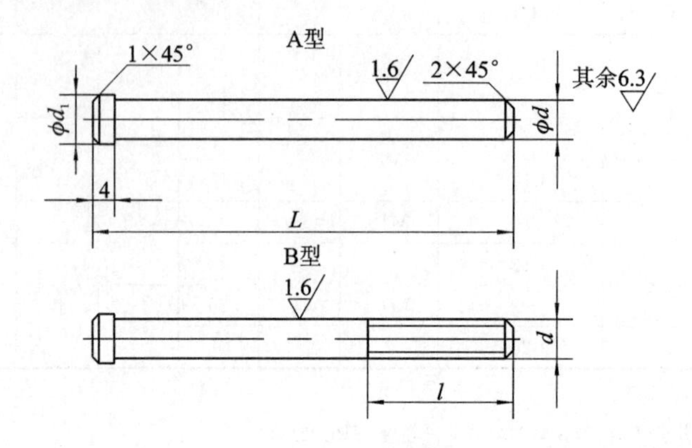

图7.21　带肩推杆

标记示例:直径d=8 mm,长度L=90 mm的A型带肩推杆:推杆　A8×90　JB/T7650.1—2008

表7.49　带肩推杆尺寸

mm

d		L	d_1	l
A型	B型			
6	M6	40~60(间隔5)、60~130(间隔10)	8	20
8	M8	50~70(间隔5)、70~150(间隔10)	10	25($L\geqslant90$)
10	M10	60~80(间隔5)、80~170(间隔10)	13	30($L\geqslant100$)
12	M12	70~90(间隔5)、90~190(间隔10)	15	35($L\geqslant110$)
16	M16	80~160(间隔10)、160~220(间隔20)	20	40($L\geqslant120$)
20	M20	90~160(间隔10)、160~260(间隔20)	24	45($L\geqslant130$)
25	M25	100~160(间隔10)、160~280(间隔20)	30	50($L\geqslant140$)

注:1. 材料:45钢;热处理:硬度HRC 43~48。

2. 技术条件:按JB/T7650.1—2008规定。

11. 顶杆

顶杆(JB/T7650.3—2008)见图7.22及表7.50。

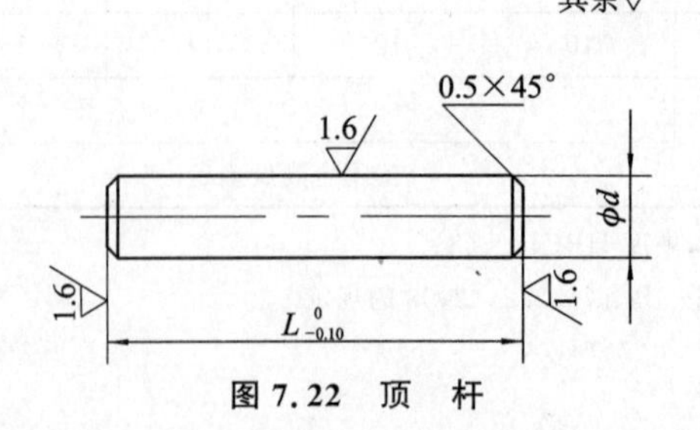

图7.22　顶　杆

标记示例:直径 d=8 mm,长度 L=40 mm 的顶杆:顶杆　8×40　JB/T7650.3—2008

表 7.50　顶杆尺寸

mm

d(c11)		L	d(b11)		L
基本尺寸	极限偏差		基本尺寸	极限偏差	
4	−0.070 −0.145	15～30(间隔 5)	12	−0.150 −0.260	35～100(间隔 5)
6		20～45(间隔 5)	16		50～130(间隔 5)
8	−0.080 −0.170	25～60(间隔 5)	20	−0.160 −0.290	60～160 (间隔 5)
10		30～75(间隔 5)			

注:1. 材料:45 钢;热处理:硬度 HRC 43～48。

2. 技术条件:按 JB/T7650.3—2008 的规定。

12. 顶板

顶板(JB/T7650.4—2008)见图 7.23 及表 7.51。

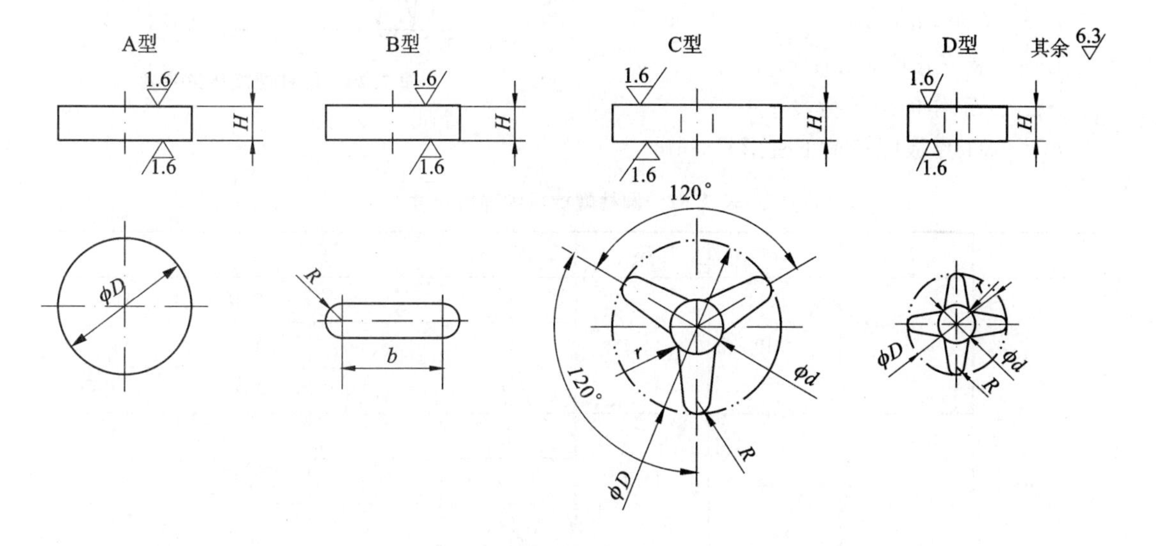

图 7.23　顶　板

标记示例:直径 D=40 mm 的 A 型顶板:顶板　A40　JB/T7650.4—2008

表 7.51　顶板尺寸

mm

D	20	25	32	35	40	50	63	71	80	90	100	125	160	200
d		15	16	18	20	25	25	30	30	32	35	42	55	70
R		4	4	4	5	5	6	6	6	8	8	9	11	12
r		3	3	3	4	4	5	5	5	6	6	7	8	9
H	4	4	5	5	6	6	7	7	9	9	12	12	6	8
b	8	8	8	8	10	10	12	12	12	16	16	18	22	24

注:1. 材料:45 钢;热处理:硬度 HRC 43～48。

2. 技术条件:按 JB/T7650.4—2008 的规定。

13. 弹簧

圆柱螺旋压缩弹簧(GB/T 2861.6—2008)见图7.24及表7.52。

冲模中常用的圆柱螺旋压缩弹簧(表7.52)是用60Si2MnA、60Si2Mn或碳素弹簧钢丝卷制而成的,热处理硬度为HRC 43～48,弹簧两端面压紧1.5圈并磨平。

标记示例:$d=1.6$,$D=22$,$h_0=72$的圆柱螺旋压缩弹簧:

弹簧　1.6×22×72　GB/T2861.6—2008

D——弹簧中径,mm;

h_0——弹簧自由长度,mm;

d——簧丝直径,mm;

n——有效圈数;

t——节距,mm;

L——展开长度,mm;

F_j——工作极限负荷,N;

h_j——工作极限负荷下变形量,mm。

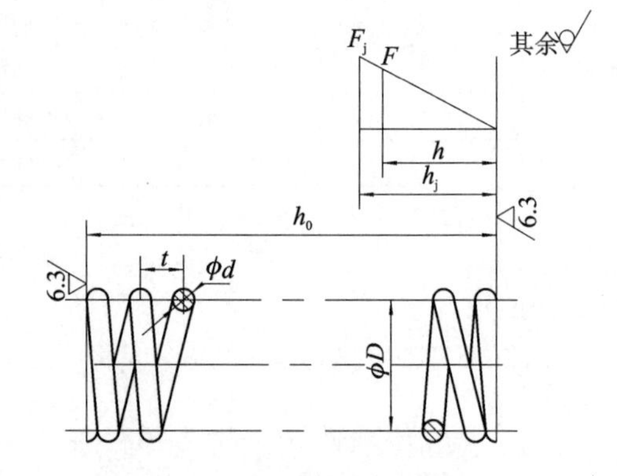

图7.24　圆柱螺旋压缩弹簧

表7.52　圆柱螺旋压缩弹簧尺寸

mm

d	D	t	F_j	h_0	n	h_j	L
0.5	3	1.19	14.4	6	4	2.48	56.5
				9	6.5	4.04	80.1
				11	8.5	5.28	99
	4	1.81	11.4	7	3	3.50	62.8
				10	4.5	5.25	81.7
				13	6.5	7.59	107
	6	3.61	8.04	10	2.5	6.95	84.8
				16	1	11.1	113
				22	5.5	15.3	141
0.8	4	1.52	41.2	6	3	1.93	62.8
				9	4.5	2.90	81.7
				12	6.5	4.19	107
	6	2.58	30.1	8	2.5	3.97	84.8
				13	4.5	7.14	123
				22	7.5	11.9	179
	10	6.1	19.4	17	2.5	11.8	141
				28	4	18.9	180
				35	5.5	26.0	236

续表 7.52

d	D	t	F_j	h_0	n	h_j	L
1	4.5	1.68	66.2	7	3	1.81	70.7
				11	5.5	3.32	120
				16	8.5	5.13	148
	10	4.94	35.2	14	2.5	8.79	141
				22	4	14.1	189
				35	6.5	22.9	267
	14	9.02	26.1	25	2.5	17.9	198
				32	3.5	25.1	242
				42	4.5	32.2	286
1.6	8	2.81	142	10	2.5	2.77	113
				18	5.5	6.10	189
				28	8.5	9.42	264
	10	3.65	120	12	2.5	4.57	141
				25	5.5	10.1	236
				35	8.5	15.5	330
	22	12.8	61.3	35	2.5	24.9	311
				55	4	39.8	415
				75	5.5	54.8	518
2	12	4.28	188	14	2.5	5.08	170
				28	5.5	11.2	283
				40	8.5	17.3	396
	18	7.52	135	22	2.5	12.3	254
				38	4.5	22.2	368
				60	7.5	37.0	537
	25	13.1	101	38	2.5	24.8	353
				58	4	39.6	471
				90	6.5	64.4	668
2.5	28	16.1	91.7	45	2.5	31.4	396
				70	4	50.3	538
				95	5.5	69.2	660
	22	8.52	197	25	2.5	13.4	311
				52	5.5	29.6	518
				80	8.5	45.7	726
	32	15.9	142	45	2.5	29.8	452
				70	4	47.8	603
				95	5.5	65.7	754

续表 7.52

d	D	t	F_j	h_0	n	h_j	L
3	18	6.13	388	25	3	8.38	283
				35	4.5	12.6	368
				45	6.5	18.2	481
	30	12.5	255	50	3.5	29.7	518
				65	4.5	38.2	613
				90	6.5	55.2	801
	35	16.2	223	55	3	35.3	550
				70	4	47.1	660
				95	5.5	64.8	825
3.5	18	5.93	557	25	3	6.50	283
				32	4.5	9.75	368
				50	7.5	16.2	537
	28	9.95	394	40	3.5	20.2	484
				60	5.5	31.7	660
				80	7.5	43.2	836
	38	15.9	303	55	3	33.3	597
				80	4.5	49.9	776
				110	6.5	72.1	1015
4	22	7.12	670	28	3	8.36	346
				38	4.5	12.5	449
				60	7.5	20.9	657
	35	12.3	461	45	3	23.2	550
				58	4	30.9	660
				90	6.5	58.0	1054
	45	18.8	371	65	3	39.7	707
				95	4.5	59.5	919
				130	6.5	85.9	1202
4.5	25	7.85	786	35	3.5	10.5	432
				50	5.5	16.5	589
				75	8.5	25.4	825
	32	10.3	647	45	3.5	18.1	552
				65	5.5	28.5	754
				90	7.5	38.8	955
	50	19.6	444	70	3	40.6	785
				100	4.5	60.8	1021
				160	7.5	101	1492

续表 7.52

d	D	t	F_j	h_0	n	h_j	L
5	28	8.79	964	40	3.5	11.9	484
				58	5.5	18.6	660
				85	8.5	28.8	924
	38	12.4	757	52	3.5	23.3	657
				80	5.5	36.6	895
				120	8.5	56.5	1254
	55	21.5	552	75	3	44.1	864
				110	4.5	66.2	1123
				170	7.5	110	1642
6	32	9.93	1390	40	3	10.5	503
				65	5.5	19.3	754
				95	8.5	29.8	1 056
	50	16.5	974	60	3	28.2	785
				85	4.5	42.3	1 021
				140	7.5	70.4	1 192
	65	24.5	777	85	3	49.4	1 021
				120	4.5	74.1	1 327
				200	7.5	124	1 910
8	35	11.1	2 630	48	3	8.27	550
				65	4.5	12.4	825
				100	7.5	20.7	1 045
	45	13.5	2 200	55	3	14.7	707
				90	5.5	26.9	1 060
				130	8.5	41.5	1 484
	60	18.3	1 750	70	3	27.7	942
				115	5.5	50.7	1 414
				170	8.5	78.4	1 979
	85	29.9	1 300	105	3	58.5	1 335
				150	4.5	87.8	1 736
				240	7.5	146	2 537
10	45	15.3	5 170	58	3	14.1	636
				80	4.5	21.2	848
				130	7.5	35.3	1 272
	60	20.1	4 180	75	3	27.1	848
				105	4.5	40.6	1 131
				170	7.5	67.7	1 697

续表 7.52

d	D	t	F_j	h_0	n	h_j	L
10	75	26.5	3 500	90	3	44.3	1 060
				140	4.5	66.4	1 414
				220	7.5	111	2 121
	95	37.5	2 870	130	3	73.7	1 343
				190	4.5	111	1 791
				300	7.5	184	2 686

14. 冷冲压模具常用螺钉、销钉及螺孔尺寸

(1) 冷冲压模具常用螺钉:

① 圆柱头内六角卸料板螺钉(JB/T7650.6—2008)见图7.25及表7.53。

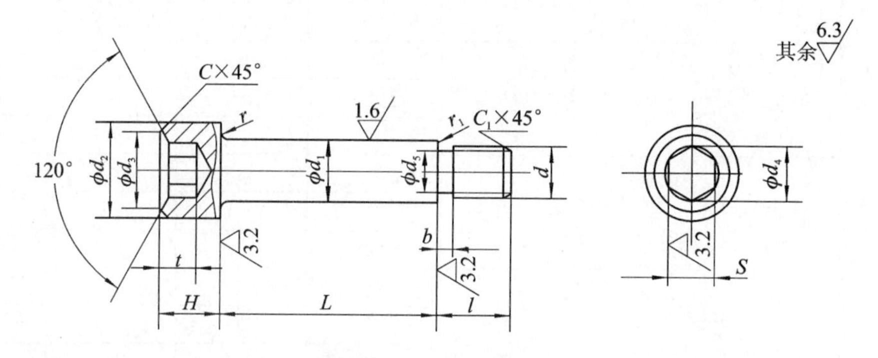

图 7.25 卸料螺钉

标记示例:直径 d=M10 mm,长度 L=40 mm的圆柱头内六角卸料螺钉:

卸料板螺钉 M10×40 JB/T7650.6—2008

表 7.53 卸料板螺钉尺寸

mm

d	d_1	l	d_2	H	t	S	d_3	d_4	r≤	r_1≤	b	d_5	C	C_1	L
M6	8	7	12.5	8	4	5	7.5	5.7	0.4	0.5	2	4.5	1	0.3	35~70(间隔5)
M8	10	8	15	10	5	6	9.8	6.9	0.4	0.5	2	6.2	1.2	0.5	40~70(间隔5),80
M10	12	10	18	12	6	8	12	9.2	0.6	1	3	7.8	1.5	0.5	45~70(间隔5),80~100(间隔10)
M12	16	14	24	16	8	10	14.5	11.4	0.6	1	4	9.5	1.8	0.5	65,70~100(间隔10)
M16	20	20	30	20	10	14	17	16	0.8	1.2	4	13	2	1	90~150(间隔10)
M20	24	26	36	24	12	17	20.5	19.5	1	1.5	4	16.5	2.5	1	80~160(间隔10),180,200

注:1. 材料:45钢;热处理:硬度HRC 35~40。

2. 技术条件:按JB/T7650.6—2008的规定。

② 螺钉(GB/T70.1—2000)见图7.26及表7.54。

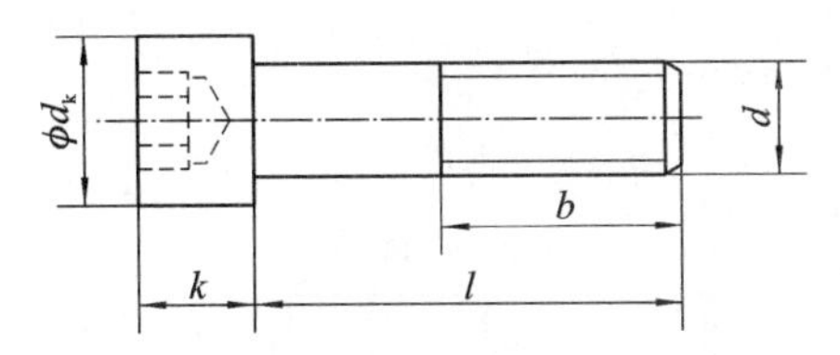

图 7.26　螺　钉

标记示例：M 为 10，L 为 40 的螺钉：螺钉　M10×40　GB/T70.1—2000

表 7.54　螺钉尺寸

mm

d	M6	M8	M10	M12	(M14)	M16	M20	M24
d_k	10	13	16	18	21	24	30	36
K	6	8	10	12	14	16	20	24
b	24	28	32	36	40	44	52	60
l								
10	▲							
12	▲	▲						
(16)	▲	▲	▲					
20	▲	▲	▲	▲				
25	▲	▲	▲	▲	▲	▲		
30	▲	▲	▲	▲	▲	▲	▲	
35	▲	▲	▲	▲	▲	▲	▲	
40	▲	▲	▲	▲	▲	▲	▲	▲
45	▲	▲	▲	▲	▲	▲	▲	▲
50	▲	▲	▲	▲	▲	▲	▲	▲
(55)	▲	▲	▲	▲	▲	▲	▲	▲
60	▲	▲	▲	▲	▲	▲	▲	▲
(65)		▲	▲	▲	▲	▲	▲	▲
70		▲	▲	▲	▲	▲	▲	▲
80		▲	▲	▲	▲	▲	▲	▲
90			▲	▲	▲	▲	▲	▲
100			▲	▲	▲	▲	▲	▲
110				▲	▲	▲	▲	▲
120				▲	▲	▲	▲	▲
130					▲	▲	▲	▲
140					▲	▲	▲	▲
150						▲	▲	▲
160						▲	▲	▲
180							▲	▲
200							▲	▲
允许最大负荷		240	390	570	800	1 100	1 700	2 470

注：括号内尺寸尽可能不采用。

③ 紧定螺钉(GB73—85)见图 7.27 及表 7.55。

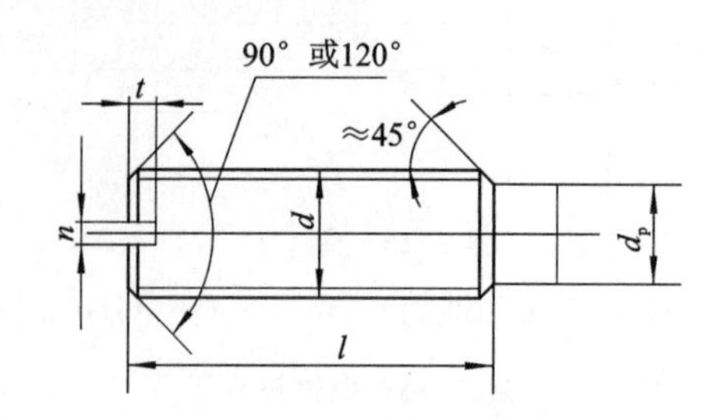

图 7.27 紧定螺钉

标记示例:M 为 2,l 为 6 的紧定螺钉:

紧定螺钉 M2×6 GB73—85

表 7.55 紧定螺钉尺寸

mm

d	M1.2	M1.6	M2	M2.5	M3	M4	M5	M6	M8	M10	M12
n	0.2	0.25		0.4		0.6	0.8	1	1.2	2.6	2
t	0.5	0.7	0.8	1	1.1	1.4	1.6	2	2.5	3	3.6
d_p	0.6	0.8	1	1.5	2	2.5	3.5	4	5.5	7	8.5
2	▲	▲	▲								
2.5	▲	▲	▲	▲							
3	▲	▲	▲	▲	▲						
4	▲	▲	▲	▲	▲	▲					
5	▲	▲	▲	▲	▲	▲	▲				
6	▲	▲	▲	▲	▲	▲	▲	▲			
8		▲	▲	▲	▲	▲	▲	▲	▲		
10			▲	▲	▲	▲	▲	▲	▲	▲	
12				▲	▲	▲	▲	▲	▲	▲	▲
16					▲	▲	▲	▲	▲	▲	▲
20						▲	▲	▲	▲	▲	▲
25							▲	▲	▲	▲	▲
30								▲	▲	▲	▲
35									▲	▲	▲
40									▲	▲	▲
45										▲	▲
50										▲	▲
60											▲

(2) 冷冲压模具常用销钉(GB/T119.2—2000)见图 7.28 及表 7.56。

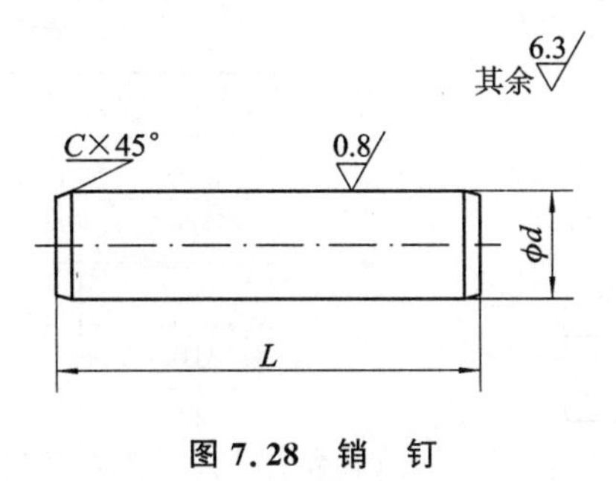

图 7.28　销　钉

标记示例:直径 10 mm,直径偏差为 $m6$、长 100 mm,材料为 35 钢、热处理硬度 HRC 28～38 不经表面处理的圆柱销:销　10×100　GB/T119.2—2000

表 7.56　销钉尺寸

mm

d	2	2.5	3	4	5	6	8	10	12	16
c	0.3	0.5			1			1.5		
L 的范围	4～40	5～50	6～60	6～60	8～80	8～100	10～140	12～180	16～220	20～260
L 的系列	5,6,8,10,12,14,16,18,20,22,25,28,30,32,35,38,40,45,50,55,60～160(间隔 10),180,200,220,240,260,280									

注:材料 A3,35,45。

(3) 冷冲压模具上有关螺钉、销钉过孔要求:

① 卸料螺钉过孔要求见图 7.29 及表 7.57。

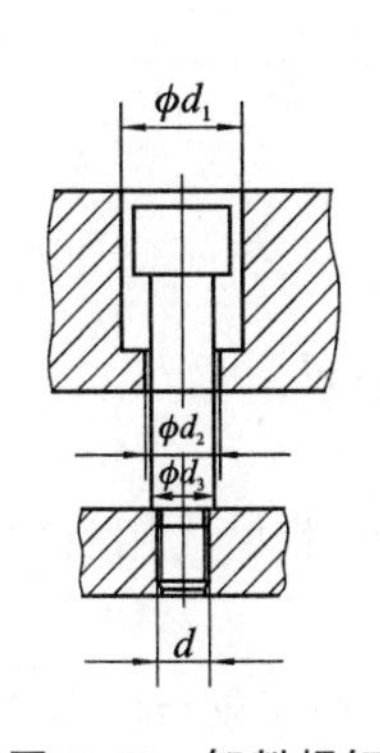

图 7.29　卸料螺钉

表 7.57　卸料螺钉过孔尺寸

mm

d	d_1	d_2	d_3
M6	14	8.5	8
M8	16	10.5	10
M10	20	13	12
M12	26	15	14
M16	32	21	20
M20	38	25	24

② 螺钉过孔要求见图7.30及表7.58。

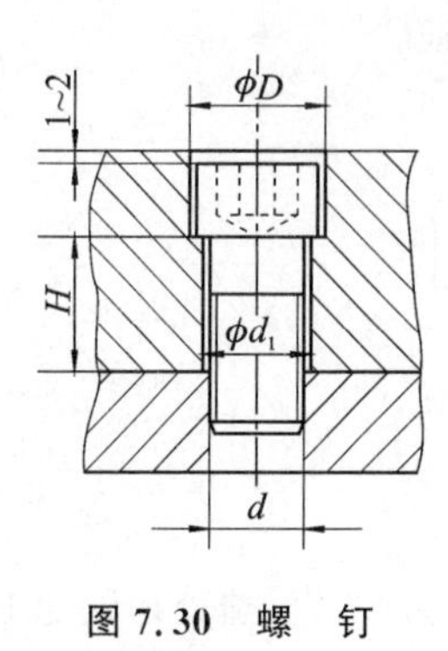

图7.30 螺 钉

表7.58 螺钉过孔尺寸

mm

d	D	d_1	H
M6	11	7	3～25
M8	13.5	9	4～35
M10	16.5	11.5	5～45
M12	19.5	13.5	6～55
M16	25.5	17.5	8～75
M20	31.5	21.5	10～85
M24	37.5	25.5	12～95

③ 销钉过孔要求见图7.31及表7.59。

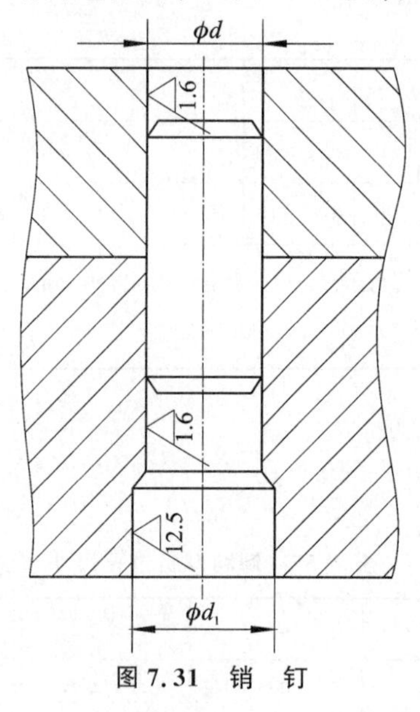

图7.31 销 钉

表7.59 销钉过孔尺寸

mm

d	d_1
3	3.5
4	4.5
6	6.5
8	8.5
10	10.5
12	12.5
16	16.5
20	20.5

④ 螺钉、销钉拧入被连接件的最小深度见图7.32。

螺钉:对于钢 $H_1=1.5d_1$　　对于铸铁 $H_1=2d_1$　　销钉:$H_2=2d_2$

15. 冷冲模零件技术条件(摘要GB2870—81)

(1) 零件的材料除按有关零件标准规定使用材料外,允许代用,但代用材料的力学性能不得低于原规定的材料。

(2) 零件图上未注公差尺寸的极限偏差按GB1804—79《公差与配合、未注公差尺寸的极限偏差》规定的IT14级精度。孔尺寸为H14、轴尺寸为h14、长度尺寸为Js14。

(3) 零件图上未注明的倒角尺寸,除刃口外所有锐边和锐角均应倒角或倒圆,视零件大小,倒角尺寸为0.5×45°～2×45°,倒圆尺寸为R0.5～1 mm。

(4) 零件图上未注明的铸造圆角半径为R3～5 mm。

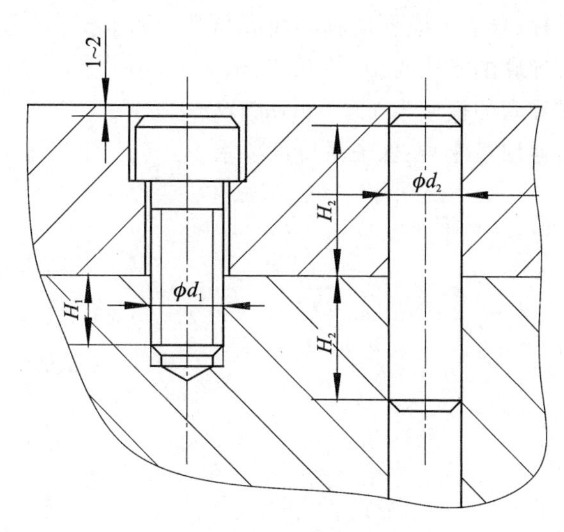

图 7.32　螺钉、销钉

(5) 所有模座、凹模板、模板、垫板及单凸模固定板和单凸模垫板等零件图上标明的平行度的值按表 7.60 的规定。

表 7.60　平行度的值

mm

基本尺寸			40～63	63～100	100～160	160～250	250～400	400～630	630～1 000	1 000～1 600
公差等级	4	平行度	0.008	0.010	0.012	0.015	0.020	0.025	0.030	0.040
	5		0.012	0.015	0.020	0.025	0.030	0.040	0.050	0.060

注：1. 基本尺寸是指被测表面的最大长度尺寸或最大宽度尺寸；

2. 公差等级按 GB1184—80《形状和位置公差未注公差的规定》；

3. 滚动导向模架的模座平行度公差采用公差等级 4 级；

4. 其它模座和板的平行度公差采用公差等级 5 级。

(6) 矩形凹模板、矩形模板等零件图上标明的垂直度的值按表 7.61 的规定。在保证垂直度要求下其表面粗糙度允许提高为 $R_a 1.6\ \mu m$。

表 7.61　垂直度的值

mm

基本尺寸	40～63	63～100	100～160	160～250
垂直度	0.012	0.015	0.020	0.025

注：1. 基本尺寸是指被测零件的短边长度；

2. 公差等级按 GB1184—80《形状和位置公差未注公差的规定》5 级。

(7) 各种模柄(包括带柄上模座)等零件图上标明的圆跳动的值按表 7.62 的规定。

表 7.62　圆跳动的值

mm

基本尺寸	18～20	30～50	50～120	120～250
圆跳动	0.025	0.030	0.040	0.050

注：1. 基本尺寸是指模柄(包括带柄上模座)零件图上标明的被测部位的最大尺寸；

2. 公差等级按 GB1184—80《形状和位置公差未注公差的规定》8 级。

(8) 上、下模座的导柱、导套安装孔的轴心线应与基准面垂直、其垂直度公差按如下规定：

- 安装滑动导柱或导套的模座为100∶0.01 mm；
- 安装滚动导柱或导套的模座为100∶0.005 mm。

(9) 各种模座(包括通用模座)在保证平行度要求下，其上、下二平面的表面粗糙度允许提高为R_a1.6 μm。

第8章　冷冲压模具制造

8.1　冷冲压模具制造的基本要求、特点及过程

一、冷冲压模具制造的基本要求

在模具生产中，除了正确进行模具结构设计外，还必须以先进的模具制造技术作为保证。制造模具时，应满足如下几项基本要求。

1. 制造精度高

模具的精度主要是由模具零部件精度和模具装配结构的要求来决定。为了保证工件精度，模具工作部分的精度通常要比工件精度高2～4级；模具结构对上、下模之间的配合有较高要求，因此组成模具的零部件都必须有足够高的制造精度。

2. 使用寿命长

模具是比较昂贵的工艺装备，其使用寿命长短直接影响工件成本的高低。因此，除了小批量生产和新品试制等特殊情况外，一般都要求模具有较长的使用寿命。

3. 制造周期短

模具制造周期的长短主要取决于制模技术和生产管理水平的高低。为了满足生产需要，提高工件竞争能力，必须在保证质量的前提下尽量缩短模具制造周期。

4. 制造成本低

模具制造成本与模具结构的复杂程度、模具材料、制造精度要求及加工方法等有关，必须根据工件要求合理设计模具和制订其加工工艺，以尽量降低成本。

上述四项基本要求是相互关联、相互影响，片面追求模具制造精度和使用寿命必然会导致制造成本的增加。当然，只顾降低成本和缩短制造周期而忽视模具制造精度和使用寿命的做法也是不可取的。在设计与制造模具时，应根据实际情况作全面考虑，即在保证工件质量的前提下，选择与工件生产量相适应的模具结构和制造方法，使模具成本降到最低。

二、模具制造的特点

模具制造属于机械制造范畴，但与一般机械制造相比，它具有许多特点。

1. 单件生产

用模具成形工件时，每种模具一般只生产1～2套。每制造一套新的模具，都必须从设计重新开始，制造周期比较长。

2. 制造质量要求高

模具制造不仅要求加工精度高，而且还要求加工表面质量好。一般来说，模具工作部分制造公差应控制在±0.01 mm左右；工作部分的表面粗糙度R_a小于0.8 μm。

3. 形状复杂

模具的工作部分一般都是二维或三维复杂曲面,而不是一般的简单几何体。

4. 材料硬度高

模具实际上相当于一种机械加工工具,硬度要求高,一般采用淬火工具钢或硬质合金等材料,采用传统的机械加工方法制造有时十分困难。

三、模具制造的工艺过程

模具制造的工艺过程如图 8.1 所示,首先根据工件零件图或实物进行工艺分析及估算,然后进行模具设计、零部件加工、装配调整、试模,直到生产出符合要求的工件。

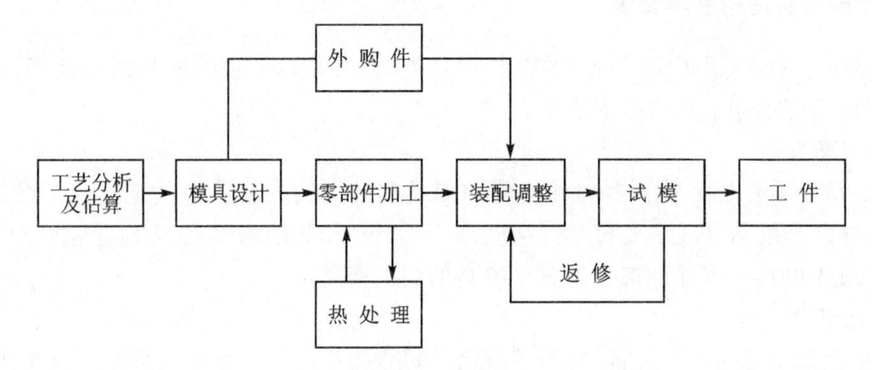

图 8.1　模具制造的工艺过程

1. 工艺分析及估算

(1) 分析指定工件的形状、尺寸、材料、产量、热处理和表面处理要求以及其他技术条件,判断指定工件是否符合工艺要求。

(2) 拟定各种可能的工艺方案,结合必要的工艺计算(展开料、各种成形系数等),选择一个最合理的方案。

(3) 根据所选定的工艺方案,进行详细的工艺计算(条料的排样及宽度、凸模和凹模的刃口尺寸等)。

(4) 在接受模具制造的委托时,首先确定模具套数、模具结构及主要加工方法,然后估算模具费用及交货期等。

2. 模具设计

经过认真的工艺分析后,开始进行模具设计。在设计过程中,应注意考虑工人的劳动条件,模具的工艺性、经济性、使用及维修等问题。

(1) 设计过程中的有关计算

① 计算:冲压力、功率、弹簧、压力中心,判断是否使用压边圈,进行强度验算等。

② 模具基本工作部分(凸模、凹模、凸凹模)设计。

③ 模座形式与尺寸的选择,导柱和导套等模具零件的选择。

④ 根据模具所需的力和功率、模座尺寸、模具工作时开启和闭合高度、行程要求等因素,选择合适的压力机。

⑤ 根据所选的压力机规格选择模柄。

⑥ 辅助工作部分(送料、卸料、推件、顶件装置等)设计。

⑦ 定位连接件(螺钉、销钉等)的选择。

(2) 装配图设计

模具设计方案及结构确定后,结合上述的有关计算绘制模具装配图。

(3) 零件图设计

根据装配图拆绘零件图,使其满足装配关系和工作要求,并注明尺寸、公差、表面粗糙度等技术要求。

3. 零件加工

每个需要加工的零件都必须按照图样制定其加工工艺,然后分别进行毛坯准备、粗加工、半精加工、热处理及精加工或修研、抛光等加工工序。

4. 装配调整

装配就是将加工好的零部件组合在一起构成一套完整的模具。除紧固定位用的螺钉和销钉外,一般零件在装配调整过程中仍需一定的机械加工或人工修整。

5. 试　模

装配调整好的模具,需要安装到机器设备上进行试模。检查模具在运行过程中是否正常,所得到的工件是否符合要求。如有不符合要求的则必须拆下模具加以修正,然后再次试模,直到能够完全正常运行并能加工出合格的工件。

8.2　冷冲压模具零件的主要加工方法

8.2.1　标准模架制造

模架的主要作用是用于安装模具的其他零件,并保证模具的工作部分在工作时具有正确的相对位置,其结构尺寸已标准化(GB/T 2851—2008)。图 8.2 是常见的滑动导向模架,尽管其结构各不相同,但它们的主要组成零件上模座、下模座都是平板形状(故又称上模板、下模板),模架的加工主要是进行平面及孔系加工。模架中的导套和导柱是机械加工中常见的套类和轴类零件,主要是进行内、外圆柱表面的加工。本节仅以后侧导柱的模架为例讨论模架组成零件的加工工艺。

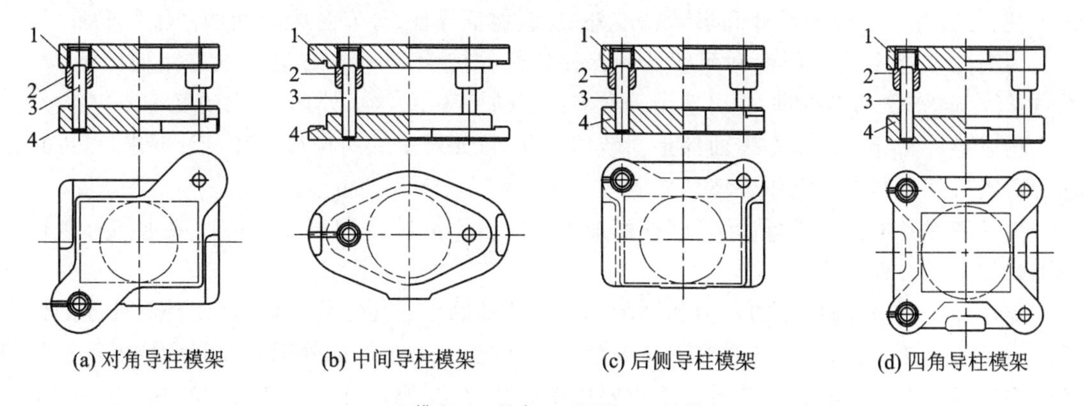

(a) 对角导柱模架　(b) 中间导柱模架　(c) 后侧导柱模架　(d) 四角导柱模架

1—上模座;2—导套;3—导柱;4—下模座

图 8.2　冷冲压模具模架

一、导柱和导套的加工

图 8.3 分别为冷冲压模具的标准导柱和导套。

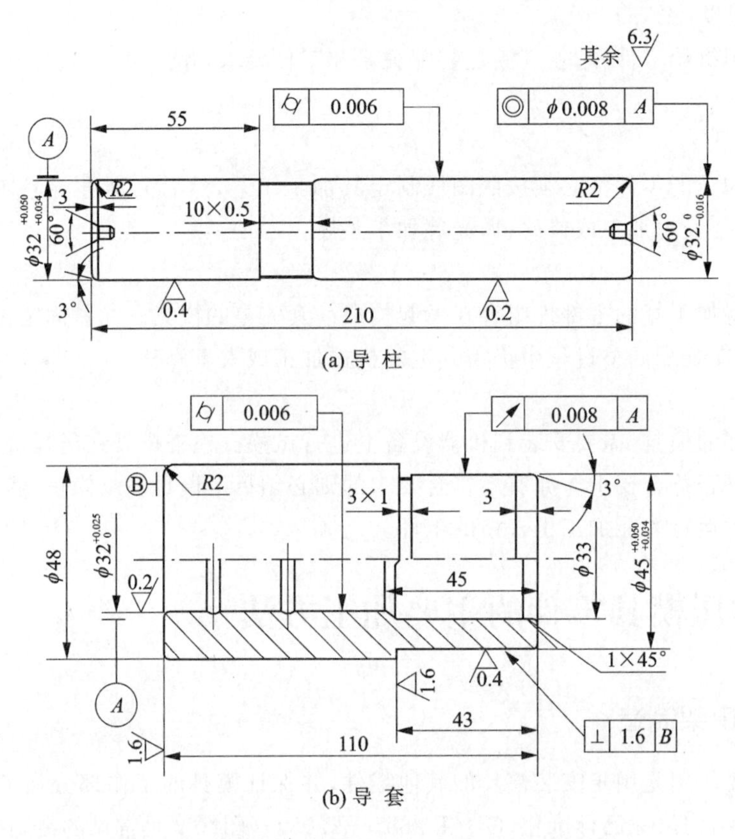

(a) 导 柱

(b) 导 套

材料：20 钢　　热处理：渗碳深度 0.8～1.2 mm　　硬度：HRC 58～62

图 8.3　冷冲压模具标准导柱和导套

它们在模具中起定位和导向作用，保证凸、凹模在工作时具有正确的相对位置。为了保证良好的导向，导柱和导套在装配后应保证模架的活动部分移动平稳。所以在加工中除了保证导柱、导套配合表面的尺寸和形状精度外，还应保证导柱、导套各配合面的同轴度要求。

为提高导柱、导套的硬度和耐磨性并保持较好的韧性，导柱和导套一般选用低碳钢(如 20 钢)进行渗碳、淬火等热处理，也可选用碳素工具钢(如 T10A)淬火处理，淬火硬度 HRC 58～62。

构成导柱和导套的基本表面都是回转体表面，按照图示的结构尺寸和设计要求，可以直接选用适当尺寸的热轧圆钢作毛坯。

导柱和导套主要是进行内、外圆柱面加工。获得不同精度和表面粗糙度要求的外圆柱和内孔的加工方法很多。

导柱加工时，外圆柱面的车削和磨削都是以两端的中心孔定位，这样可使外圆柱面的设计基准与工艺基准重合，并使各主要工序的定位基准统一，易于保证外圆柱面间的位置精度和使各磨削表面都有均匀的磨削余量。由于要用中心孔定位，所以首先应加工中心孔，为后续工序提供可靠的定位基准。中心孔的形状精度和同轴度，直接影响加工质量，特别是加工高精度的导柱，保证中心孔与顶尖之间的良好配合尤为重要。导柱在热处理后应修正中心孔，目的是消除中心孔在热处理过程中可能产生的变形和其他缺陷，使磨削外圆柱面时能获得精确定位，以保证外圆柱面的形状和位置精度要求。修正中心孔可以采用研磨和挤压等方法，可以在车床、钻床或专用机床上进行。

导套磨削时要正确选择定位基准，以保证内、外圆柱面的同轴度要求。工件热处理后，在万能外圆磨床上，利用三爪卡盘夹住 $\phi48$ mm 非配合外圆柱面，一次装夹后磨出 $\phi_{0}^{32+0.025}$ 和 $\phi45_{+0.034}^{+0.050}$ 的内、外圆柱面。如果加工数量较多的同一尺寸导套，可以先磨好内孔，再将导套装在专门设计和制造的具有高精度的锥度心轴(锥度 1/1 000～1/5 000)上，以心轴两端的中心孔定位，借心轴和导套间的摩擦力带动工件旋转磨削外圆柱面，也能获得较高的同轴度要求，如图 8.4 所示。

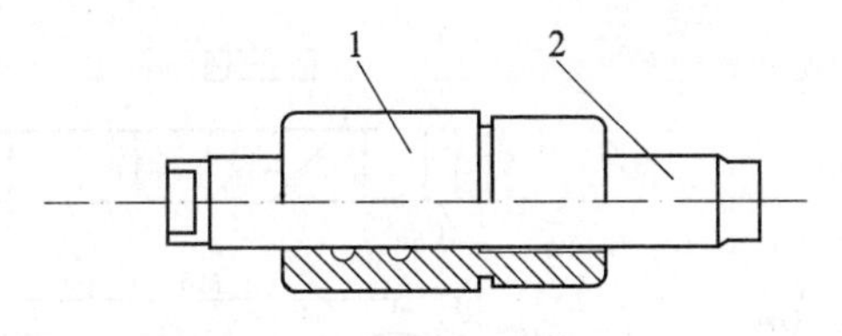

1—导套；2—心轴

图 8.4　小锥度心轴上的导套安装

导柱和导套的研磨加工，目的是进一步提高被加工表面的质量，以达到设计要求。生产数量大(如专门从事模架生产)时，可以在专用研磨机床上研磨；单件小批生产时，可采用简单的研磨工具在普通车床上进行研磨，如图 8.5、图 8.6 所示。研磨时将导柱安装在车床上，由主轴带动旋转，导柱表面涂上一层研磨剂，然后套上研磨工具并用手握住，作轴向往复运动。研磨导套与研磨导柱类似，由主轴带动研磨工具旋转，手握套在研磨工具上的导套，作轴向往复直线运动。调节研磨工具上的调整螺钉和螺母，可以调整研磨套的直径，以控制研磨量的大小。

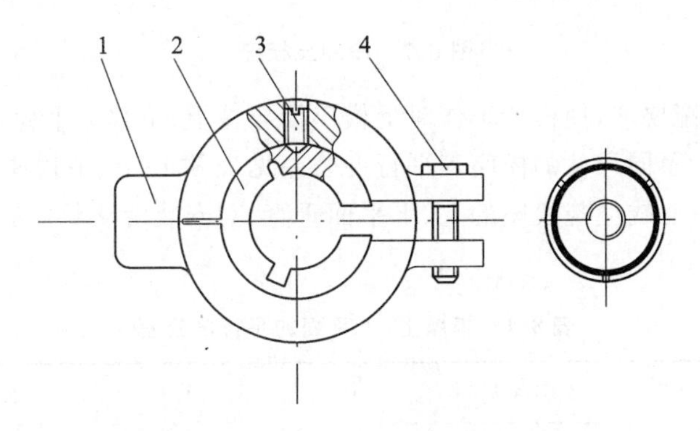

1—研磨架；2—研磨套；3—止动螺钉；4—调整螺钉

图 8.5　导柱研磨工具

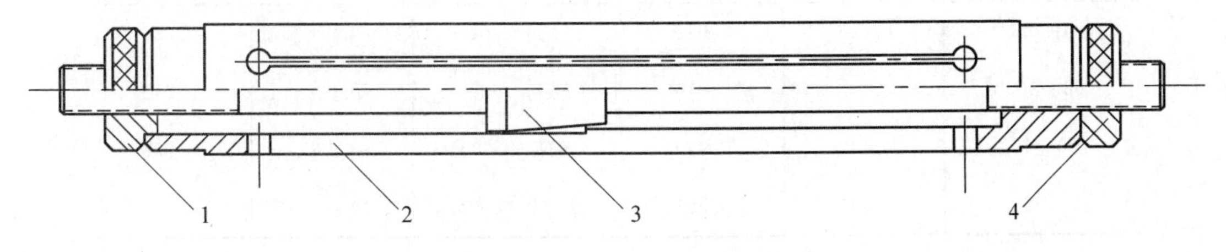

1、4—调整(锁紧)螺母；2—研磨套；3—锥度心轴

图 8.6　导套研磨工具

根据上述分析,导柱、导套加工工艺过程是:备料—粗车、半精车内外圆柱表面—热处理—研磨导柱中心孔—粗磨、精磨配合表面—研磨导柱、导套重要配合表面。

二、上、下模座的加工

冷冲压模具的上、下模座用来安装导柱、导套,连接凸、凹模固定板等零件,并在压力机上起安装作用。其结构、尺寸已标准化。图8.7是后侧导柱的标准模座,多用铸铁或铸钢制造。

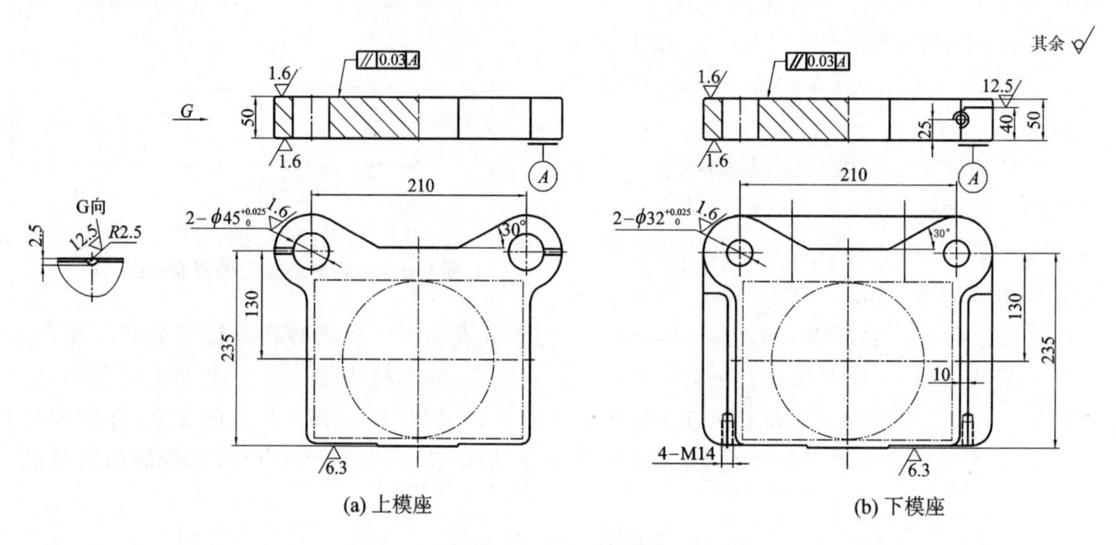

图8.7 冷冲压模座

为保证模架的装配要求,使模架工作时上模座沿导柱上、下移动平稳,加工后模座的上、下平面应保持平行,对于不同尺寸的模座其平行度公差见表8.1;上、下模座上导柱、导套的孔间距应保持一致;孔的中心线应与模座的上、下平面垂直,对安装滑动导柱的模座,其垂直度公差不超过100∶0.01。

表8.1 模座上、下平面的平行度公差

mm

基本尺寸	公差等级		基本尺寸	公差等级	
	4	5		4	5
	公差值			公差值	
40～63	0.008	0.012	250～400	0.020	0.030
63～100	0.010	0.015	400～630	0.025	0.040
100～160	0.012	0.020	630～1 000	0.030	0.050
160～250	0.015	0.025	1 000～1 600	0.040	0.060

(1) 基本尺寸是指被测表面的最大长度尺寸或最大宽度尺寸。

(2) 公差等级按GBll84—80《形状和位置公差未注公差的规定》。

(3) 公差等级4级适用于0I、I级模架。

(4) 公差等级 5 级适用于 0Ⅱ、Ⅱ级模架。

模座主要是平面加工和孔系加工。为了使加工方便和保证模座的技术要求，应先加工平面，再以平面定位加工孔系。模座毛坯表面经过铣(或刨)削加工后，再磨上、下平面以提高平面度和上、下平面的平行度，再以平面作主要定位基准加工孔系，容易保证孔加工的垂直度要求。

上、下模座的孔系加工，根据加工要求和生产条件，可以在专用镗床(批量较大时)、坐标镗床上进行；也可以在铣床或摇臂钻等机床上采用坐标法或利用引导元件进行。为了保证上、下模座上导套、导柱的孔间距离一致，镗孔时常将上、下模座重叠在一起，一次装夹同时镗出导套和导柱的安装孔，如图 8.8 所示。有条件的工厂，可利用加工中心采用相同的坐标程序分别完成上、下模座孔系的钻、扩、铰或镗孔工序。

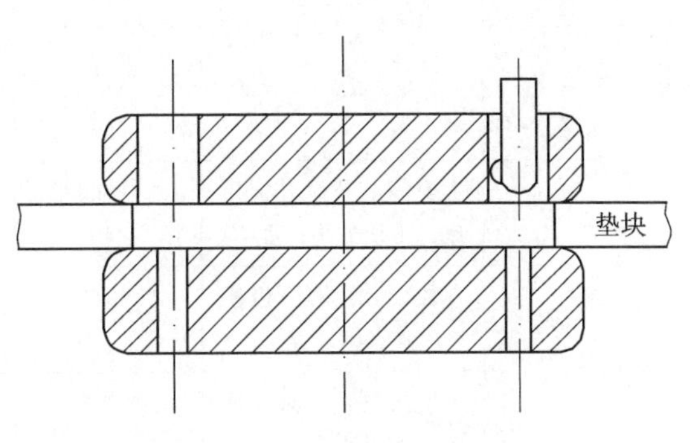

图 8.8　两块模座一起镗孔

三、模架的技术要求及装配

1. 模架装配的技术要求

(1) 组成模架的各零件应符合相应的技术标准和技术文件。每对导柱、导套间的配合间隙应符合表 8.2 规定的要求。

表 8.2　导柱和导套的配合要求

mm

配合形式	导柱直径	配合精度 H6/h5	配合精度 H7/h6	配合后的过盈
		配合后的间隙		
滑动配合	≤18	0.003～0.001	0.005～0.015	—
	18～28	0.004～0.011	0.006～0.018	
	28～50	0.005～0.013	0.007～0.022	
	50～80	0.005～0.015	0.008～0.025	
	80～100	0.006～0.018	0.009～0.028	
滚动配合	18～35	—	—	0.01～0.02

(2) 装配成套的模架，上模座上平面对下模座下平面的平行度、导柱中心线对下模座下平面的垂直度、导套孔的中心线对上模座上平面的垂直度相应精度等级的要求，见表 8.3。

(3) 装配后的模架，上模座沿导柱上、下移动应平稳和无阻滞现象。

(4) 压入上、下模座的导套、导柱，离其安装表面应有 1～2 mm 的距离，压入后应牢固、不可松动。

(5) 装配成套的模架，各零件的工作表面不应有碰伤、裂纹及其他机械损伤。

2. 模架的装配

模架的装配主要是指导柱、导套的装配。目前大多数模架的导柱、导套与模座之间采用过盈配合，但也有少数采用粘结工艺，即将上、下模座的孔扩大，降低其加工要求，同时将导柱、导套的安装面制成有利于粘结的形状,并降低其加工要求;装配时,先将模架的各零件安放在适当位置上,然后在模座孔与导柱、导套之间注入粘结剂即可使导柱、导套固定。

表 8.3　模架分级技术指标

序　号	检查项目	被测尺寸/mm	滚动导向模架		滑动导向模架		
			精　度　等　级				
			0级	0Ⅰ级	Ⅰ级	Ⅱ级	Ⅲ级
			公　差　等　级				
A	上模座上平面对下模座下平面的平行度	≤400	4	5	6	7	8
		>400	5	6	7	8	9
B	导柱中心线对下模座下平面的垂直度	≤160	3	4	4	5	6
		>160	4	5	5	6	7
C	导套孔中心线对上模座上平面的垂直度	≤160	3	4	4	5	6
		>160	4	5	5	6	7

注:1. 被测尺寸 A—上模座的最大长度尺寸或最大宽度尺寸;B—下模座上平面的导柱高度;C—导套孔延长芯棒的高度。

2. 公差等级:按 GB1184—80《形状和位置公差未注公差的规定》。

滑动导柱模架常用的装配工艺和检验方法如表 8.4。

表 8.4　滑动导柱模架的装配工艺

序　号	工　序	简　图	说　明
1	压入导柱	压块 导柱 下模座	利用压力机将导柱压入下模座。压导柱时将压块顶在导柱中心孔上。在压入过程中,测量与校正导柱的垂直度。将两个导柱全部压入
2	装导套	导套 上模座 Δ_{max}	将上模座反置套在导柱上,套上导套,用千分表检查导套压配部分内外圆的同轴度,并将其最大偏差 Δ_{max} 放在两导套中心连线的垂直位置,这样可减少由于不同轴而引起的中心距变化

续表 8.4

序号	工序	简图	说明
3	压入导套	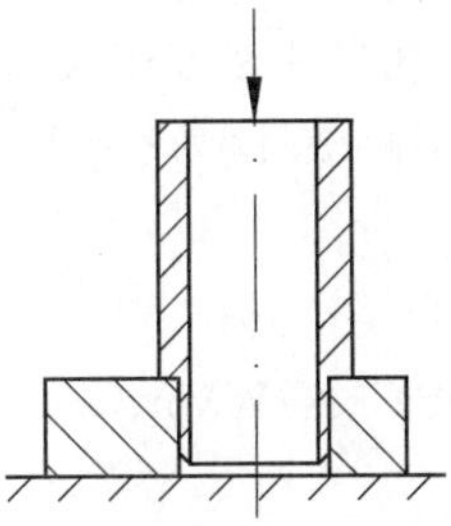	将导套全部压入上模座，保证与上模座的上表面的距离为 2～5 mm
4	检验	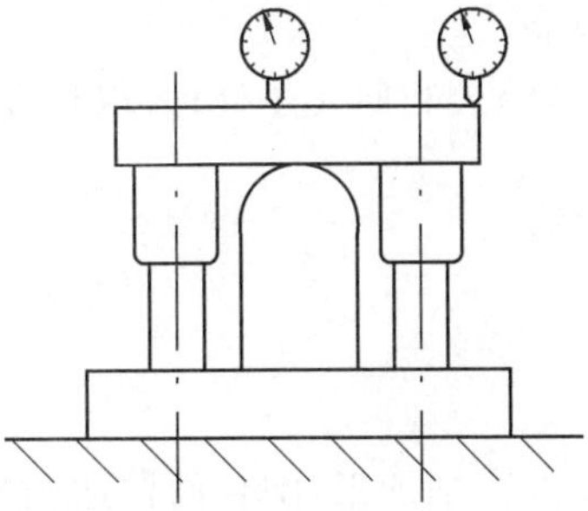	将上、下模座对合，中间垫以垫块，放在平板上测量模架平行度

8.2.2 冷冲压模具工作零件的机械加工

对于同一个零件，可以有不同的加工工艺过程。工艺过程不同，其加工精度、生产率和成本会有显著差别。因此，为了保证零件质量，提高生产率、降低成本，在制订工艺过程时，应该根据零件技术要求和工厂的生产条件，制订出最合理的工艺过程并确定最合理的加工方法。

一、冷冲压模具工作零件的技术要求

1. 冲裁凸、凹模的主要技术要求

(1) 保证凸、凹模尺寸精度和凸、凹模之间的间隙均匀。

(2) 表面形状和位置精度：侧壁应该平行，凸模的端面应与中心线垂直；多孔凹模、连续模、复合模都有位置精度要求。

(3) 表面光洁、刃口锋利。刃口部分的表面粗糙度 R_a 为 0.4 μm，配合表面的粗糙度 R_a0.8～1.6 μm，其余 R_a 为 6.3 μm。

(4) 凸、凹模工作部分要求具有较高的硬度、耐磨性及良好的韧性。凹模工作部分的硬度要求通常为 HRC 60～64，凸模为 HRC 58～62。铆式凸模多用高碳钢制造，配合部分不要求淬硬，工作部分采用局部淬火。

2. 冲压模具工作零部件的材料和热处理

(1) 冲压模具工作零部件材料的选用原则

① 应满足模具的使用性能要求：

- 模具承受冲击负荷大时，应以满足韧性要求为主；

- 坯料变形抗力大时,应以满足硬度和耐磨性要求为主,坯料变形抗力小时,应以满足强度要求为主;
- 模具型腔复杂时,应以满足韧性和尺寸精度要求为主;
- 模具尺寸大时,应以满足整体强度、刚度和尺寸精度要求为主;
- 模具加工生产批量大时,应以满足硬度和耐磨性要求为主。

② 应具有良好的工艺性能。

③ 适当考虑经济性。

冲压模具常用材料为 T8A、T10A、9Mn2V、9SiCr、CrWMn、Cr12、Cr12MoV 及硬质合金等。

(2) 冲压模具工作零部件的热处理

冲压模具工作零部件的毛坯通常采用退火、正火热处理,目的主要是消除内应力,降低硬度以改善切削加工性能,为最终热处理作准备。

冲压模具工作零部件在精加工前要进行淬火和回火热处理,以提高其硬度和耐磨性。

二、冷冲压模具工作零件机械加工工艺过程

1. 凸模加工工艺过程

(1) 圆形凸模加工

圆形凸模加工比较简单,热处理前毛坯经车削加工,配合面留适当磨削余量;热处理后,经外圆磨削即可达到技术要求。

(2) 非圆凸模加工

非圆凸模加工过程一般为:下料—锻造—退火—粗加工—粗磨基准面—划线—工作型面半精加工—淬火、回火—磨削—修研。

2. 凹模加工工艺过程

(1) 圆形凹模加工

单孔凹模加工比较简单,热处理前可采用钻、铰(镗)等方法进行粗加工和半精加工。热处理后型孔可通过研磨或内圆磨削精加工。多孔凹模加工属于孔系加工,除保证孔的尺寸及形状精度外,还要保证各型孔间的位置精度。可采用高精度坐标镗床加工,也可在普通立式铣床上按坐标法进行加工。多型孔凹模热处理后可采用坐标磨床进行精加工。若无坐标磨床或型孔过小时,也可在镗(铰)孔时留 0.01～0.02 mm(双面)研磨余量,热处理(严格控制变形)后由钳工对型孔进行研磨加工。

(2) 非圆形凹模加工

非圆形凹模的加工过程为:下料—锻造—退火—粗加工六面—粗磨基准面—划线—型孔半精加工—型孔精加工—淬火、回火—精磨(研磨)。

三、凸、凹模工作型面的机械加工方法

凸、凹模零件一般由两部分组成,即工作部分(用于冲压工件)和非工作部分(用于装配和连接等),非工作部分可采用普通机械加工方法,如车、铣、刨、磨、钳等。工作部分由于形状结构复杂、经热处理后硬度高等原因,热处理之前采用车、铣、刨、磨等进行粗加工或半精加工,热处理之后再进行精加工。下面主要介绍冲裁模凸、凹模的精加工方法。

1. 成形磨削法

成形磨削可以对凸模、凹模镶块、电火花用电极等零件的成形表面进行精加工，也可加工硬质合金和热处理后的高硬度模具零件，成形磨削对制造精度高、寿命长的模具具有十分重要的意义。成形磨削可以在普通平面磨床、工具磨床或专用磨床上采用专门工具或成形砂轮进行。

形状复杂的凸模和凹模刃口，一般都是由一些圆弧和直线组成。图 8.9 所示凸模，若采用成形磨削加工，可将被磨削轮廓划分成单一的直线和圆弧段逐段进行磨削，并使它们在衔接处平整光滑，达到设计要求。

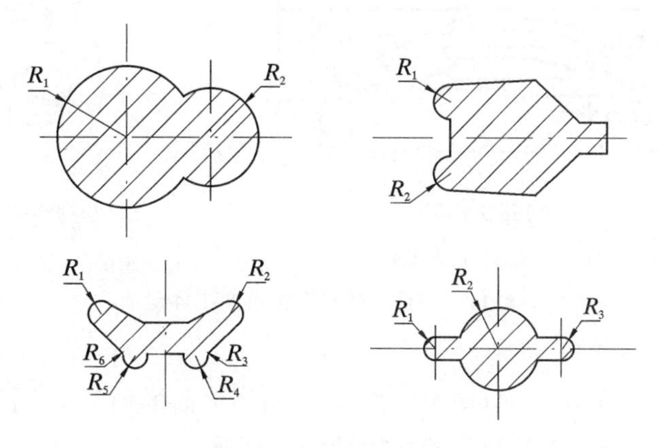

图 8.9　凸模刃口形状

成形磨削的方法有以下几种：

(1) 砂轮成形磨削法

砂轮成形磨削法是将砂轮修整成与工件表面完全吻合的形状，磨削加工后获得所需要的成形表面，如图 8.10 所示。

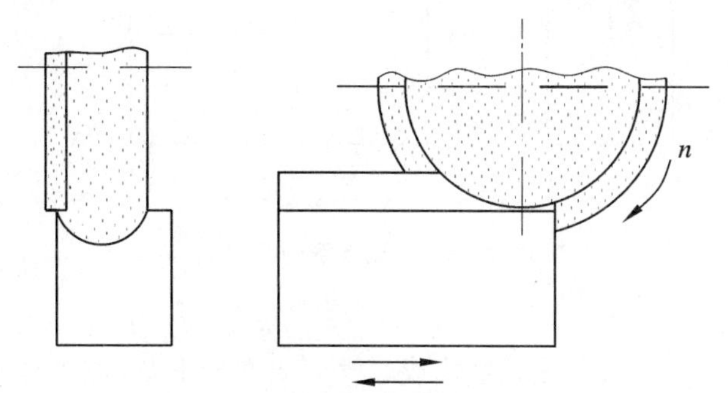

图 8.10　成形砂轮磨削法

用成形砂轮磨削成形表面，首要任务是将砂轮修整成所需形状，并保证必要的精度。

(2) 夹具成形磨削法

夹具成形磨削法是借助于夹具，使工件的被加工面处在所要求的空间位置上进行磨削。图 8.11 所示为利用正弦平口钳磨削工件斜面。量块尺寸计算式为

$$h = L \sin \alpha$$

式中：h——量块高度，mm；

L——正弦平口钳圆柱中心距，mm；

α——工件倾斜角度，(°)。

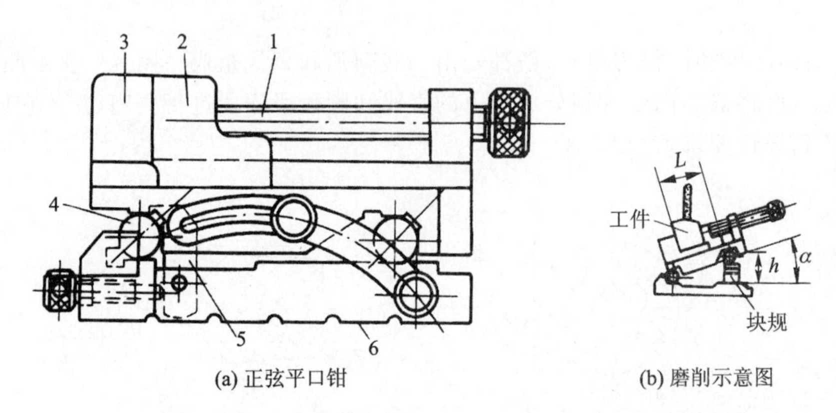

(a) 正弦平口钳　　(b) 磨削示意图

1—螺柱；2—活动钳口；3—固定钳口；4—正弦圆柱；5—压板；6—底座

图 8.11　利用正弦平口钳磨削工件斜面

图 8.12 所示为采用摆动夹具(图中未画出)磨削圆弧面的加工示意图。在磨削过程中通过夹具摆动工件获得所需要的成形运动，磨削出成形表面。

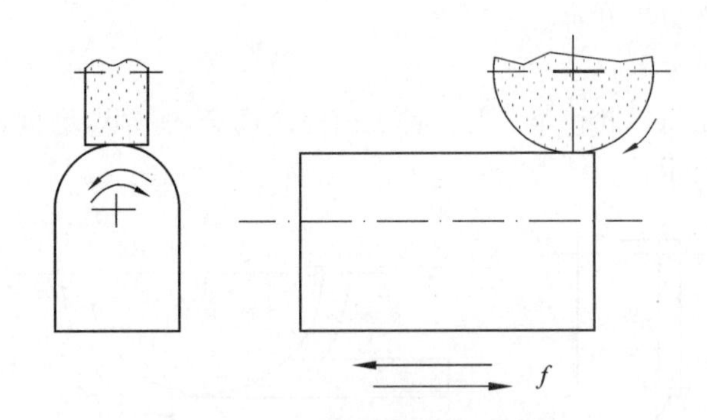

图 8.12　用成型磨削圆弧面

2. 仿形磨削

仿形磨削是在具有缩放尺的曲线磨床或光学曲线磨床上，按放大样板或放大图对成形表面进行磨削加工。主要用于磨削尺寸较小的直通式凸模和凹模拼块，加工精度可达 ±0.01 mm，表面粗糙度 R_a 可达 0.4～0.8 μm。

图 8.13(a)所示为光学曲线磨床，工作台用于固定工件，可作纵、横方向移动和垂直方向升降。砂轮架用于安装砂轮，可作纵向和横向手动进给，也可绕垂直轴旋转一定角度，以便将砂轮斜置进行磨削，如图 8.13(b)所示。砂轮除作旋转运动外，还可沿砂轮架上的垂直导轨作上、下往复运动，其行程可在一定范围内调整，以磨削不同高度的凸、凹模。

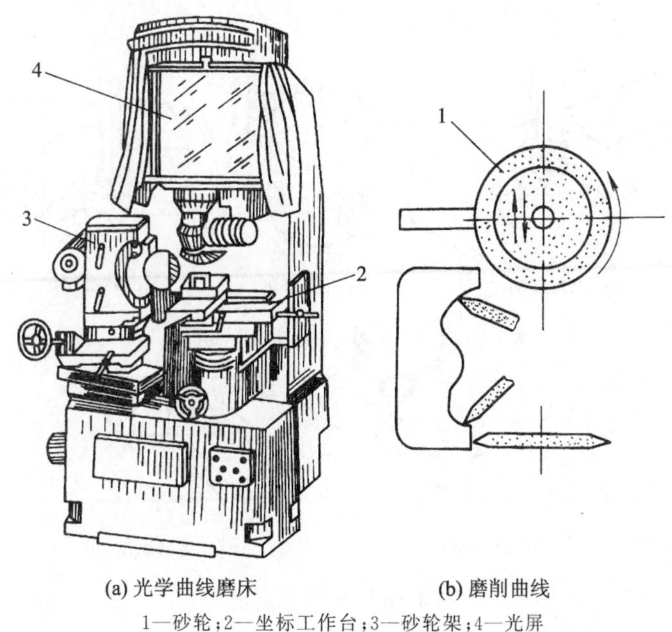

(a) 光学曲线磨床　　(b) 磨削曲线

1—砂轮；2—坐标工作台；3—砂轮架；4—光屏

图 8.13　仿形磨削

3. 数控成形磨削

上述成形磨削方法一般都采用手动操作，其加工精度依赖于操作技巧，劳动强度大，生产效率低。目前，国内外已研制出数控成形磨床，在实际生产应用中效果良好。

在数控成形磨床上进行成形磨削的方式主要有三种：

(1) 利用数控装置控制安装在工作台上的砂轮修整装置，自动修整出需要的成形砂轮，然后利用成形砂轮磨削工件；

(2) 利用数控装置将砂轮修整成圆弧或双斜边圆弧形，如图 8.14(a)所示，然后由数控装置控制机床的垂直和横向进给运动，完成磨削加工，如图 8.14(b)所示；

(3) 前两种方式组合，即磨削前用数控装置将砂轮修整成工件形状的一部分，如图 8.15(a)所示，并控制砂轮依次磨削工件的不同部位，如图 8.15(b)所示。这种方法适用于磨削具有多处相同型面的工件。

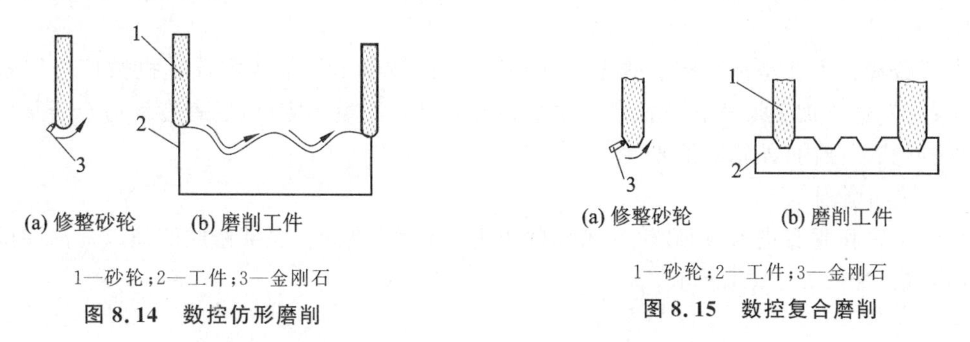

(a) 修整砂轮　　(b) 磨削工件

1—砂轮；2—工件；3—金刚石

图 8.14　数控仿形磨削

(a) 修整砂轮　　(b) 磨削工件

1—砂轮；2—工件；3—金刚石

图 8.15　数控复合磨削

4. 坐标磨床加工

坐标磨床的砂轮能完成三种运动，即砂轮的高速自转、行星运动及砂轮沿机床主轴轴线方向的直线往复运动。

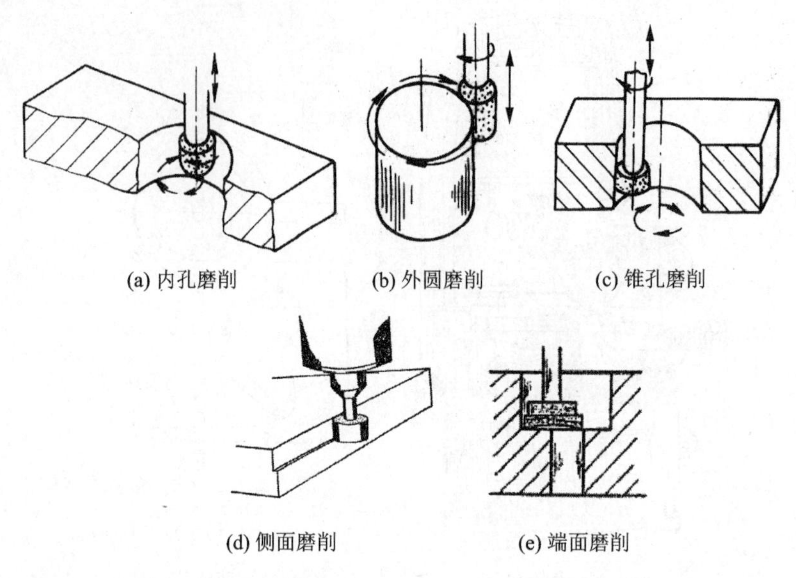

(a) 内孔磨削　(b) 外圆磨削　(c) 锥孔磨削

(d) 侧面磨削　(e) 端面磨削

图 8.16　内、外圆磨削

坐标磨床磨削的方法主要有以下几种。

(1) 内孔磨削

利用砂轮的高速自转、行星运动和轴向的直线往复运动，即可进行内孔磨削，如图 8.16(a)所示。增大行星运动的直径即可实现径向进给，以磨削不同直径的内孔。

(2) 外圆磨削

外圆磨削也是利用砂轮的高速自转、行星运动和往复直线运动进行，如图 8.16(b)所示。利用行星运动直径的缩小，实现径向进给。

(3) 锥孔磨削

锥孔磨削由机床上的专门机构使砂轮在轴向进给的同时，连续改变行星运动的半径。锥孔的锥角大小取决于两者变化的比值。锥孔磨削的砂轮应修出相应的锥角，如图 8.16(c)所示。

(4) 侧面磨削

侧面磨削时，砂轮不作行星运动，只作直线运动，如图 8.16(d)所示。适合于直线或槽边的磨削。

随着数控技术在坐标磨床上的应用，出现了点位控制坐标磨床和计算机数控连续轨迹坐标磨床；前者适于加工尺寸和位置精度要求高的多型孔凹模等零件，后者特别适合于某些精度要求高、形状复杂内、外轮廓的零件。

(5) 端面磨削

砂轮主轴作垂直进给，用砂轮的底部棱边进行磨削，将砂轮底部修成凹面以提高磨削效率和表面质量，如图 8.16(e)所示。

四、凸、凹模压印修锉加工

压印修锉是一种钳工加工方法。图8.17所示为凹模型孔的压印加工，用已经加工好的成品凸模，垂直放置在相应的凹模型孔上，在手动螺旋压力机上施以压力，通过凸模的挤压和切削作用，在凹模上产生印痕，钳工按印痕锉去型孔下部的部分加工余量后再压印修锉，反复进行，直至作出相应的型孔。凹模在压印前应预先加工好型孔轮廓，并留出0.1～0.2 mm的单边加工余量。

压印修锉法也可以用加工好的凹模作压印基准件加工凸模。采用压印加工的凸模应经过预加工，沿刃口轮廓留0.1 mm左右的单面加工余量。压印加工所需设备简单，在缺乏模具加工设备的条件下，它是模具钳工经常采用的加工方法，最适合于无间隙冲裁模。对于间隙较大的冲裁模，压印后需由钳工修锉出单面初始间隙(用样板随时测量)，并留出0.01～0.02 mm的单面研磨余量。修锉好的凹模(凸模)热处理淬火回火后再由钳工研磨凹模型孔(凸模刃口)表面。

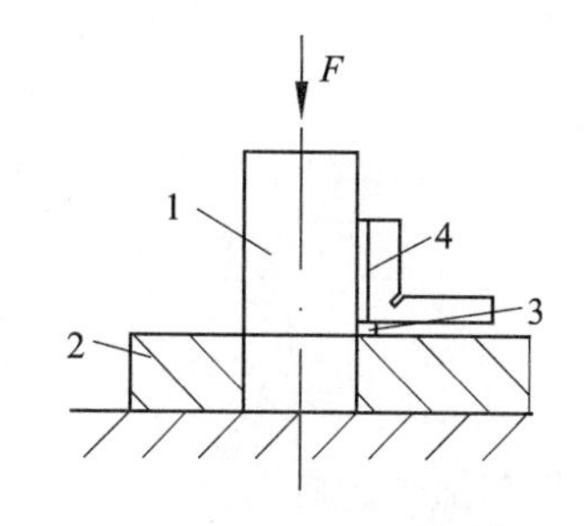

1—成品凸模；2—凹模；3—垫块；4—角尺

图8.17　压印加工

压印修锉法劳动强度大，生产效率低，模具精度受热处理变形的影响，现已逐步被机械加工方法和特种加工所代替。

8.2.3　冷冲压模具工作零件的特种加工

电火花加工及线切割加工属于特种加工，在冷冲压模具制造中主要用于加工用切削加工方法难以加工的凹模型孔。由于电火花加工中电极的损耗影响加工精度，难以达到小的表面粗糙度值，要获得小的棱边和尖角也比较困难。随着线切割加工的广泛应用，一般冲模工作零件的电火花加工已逐渐为线切割加工所代替，下面主要介绍线切割加工方法。

一、线切割加工的原理与特点

1. 基本原理

线切割加工是通过电极和工件之间脉冲放电时的电腐蚀作用，对工件进行加工。其加工原理是采用连续移动的金属丝作电极，如图8.18所示，工件接脉冲电源的正极，电极丝接负极。工件(工作台)相对电极丝按预定的要求运动，从而使电极丝沿着所要求的切割路线进行电腐蚀，实现切割加工。在加工中，电蚀的产物由循环流动的工作液带走。电极丝以一定的速度运动(称为走丝运动)，其目的是减小电极损耗，且不被火花放电烧断，同时也有利于电蚀产物的排除。

2. 线切割加工的特点：

- 不需另作电极，缩短了生产周期；
- 能方便地加工出形状复杂、细小的通孔和外形表面；
- 电极损耗极小(一般可忽略不计)，有利于提高精度；
- 采用四轴联动，可加工锥度和上、下异形体等零件。

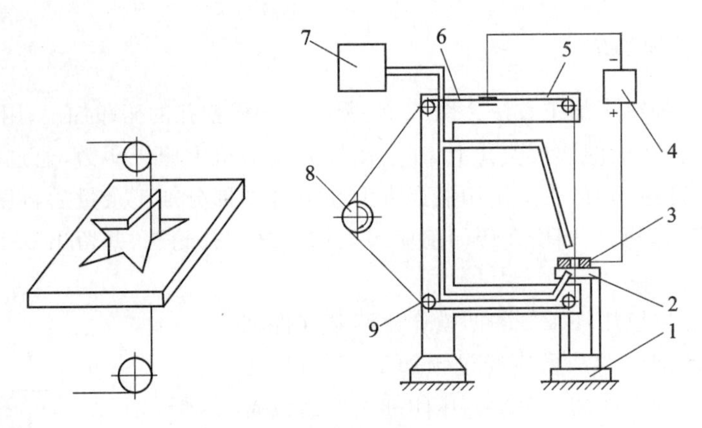

1—工作台;2—夹具;3—工件;4—脉冲电源;5—丝架;6—电极丝;
7—工作液箱;8—贮丝筒;9—导轮

图 8.18　电火花线切割加工示意图

3. 线切割加工的应用

线切割广泛用于加工硬质合金、淬火钢的模具零件等。如形状复杂,带有尖角窄缝的小型凹模的型孔可采用整体结构淬火后加工,既能保证模具精度,又可简化模具设计制造。此外,电火花线切割加工还可用于加工除盲孔以外的其他难加工的金属零件。

二、线切割加工工艺

线切割加工,一般作为零件加工的最后工序。要达到加工零件的精度和表面粗糙度要求,应合理控制线切割加工时的各种因素(电参数、切割速度、工件装夹等),同时应安排好零件的工艺路线及线切割加工前的准备。有关线切割加工的工艺准备和工艺过程如图 8.19 所示。

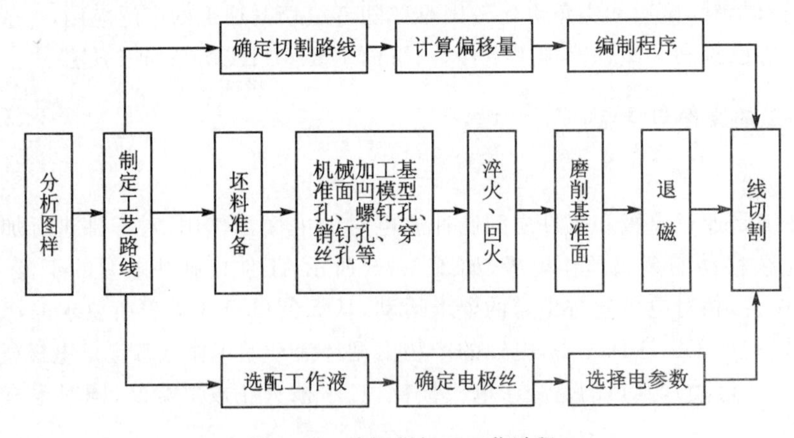

图 8.19　线切割加工工艺过程

1. 毛坯准备

模具工作零件一般采用锻造毛坯,其线切割加工常在淬火与回火后进行。由于受材料淬透性的影响,当大面积去除金属和切断加工时,会使材料内部残余应力的相对平衡状态发生变化而引起变形,影响加工精度。为减少这种影响,除在设计时应选用锻造性能好、淬透性好、热处理变形小的合金工具钢(如 Cr12、Cr12MoV、CrWMn)作模具材料外,对模具毛坯锻造及热处理工艺也应正确进行。

当凹模型孔较大时，为减少线切割加工量，需将型孔下部漏料部分铣(或车)出(并在型孔部位钻穿丝孔)，只切割刃口高度；对淬透性差的材料，还应将型孔的部分材料去除，单边留 3～5 mm 切割余量。

凸模的准备可参照凹模的准备工序，将毛坯锻造成六面体，并将其中多余的余量去除，保留切割轮廓线与毛坯之间的余量(一般不小于 5 mm)，并注意留出装夹部位。

2. 工艺参数的选择

(1) 脉冲参数的选择

要求获得较小的表面粗糙度值时，选用的电参数要小；若要求获得较高的切割速度，脉冲参数要选大一些，但加工电流的增大受排屑条件及电极丝截面积的限制，过大的电流易引起断丝，快速走丝线切割加工脉冲参数的选择见表 8.5。

(2) 电极丝的选择

电极丝应具有良好的导电性和抗电蚀性、抗拉强度高、材质均匀。常用电极丝有钼丝、钨丝、黄铜丝等。钨丝抗拉强度高，直径在 0.03～0.1 mm 范围内，一般用于各种窄缝的精加工，但价格昂贵。黄铜丝抗拉强度较低，适于慢速走丝加工，直径在 0.1～0.3 mm 范围内；钼丝抗拉强度高，适于快速走丝加工，直径在 0.08～0.2 mm 范围内。

表 8.5　快速走丝线切割加工脉冲参数的选择

应　用	脉冲宽度 $t_i/\mu s$	电流峰值 I_e/A	脉冲间隔 $t_o/\mu s$	空载电压 /V
快速切割或加大厚度工件 $R_a>2.5\ \mu m$	20～40	>12	一般选择 $t_o/t_i=3\sim4$	一般为 70～90
半精加工 $R_a=1.25\sim2.5\ \mu m$	6～20	6～12		
精加工 $R_a<1.25\ \mu m$	2～6	<4.8		

电极丝直径的选择应根据切缝的宽窄、工件厚度和拐角尺寸大小来选择。若加工带尖角、窄缝的小型模具宜选用较细的电极丝；若加工大厚度或大电流切割时应选用较粗的电极丝。

(3) 工作液的选配

工作液对切割速度、表面粗糙度等有较大影响。慢速走丝切割加工，普遍使用去离子水；对于快速走丝切割加工，最常用的是乳化液。乳化液是由乳化油和工作介质配制而成的(浓度为 5%～10%)。工作介质可以用自来水、蒸馏水、高纯水等。

3. 工件的装夹与调整

(1) 工件装夹

工件装夹时必须保证工件的切割部位位于机床工作台纵、横进给的允许范围之内，同时应考虑切割时电极丝的运动空间。

(2) 工件的调整

装夹工件时，还必须配合找正法进行调整，方能使工件的定位基准面分别与机床的工作台面和工作台的进给方向保持平行，以保证所切割的表面与基准面之间的相对位置精度。常用的找正方法有：

① 百分表找正法

如图 8.20 所示，往复移动工作台，按百分表的指示值调整工件位置，直至百分表指针的偏摆范围达到所要求的数值。找正应在相互垂直的三个方向上进行。

② 划线找正法

工件的切割图形与定位基准间的相互位置精度要求不高时,可采用划线法找正,如图8.21所示。往复移动工作台,目测划针与基准间的偏离情况,将工件调整到正确位置。

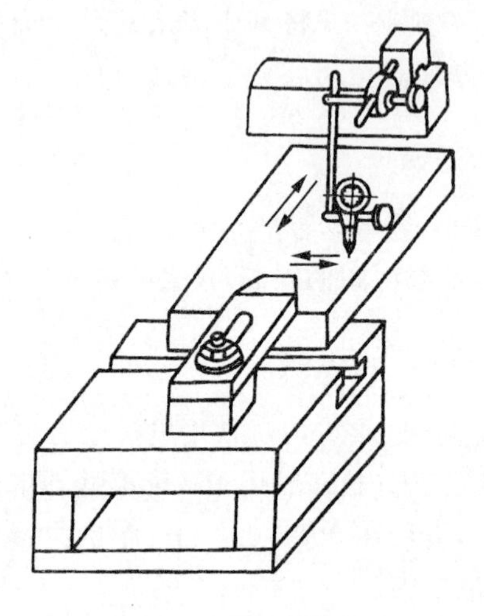

图8.20　百分表找正法

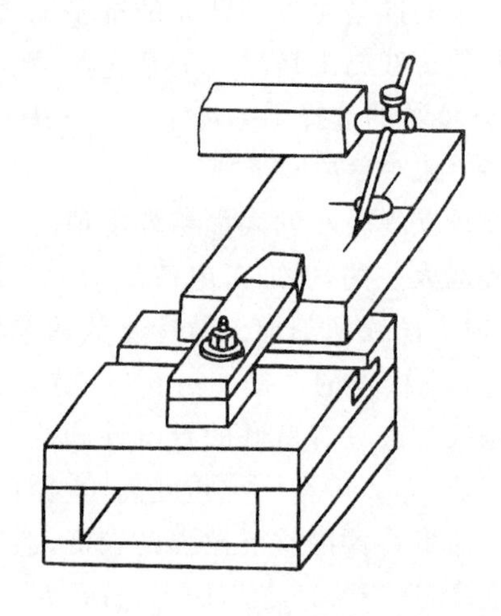

图8.21　划线法找正

4. 电极丝位置的调整

线切割加工之前,应将电极丝调整到切割的起始位置上,常用的调整方法有以下几种。

(1) 目测法

对加工精度要求较低的工件,可以直接利用目测或借助放大镜来进行观测。图8.22是利用穿丝孔处划出的十字基准线,分别从不同方向观察电极丝与基准线的相对位置,根据偏离情况移动工作台,直到电极丝与基准线中心重合时,工作台纵、横方向上的读数就是电极丝中心的坐标位置。

(2) 火花法

如图8.23所示,移动工作台使工件基准面逐渐靠近电极丝,在出现火花的瞬时,记下工作台的相应坐标值,再根据放电间隙推算电极丝中心的坐标。

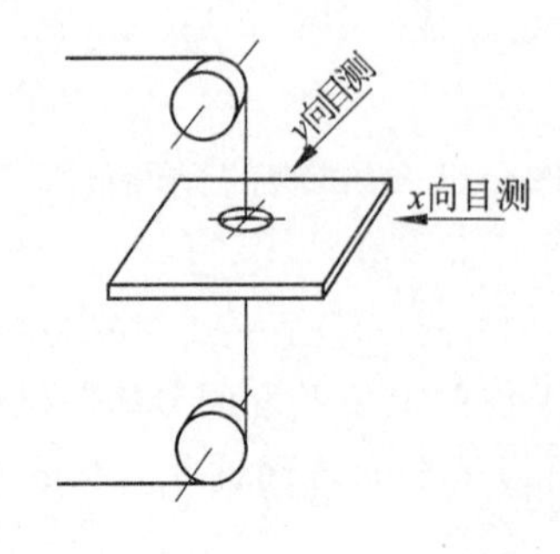

图8.22　目测法调整电极丝位置

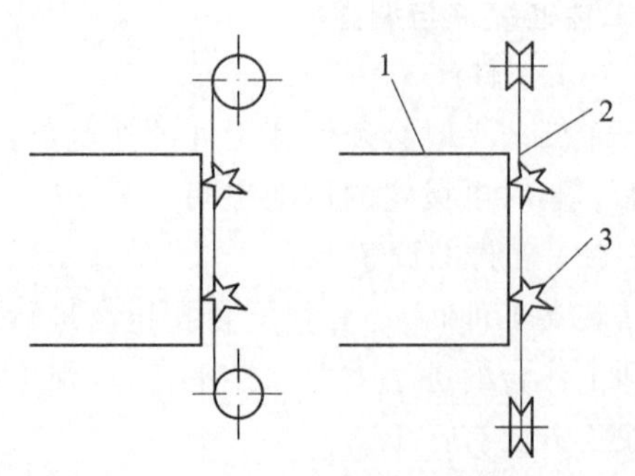

1—工件;2—电极丝;3—火花

图8.23　火花法调整电极丝位置

（3）自动找中心

自动找中心就是让电极丝在工件孔的中心自动定位，数控功能较强的线切割机床常用这种方法。首先让电极丝在 x 或 y 轴方向与孔壁接触，接着在另一轴的方向进行上述过程，经过几次重复，数控线切割机床的数控装置自动计算后就可找到孔的中心位置，如图 8.24 所示。

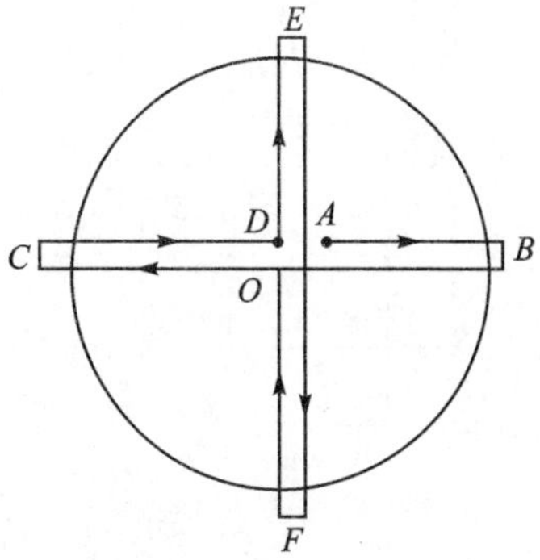

图 8.24　自动找中心

三、凸、凹模线切割加工编程

要使数控线切割机床按照预定的要求，自动完成切割加工，首先要把被加工零件的切割顺序、切割方向及有关参数等信息，按一定格式记录在机床所需要的输入介质（常用纸带、磁盘）上，输入给机床的数控装置，经数控装置运算变换以后，控制机床的运动。从被加工的零件图到获得机床所需控制介质的全过程，称为程序编制。详细的程序编制方法可参考有关数控机床编程或线切割机床编程，下面通过实例介绍凸、凹模线切割加工程序的编制方法。

1. 手工编程

对于由直线、圆弧所组成的简单的凸、凹模常采用手工编程，其方法如下：

（1）3B 格式程序编制

中国常用数控线切割机床的 3B 程序格式为：

BX * * * * BY * * * * BJ * * * * * * GZ

① 分格符号 B 用来将数码 X、Y、J 隔开，以免混淆。

② 坐标值 X、Y 规定为绝对值，单位为 μm。

对于圆弧，坐标原点为圆心，X、Y 为圆弧起点的坐标值；对于直线（斜线），坐标原点为直线起点，X、Y 为终点坐标值。编程时允许将 X 和 Y 的值按相同比例放大或缩小；对于平行于 X 轴和 Y 轴的直线，X 和 Y 都按零处理，X、Y 值均可不写，但分隔号 B 必须保留。

③ 计数方向 G，选取 X 方向用 G_x 表示；选取 Y 方向用 G_y 表示。为了保证加工精度，应正确选择计数方向。

④ 计数长度 J 是指被加工图形在计数方向上的投影长度（绝对值）的总和（累计值），单位为 μm。某些数控线切割机床的计数长度 J 应补足 6 位数。

⑤ 加工指令 Z，数控线切割机床的加工指令共 12 种：

- 当被加工直线在Ⅰ、Ⅱ、Ⅲ、Ⅳ象限时，分别用 L_1、L_2、L_3、L_4 表示；
- 当按顺时针方向加工圆弧，而起点在Ⅰ、Ⅱ、Ⅲ、Ⅳ象限时，分别用 SR_1、SR_2、SR_3、SR_4 表示；
- 当按逆时针方向加工圆弧，而起点在Ⅰ、Ⅱ、Ⅲ、Ⅳ象限时，分别用 NR_1、NR_2、NR_3、NR_4 表示。

例 1　编写加工图 8.25(a)所示凸凹模的数控线切割程序。电极丝为 $\phi 0.1$ mm 钼丝，单面放电间隙为 0.01 mm。

① 确定计算坐标系

由于图形上、下对称，故选对称轴为计算坐标系的 X 轴，圆心为坐标原点，如图 8.25(b)

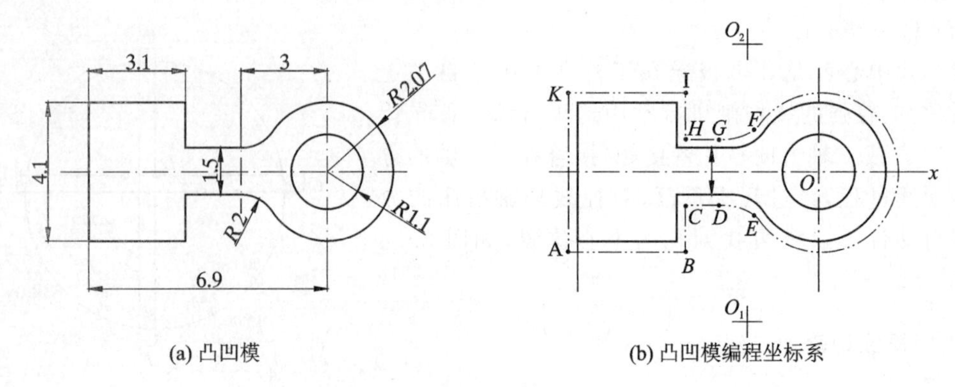

(a) 凸凹模　　(b) 凸凹模编程坐标系

图 8.25　凸凹模线切割编程

所示。

② 确定补偿距离

补偿距离为电极丝中心至切割轮廓面之间的距离,按下式计算

$$\Delta R = 0.1/2 + 0.01 = 0.06 \text{ mm}$$

③ 计算交点坐标

将电极丝中心轨迹分成单一的直线或圆弧段。

求 E 点的坐标值:因两圆弧的切点必在两圆弧的连心线 OO_1 上,圆心 O_1 的坐标为 $X=-3, Y=-2.75$,直线 OO_1 的方程为 $Y=2.75X/3$。故 E 点的坐标值 X、Y 可通过以下方程组求解

$$\begin{cases} X^2 + Y^2 = (2.07 + \Delta R)^2 \\ 2.75X - 3Y = 0 \end{cases}$$

解得:$X=-1.570$ mm,$Y=-1.439\,3$ mm。

其余交点的坐标值可以直接从图形尺寸得到,见表 8.6。

表 8.6　凸凹模轨迹图形各线段交点及圆心坐标

mm

交点	X	Y	交点	X	Y	圆心	X	Y
A	−6.96	−2.11	F	−1.57	1.439	O	0	0
B	−3.74	−2.11	G	−3	0.81	O_1	−3	−2.75
C	−3.74	−0.81	H	−3.74	0.81	O_2	−3	2.75
D	−3	−0.81	I	−3.74	2.11			
E	−1.57	−1.439 3	K	−6.96	2.11			

切割型孔时,电极丝中心至圆心 O 的距离(即半径)为

$$R = 1.1 - \Delta R = 1.04 \text{ mm}$$

④ 编写程序清单

切割凸凹模时,先切割型孔,拆装电极丝然后再按 $B—C—D—E—F—G—H—I—K—A—B$ 的顺序切割外形,其切割程序见表 8.7。

(2) 4B 格式程序编制

为了减少数控线切割编程的工作量,目前已广泛采用带有间隙自动补偿功能的数控系统。

这种数控系统能根据工件图样平均尺寸所编制的程序，使电极丝相对于编程的图样自动向内或向外偏移一个补偿距离，完成切割加工。同一模具只要编写一个程序便可加工凹模、凸模和固定板、卸料板等零件，不仅减少了编程工作量，而且能保证模具有关要素的位置精度。

4B 程序段格式为：BX＊＊＊＊BY＊＊＊＊BJ＊＊＊＊＊＊BRGD(或 DD)Z。

程序段中 R 为要加工的圆弧半径，对加工图形的尖角一般取 $R=0.1$ mm 的过渡圆弧来编程；D 代表凸曲线，DD 代表凹曲线。半径增大为正补偿，半径减小为负补偿。数控装置接受补偿信息后，根据凸、凹模开关的位置和 ΔR 值，能自动区别作正补偿还是负补偿的偏移计算。

表 8.7　凸凹模切割程序(3B 型)

序号	B	X	B	Y	B	J	G	Z	备　注
1	B		B		B	001040	G_x	L_3	穿丝切割
2	B	1040	B		B	004160	G_y	SR_2	
3	B		B		B	001040	G_x	L_1	
4								D	拆卸钼丝
5	B		B		B	013000	G_y	L_4	空走
6	B		B		B	003740	G_x	L_3	空走
7								D	重新装钼丝
8	B		B		B	012190	G_y	L_2	切入并加工 BC 段
9	B		B		B	000740	G_x	L_1	
10	B		B	1940	B	000629	G_y	SR_1	
11	B	1570	B	1439	B	005641	G_y	NR_3	
12	B	1430	B	1311	B	001430	G_x	SR_4	
13	B		B		B	000740	G_x	L_3	
14	B		B		B	001300	G_y	L_2	
15	B		B		B	003220	G_x	L_3	
16	B		B		B	004220	G_y	L_4	
17	B		B		B	003220	G_x	L_1	
18	B		B		B	008000	G_y	L_4	退出
19								D	加工结束

切割程序见表 8.8。

例 2　图 8.26(a)所示为落料凹模型孔，凸模按凹模配作保证双边间隙 0.06 mm，编写凹模和凸模的线切割加工程序。电极丝为 $\phi 0.12$ mm 的钼丝，单边放电间隙为 0.01 mm。

① 编制凹模加工程序

建立图 8.26(b)所示坐标系并计算平均尺寸，穿丝孔选在 O 点，加工顺序为 $O—H—I—J—K—L—A—B—C—D—E—F—G—H—O$。

补偿距离 $\Delta R_d=0.12/2+0.01=0.07$ mm 单独输入。

② 编制凸模程序

凸模程序只需改变凹模程序中的引入、引出程序段(从毛坯外沿加工轮廓的法向引入、引出)，其他程序段与凹模相同。凸模程序段补偿距离为：

$$\Delta R_p=0.12/2+0.01-0.06/2=0.04 \text{ mm}$$

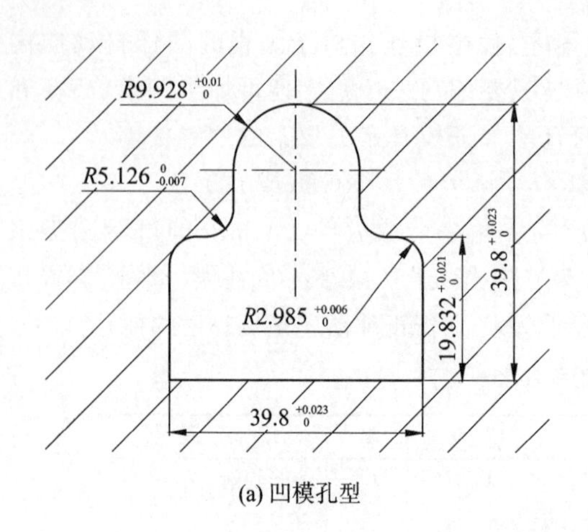

(a) 凹模孔型

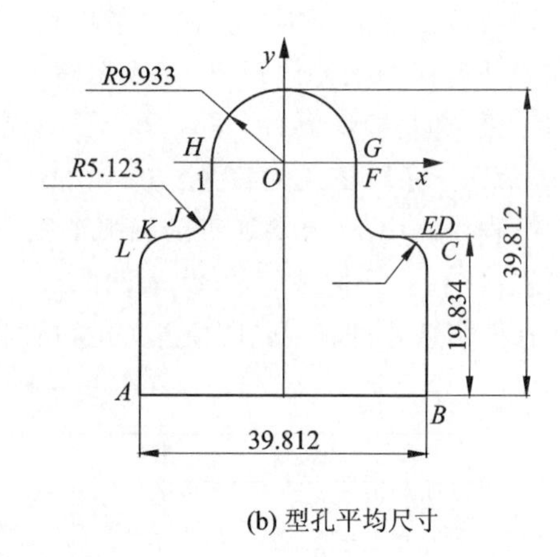

(b) 型孔平均尺寸

图 8.26 落料凹模型孔

表 8.8 凹模切割程序单(4B型)

序号	B	X	B	Y	B	J	B	R	G	D或DD	Z	备注
1	B		B		B	009933	B		G_x		L_3	引入
2	B		B		B	004913	B		G_y		L_4	
3	B	5123	B		B	005123	B	005123	G_x	DD	SR_4	
4	B		B		B	001862	B		G_x		L_3	
5	B		B	2988	B	002988	B	002988	G_y	D	NR_2	
6	B		B		B	016755	B		G_y		L_4	
7	B	100	B		B	000100	B	000100	G_x	D	NR_3	过渡圆弧
8	B		B		B	039612	B		G_x		L_1	
9	B		B	100	B	000100	B	000100	G_y	D	NR_4	过渡圆弧
10	B		B		B	016755	B		G_y		L_2	
11	B	2988	B		B	002988	B	002988	G_x	D	NR_1	
12	B		B		B	001862	B		G_x		L_3	
13	B		B	5123	B	005123	B	005123	G_y	DD	NR_3	
14	B		B		B	004913	B		G_y		L_2	
15	B	993	B		B	019866	B	009933	G_y	D	NR_1	
16	B		B		B	009933	B		G_x		L_1	引出
17											D	停机

③ ISO代码数控程序编制

按照国际统一规范——ISO代码进行数控编程是线切割编程和控制的发展趋势。目前国内厂家生产和使用单位采用的线切割机床,多为ISO代码和3B、4B格式存放。

表8.9所列为中国生产的MDVIC EDW型快速走丝线切割机床的ISO指令代码,与国际上使用的标准基本一致。

表 8.9　MDVIC EDW 型数控线切割机床的 ISO 指令代码

代　码	功　　能	代　码	功　　能
G00	快速定位	G55	加工坐标系 2
G01	直线插补	G56	加工坐标系 3
G02	顺圆插补	G57	加工坐标系 4
G03	逆圆插补	G58	加工坐标系 5
G05	X 轴镜像	G59	加工坐标系 6
G06	Y 轴镜像	G80	接触感知
G07	X、Y 轴交换	G82	半程移动
G08	X 轴镜像，Y 轴镜像	G84	微弱放电找正
G09	X 轴镜像，X、Y 轴交换	G90	绝对坐标
G10	Y 轴镜像，X、Y 轴交换	G91	增量坐标
G11	Y 轴镜像，X 轴镜像，X、Y 轴交换	G92	确定起点
G12	消除镜像	M00	程序暂停
G40	取消间隙补偿	M02	程序结束
G41	左偏间隙补偿 D 偏移量	M05	接触感知解除
G42	右偏间隙补偿 D 偏移量	M96	主程序调用文件程序
G50	消除锥度	M97	主程序调用文件结束
G51	锥度左偏 A 角度值	W	下导轮到工作台面高度
G52	锥度右偏 A 角度值	H	工件厚度
G54	加工坐标系 1	S	工作台面到上导轮高度

例 3　利用 ISO 码编制如图 8.27(a)所示落料凹模的线切割加工程序。电极丝的直径为 ϕ0.15 mm，单边放电间隙为 0.01 mm。

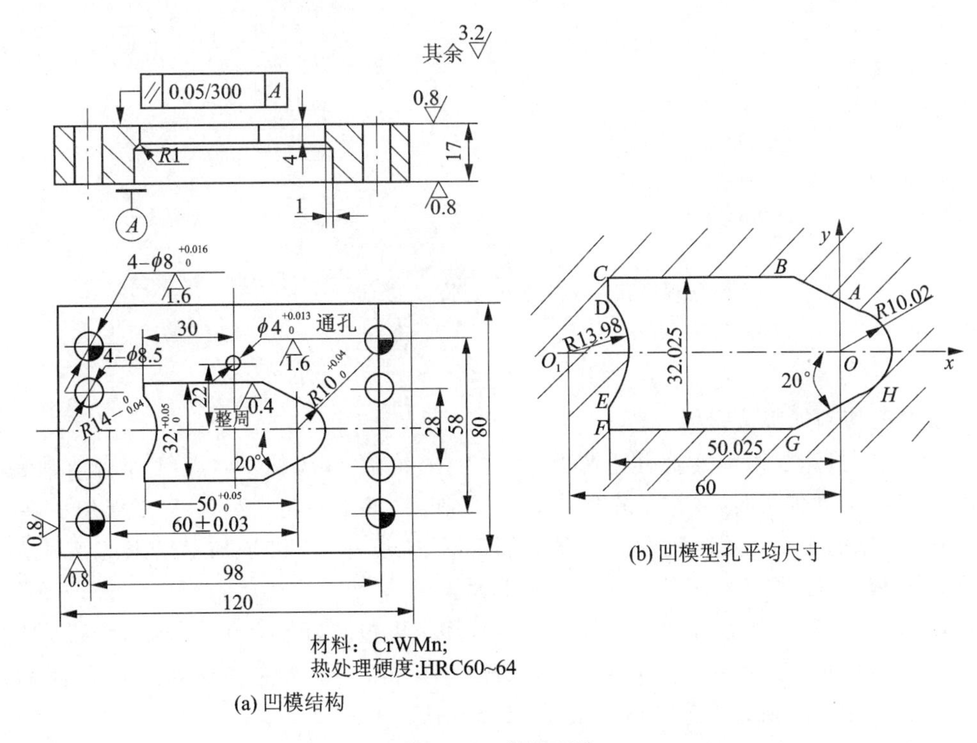

(a) 凹模结构　(b) 凹模型孔平均尺寸

图 8.27　落料凹模

建立如图 8.27(b)所示的编程坐标系,按平均尺寸计算凹模刃口轮廓交点及圆心坐标,见表 8.10。

表 8.10　交点及圆心坐标

交点及圆心	X	Y	交点及圆心	X	Y
A	3.427 0	9.415 7	F	−50.025	−16.012 5
B	−14.697 6	16.012 5	G	−14.697 6	−16.012 5
C	−50.025	16.012 5	H	3.427	−9.415 7
D	−50.025	9.794 9	O	0	0
E	−50.025	9.794 9	O_1	60	0

偏移量:D=0.15/2+0.01=0.085 mm

穿丝孔在 O 点,按 $O—A—B—C—D—E—F—G—H—A$ 的顺序切割,

程序如下:

```
AM1(程序名)
G92  X0               Y0 (起点坐标)
G41  D85              (此程序段应放在切割程序之前)
G01  X3427     Y9416
G01  X—14698   Y16013
G01  X—50025   Y16013
G01  X—50025   Y9795
G02  X—50025   Y—9795
I—9975  J—9795
G01  X—50025   Y—16013
G01  X—14698   Y—16013
G01  X3427     Y—9416
G03  X3427     Y9416
I—3427  J9416
G40                   (此程序段应放在退出切割程序之前)
G01  X0        Y0
M02
```

④ 锥度线切割加工编程

数控线切割机床加工锥度是通过驱动 U、V 工作台(轴)实现的。U、V 工作台通常装在上导轮部位,进行锥度加工时,数控系统驱动 U、V 工作台,使上导轮相对 X、Y 工作台平移,带动电极丝在所要求的锥角位置上运动。顺时针加工时,锥度左偏(G51)加工出来的工件为上大下小;锥度右偏(G52)加工出来的工件为上小下大。

例 4　编制如图 8.28 所示锥形凹模的切割程序。电极丝直径为 0.12 mm,单边放电间隙为 0.01 mm,刃口斜度 A=0.5°,工件厚度 H=15 mm,下导轮中心到工作台面的距离 W=60 mm,工作台面到上导轮中心高度 S=100 mm。

偏移量:D=0.12/2+0.01=0.07 mm

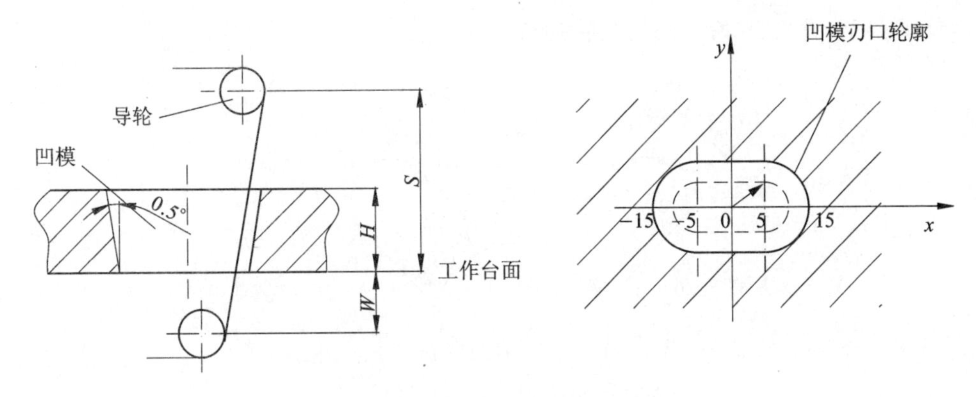

图 8.28　锥形凹模切割编程

程序如下：

```
AM2
W60000
H15000
S100000
G51  A0.5
G42  D70
G01  X5000    Y10000
G02  X5000    Y—10000   I0   J—10000
G01  X—5000   Y—10000
G02  X—5000   Y10000    I0   J10000
G01  X5000    Y10000
G50
G40
G01  X0       Y0
M02
```

2. 自动编程

对于由直线、圆弧所组成的复杂截面凸、凹模，特别是由非圆弧曲线所组成的凸、凹模，若采用手工编程，计算工作量太大。采用自动编程，由计算机自动进行计算并生成线切割程序，常用的方法有：

(1) 采用源程序自动编程

利用源程序编程的过程是：

编写并向计算机输入源程序，然后由计算机进行编译计算；

- 选择 3B、4B 或 ISO 码程序；
- 给定入丝点坐标；
- 输入补偿值；
- 选择正(左)、负(右)补偿方式；
- 输入单边间隙 Z(用于同一程序加工凸、凹模)；
- 程序存盘。

例 5 加工如图 8.29 所示凸模,利用源程序编程。

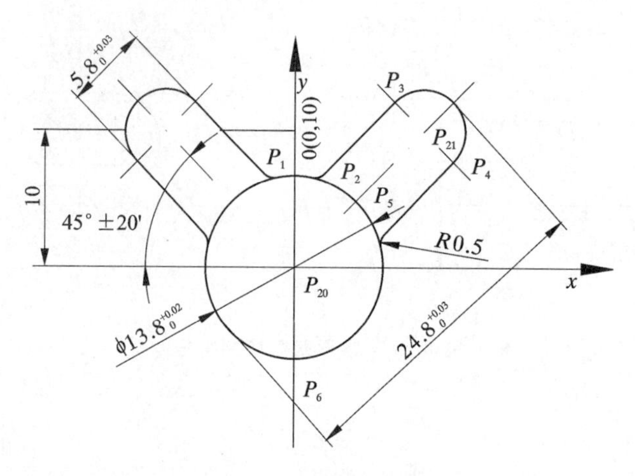

图 8.29 凸模截面轮廓

① 源程序

P_{20}:0/0	(定于点 P20 为坐标原点)
$C_1=P_{20}/6.905$	(定义圆 1,圆心在点 P20,半径为 6.905 mm)
$L_1=P_{20}/45$	(定义直线 1 过点 P20 与 *X* 轴成 45°夹角)
$P_{21}=10.606/10.606$	(定义点 P21,*X*、*Y* 均为 10.606 mm)
$C_2=P_{21}/2.905$	(定义圆 2,圆心在点 P21,半径为 2.905 mm)
$L_2=L_1/2.905\$L$	(定义直线 2,将线 1 左平移 2.905 mm)
$P_1=0/6.905$	(定义点 P1,*X* 坐标为 0,*Y* 坐标为 6.905 mm)
$P_2=L_2/C_1\$U$	(定义点 P2,线 2 与圆 1 相交上方的交点)
$P_3=L_2/C_2\$U$	(定义点 P3,线 2 与圆 2 相切点)
$P_4=P_3/L_1$	(定义点 P4,是点 P3 关于线 1 的对称点)
$P_5=P_2/L_1$	(定义点 P5,是点 P2 关于线 1 的对称点)
$P_6=0/-6.905$	(定义点 P6,*X* 坐标为 0,*Y* 坐标为 6. 905 mm)

CUTl/SC_1/2/3/SC_2/4/5Y0.5/SC_1/6/%Y/!　(切割顺序语句:1—顺圆—2—直线—3—顺圆—4—直线—5—加工 0.5 的过渡圆,顺圆—6,再将所走图形对称 Y 轴加工)

② 加工程序

经计算机编译计算所生成的加工程序如表 8.11 所列。

表 8.11 凸模线切割加工程序(3B 型)

加工程序					注释
B	B	B3010	G_Y	L_4	直线插补
B	B6990	B2353	G_X	SR_1	顺圆插补
B1	B1	B6138	G_Y	L_1	直线插补
B2114	B2114	B5980	G_X	SR_2	顺圆插补

续表 8.11

加　工　程　序					注　释
B1	B1	B5956	G_Y	L_3	直线插补
B293	B293	B419	G_Y	NR_2	逆圆插补
B6662	B2116	B7318	G_X	SR_1	顺圆插补
B	B6990	B9106	G_Y	SR_3	顺圆插补
B396	B126	B141	G_X	NR_4	逆圆插补
B1489	B1489	B5956	G_Y	L_2	直线插补
B2114	B2114	B5980	G_X	SR_3	顺圆插补
B341	B341	B6138	G_Y	L_4	顺圆插补
B2353	B6582	B2353	G_X	SR_2	顺圆插补
B	B	B3010	G_Y	L_2	直线插补
D					结　束

注：钼丝直径 0.15 mm。

(2) CAD/CAM 自动编程

数控线切割机床的 CAD/CAM 自动编程软件很多，其基本原理都是利用绘图软件，如 TURBOCAD、AUTOCAD、CADKEY 或 MASTERCAM 等进行绘图并存档，然后利用机床所配置的 CAM 软件系统读出图形信息资料，并输入穿丝孔、切入点坐标和钼丝中心补偿值等工艺参数，经计算机编译计算生成数控加工程序（3B、4B 或 ISO 码）或直接控制数控线切割机床进行加工。详细的 CAD/CAM 自动编程请参阅有关专业书籍。

8.3　冷冲压模具的装配技术

模具的装配，就是把它们的组成零件按照图纸的要求连接或固定起来成为各种组件、部件。最后将所有的零件、组件和部件连接或固定起来成为模具，并能够生产出合格工件的过程。

在装配过程中，既要保证配合零件的配合精度，又要保证零件之间的位置精度。对于具有相对运动的零(部)件，还必须保证它们之间的运动精度。因此，模具装配精度的高低及质量的好坏，直接影响工件生产是否正常进行及工件的尺寸、形状精度及成本。可见，模具的装配是模具制造过程中的重要环节。

8.3.1　冷冲压模具装配的组织形式及方法

正确选择模具装配的组织形式和方法是保证模具装配质量和提高装配效率的有效措施。

一、模具装配的组织形式

模具装配的组织形式，主要取决于模具生产批量的大小。根据模具生产批量的大小不同选择组织形式，主要的组织形式有固定式装配和移动式装配两种。

1. 固定式装配

固定式装配是指从零件装配成部件或模具的全过程是在固定的工作地点完成。它又可分为集中装配和分散装配两种形式。

(1) 集中装配

集中装配是指从零件组装成部件或模具的全过程,由一个(或一组)工人在固定地点来完成模具的全部装配工作。

这种装配形式必须由技术水平较高的技术工人来承担。其周期长、效率低、工作地点面积大。适用于单件和小批量或装配精度要求较高,及需要调整部位较多的模具装配。

(2) 分散装配

分散装配是指将模具装配的全部工作,分散为各种部件装配和总装配,在固定的地点完成模具的装配工作。

这种形式由于参与装配的工人多、工作面积大、生产效率高、装配周期较短,适用于批量模具的装配工作。

2. 移动式装配

移动式装配是指每一装配工序按一定的时间完成,装配后的组件、部件或模具经传送工具输送到下一个工序。根据输送工具的运动情况可分为断续移动式和连续移动式两种。

(1) 断续移动式

断续移动式装配是指每一组装配工人在一定的周期内完成一定的装配工序,组装结束后由输送工具周期性的输送到下一装配工序。

该方式对装配工人的技术水平要求低,效率高,装配周期短。适用于大批和大量模具的装配工作。

(2) 连续移动式

连续移动式是指装配工作是在输送工具以一定速度连续移动的过程中完成装配工作。其装配的分工原则基本同断续移动式,所不同的是输送工具做连续运动,装配工作必须在一定的时间内完成。

该方式对装配工人的技术水平要求低,但必须熟练,装配效率高、周期短,适用于大批量模具的装配工作。

二、模具的装配方法

模具的装配方法是根据模具的产量和装配的精度要求等因素来确定。一般情况下,模具装配精度越高,则模具零件的精度要求越高。根据模具生产的实际情况,采用合理的装配方法,也能够用较低精度的零件装配出较高精度的模具。因此,选择合理的装配方法是模具装配的首要任务。目前,模具装配常用的方法有以下几种。

1. 互换装配法

根据模具装配零件能够达到的互换程度,可分为完全互换法和不完全互换法。

(1) 完全互换法

完全互换法是指装配时,各配合零件不经选择、修理和调整即可达到装配精度的要求。

要使装配零件达到完全互换,其装配的精度要求和被装配零件的制造公差之间应满足以下条件。即

$$h_\Sigma \geqslant h_1 + h_2 + \cdots + h_n = \sum_{i=1}^{n} h_i$$

式中：h_Σ——装配精度所允许的误差范围，mm；

h_i——影响装配精度的零件尺寸的制造公差，mm。

采用完全互换法进行装配时，如果装配的精度要求高而且装配尺寸链的组成环较多时，易造成各组成环的公差很小，使零件加工困难。但该方法具有装配工作简单、质量稳定、易于流水作业、效率高、对装配工人技术水平要求低、模具维修方便等优点。因此，广泛应用于模具和其他机器制造业。特别适用于大批、大量和尺寸链较短的模具零件的装配工作。

(2) 不完全互换法

不完全互换法是指装配时，各配合零件的制造公差将有部分不能达到完全互换装配的要求。

不完全互换法是按照 $h_\Sigma = \sqrt{\sum_{i=1}^{n} h_i^2}$ 确定装配尺寸链中各组成零件的尺寸公差，使尺寸链中各组成环的公差扩大，这种方法克服了采用完全互换法计算出来的零件尺寸公差偏高、制造困难的不足，使模具零件的加工变的容易和经济。但由于公差的扩大会造成有 0.27%的零件不能互换。

不完全互换法充分考虑了零件尺寸的分散规律，在保证装配精度要求的情况下降低了零件的加工精度，使零件容易加工，适用于成批和大量的模具装配工作中应用。

2. 分组装配法

分组装配法是将模具各配合零件按实际测量尺寸进行分组，在装配时按组进行互换装配使其达到装配精度的方法。

在成批或大量的生产中，当装配精度要求很高时，装配尺寸链中各组成环的公差很小，使零件的加工非常困难，有的可能使零件的加工精度难以达到。在这种情况下，可先将零件的制造公差扩大数倍，以经济精度进行加工，然后将加工出来的零件按扩大前的公差大小和扩大倍数进行分组，并以不同的颜色相区别，以便按组进行装配。如表 8.12 所列配合间隙最大为 0.005 5 mm，最小为 0.000 5 mm 的销轴和孔的配合，这是将两者的制造公差都扩大了 4 倍，并分为 4 个组的装配零件的尺寸分组情况。

表 8.12　分组装配零件的尺寸分组

mm

组别	标志颜色	销轴尺寸	孔的尺寸	配合情况	
				最大间隙	最小间隙
1	白	$\phi 25_{-0.0050}^{-0.0025}$	$\phi 25_{-0.0020}^{+0.0005}$	0.005 5	0.000 5
2	绿	$\phi 25_{-0.0075}^{-0.0050}$	$\phi 25_{-0.0045}^{-0.0020}$	0.005 5	0.000 5
3	黄	$\phi 25_{-0.0100}^{-0.0075}$	$\phi 25_{-0.0070}^{-0.0045}$	0.005 5	0.000 5
4	红	$\phi 25_{-0.0125}^{-0.0100}$	$\phi 25_{-0.0095}^{-0.0070}$	0.005 5	0.000 5

从表 8.12 可以看出，各组零件的尺寸公差和配合间隙与原设计的装配精度要求相同，经

分组装配法扩大了组成零件的制造公差,使零件容易加工制造。在同一个装配组内,既能完成互换装配又能达到高的装配精度,适用于要求装配精度高的成批或大量模具的装配。

3. 修配装配法

修配装配法是将指定零件的预留修配量修去,达到装配精度要求的方法。

该法是模具装配中应用广泛的方法,适用于单件或小批量生产的模具装配工作。常用的修配方法有以下两种。

(1) 指定零件修配法

指定零件修配法是在装配尺寸链的组成环中,指定一个容易修配的零件为修配件(修配环),并预留一定的加工余量。装配时对该零件根据实测尺寸进行修磨,达到装配精度要求的方法。

(2) 合并加工修配法

合并加工修配法是将两个或两个以上的配合零件装配后,再进行机械加工使其达到装配要求的方法。

几个零件进行装配后,其尺寸可以作为装配尺寸链中的一个组成环对待,从而使尺寸链的组成环数减少,公差扩大,容易保证装配精度的要求。图8.30所示凸模和固定板装配后,要求凸模上端面和固定板的上平面为同一平面。采用合并加工修配法后,在加工凸模和固定板时对 A_1 和 A_2 尺寸就不必严格控制,而是将凸模和固定板装配后,再进行磨削上平面,以保证装配要求。

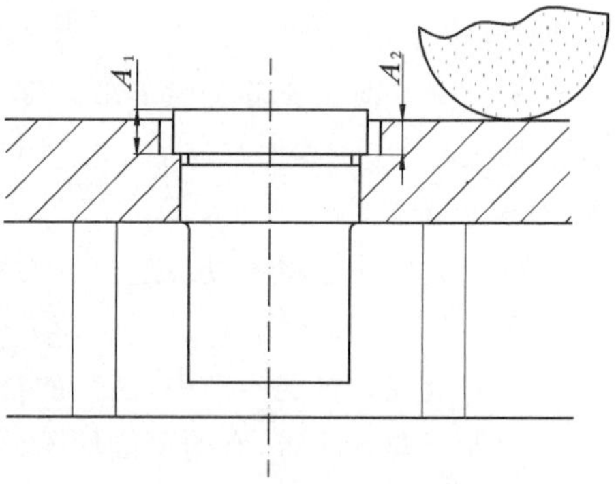

图8.30　合并加工修配法

4. 调整装配法

调整装配法是用改变模具中可调整零件的相对位置或选用合适的调整零件,以达到装配精度的方法。

(1) 可动调整法

可动调整法是在装配时用改变调整件的位置来达到装配精度的方法。

(2) 固定调整法

固定调整法是在装配过程中选用合适的调整件,达到装配精度的方法。

8.3.2　冷冲压模具的装配

在模具装配之前,要仔细研究设计图纸,按照模具的结构及技术要求确定合理的装配顺序及装配方法,选择合理的检测方法及测量工具等。

一、冷冲压模具装配的技术要求

各类冷冲模具装配后,都应符合装配图的结构及技术要求,其具体要求有以下几方面。

1. 模具外观要求

(1) 铸造表面应清理干净,使其光滑并涂以绿色、蓝色或灰色油漆,使其美观。

(2) 模具加工表面应平整、无锈斑、锤痕、碰伤、补焊等,并对除刃口,型孔以外的锐边、尖角倒钝。

（3）模具质量大于 25 kg 时，模具本身应装有起重杆或吊钩、吊环。

（4）模具的正面模座上，应按规定打刻编号、图号、工件号、使用压力机型号、制造日期等。

2. 工作零件装配后的技术要求

（1）凸模、凹模的侧刃与固定板安装基面装配后，在 100 mm 长度上垂直度允差：

刃口间隙≤0.06 mm 时小于 0.04 mm；

刃口间隙>0.06～0.15 mm 时小于 0.08 mm；

刃口间隙>0.15 mm 时小于 0.12 mm。

（2）凸模、凹模与固定板装配后，其安装尾部与固定板安装面必须在平面磨床上磨平。R_a＝1.60～0.80 μm 以内。

（3）对多个凸模工作部分高度的相对误差不大于 0.1 mm。

（4）拼块的凸模或凹模，其刃口两侧平面应光滑一致，无接缝感觉。对弯曲、拉深、成形模的拼块凸模或凹模工作表面，在接缝处的不平度也不大于 0.02 mm。

3. 紧固件装配后的技术要求

（1）螺栓装配后，必须拧紧。不许有任何松动。螺纹旋入长度在钢件连接时，不小于螺栓的直径。铸件连接时不小于 1.5 倍螺栓直径。

（2）定位圆柱销与销孔的配合松紧适度。圆柱销与每个零件的配合长度应大于 2 倍直径。

4. 导向零件装配后的技术要求

（1）导柱压入模座后的垂直度，在 100 mm 长度内允差：滚珠导柱类模架≤0.005 mm。滑动导柱 Ⅰ 类模架≤0.01 mm；滑动导柱 Ⅱ 类模架≤0.015 mm；滑动导柱 Ⅲ 类模架≤0.02 mm。

（2）导料板的导向面与凹模中心线应平行。其平行度允差：冲裁模不大于 100∶0.05，连续模不大于 100∶0.02。

5. 凸、凹模装配后间隙的技术要求

（1）冲裁凸、凹模的配合间隙必须均匀。其误差不大于规定间隙的 20%，局部尖角或转角处不大于规定间隙的 30%。

（2）压弯、成形、拉深类凸、凹模的配合间隙装配后必须均匀。其偏差值最大不超过料厚上偏差。最小值不超过料厚下偏差。

6. 装配后模具闭合高度的技术要求

（1）模具闭合高度≤200 mm 时，允误差$^{+1}_{-3}$ mm。

（2）模具闭合高度>200～400 mm 时，允误差$^{+2}_{-5}$ mm。

（3）模具闭合高度>400 mm 时，允误差$^{+3}_{-7}$ mm。

7. 顶出、卸料件装配技术要求

（1）冲压模具装配后，其卸料板、推件板、顶板、顶圈均应露出凹模模面，凸模顶端、凸凹模顶端 0.5～1.0 mm。

（2）弯曲模顶件板装配后，应处于最低位置。料厚为 1 mm 以下时允差为 0.01～0.02 mm。料厚大于 1 mm 时允差为 0.02～0.04 mm。

（3）顶杆、推杆长度，在同一模具装配后应保持一致。允差小于 0.1 mm。

（4）卸料机构动作要灵活、无卡阻现象。

8. 装配后模座平行度要求

装配后上模座上平面与下模座下平面的平行度有下列要求：

(1) 冲裁模。刃口间隙≤0.06 mm 时，300 mm 长度内允差 0.06 mm。刃口间隙>0.06 mm 时，300 mm 长度内允差 0.08 mm。

(2) 其他模具在 300 mm 长度内允差 0.10 mm。

9. 模柄装配后的技术要求

(1) 模柄对上模座垂直度在 100mm 长度内不大于 0.05 mm。

(2) 浮动模柄凸凹球面接触面积不少于 80%。

二、模具零件的固定方法

模具零件按照设计结构，可采用不同的固定方法。常用的固定方法有机械固定法、物理固定法和化学固定法。

1. 机械固定法

机械固定法是借助机械力使模具零件固定的方法。根据其紧固方式又分为紧固件法、压入法和挤紧法。

(1) 紧固件法

它是利用紧固零件将模具零件固定的方法，其特点是工艺简单、紧固方便。具体的紧固方式可分为螺栓紧固式、斜压块紧固式和钢丝紧固式。

① 螺栓紧固式

如图 8.31 所示，它是将凸模(或固定零件)放入固定板孔内，调整好位置和垂直度，用螺栓将凸模紧固。

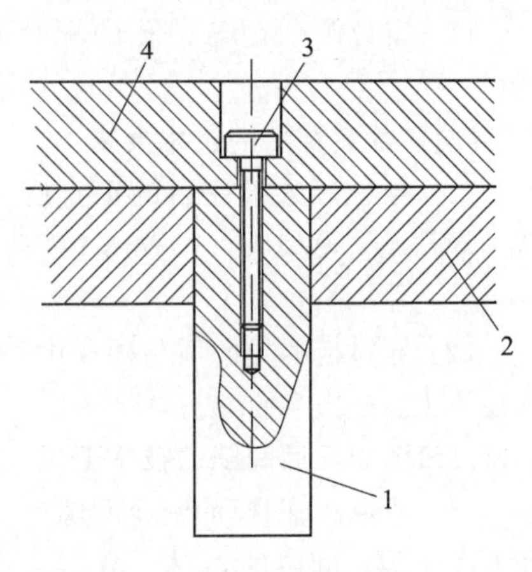

1—凸模；2—凸模固定板；3—螺栓；4—垫板

图 8.31　螺栓紧固图

② 斜压块紧固式

如图 8.32 所示，它是将凹模(或固定零件)放入固定板带有 10°锥度的孔内，调整好位置，用螺栓压紧斜压块使凹模紧固。要求凹模和固定板配合 10°锥度要准确配合。

③ 钢丝固定式

如图 8.33 所示，它是在固定板上先加工出钢丝长槽，其宽度等于钢丝的直径，一般为 2 mm。装配时将钢丝和凸模一并从上向下装入固定板中。

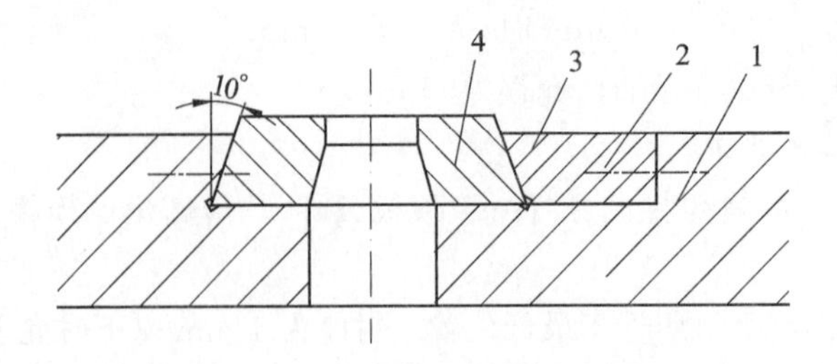

1—模座；2—螺钉；3—斜压块；4—凹模

图 8.32　斜压块紧固

(2) 压入法

压入法是利用配合零件的过盈量将零件压入配合孔中,使其固定的方法。

① 凸模压入固定板

对有台肩的圆形凸模其压入部分应设有引导部分。引导部分可采用小圆角、小锥度及在3 mm以内将直径磨小0.03～0.05 mm。无台肩的凸模压入端(非刃口端)四周应修成斜度或圆角以便压入,如图8.34所示。

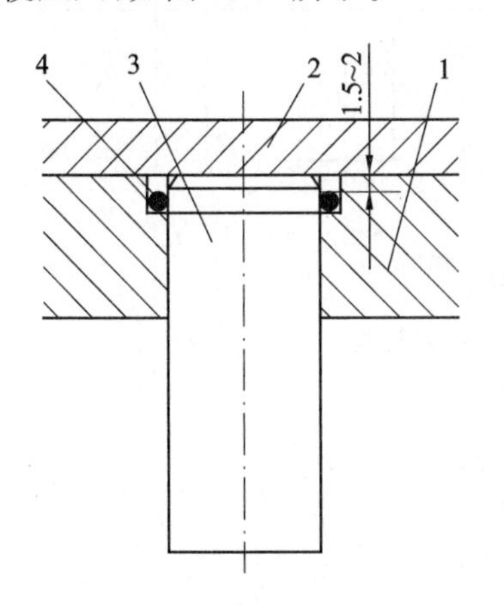

1—固定板;2—凸模垫板;3—凸模;4—钢丝

图 8.33　钢丝固定

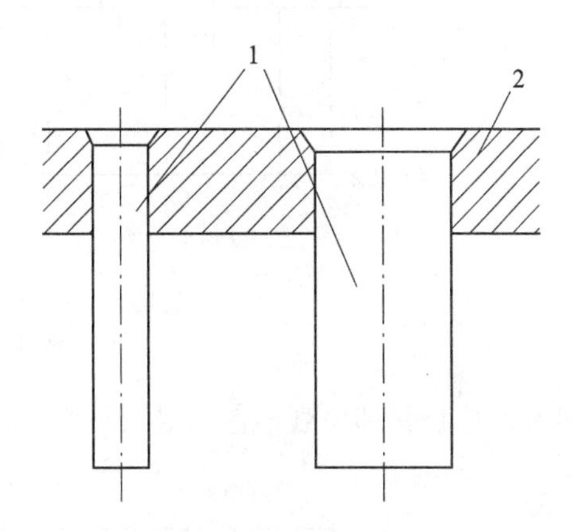

1—凸模;2—固定板

图 8.34　凸模压入固定板

当凸模不允许设锥度及圆角引导部位时,可在固定板孔凸模压入处制成斜度小于1°、高5 mm的引导部分,以便于凸模压入,采用的配合为H7/js6或H7/m6。R_a=1.6～0.8 μm。

凸模压入次序为凡是装配易于定位,便于作其他凸模安装基准的优先压入。凡是较难定位或要求依据其他零件定位的后压入。压入时使凸模中心位于压力机中心。在压入过程中,应经常检查垂直度,压入很少一部分即要检查,当压入1/3深度时再检查一次,不合格及时调整。压入后以固定板的另一面作基准,将固定板底面及凸模底面一起磨平。然后,再以此面为基准,在平面磨床上磨凸模刃口,使刃口锋利。

② 导柱、导套压入模座

导柱、导套和模座的装配,参阅8.1模架的装配。

③ 模柄压入上模座

压入式模柄与上模座配合为H7/m6,在装配凸模固定板和垫板之前,应先将模柄压入上模座内,如图8.35(a)所示。装配后用角尺检查模柄圆柱面和上模座的垂直度误差不大于0.05 mm,检验合格后,再加工骑缝销孔(或螺纹孔),并进行紧固。最后将端面在平面磨床上磨平,如图8.35(b)所示。

(3) 挤紧法

挤紧法是将凸模压入固定板后,用錾子(捻子)环绕凸模外围对固定板型孔进行局部挤压,使固定板局部材料向凸模挤压而固定凸模的方法。如图8.36(a)所示。该法适用于中、小型凸模与固定板的固定。但要求固定板型孔加工精度较高。

挤紧时使凸模通过凹模压入固定板型孔并使凸、凹模配合间隙均匀。然后用錾子在凸模四周的固定板上进行挤压。挤压后复查凸、凹模配合间隙,不符合要求时要修其至合格。此法

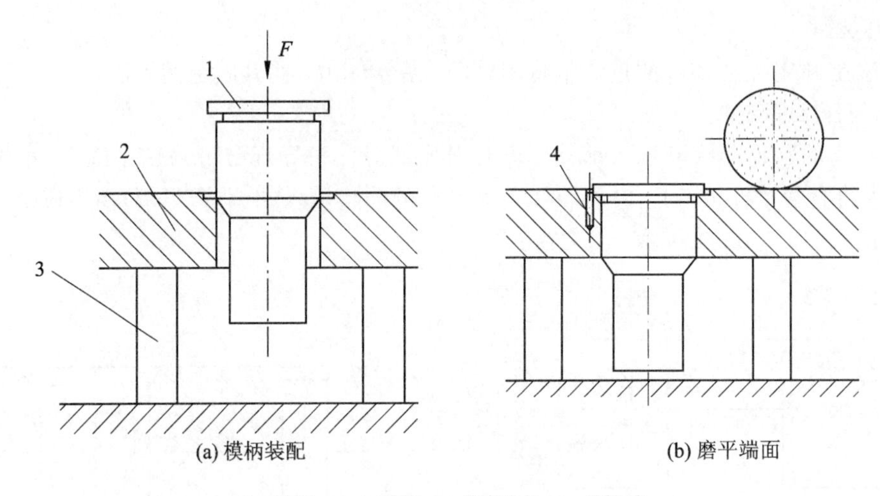

(a) 模柄装配　　(b) 磨平端面

1—模柄;2—上模座;3—等高垫块;4—骑缝销

图 8.35　模柄装配

也可在凸模挤紧部位磨出沟槽进行挤紧,如图 8.36(b)所示。

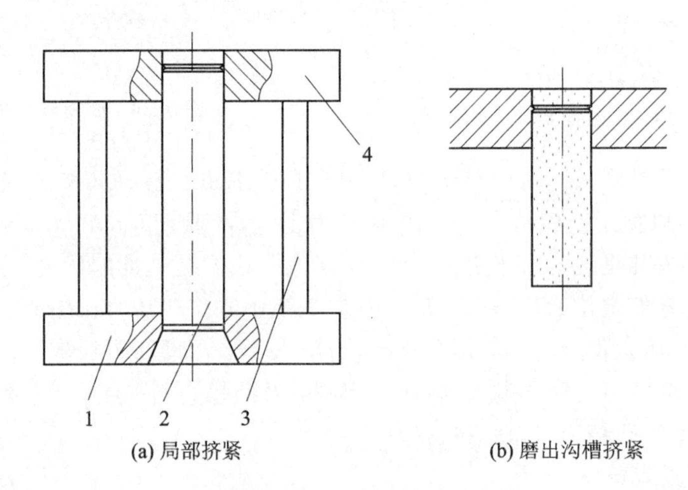

(a) 局部挤紧　　(b) 磨出沟槽挤紧

1—凹模;2—凸模;3—垫块;4—固定板

图 8.36　挤紧法固定凸模

2. 物理固定法

物理固定法是利用金属材料热胀冷缩或冷胀的物理特性进行固定模具零件的方法,常用的有热套法和低熔点合金固定法。

3. 化学固定法

化学固定法是利用有机或无机粘结剂,将模具固定零件进行粘结固定的方法。常用的有环氧树脂粘结和无机粘结。

三、凸、凹模配合间隙的调整

在模具装配时,保证凸、凹模之间的配合间隙非常重要。配合间隙是否均匀,不仅对工件的质量有直接影响,同时,对模具的使用寿命也十分重要。调整凸、凹模配合间隙的方法有以下几种。

1. 透光调整法

将模具的上模部分和下模部分分别装配，螺钉不要连接，定位销暂不装配。将等高垫铁放在固定板及凹模之间，并用平行夹头夹紧。用手灯或电筒照射，从漏料孔观察光线透过多少，确定间隙是否均匀并调整合适，如图 8.37 所示。然后，连接螺钉、装配定位销。经固定后的模具要用相当板料厚度的纸片进行试冲。如果样件四周毛刺较小且均匀，则配合间隙调整合适。如果样件某段毛刺较大，说明间隙不均匀，应重新调整至试冲合适为止。

2. 测量法

它是将凸模插入凹模型孔内，用塞尺检查凸、凹模四周配合间隙是否均匀。根据检查结果调整凸、凹模相对位置，使两者各部分间隙均匀。适用于配合间隙（单边）在 0.02 mm 以上的模具。

3. 垫片法

它是根据凸、凹模配合间隙的大小，在凸、凹模配合间隙内垫入厚度均匀的铂片、铜片等金属片。调整凸、凹模的相对位置，保证配合间隙的均匀，如图 8.38 所示。适用于大间隙模具和拉深模间隙。

4. 涂层法

涂层法是在较大凸模上涂一层磁漆或氨基醇酸绝缘漆等涂料，其厚度等于凸、凹模的单边配合间隙。再将凸模调整相对位置，插入凹模型孔，以获均匀的配合间隙。此方法适用于小间隙冲模的调整。

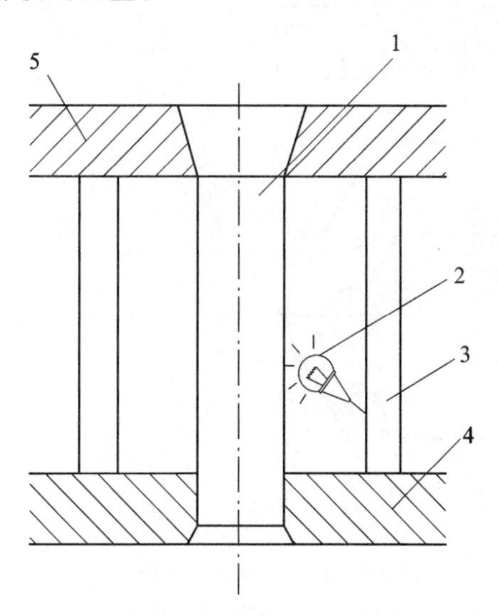

1—凸模；2—光源；3—等高垫铁；4—固定板；5—凹模

图 8.37　透光调整配合间隙

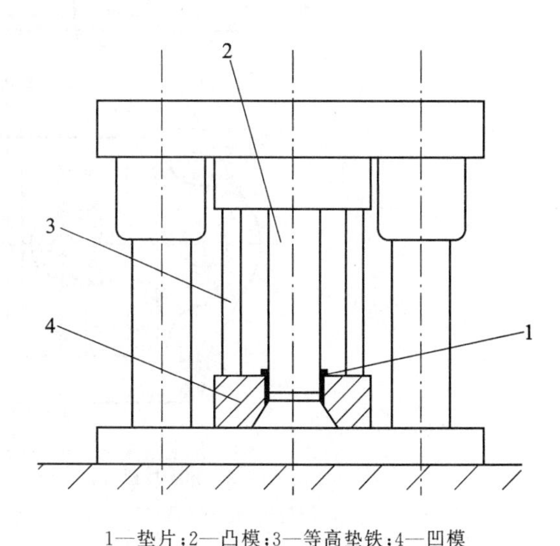

1—垫片；2—凸模；3—等高垫铁；4—凹模

图 8.38　垫片法调整配合间隙

5. 涂覆法

涂覆法是在凸模工作端涂覆一层厚度等于单边配合间隙的铜，使凸、凹模装配后的配合间隙均匀。涂覆层在模具使用中，可自行脱落，装配后不必去除。适用于小间隙模具。

四、冲裁模具的总装及试冲

根据上述模具装配的技术要求、模具零件的固定方法,完成模具的模架、凸模、凹模部分组件装配后,即可进行模具的总装。

总装时,先装配上模部分还是下模部分,应根据上模和下模上所安装零件在装配和调整过程中所受限制情况来决定。一般是以装配和调整过程中受限制最大的部分先安装;并以它为基准调整模具另一部分的活动零件。下面以图 8.39 所示冲孔模具为例,说明冲裁模总装及试冲。

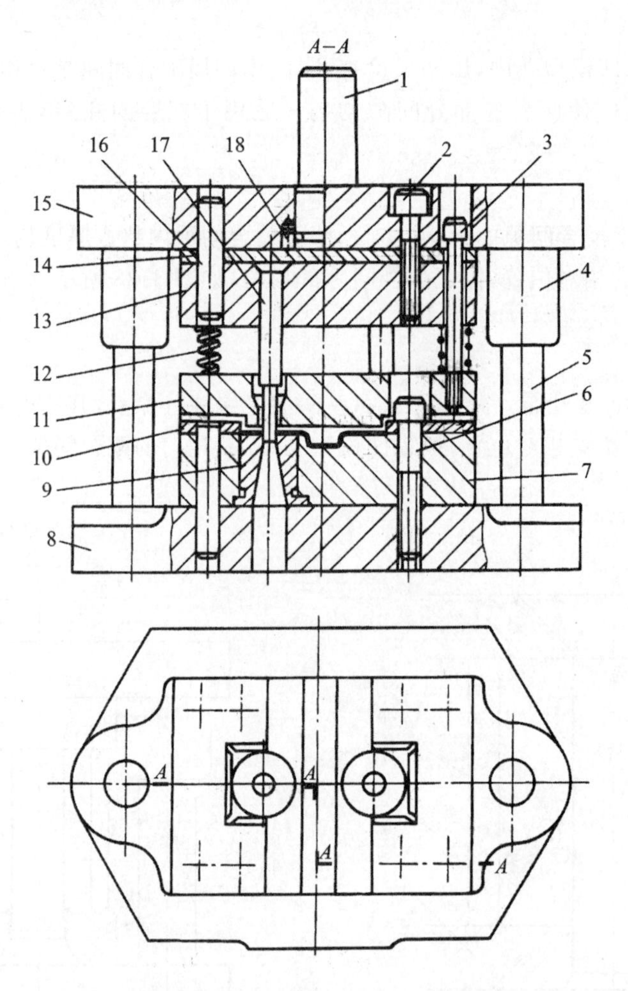

1—模柄;2、6—螺钉;3—卸料板螺钉;4—导套;5—导柱;7—凹模固定板;8—下模座;9—凹模;10—定位板;11—弹压卸料板;12—弹簧;13—凸模固定板;14—垫板;15—上模座;16—销钉;17—凸模;18—防转销

图 8.39 冲孔模具

1. 冲裁模具的总装

图 8.39 所示冲孔模具,宜先装配下模。以下模的凹模为基准调整装配上模中的凸模和其他零件。

(1) 装配下模部分

① 在已装配凹模的固定板上面安装定位板。

② 将已装配好凹模、定位板的固定板置于下模座上，找正中心位置，用平行夹头夹紧，依靠固定板的螺钉孔在钻床上对下模座预钻螺纹孔锥窝。拆开固定。按已预钻的锥窝钻螺纹底孔并攻螺纹，再将凹模固定板重新置于下模座上找正位置，用螺钉紧固，钻、铰定位销孔，装入定位销。

（2）装配上模部分

① 将卸料板套装在已装入固定板的凸模上，两者之间垫入适当高度的等高垫铁，用平行夹头夹紧。以卸料板上的螺孔定位，在凸模固定板上钻出锥窝。拆去卸料板，以锥窝定位钻固定板的螺钉通孔。

② 将已装入固定板的凸模插入凹模孔中，在凹模和固定板之间放等高垫铁，并将垫板置于固定板上，再安装上模座。用平行夹头夹紧上模座和固定板。以凸模固定板上的孔定位，在上模座上钻锥窝。然后拆开以锥窝定位钻孔后，用螺钉将上模座、垫板、凸模固定板连接并稍加紧固。

③ 调整凸、凹模的间隙

将已装好的上模部分套装在导柱上，调整位置使凸模插入凹模孔中，根据配合间隙采用前述调整配合间隙的适当方法，对凸、凹模间隙调整均匀。并以纸片作材料进行试冲。如果纸样轮廓整齐、无毛刺或周边毛刺均匀，说明配合间隙均匀。如果只有局部毛刺，说明配合间隙不均匀，须重新调整均匀为止。

④ 配合间隙调整好后，将凸模固定板螺钉紧固。钻、铰定位销孔，并安装定位销定位。

⑤ 将卸料板套装在凸模上，并装上弹簧和卸料螺钉。当在弹簧作用下卸料板处于最低位置时，凸模下端应比卸料板下端短 0.5 mm，并上、下灵活运动。

2. 冲裁模具的试冲

模具装配以后，必须在生产条件下进行试冲。通过试冲可以发现模具设计和制造的不足，并找出原因加以改正。并能够对模具进行适当的调整和修理，直到模具正常工作冲出合格工件为止。

冲裁模具经试冲合格后，应在模具模座正面打刻编号、冲模图号、工件号、使用压力机型号、制造日期等。并涂油防锈后经检验合格入库。

冲裁模具试冲时常见的缺陷、产生原因和调整方法见表 8.13 所列。

表 8.13　试冲常见缺陷、原因及调整方法

缺　陷	产生原因	调整方法
工件毛刺过大	1. 刃口不锋利或淬火硬度不够 2. 间隙过大或过小，间隙不均匀	1. 修磨刃口使其锋利 2. 重新调整凸、凹模间隙，使之均匀
工件不平整	1. 凹模有倒锥，工件从孔中通过时被压弯 2. 顶出杆与顶出器接触零件面太小 3. 顶出杆、顶出器分布不均匀	1. 修磨凹模孔，去除倒锥现象 2. 更换顶出杆，加大与工件的接触面积
尺寸超差、形状不准确	凸模、凹模形状及尺寸精度差	修整凸、凹模形状及尺寸，使之达到形状及尺寸精度要求
凸模折断	1. 冲裁时产生侧向力 2. 卸料板倾斜	1. 在模具上设置挡块抵消侧向力 2. 修整卸料板或使凸模增加导向装置
凹模被胀裂	1. 凹模孔有倒锥度（上口大下口小） 2. 凹模孔内卡住（废料）太多	1. 修磨凹模孔，消除倒锥现象 2. 修低凹模孔高度

续表 8.13

缺　陷	产生原因	调整方法
凸、凹模刃口相咬	1. 上、下模座,固定板、凹模、垫板等零件安装基面不平行 2. 凸、凹模错位 3. 凸模、导柱、导套与安装基面不垂直 4. 导向精度差,导柱、导套配合间隙过大 5. 卸料板孔位偏斜使冲孔凸模移位	1. 调整有关零件重新安装 2. 重新安装凸、凹模,使之对正 3. 调整其垂直度重新安装 4. 更换导柱、导套 5. 修整及更换卸料板
冲裁件剪切断面双光亮带宽,甚至出现毛刺	冲裁间隙过小	适当放大冲裁间隙,对于冲孔模间隙加大在凹模方向上,对落料模间隙加大在凸模方向上
剪切断面光亮带宽窄不均匀,局部有毛刺	冲裁间隙不均匀	修磨或重装凸模或凹模,调整间隙保证均匀
外形与内孔偏移	1. 在连续模中孔与外形偏心,并且所偏的方向一致,表明侧刃的长度与步距不一致 2. 连续模多件冲裁时,其他孔形正确,只有一孔偏心,表明该孔凸、凹模位置有变化 3. 复合模孔形不正确,表明凸、凹模相对位置偏移	1. 加大(减小)侧刃长度或磨小(加大)挡料块尺寸 2. 重新装配凸模并调整其位置使之正确 3. 更换凸(凹)模,重新进行装配调整合适
送料不通畅,有时被卡死	易发生在连续模中 1. 两导料板之间的尺寸过小或有斜度 2. 凸模与卸料板之间的间隙太大,致使搭边翻转而堵塞 3. 导料板的工作面与侧刃不平行,卡住条料,形成毛刺大	1. 粗修或重新装配导料板 2. 减小凸模与导料板之间的配合间隙,或重新浇注卸料板孔 3. 重新装配导料板,使之平行 4. 修整侧刃及挡块之间的间隙,使之达到严密
卸料及卸件困难	1. 卸料装置不动作 2. 卸料力不够 3. 卸料孔不畅,卡住废料 4. 凹模有倒锥 5. 漏料孔太小 6. 推杆长度不够	1. 重新装配卸料装置,使之灵活 2. 增加卸料力 3. 修整卸料孔 4. 修整凹模 5. 加大漏料孔 6. 加长推杆

8.3.3　其他冷冲压模具装配特点

冲裁模具中的复合模、连续模以及其他的弯曲模、拉深模等冷冲压模具,在装配上虽然装配的技术要求,模具零件的固定方法、配合间隙的调整等有相同之处。但在装配顺序、导向精度的要求和装配过程中的调整等,因加工工件和模具结构要求不同,也有不同之处。

一、复合模

如图 8.40 所示冲孔落料复合模,当模具的活动部分向下运动时,冲孔凸模进入凸凹模,完成工件的冲孔加工。同时,凸凹模进入落料凹模内,完成工件的落料加工。它是在模具活动部分向下运动一个行程之内,同时完成冲孔和落料的加工。

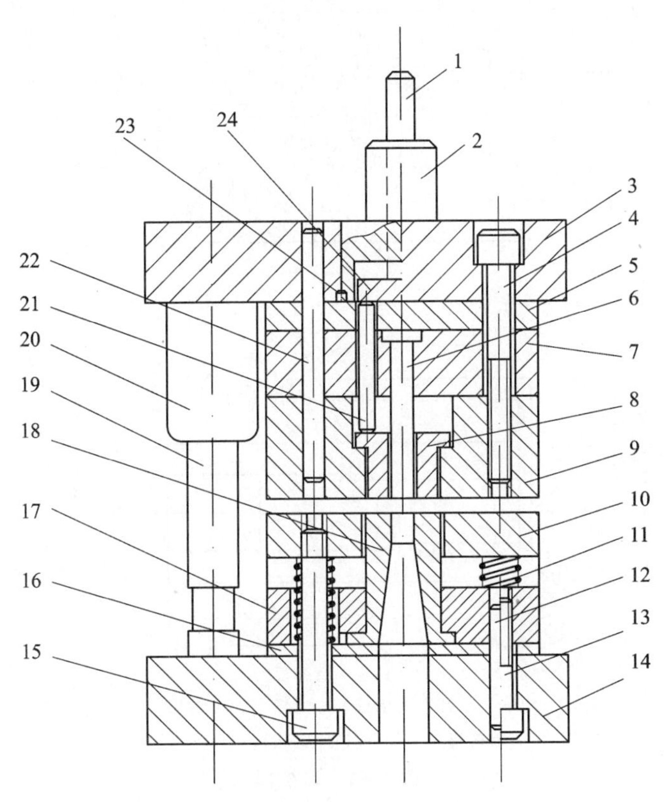

1—推杆;2—模柄;3—上模座;4、13—螺钉;5、16—垫板;6—冲孔凸模;7—凸模固定板;8—推件块;9—落料凹模;10—卸料板;11—弹簧;12、22—销钉;14—下模座;15—卸料板螺钉;17—凸凹模固定板;18—凸凹模;19—导柱;20—导套;21—推杆;23—圆柱销;24—推板

图 8.40　复合模

复合模紧凑,模具零件加工精度较高。由于工件内、外形同时冲切,模具装配的准确度较大。通常以凸凹模作装配基准件,先将装有凸凹模的固定板用螺钉和销钉安装,固定在指定模座的相应位置上;再按凸凹模的内形装置,调整冲孔凸模固定板的相对位置,使冲孔凸、凹模间的间隙趋于均匀,用螺钉固定;然后再以凸凹模的外形为基准,装配、调整落料凹模相对凸凹模的位置,调整间隙,用螺钉固定。试冲无误后,将冲孔凸模固定板和落料凹模分别在同一模座上经配钻配铰销钉孔后,打入定位销定位。

二、连续模

如图 8.41 所示为侧刃定位的连续冲裁模。其特点是:在凸模固定板上除装有一般的冲孔、落料凸模外,还装有一个特殊凸模——侧刃。侧刃的断面长度等于送料长度(步距)。它的

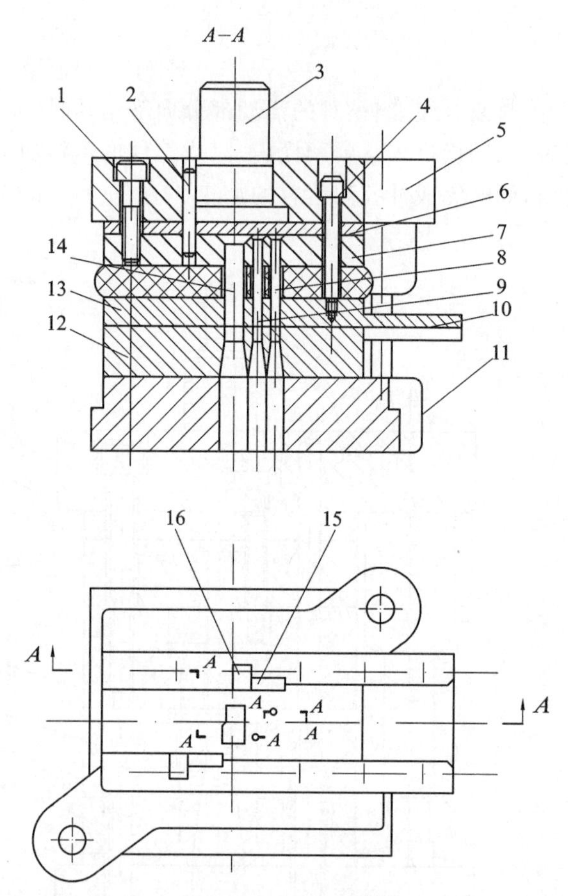

1—内六角螺钉；2—销钉；3—模柄；4—卸料板螺钉；5—上模座；6—垫板；7—凸模固定板；8、9、14—凸模；10—导料板；11—下模座；12—凹模；13—卸料板；15—侧刃；16—侧刃挡块

图 8.41　连续模

作用是在冲床每次行程中沿条料边沿裁下一块长度等于步距的料边。由于侧刃前后导料槽宽度不同，形成一个前宽后窄的台肩。所以，只有侧刃切去一个长度等于步距的料边，使条料宽度变窄后，条料方能向前送进一个步距。这种冲裁模具定位准确，生产率高，操作方便。由于连续模在一次行程中有多个凸模同时工作，其装配的关键是保证各凸模与其对应凹模都有均匀的冲裁间隙。通常以凹模作装配基准件，先将凹模装配在下模座上，再以凹模为基准，调整好凸、凹模间隙，将凸模固定板安装在上模座上，经试冲合格后，钻铰定位销孔，并打入定位销定位。

为了保证冲裁工件的加工质量，装配连续模时要特别注意保证送料长度和凸模的间距(步距)之间的尺寸要求和平行度要求，否则会造成送料不畅或卡死现象。

三、弯曲模

弯曲模的作用是使坯料在塑性变形范围内进行弯曲，使坯料产生永久变形而获得所要求的形状和尺寸。

如图 8.42 所示为简单弯曲模，由于模具弯曲工作部分的形状复杂，几何形状及尺寸精度要求较高，制造时凸、凹模工作表面的曲线和折线需用事先做好的样板及样件来控制。样板与样件的加工精度为±0.05 mm。装配时可按冲裁模的装配方法,借助样板或样件调整间隙。

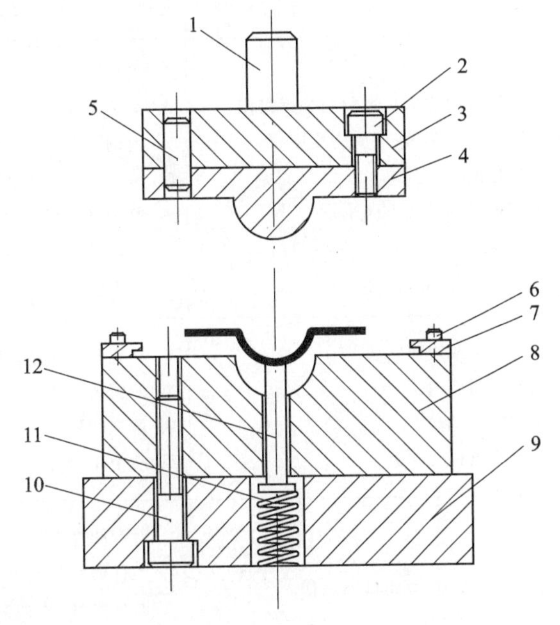

1—模柄;2—螺钉;3—凸模固定板;4—凸模;5—销钉;6—螺钉;7—定位板;
8—凹模;9—下模座;10—螺钉;11—顶件弹簧;12—顶杆

图 8.42　简单弯曲模

为了提高工件的表面质量和模具寿命,弯曲凸、凹模的表面粗糙度要求较低,一般 R_a<0.40 μm。弯曲模模架的导柱、导套配合精度可略低于冲裁模。

工件在弯曲过程中,由于材料回弹的影响,使弯曲工件在模具中弯曲的形状与取出后的形状不一致,从而影响工件的形状和尺寸要求。又因回弹的影响因素较多,很难用设计计算的方法进行消除,所以,在模具制造时,常用试模时的回弹值修正凸模(或凹模)。为了便于修整凸模和凹模,在试模合格后,才对凸、凹模进行热处理。另外,工件的毛坯尺寸也要经过试验后才能确定。所以,弯曲模试冲的目的是找出模具的缺陷加以修整和确定工件毛坯尺寸。

由于以上因素,弯曲模的调整工作比一般的冲裁模具复杂的多。弯曲模试冲时常出现的缺陷、产生原因及调整方法如表 8.14。

表 8.14　弯曲模试冲时出现的缺陷、产生原因及调整方法

缺　陷	产生原因	调整方法
弯曲件底面不平	1. 顶杆分布不均匀,顶件时顶弯 2. 压料力不够	1. 均匀分布顶杆或增加顶杆数量 2. 增加压料力
弯曲件尺寸和形状不合格	冲压件产生回弹造成工件的不合格	1. 修改凸模的角度和形状 2. 增加凹模的深度 3. 减少凸、凹模之间的间隙 4. 弯曲前毛坯退火 5. 增加矫正力

续表 8.14

缺 陷	产生原因	调整方法
弯曲件产生裂纹	1. 弯曲变形区域内应力超过材料强度极限 2. 弯曲区外侧有毛刺,造成应力集中 3. 弯曲变形过大 4. 弯曲线与板料的纤维方向平行 5. 凸模圆角小	1. 更换塑性好的材料或将材料退火后弯曲 2. 减少弯曲变形量或将有毛刺边放在弯曲内侧 3. 分次弯曲,首次弯曲用较大弯曲半径 4. 改变落料排样,使弯曲线与板料纤维方向成一角度 5. 加大凸模圆角
弯曲件表面擦伤或壁厚减薄	1. 凹模圆角太小或表面粗糙 2. 板料粘附在凹模内 3. 间隙小,挤压变薄 4. 压料装置的压料力太大	1. 加大凹模圆角,降低表面粗糙度 2. 凹模表面镀铬或化学处理 3. 增加间隙 4. 减小压料力
弯曲件出现挠度或扭转	中性层内外变化收缩,弯曲量不一样	1. 对弯曲件进行再校正 2. 工件弯曲前退火处理 3. 改变设计,将弹性变形设计在与挠度方向相反的方向上

四、拉深模

拉深模又称拉延模,它的作用是将平面的金属板料拉深成开口空心的工件。它是成形罩、箱、杯等工件的重要方法,广泛应用于机械制造之中。

图 8.43 所示为具有压边装置的拉深模具。工作时,上模的弹簧和压边圈首先将板料四周压住。然后,凸模下降,将已被压边圈压紧的中间部分板料冲压进入凹模。这样在凸、凹模间隙内成形为开口空心的工件。

拉深模的凸模工作部分是光滑圆角,表面粗糙度很低,一般为 $R_a0.32\sim0.4\ \mu m$。拉深模同弯曲模一样,也受着材料弹性变形的影响。所以,即使组成零件制造很精确,装配很好,拉深出的工件也不一定合格。因此,拉深模应在试冲过程中对工作部分进行修整加工,直至冲出合格工件后才进行淬硬处理。由此可见,装配过程中对凸、凹模相对位置,通过试冲后的修整是十分重要的。为了便于拉深工件的脱模,对大、中型拉深凸模要设置通气孔。如图 8.43 拉深模中的件 8。

拉深模试冲的目的:①发现模具本身存在的缺陷,找出原因进行调整和修整;②最后确定工件拉深前的毛坯尺寸。

拉深模试冲常见的缺陷,产生原因及调整方法见表 8.15。

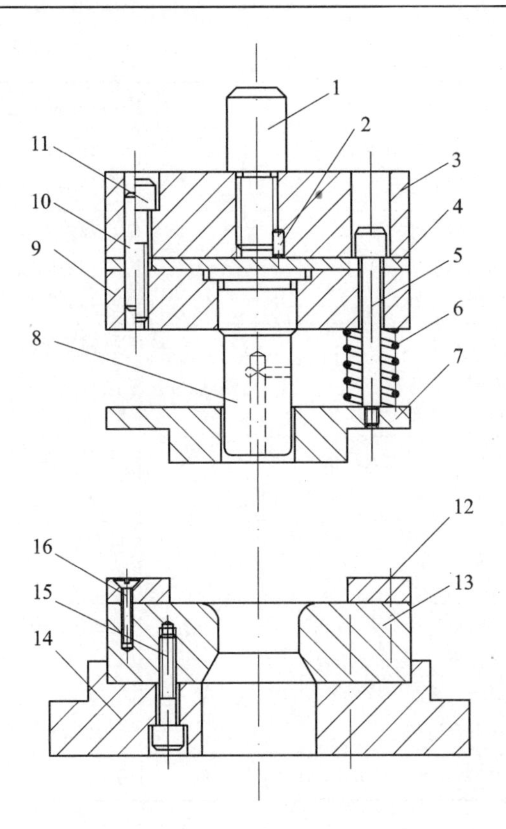

1—模柄;2—止动销;3—上模座;4—垫板;5—卸料板螺钉;6—弹簧;7—压边圈;8—凸模;9—凸模固定板;10—销钉;11、15、16—螺钉;12—定位板;13—凹模;14—下模座

图 8.43　拉深模

表 8.15　拉深模试冲常见缺陷、原因及调整方法

缺　陷	产生原因	调整方法
局部被拉裂	① 径向拉应力太大 ② 凸、凹模圆角太小 ③ 润滑不良 ④ 材料塑性差	① 减小压边力 ② 增大凸、凹模圆角半径 ③ 增加或更换润滑剂 ④ 使用塑性好的材料
凸缘起皱且工件侧壁拉裂	压边力太小,凸缘部分起皱,无法进入凹模而拉裂	加大压边力
工件底部被拉裂	凹模圆角半径太小	加大凹模圆角半径
盒形件角部破裂	① 角部圆角半径太小 ② 间隙太小 ③ 变形程度太大	① 加大凹模圆角半径 ② 加大凸、凹模间隙 ③ 增加拉深次数
工件底部不平	① 毛坯不平 ② 顶杆与毛坯接触面太小 ③ 缓冲器顶出力不足	① 平整毛坯 ② 改善顶杆结构 ③ 增加弹顶力

续表 8.15

缺　陷	产生原因	调整方法
工件壁部拉毛	① 模具工作部分有毛刺 ② 毛坯表面有杂质	① 修光模具工作平面和圆角 ② 清洁毛坯或使用干净润滑剂
拉深高度不够	① 毛坯尺寸太小 ② 拉深间隙太大 ③ 凸模圆角半径太小	① 放大毛坯尺寸 ② 调整间隙 ③ 加大凸模圆角半径
拉深高度太大	① 毛坯尺寸太大 ② 拉深间隙太小 ③ 凸模圆角半径太大	① 减小毛坯尺寸 ② 加大拉深间隙 ③ 减小凸模圆角半径
工件凸缘起皱	① 凹模圆角半径太大 ② 压边圈不起压边作用	① 减少凹模圆角半径 ② 调整压边结构加大压边力
工件边缘呈锯齿状	毛坯边缘有毛刺	修整前道工序落料凹模刃口,使之间隙均匀,减少毛刺
工件断面变薄	① 凹模圆角半径太小 ② 间隙太小 ③ 压边力太大 ④ 润滑不合适	① 增大凹模圆角半径 ② 加大凸、凹模间隙 ③ 减少压边力 ④ 换合适的润滑剂
阶梯形件局部破裂	凹模及凸模圆角半径太小,加大了拉深力	加大凸模与凹模的圆角半径,减小拉深力

参考文献

[1] 国家标准局. 中华人民共和国国家标准普通圆柱螺旋压缩弹簧尺寸. 北京:中国标准出版社,1980.
[2] 国家标准局. 中华人民共和国国家标准冷冲模. 北京：中国标准出版社,1981.
[3] 第四机械工业部标准化研究所. 冷压冲模结构图册. 北京：第四机械工业部标准化研究所,1981.
[4] 李硕本. 冲压工艺学. 北京:机械工业出版社,1982.
[5] 《模具手册》编写组. 模具制造手册. 北京:机械工业出版社,1982.
[6] 万战胜. 冲压模具设计. 北京：中国铁道出版社,1983.
[7] 北京汽车摩托车联合制造公司. 工装设计简明手册,1984.
[8] 王孝培. 冲压手册. 北京:机械工业出版社,1990.
[9] 李志刚. 模具计算机辅助设计. 武汉：华中理工大学出版社,1990.
[10] 虞传宝. 冷冲压及塑料成型工艺与模具设计资料. 北京：机械工业出版社,1992.
[11] 张钧. 冷冲压模具设计与制造. 西安：西北工业大学出版社,1993.
[12] 肖祥芷. CAD在模具设计中的应用. 北京:科学出版社,1993.
[13] 田嘉生,马正颜. 冲模设计基础. 北京:航空工业出版社,1994.
[14] 王秀凤. 冷冲压模具设计教材. 北京:北京航空航天大学内部教材,1995.
[15] 黄毅宏,李明辉. 模具制造工艺. 北京：机械工业出版社,1996.
[16] 余世浩. 冲裁模系统. 北京：机械工业出版社,1996.
[17] 王芳. 冷冲压模具设计指导. 北京：机械工业出版社,1998.
[18] 高佩福. 实用模具制造技术. 北京：中国轻工业出版社,1999.
[19] 模具实用技术丛书编委会. 冲模设计应用实例. 北京：机械工业出版社,1999.
[20] 孙凤勤. 模具制造工艺与设备. 北京：机械工业出版社,1999.
[21] 模具实用技术丛书编委会. 模具制造工艺装备及应用. 北京：机械工业出版社,2000.
[22] 陈万林. 实用模具技术. 北京：机械工业出版社, 2000.
[23] 黄健求. 模具制造. 北京：机械工业出版社, 2001.
[24] 李德群. 现代模具设计方法. 北京：机械工业出版社, 2001.
[25] 王秀凤. CAXA创新三维CAD冷冲压模具设计教程. 北京:北京航空航天大学出版社,2006.
[26] 王秀凤. Solidworks创新三维CAD冷冲压模具设计教程. 北京:北京航空航天大学出版社,2007.
[27] 王秀凤,杨春雷. 板料成形CAE设计及应用一基于DYNAFORM(第3版). 北京:北京航空航天大学出版社,2016.
[28] 李德群. 模具的CAD/ CAE/ CAM技术. 电加工与模具2006年增刊.
[29] 李德群,肖祥芷. 模具的CAD/ CAE/ CAM的发展状况及趋势. 模具工业,2005.7(9-12).
[30] 王卫兵. MasterCAM数控编程实用教程. 北京:清华大学出版社,2003.
[31] 王卫卫. 材料成形设备. 北京:机械工业出版社,2004.
[32] 郑展,王秀凤,郭洁民. 冲压模具制造工(中级). 北京:机械工业出版社,2009.
[33] 郑展,王秀凤,郭洁民. 冲压模具制造工(高级). 北京:机械工业出版社,2009.
[34] 王秀凤,郑展,张永春. 冲压模具制造工(技师.高级技师). 北京:机械工业出版社,2010.
[35] 刘朝福. 冲压模具设计师速查手册. 北京:化学工业出版社,2011.
[36] 胡世光,陈鹤峥,李东升,王秀凤. 钣料冷压成形的工程解析. 2版. 北京:北京航空航天大学出版社,2009.
[37] 杨占光,最新冲压模具标准及应用手册. 北京:化学工业出版社,2010.